U0189193

深海巨渊

地球最后的荒野

［美］迈克尔·韦基奥内
［爱尔兰］路易斯·阿尔科克
［英］伊曼茨·普莱德
［荷］汉斯·范·哈伦
著

燕　子　译

中国科学技术出版社
·北　京·

图书在版编目（CIP）数据

深海巨渊：地球最后的荒野 /（美）迈克尔·韦基奥内等著；燕子译 . -- 北京：中国科学技术出版社，2025. 1. -- ISBN 978-7-5236-0996-5

Ⅰ. Q178.533-49

中国国家版本馆 CIP 数据核字第 2024Z6D360 号

著作权合同登记号：01-2024-5155

审图号：GS 京（2024）2752 号

策划编辑	张耀方
责任编辑	徐世新　张耀方
封面设计	中文天地
正文设计	中文天地
责任校对	张晓莉
责任印制	李晓霖

出　　版	中国科学技术出版社
发　　行	中国科学技术出版社有限公司
地　　址	北京市海淀区中关村南大街 16 号
邮　　编	100081
发行电话	010-62173865
传　　真	010-62173081
网　　址	http://www.cspbooks.com.cn

开　　本	889mm × 1194mm　1/16
字　　数	320 千字
印　　张	17.75
版　　次	2025 年 1 月第 1 版
印　　次	2025 年 1 月第 1 次印刷
印　　刷	北京博海升彩色印刷有限公司
书　　号	ISBN 978-7-5236-0996-5 / Q · 282
定　　价	168.00 元

（凡购买本社图书，如有缺页、倒页、脱页者，本社销售中心负责调换）

目录

前言 / 7

深海探秘 / 11

海洋学 / 43

深海生物 / 77

栖息地 / 123

全球模式 / 179

人类与深海 / 231

深海物种的分类 / 276

术语表 / 280

供读者参考的信息 / 282

作者简介 / 283

致谢 / 284

前 言

如何定义深渊（abyss）？各种辞书的释文大同小异，或指无底的深海大洋抑或指无限的空间。本书对该词的讨论主要基于深海大洋。如果一个高度发达的外星生命造访地球并随机采集多细胞生物样本的话，那么被选中的十有八九会是那些在深海大洋漫游的凝胶状生物。在现实生活中，对“深海”含义的理解因人而异，主要取决于个人的认知和出发点。例如，“深海捕鱼”通常指乘船到远海捕捞与近海不同的各种鱼类；“深海潜水”有时候指穿戴专门设备在海洋潜水，但更多是指携带装有专门气体的呼吸装置在水深60米以下的地方活动；而“深海救助”通常指在各种复杂水况条件下展开的营救行动。

海洋科学家是通过对某些特定环境与条件进行研究而认识深海的，例如阳光在深海大洋中的变化。因海水太深，阳光无法穿透，难以确保光合作用，在这个基本的物理和化学（变化）过程中，光合作用能够通过太阳的能量将海水中的二氧化碳转化为碳水化合物，从而为海洋生物提供能量。在阳光开始减弱的同一海水深度，季节性风暴引起的洋流也因为海水太深而无法到达，这个深度又“碰巧”与绝大多数大陆架边缘（大陆向海底延伸的部分）的深度相同。在世界大多数海域，这样的情况通常一起出现在200米的海水深处。

因此，我们将深海定义为，从海面以下200米至海底沉积物和海床以及海底生物能够生存的沉积物之间的广阔水域。根据科学家的推测，从陆地和海洋中的微生物到高空翱翔的雄鹰，整个地球生命世界中，深海生物占有的空间大约占四分之三。具体地说，海洋面积占地球总面积的70%，而深海空间又占海洋空间的65%。尽管人们习惯将地球视为一片单调的二维大陆，但地球上的生命层却是一个巨大的“深渊”。

海洋平均深度近4000米，个别海沟几乎深达1.1万米。深海是一个黑暗、冰冷和高压的世界，生物繁衍生息的环境令人难以想象。这里的食物常常很有限，有时会在不足和充足之间变换，但终归还是不足。有人会问，那里的生物为何能忍受如此恶劣的生存环境呢？其实，深海中的高压、黑暗和冰冷是它们的生活常态。如果你在深海捕捞到某种生物，并将其小心翼翼地移至深海以上海域，那里的水温、水压反而会置其于死地。

深海世界及其生物（那里没有植物，但有很多微生物）千姿百态，各种生物的体形大小不一，有的是巨无霸，有的娇小玲珑。与人类对陆地和浅海动物的认识程度和对其生态系统的探索能力相比，直到最近几年我们才具备了探索深海的能力，并逐渐开始认识栖息在那里的生物和生

金柳八放珊瑚

虹柳珊瑚属一种

金柳八放珊瑚属于深海螺旋状珊瑚群。与人们熟悉的浅海造礁珊瑚完全不同，深海珊瑚生长形态更加多样化，有些像茂密的森林，有些聚集在一起形成一座座坚硬的山丘。它们为许多生物提供温暖的家园，有些已经在深海生活了数千年。

态系统。这也是今天科学家在深海领域的任何新发现，都会令人惊讶的原因。

对大多数人来说，深海大洋不但目力不可及，就连想象力也难以企及。几年前，即使是科学界都认为海洋太辽阔，人类活动不可能对其施加实质性影响，更何况深海水域。然而，这完全是一个错误认知。由于人类过度开发（如渔业过度捕捞、化石能源开发等），导致沿海水域资源濒临枯竭。人类开始进军深海，并且不断更新技术开采深海大洋新资源，包括在大陆架上提取稀有矿产和利用深海中具有独特生化特性的各种生物。随着我们对深海认识的不断深入，人类活动对深海大洋影响的认识也在不断加强，例如塑料等污染、水温变化、过度氧耗，以及因二氧化碳浓度持续上升导致的海水酸化等。那么，深海大洋生态系统受到的这类伤害需要多长时间才能修复呢？

人类对深海大洋的研究与认识的进程正在加快，本书是对截至目前获得的各种研究成果的小结。希望读者能够通过此书，了解我们星球上令人叹为观止却又知之甚少的深海大洋以及生活在其中的生物。

水晶水母

水晶水母因其晶莹剔透而得名。在这幅照片中，你几乎看不清位于上方的水母伞膜。虽然这只水母是在沿海浅水水域发现的，但它们的活动范围一直延伸到海洋的中层水域（深200—1000米）。这只水螅纲水母既属于生物发光水母，又是荧光水母。此外，作为发光蛋白质源，它能提供用于生物医学的明亮的绿色荧光蛋白微粒（GFP）。发现这些蛋白并加以应用的科学家，获得了2008年度诺贝尔生物学奖。

“直到最近几年，我们才具备了探索深海的能力，并逐渐开始认识栖息在那里的生物和生态系统，这也是为什么今天科学家在深海领域的任何新发现都会令人脑洞大开的原因。”

大洋及其划分

围绕世界大洋划分问题，各国海洋学家看法不一，争论的焦点在于，是否应继续使用传统的划分法来命名五大洋与许多海域，即大西洋、太平洋、印度洋、南大洋（有时被称为南冰洋）和北冰洋。反对者认为，这样的划分弱化了海洋作为地球单一海洋的整体性。其实，当我们从“地球海洋”概念出发讨论这五个称谓不同的大洋时，其中任何一个大洋都被视为一个独立海盆，并且与其他四个海盆相连，形成一个整体。这一点在客观上是正确的，但也会引起某些困惑，尤其是在生物地理学、进化论等学科中，经常造成某些措辞含糊的问题。例如，在相关的教科书中，经常将印度洋称为印度洋海盆。这不但没有增加信息内容反倒变得累赘，甚至造成一些误解。海盆的概念用于太平洋是贴切的，描述印度洋也还勉强，但形容北冰洋就不太合适了，因为从地形地貌看，北冰洋海底被无数横断山脊分割成无数个典型的次海盆。称大西洋为大西洋海盆也不准确，因为大西洋海底有四个海盆，分别为东北海盆、西北海盆、东南海盆和西南海盆。将南大洋称为南大洋海盆就更离谱了，因为南大洋海底根本就不存在海盆。南大洋由太平洋海盆、印度洋海盆和大西洋海盆的最南端组成，在南极圈周围被能量巨大的极圈洋流所切断。在了解清楚全球海洋系统内在联系的重要性以后，我们在本书中还是使用世界大洋和海域的传统名称。

深海探秘

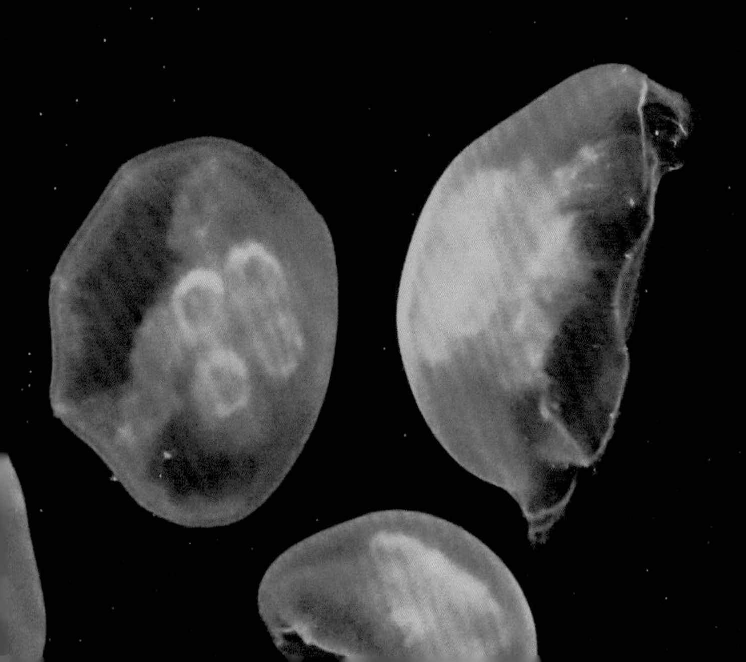

上页图：**海月水母**

虽然海月水母通常栖息在海洋的上层水域，即光合作用带，甚至栖息在沿海水域，但在中层水域（200—1000米）也能见到它们的身影。

你所不知道的地球

大陆与海洋生态环境之间的差异

走出家门，步入大自然，你会立刻感受到空气清新、微风拂面，眼前花草奇异，树木叠翠。从人的视角看，陆地生态系统是二维空间，像树木参天一样，各种物体都呈现在表面。人类虽然无法像飞禽那样翱翔蓝天，翩翩起舞，但发明了像它们那样能够在空中飞翔的各种飞行器。然而，由于地球引力的作用，包括人类在内的所有动物，无论能“飞”多高，终将“回归”大地。太阳的能量通过光合作用将水和二氧化碳转化为复合碳水化合物和空气中的氧，这既保障了人类和其他动物的生存，也奠定了陆生生物食物链的基础。

然而，无论是淡水或海水，地球上所有的水生环境都与我们所熟悉的陆生生态系统有着根本性差异。虽然一些浅水植物和许多动物的栖息地被“限制”在水域的底部，属于底栖生物，但另外一些生物终生都栖息在底部以上的水域。对整个地球来说，这使地球表面从一个二维平面成了三维结构。在海洋中，特别是在宽阔水域，水流和动物迁徙会导致海洋生物分布区及其物理特性迅速发生变化，这种迅速变化使生活在三维宽阔海洋（大部分是深海）中的生命本质上更像四维的。

因为水的密度大于空气，物体在水中漂浮（物体的重量比由其体积排开的流体的重量轻，形成正浮力）就更容易。水的黏滞性（viscosity of water）一方面使身体重量大于水的比重的动物能克服地球引力在远洋深海中游弋（虽然其中许多动物从未触过海底），另一方面还大大减缓了非常微小的微生物的下沉速度。在海洋中，这些微生物通常包括大多数初级生产者的单细胞生物，统称浮游生物。它们不但是海洋生物食物的主要提供者，还制造了地球上50%的氧分子。它们尽可能生活在距海面最近的水域，因为那里充足的阳光能保证光合作用的进行。

在地球上，除去能产生光合作用的陆地和水域外，剩余的就是深海。深海占据了地球大部分空间，那里是多细胞生物最集中的栖息地。在深海中，在阳光无法到达的水域并不是黢黑一片，因为那里有不少发光体生物，它们发出的生物光用途广泛。尽管它们生活在“无光合作用带”以下，但这些深海生物光的明亮程度也同样随白昼和夜晚的变化而不同，朦胧、闪烁或鲜艳夺目。此外，深海还有陆地生物难以想象的巨大压力以及低温，那里的温度平均在零上几摄氏度至零下几摄氏度。受海底地形地貌阻隔的盆地及一些小地方，有些地方存在热异常现象，这些地方的水通过地热加热并从岩石中渗透出来。

异足类——

拉马克龙骨螺

这只蜗牛的泳姿永远都是壳朝下、鳍向上，它主要栖息在上层带（光合作用带）以下的深水水域（约1500米，其身长至少为22厘米）。它们那个覆盖着内脏的娇小、透明并呈龙骨状的外壳，颇受贝壳收藏家的青睐。

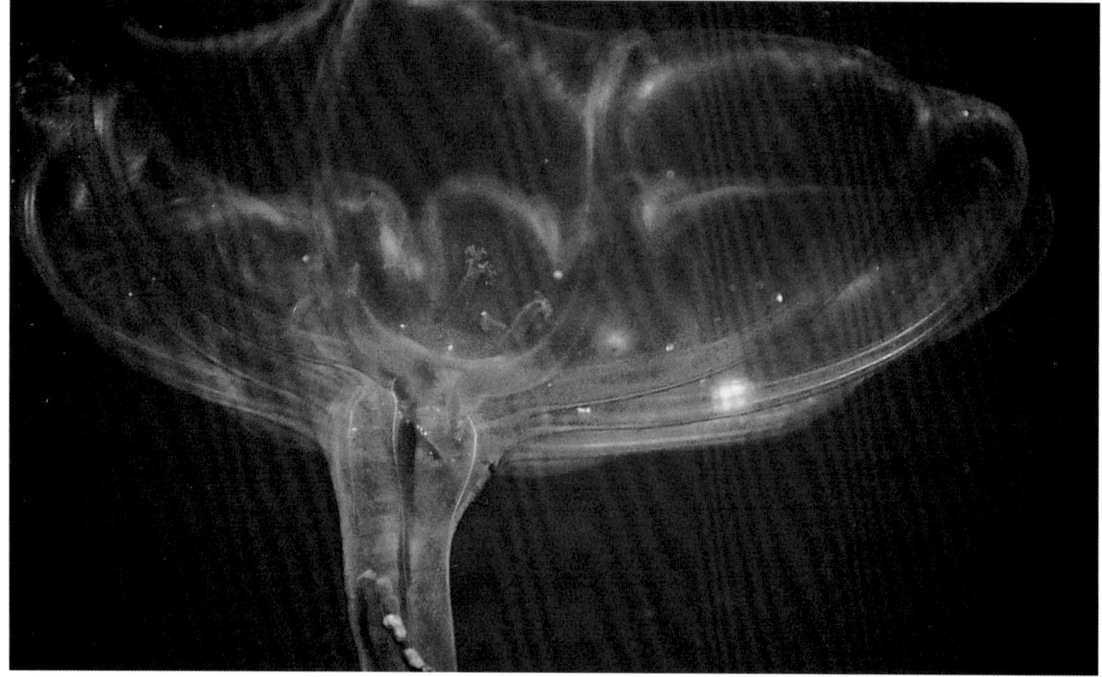

遨游深海大洋

在美国佛罗里达州波尔塔莱（Pourtalès）海域发现的正在下潜的短鳍乌贼（Shortfin squids，眼柔鱼多种）。更大体形的游走动物可以从大陆架水域沿着斜坡下潜到1000米以下的深水海域。

游弋中的海参——
海游参

这幅照片拍摄于太平洋中部海盆1400米的深海水域。

深海的重要特性

深海具有的许多物理特性不但使深海世界成了生物的家园，同时也使之成为地球上巨大的生命地带。这种对于我们而言陌生的环境，本书将在下面的篇章中进行详细介绍，这里我们为点题而作个简要概述。海水的盐浓度对沿海水域生态系统中的生物至关重要，它决定了哪些水域生物可以栖息。除了河流入海口区域和降雨水域的表面，尽管海水密度中微小的盐度变化非常重要，但这个变化对生物的生理机能影响不太大。由于海水密度的变化直接决定了不同深度海水的稳定性（海水纵向水层的稳定性），因此，海水密度之间的差异是洋流运动最重要的驱动力之一。

在陆地上，风不仅能够刮走物体，比如灰尘或地表土，还能帮助各种飞行动物的飞翔或改变其飞行方向。在海洋环境中，海水流动对各种化学溶解物、悬浮沉积物、热量转化，以及绝大多数生物的全球分布意义重大。海水流动方向或纵向或横向，距离也有长有短。对于深海，海水纵向流动更加重要，因为深海中的化学和生物物质来源于海洋表面或陆地。当然，其他作用过程也会起到同样的效果。海水的纵向流动过程包括单一的下沉、湍流、浊流（类似水下泥石流，即海底沉积物泛起），以及与水生动物运动有关的主动迁移活动。

海水的另一个重要特性是水中的氧容量及其能为水生生物呼吸所提供的氧气量。正如在本章开头所说的那样，如果你走出家门进入的不是大自然，而是一个缺氧的环境，你的身体立刻会感到不适。同样在某些深海水域，一些生物因氧容量低而疲惫，另一些则失去生命。我们通常将这些水域称为“最低含氧带”（oxygen-minimum zones），科学家估计随着全球气候变化，最低含氧带不但含氧量呈减少趋势，面积也在扩大。

人类活动对深海大洋的影响

从表面上看，海洋是如此辽阔，深海是如此遥远，即使陆地人口过剩也不至于对海洋造成大范围和持久的危害。在海洋科学中，这样的认识曾经一度较为盛行，但今天行不通了。在遥远的深海大洋能很容易发现现代社会所产生的许多后果，例如最低含氧带持续扩大、水温不断上升、二氧化碳溶解加剧、水体酸度增加（pH值减少）、化学污染垃圾物增多、有毒塑料泛滥，以及包括过度捕捞、海底石化和矿产资源开采等对深海水域造成的物理和化学影响等。因此，要找到解决人类对深海造成的这些危害的方法，我们就必须了解深海生态系统的结构和内在规律，包括深海生命的适应能力和复原能力。

与探索宇宙相比，研究深海同样面临不少困难。所以，在地球上，尽管深海是一个巨大的生命世界，我们对它的认识却远远比不上对其他的生态系统。我们将通过这本书邀请你一起“潜入”深海大洋，去认识那些我们已知的生命。

大洋带

海洋从垂直方向上可分为若干带。目前对深海各带的界定，在看法上略有差异，区别主要在于划分上的两个不同侧重点，一个是偏重海底生态系统，另一个则强调整个深海生物体系。科学家对深海各带的称谓虽不同，但对不同各带之间过渡水域的深度，在认识上是一致的，因为栖息在这些区域的生物，其物理特性和生理适应性是相同的。对海洋深度的度量单位通常用meters（公制米），但出于精确的考虑，本书将米换算成英尺，并尽量精确到10ft（英尺），即使如此，也不能说书中引用的数字完全精确。一般来说，深海各带过渡区域的深度大约为660英尺、3280英尺、13,125英尺和19,700英尺（约200米、1000米、4000米和6000米）。

海洋生物群系剖面图

这是一幅从深海生态系统到海底底栖生态系统的划分图。图中的橙色粗实线显示的是从海洋中层水域至海底的纵向断面图，橙色线左侧为海洋地质构造剖面，右侧是远海深水水域剖面结构，不同深海过渡带通常呈梯度而不是陡然变化。

深海鮟鱇鱼

鞭冠鱼属多种

这是一条雌性深海鮟鱇鱼，又称橄榄球鱼（footballfish）。这类生物主要栖息于海面以下1000—4000米深海水域，它们通过身体表面发光点发出的（冷）光吸引猎物，而皮肤表面的多排传感器能够敏锐地探测到猎物移动引起的振动。雄性鮟鱇鱼的体形比雌性小一些，但更灵活。

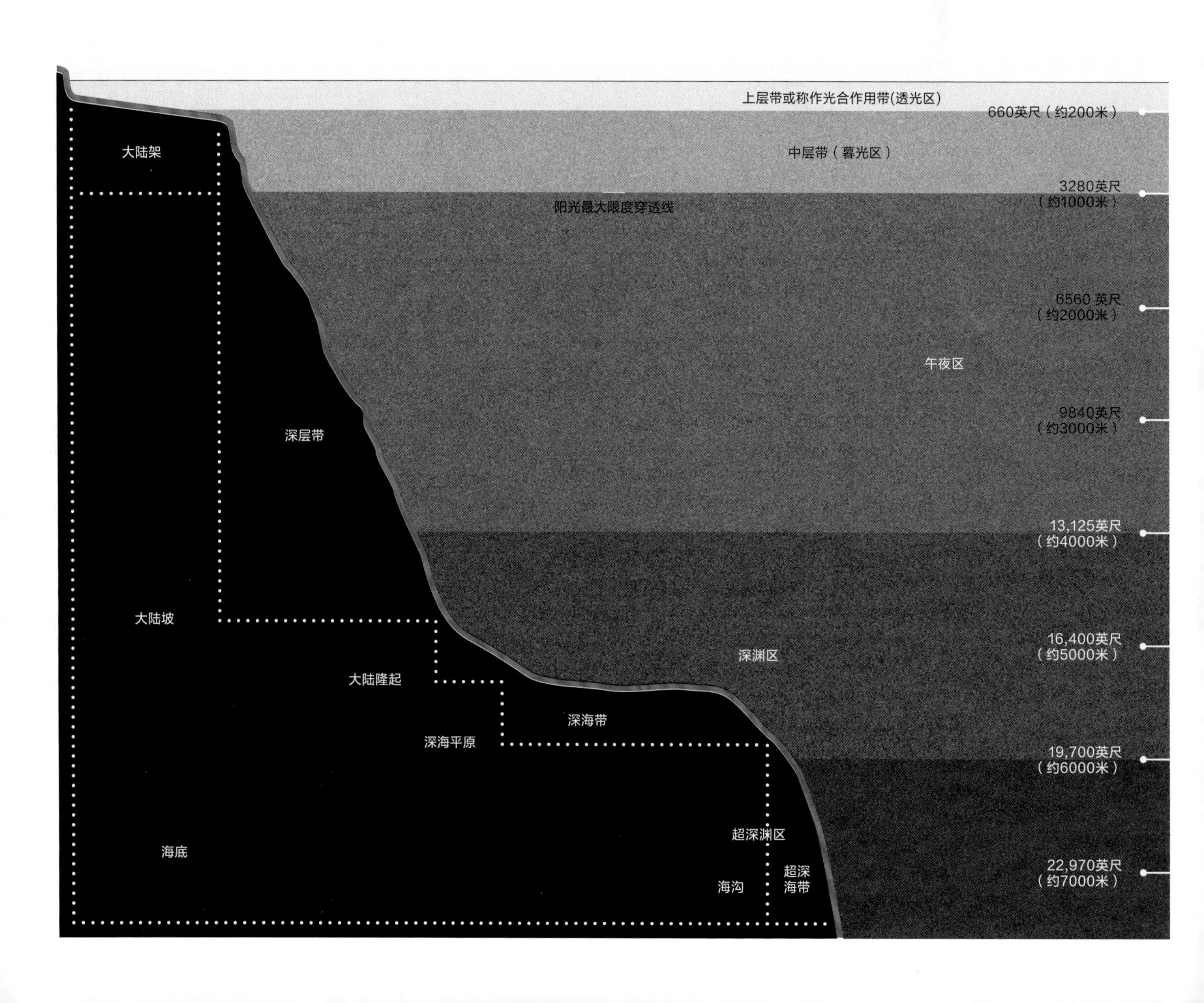

界定深海环境的参考因素

重要的物理、化学和地质特性

在深海中，水域生态环境的哪些因素最有利于了解那里的生物呢？我们认为水体的物理、化学和地质特性是关键因素。如果我们将海水表面以下200米确定为深海线的起点（在任何大陆架以上和透光区以下水域），绝大多数与海面以上大气环境相互作用有关的因素都应排除，但不包括这种作用产生并被传递到深海且造成影响的有关因素。

应考虑的因素

尽管地球上所有的深海都与浅海相连，当然也与海洋表层水域相连，但问题是它们之间是怎样、何时、何地相互影响，并能达到什么程度，以及对不同水域水体会产生的物理、化学和地质特性等因素的影响。例如风的直接作用，洋面狂风卷起的海浪通常不能到达深海，但洋面风暴引起的“惯性”内波，即因海洋密度分层作用，地球自转对洋面以下海浪的波长具有相当大的影响。此外，还应该考虑的因素是，风所引起的大量海水流动对深海的渗透及其影响（参见第54—55页）。当然，也有一些因素可以不必考虑，其中包括：虽然海洋因日照所产生的热量主要由低于海面100米以上部分的海水吸收并储存，但不排除这些热量向下对深海水域的热传导及其影响。同样，空气与海水直接作用所发生一些化学反应及其影响，例如海洋从地球大气中吸收的氧气与二氧化碳之间的反应，属于可不考虑的因素，但这些化学物质下降到深海及其影响又属于必须考虑的因素。此外，在海洋表面能够感知到的一些地质特征也不能统统排除，包括火山爆发及其喷发物，这些喷发物飘到海面并沉积到深海海底。

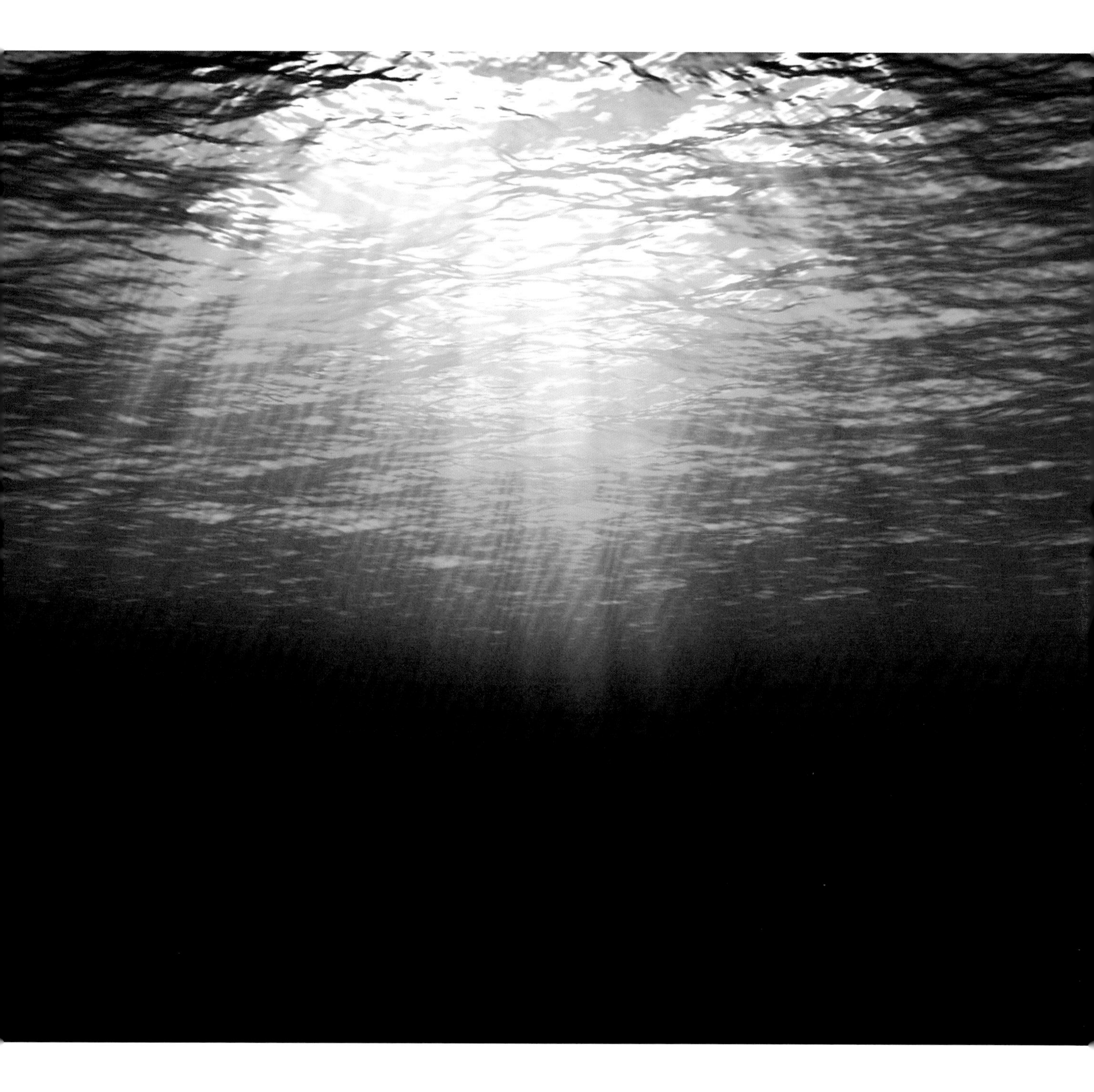

阳光穿透

海水温度通常随深度的增大而降低，来自阳光的绝大多数热量被从海面至100米以上的海水吸收，部分热量被传递到深海。

软骨鱼纲
骨骼由软骨构成的鱼类

软骨鱼纲银蛟目（银蛟或幽灵鲨）和角鲨目（睡鲨和狗鲨），可生活在深海坡地到大约3000米深的海域内，这是它们的一种特殊能力。

上图：栖息于印度尼西亚苏拉威西海域的银鲛。

下图：葡萄牙狗鲨栖息于东北大西洋水域，它是世界上栖息地最深的鲨鱼。

物理特性

深海大洋不是一潭静止不动的死水。像大海表面一样，深海也始终处于动态之中，其中一个重要的物理特性是水层压力，每下降10米增加一个大气压——这个压力单位相当于海平面的空气压力（1个标准大气压，101.325千帕），约等于每平方英寸6.7千克（1英寸等于2.45厘米），在水下10,000米的水压约为每平方英寸6600千克。对于栖息在深海的生物来说，如果它们的身体不经过一代又一代的进化是不可能适应这样的压力的。水压变化与水的动力直接相关，而水的动力对于各种深海物质传输和生物活动又十分重要。水的某些流动是其密度变化引起的，这也是一个重要的物理要素。

决定水密度变化的主要要素是温度和盐度（含盐量），水温越高（或盐量越低）密度就越小，反之亦然。同时，地球重力对密度变化的作用能够引起深海的海水活动，这也反映出一个事实，即深海坐落在一个持续转动的球体上，不断吸收阳光的热量，深海海水流动受地球重力的直接影响。地球自转的方向引起了科里奥利效应，即运动的偏移与纬度变化有关，同时影响着大型物体的运动方向，就像空气中的喷流一样（参见第52—53页）。在深海海盆中，地球转动的方向在很大程度上控制着海水的流动，其中包括南极环极洋流，同时还加强了位于各大洋海盆西侧海面水流的强度。这种由洋面风驱动的海水流动与中纬度西向的风和赤道信风相互作用，控制着靠近洋面的热量和盐分沿着各大洋海盆西侧从赤道向南北两极流动，这样的情况在各大洋海盆东侧则弱得多。大洋洋面的这种主要洋流流动能够传导到深海，虽然强度大小不一，但方向不会发生改变。

此外，海水热量和盐分的再分流过程会引起深海海水的返流。海洋表层海水下沉的机械作用是与大气相互作用并冷却和蒸发的过程，会引起新混合形成的高密度海水在垂直方向上强劲流动/对流。在南北两极海域和中纬度地区，例如地中海的某些水域，这样的对流每年都会发生，通常对流深度为百米；偶尔能达到数千米，这样的情况每隔5—10年会发生一次，高密度海水能够随着对流深入大洋腹地。假设海水只有这样一条垂直交换渠道的话，那么，深海必然是一潭冰冷的死水。因此，深海水体的流动并不是主要依靠水密度驱动，深海中热量和盐分的混合与传输需要依靠一个机械性湍流途径。通常情况下，深海水流和传输受到海风和海潮的间接控制，在深海垂直方向上水密度之间的差异能将海风和海潮转化成内波。深海内波的上下幅度能达到100米或更大，并且引起大部分深海湍流。就像海涛冲击海滩一样，深海湍流同样在不断冲刷海岛与大陆坡，且规模更大，正是这些具有破坏性的内波使深海湍流运动永不停歇。

化学特性

深海中的重要化学要素包括水体的盐度和pH值（酸碱度，测定海水酸碱度的一种方法）。通常情况下，每千克海水的含盐量约为35克。普通水的pH值为7（低于7呈酸性，大于7呈碱性），一般情况下海水的pH值为8左右。分析结果显示，每千克海水不但含有数毫克到几十毫克不等的氧、碳酸盐以及氮、磷酸盐等主要营养物质，还含有数十毫微克的其他微量营养元素，例如铁等矿物质。即便如此，它们仍然难以满足海底生物的需求。这样低的含量可能会有人不解，因为海洋形成时海水中的铁含量巨大并且地核主要是由各种金属物质组成。真正的原因是，在漫长的岁月中，海洋中原有的大部分铁都沉淀了。

海底地形

上图：深海海底不是平的，深海大洋中的海底丘陵和海山比陆地还多。这幅北大西洋图片显示的是著名的大西洋中脊。

海底锰结核

下图：某些深海海底有丰富的锰结核，就像这幅拍摄于美国大陆边缘东南部深海海底的照片。

深度与高度

对页上图：海洋地形地貌的多样性超过陆地，海底最深处是马里亚纳海沟中的挑战者海渊（深度为11,034米），大大超过了海拔8848.86米的地球最高峰珠穆朗玛峰。

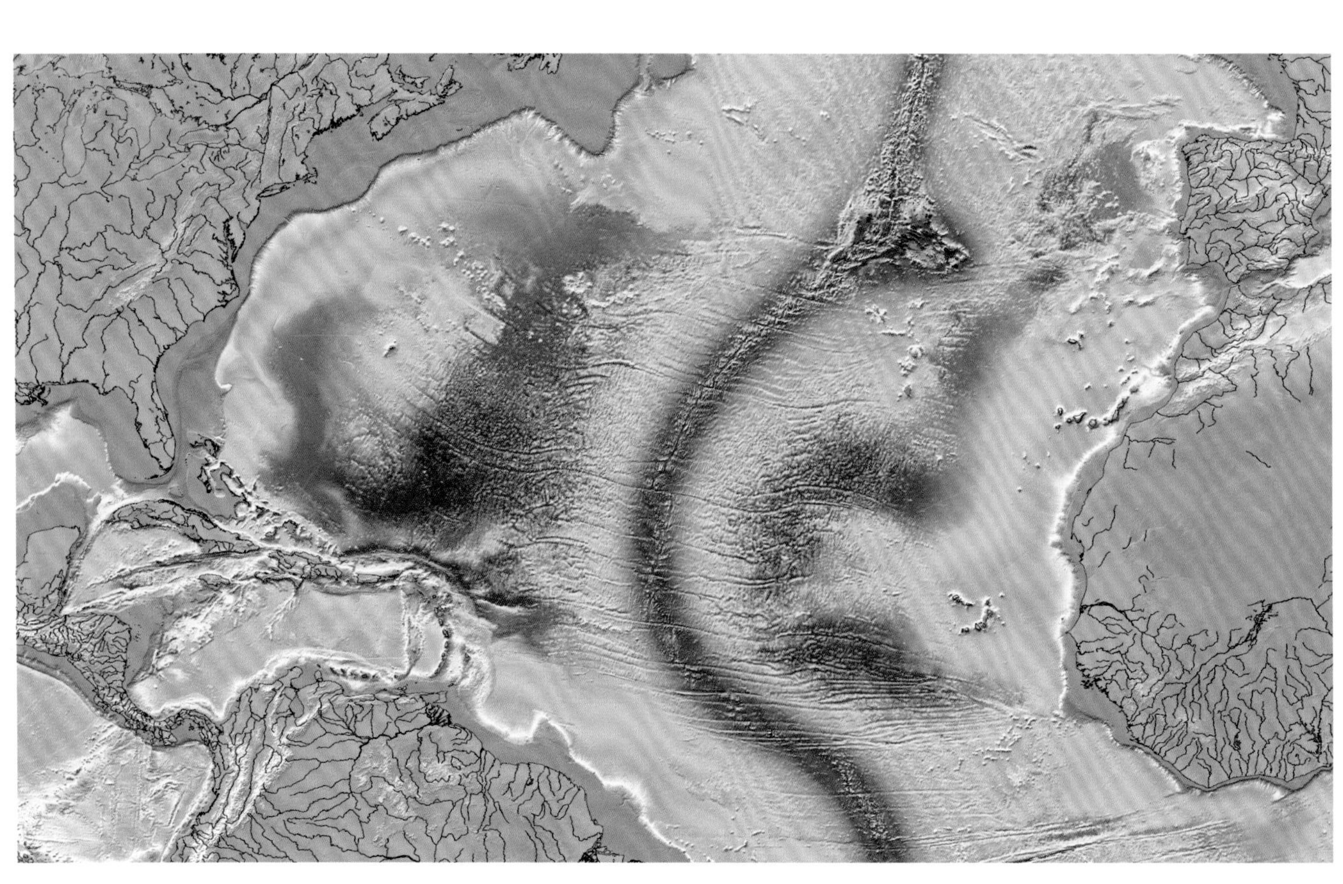

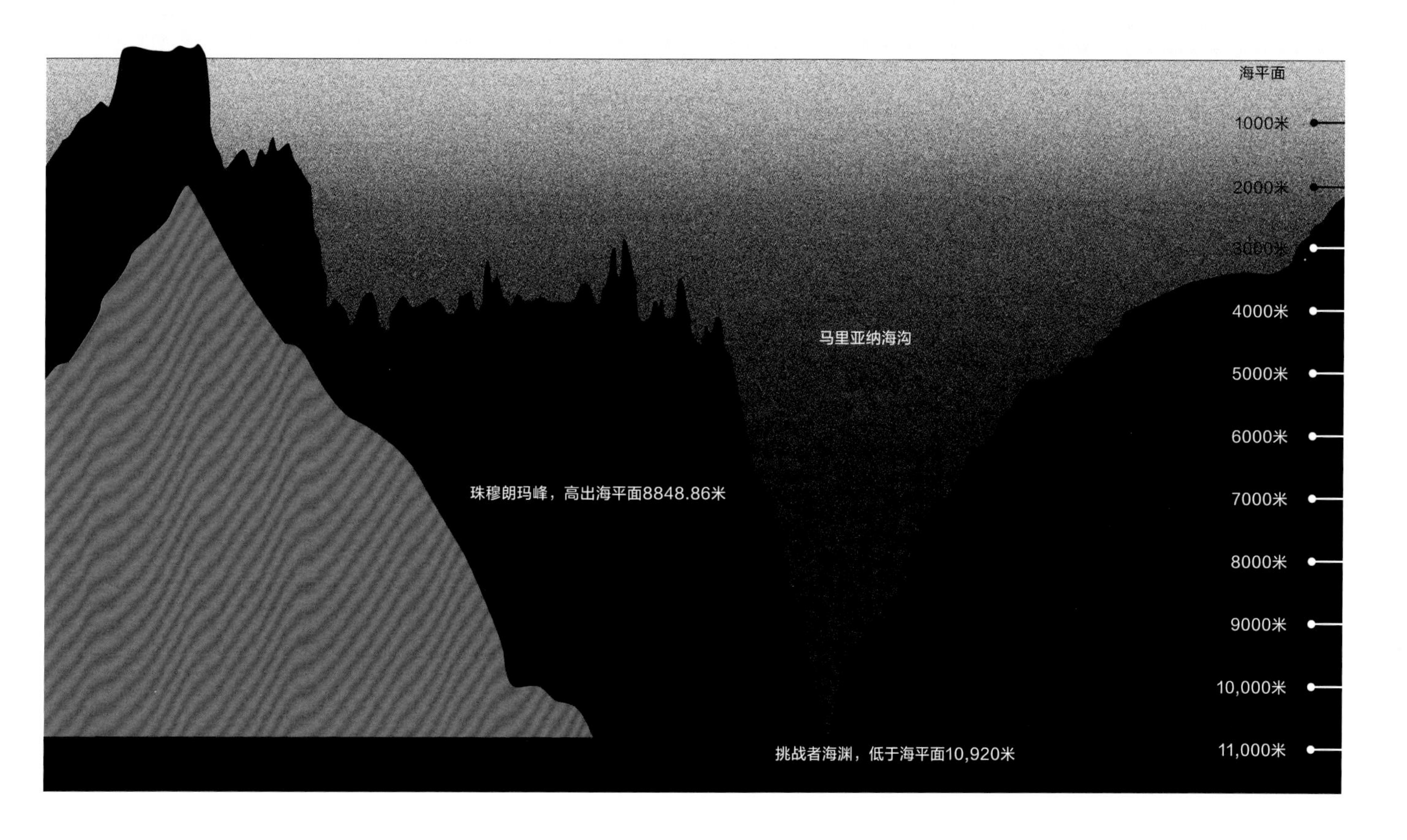

地质特性

深海海底像起伏不定的陆地地壳表面一样极不平坦，有大量的千年沉积物和生物生存所需的物质。海底那些纵横的山峦，构成了一个重要的深海地质因素。深海海底的各种地形地貌决定着洋流的流向和所有悬浮物的输送方向，这些悬浮物含沉积物微粒、死去或仍然活着的微生物等。作为地球地壳与深海海水的分界线，深海地形地貌在物质通过湍流混合的再悬浮方面，以及从海底将这些物质输送到深海水域的过程中，都发挥着重要的作用，这个作用对深海生物至关重要。但是，深海地形地貌对塑料微粒和各种污染物的再悬浮，也可能带来了不确定性。

海底包括大量各式各样不同的基底与结构，它们与位于上方的水流可能发生某些相互作用。只要有内波冲击，就会引起大范围的湍流，这些湍流能够搅动海底沉积物，那些泥土微粒很容易重新悬浮于水中，而只有更强的湍流才能使粗糙沙粒悬浮。因此，在不少海底区域，因受湍流的冲击，只有光秃秃的岩石。相比之下，地壳为其上面的深海海水传导的热量微乎其微。但在有海底火山活动的水域，火山活动可能输送出锰、镁等稀有金属。当构造板块结合处和某一构造板块下沉（潜没）或滑落到另一个构造板块的下面时，就可能形成很深的海沟。

在目前发现的海沟中，最深的超过10,000米，而这类深海沟基本上都分布在太平洋海域，大西洋最深的海沟深度约为8400米。

沿着深海海沟形成了一些火山弧，而这些火山弧又形成很多大洋岛屿。在地质学中，我们将火山弧后面的地区称为“弧后”，这些地区又形成了部分深海平原，即广阔且相对平坦的海底区域。在一些深海平原上，已经发现了大量锰结核，它们的形成过程十分缓慢，现已成为开采目标。海底铁锰氧化物的坚硬表层同样与源自海底火山的水热活动有关，大西洋中脊就是一例。在海底构造板块潜没地区以外，火山活动能够出现在过热点（hot spots）上并形成海底山。过热点的火山作用十分独特，因为它们并不是发生在地球构造板块与板块之间的分界线上（这里是所有其他火山作用的发生地），而是发生在非常规的地热中心区，即地幔热柱点上，夏威夷岛就是过热点火山作用的产物。

生活在深海大洋的居民们

深海生命形态概述

在深海生物体中，我们能够找到生命树上几乎所有分支的代表，但有一个重要例外。从深海的定义就能看出，海洋深处由于缺乏光合作用所需阳光，在那里繁衍生息的生物体不含植物以及必须靠光合作用生存的浮游植物群落。虽然目前科学家对深海生物的认识达不到对陆栖淡水生物的深度，深海生物同样代表着地球重要的动物物种。在地球生命这棵大树上，深海生物的确只占一小部分，但深海各种真菌和种类繁多的微生物构成了这棵地球生命之树的很多分支。深海生物区系中生活着包括所谓的巨型病毒在内的各式各样的病毒和细菌，它们的基因组异常复杂,它们在这棵树上所处的位置仍存在争议。

人类对深海生物的认识始于19世纪中叶，经常困扰人们的一个问题是：生物为什么能够在那样恶劣的环境中生存？其实，对一些生命体而言，经过漫长的一代又一代的进化，它们十分适宜生活在黑暗、高压、低温的深海环境中，而浅海环境反而是它们的坟墓。这也难怪，时至今天，深海动物在很多人眼里仍然怪异、陌生，甚至恐怖。从人类视角看，不少深海生物外表看上去的确很怪异，如果我们仅凭想象力而不是知识，那些长着突出、长而锋利牙齿的生物一定会令你毛骨悚然。在流行媒体中，许多被描绘成怪物的动物实际是以深海动物的外貌，有时甚至是以其行为为模型的。但人们经常会惊讶地发现，这些动物模型比实际动物大得多，即使是体形巨大的动物，例如生活在远离人类正常活动范围的巨型鱿鱼或海蛇形皇带鱼，它们不但身材苗条，并且对人类几乎不具攻击性（但如用鱼叉猎捕抹香鲸那就很危险了）。

“从人类视角看，不少深海生物外表都看似很怪异，如果我们仅凭想象力而不是知识，那些长着突出、长而锋利牙齿的生物一定会令你毛骨悚然。”

斯隆蝰鱼

对页左上图：一种渊龙腾科鱼类，通常生活在500—100米深水水域，主要食物为鱼类和栖息在深海散射层的甲壳纲动物。

剑尾乌贼

对页右上图:手乌贼科乌贼一般都有最奇特、陌生的外表，它们的尾巴结构复杂而修长，看上去与整个身体及有关部位的比例“失调”，其实这些尾巴仍处于生长阶段，所以外表更像我们所熟悉的那些乌贼漫画。图中这只成年乌贼将自己的长触须收缩到了腹腕处的凹槽中。

望远镜鱼

望远镜鱼属一种

对页下图：望远镜鱼的眼睛虽然不能将远方的物体放大，但因双眼酷似一架双筒望远镜而得名。它们的眼睛总是注视前方，每当它们在海洋中层水域昏暗的光线中，头向上垂直游动搜寻猎物时，不但它们自己的身影会因顶光变小，猎物的身影也会变小。

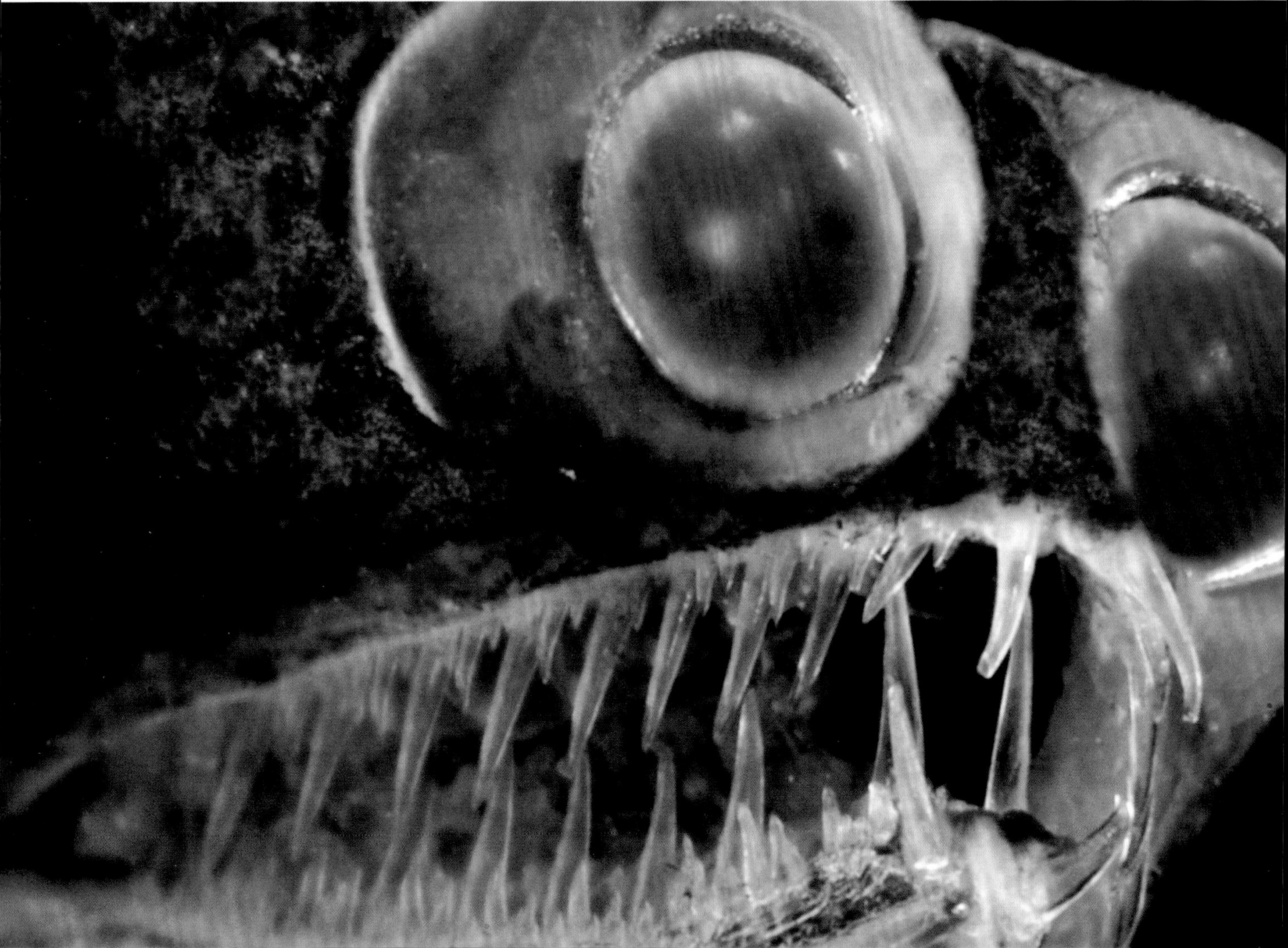

栖息地的分类

对深海生物的栖息地进行分类不但能帮助我们更好地了解深海生物，还有助于我们厘清已知和未知的问题，从而确定今后的研究方向。根据其栖息位置进行分类是方法之一，一般分为深海海底的底栖生物、远离深海海底的深海生物以及生活在这两者之间过渡水域的大量生物。其中一部分是从深海海底直接游上来的，在向上迁移过程中，它们或会“邂逅”大陆坡坡底或海底山脉；另外一些生物会在一个栖息地生活一段时间，又到另外一个新的地方生活，例如，深海幼体，它们出生后先被安顿在海底底部，成年后生活在更宽广的海底水域。在底栖生物中，直接生活在海底岩石上的生物与生活在海底沉积物中的生物完全不同。同样，各种深水生物也因栖息水域的深度和生活习性不同而各异。海水在垂直方向上的物理结构（如温度、压力和光线的梯度变化），会导致生活在不同水深深度的生物种群变化，其中包括底栖生物和深水生物。

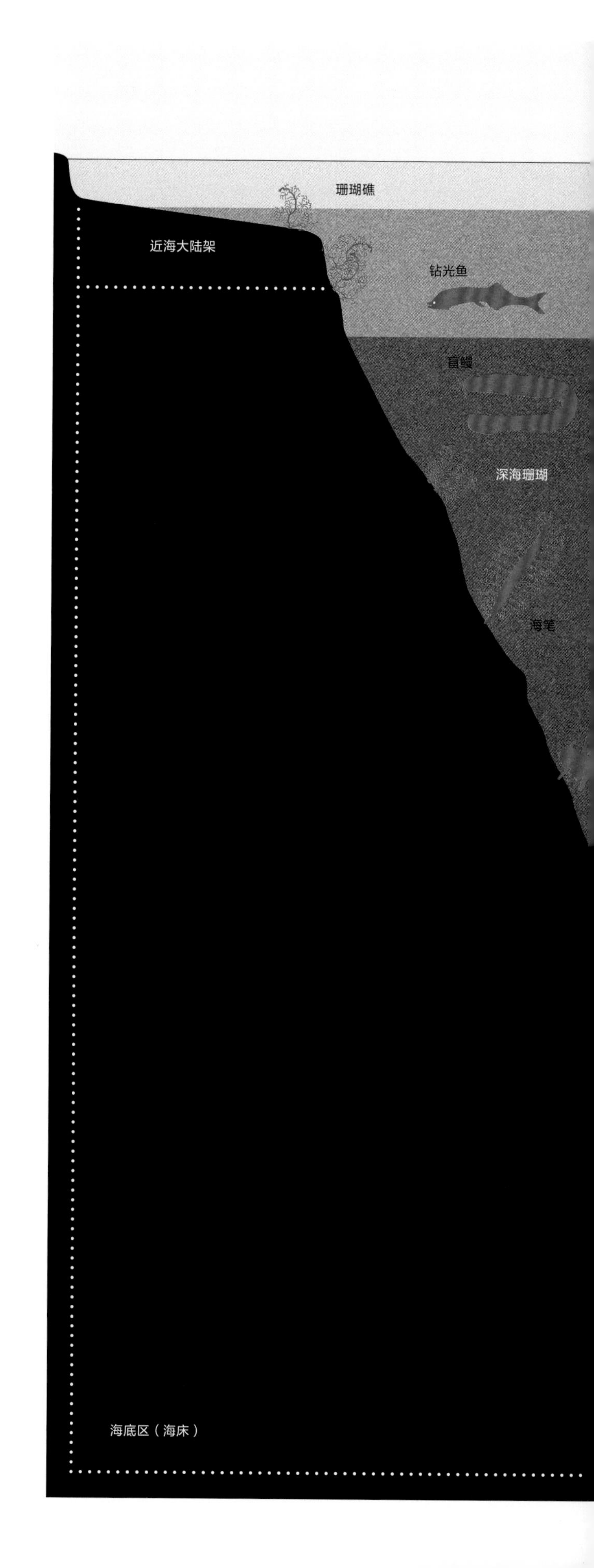

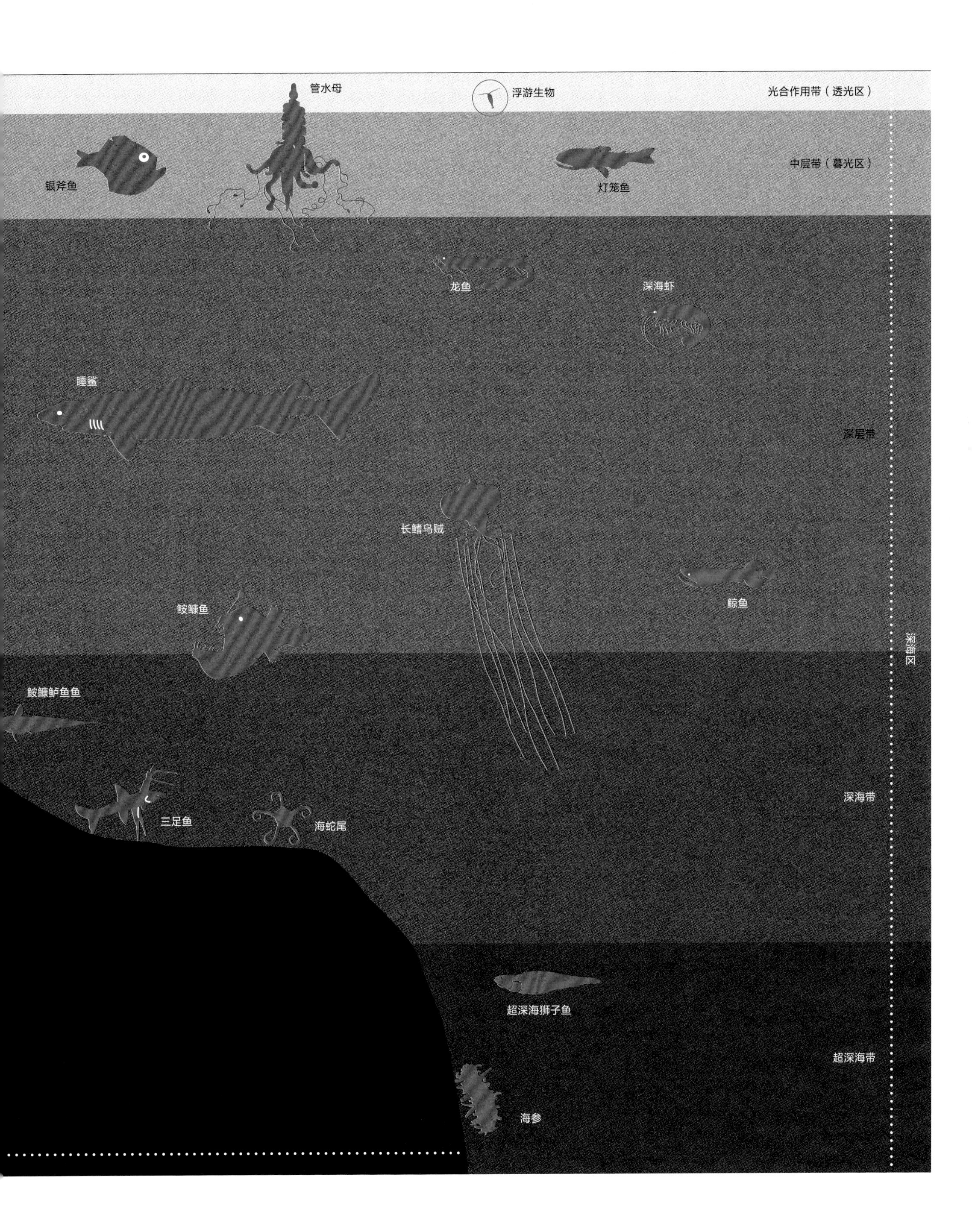

管水母
浮游生物
光合作用带（透光区）
银斧鱼
灯笼鱼
中层带（暮光区）
龙鱼
深海虾
睡鲨
深层带
长鳍乌贼
鲸鱼
鮟鱇鱼
深海区
鮟鱇鲈鱼鱼
三足鱼
海蛇尾
深海带
超深海狮子鱼
超深海带
海参

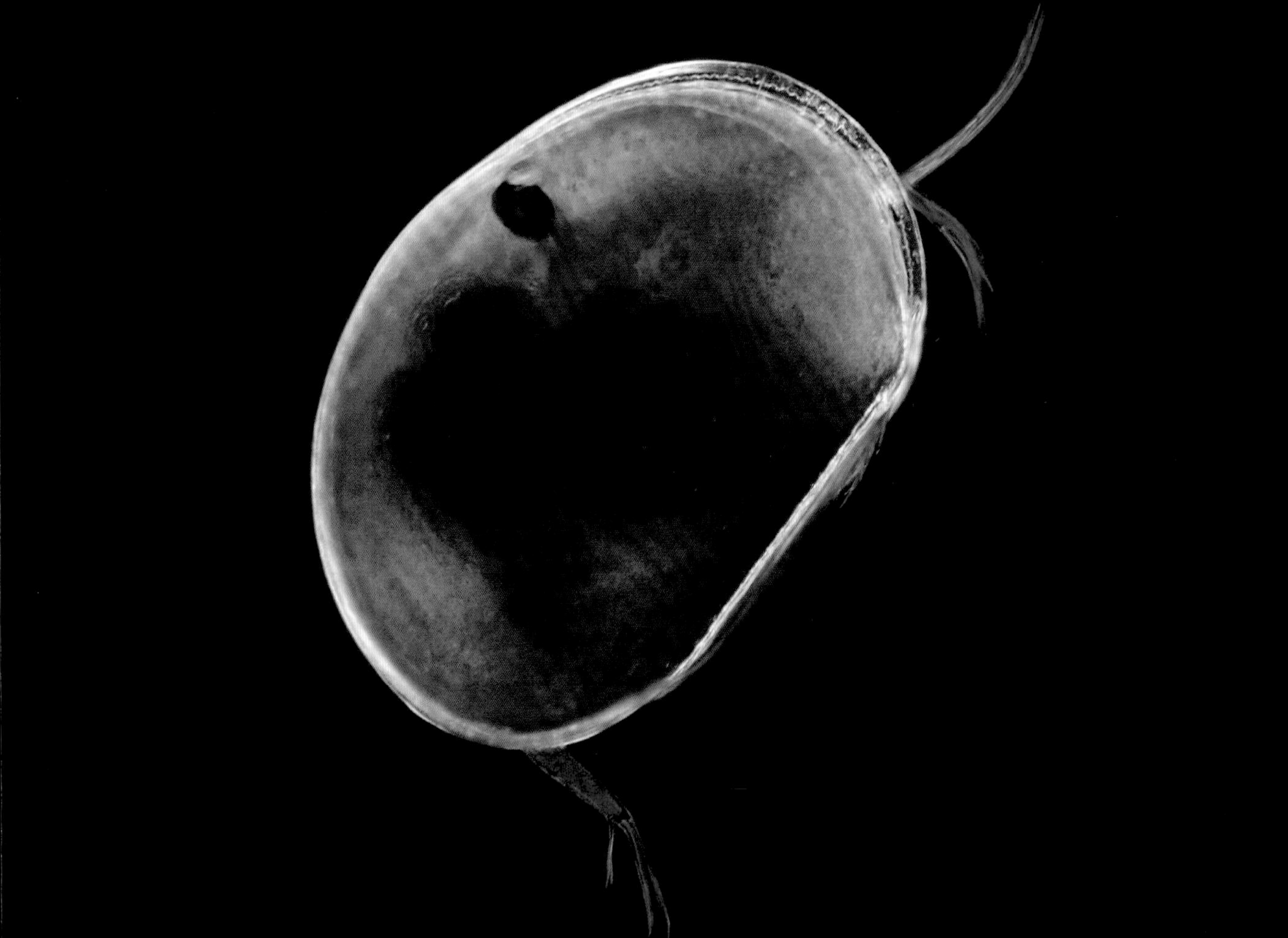

根据深海动物的体形大小分类

除了根据深海动物的栖息地分类以外，我们还可以考虑以深海动物的体形大小进行分类。在深海中，非常小的生物包括各种微生物，如细菌、古生菌、病毒、真核生物（只有一个原子核的单细胞生物）和微小的多细胞生物。在生物学和生态学中，对这类微小生物与大型生物的研究方法是不同的。即使在大型生物中，体形大小也对其生活方式、栖息水域等产生着直接影响。在游走动物种群中，无论是游泳动物还是爬行动物，大型动物通常都比小型动物的移动速度快，这直接关系到它们搜索猎物、寻找配偶等的能力。对固着动物（sessile species）来说，虽然它们固定生活在某个地方，但如果它们的体形很大，同样能够跟随洋底的近底海流在向上漂流或游动过程中滤捕猎物。如果将深海动物种群与浅海动物种群的体形进行对比，深海中大型动物的体形更硕大，行动更敏捷和灵巧，但深海小型生物的体形更纤细，所需维持生命的食物量也相对更少。

食物与供给

除了各种深海生态系统的物理参数（例如温度、压力和光照），食物的可得性（可能持续稀缺或只在特定时期可得）在大部分深海中都是一个关键且有时是限制性的因素。化能合成生态系统是个例外，在这个系统中，微生物可以通过海水中的化学物质和海底地热能量制造有机物质，有时在乏氧情况下也可以。现在我们已经发现了多个这样的化能合成生态系统，但它们的规模还有限，否则大量的深海食物也会出现在海洋表层。从海面随海流进入深海的海面物质的变化与海面物质形态有关，同时还受季节、维度和可获得的营养物等因素的影响。而海面营养物的多少又与离大陆及河流入海口之间的距离、富含营养物的深海海水上涌，以及强海流或强风引起的其他物体运动等因素相关。在深海生物的生物学研究中，有限的海洋食物资源的有效收集和充分利用是一个日常主题。

深海生物的进化关系

当然，对深海生物的研究可以有多种方法。其中一种重要的方式是从生物之间的相互进化关系入手，即谁与谁之间有关联？它们的不同特征和变化之间有何联系？在深海中，一些生物的进化路径具有鲜明的多样性，而另外一些却不具代表性，这是因为它们在全球深海中很少被发现，不像其他深海生物的进化特征在全球深海的生态系统中都能发现。一些生物学家将研究重点放在深海生物的特别分类群上，而不考虑其体形大小和栖息水域，例如鱼类、棘皮动物（海星、海胆和其他同类动物）、头足类动物（章鱼、鱿鱼和其他头足类动物）。有些分类群（如鱼类）被广泛研究并相对较为熟知，而其他一些（如蠕虫、微生物或水母）则受到的关注较少，也更鲜为人知。因此，深海中充满了未解的谜团，等待着我们去探索。

硕大而孤独的水螅虫

左上图：这种固着动物（不移动）种群看似像薄膜状海葵，但它们与深海管水母更接近。

介形亚纲动物——
种虾巨海萤一种

左下图：这种微小的甲壳纲动物长有双壳背甲，看上去像一只蛤蜊的介壳将身体紧紧地包裹在里面。

如何了解和认识深海生物？

选择合适的方式

在过去200多年对海洋的探索中，人类为研究深海生物发明了一些专门的探测工具，其中一些用于分析深海物理、化学和生态的装备，为科学家判断深海生物的分布提供了重要的信息。想要简要描述目前用于研究深海不同方面的设备时，引发了从何开始和应包括哪些的问题。对此，让我们首先考虑那些对于深海生物学研究领域最重要的设备。从深海研究的历史看（参见第36—41页），应该了解那些在认识深海方面曾发挥过突破性作用的工具，以及与新开发的设备之间的相互关系并进行挑选，但这并不意味着要用全新的设备替代过去使用过的设备。随着对深海研究的深入，不同种类的探测工具在技术方面也在持续改进，并不断丰富着海洋学的研究工具箱，每一件新设备都会为人类认识深海及其生物的不同方面提供新的角度。此外，就在本书的写作过程中，深海研究工具箱仍在不断扩大，不断丰富我们认识深海生物的角度。

探测深海海底和水柱体

光能够迅速被水吸收（决于光的波长），但声音对深水的穿透能力更强（取决于声音的频率），并能以回声形式返回信息。基于该原理，科学家使用不同频率的声呐对深海进行探索，并替代了原先使用的笨重的各种装置和配重线。目前声呐已经被广泛应用于测量海洋深度、海底地形地貌、海底深处地质结构甚至大洋中那些最深的海沟。不过，我们到底能获得多少详细信息，还取决于声呐的频率以及离探索目标的距离两个因素。因此，根据不同需要，我们可使用船载声呐（安装在船底或尾部），或将声呐传感器固定在位于海底的深潜器上。

第二次世界大战期间的潜艇战表明，声呐不仅能够探测到海底的形状，因为许多深海动物和像气泡形状的物体同样能制造强烈的回声，声呐也被广泛用于探测在深海与浅海水域之间漂流或游动的许多物体。如果想获得海洋内部水柱体中物体变化的长时间序列，可将声呐传感器向上放置在一架潜入海底的深海探测器上，或将声呐安装在一台深海漂浮装置上。

卫星遥感探测

虽然无线电波或雷达信号不能穿透海水，但通过卫星可以获得广阔的海面情况。当然，对于深海生物学研究来说，仅靠关于海面的一些参数或数据是远远不够的。海水的温度、近期含盐量及其主要成分变化，不但对预测规模巨大的湍流形成（包括涡流位置），还对海洋锋的研究具有重要价值，而后者对于深入了解深海生物群落的聚集范围及其分布等十分重要。海面海水颜色的变化是科学家辨别浮游生物群落生产力模式的主要依据之一，而它们的生产力模式是向深海提供食物的关键。在这方面，最新的一项尖端技术是通过卫星的激光雷达波，对深海动物昼夜垂直迁移（24小时循环）的大型模式进行评估。

激光雷达

右图：安装在卫星上的一台名为卡利普索（Calipso）的激光雷达，用于探测地球上大规模的动物迁徙，其中包括深海小型生物的垂直迁移。它们在夜间向上游动以享用浮游植物群，在太阳升起前返回深海区。

声呐测量

左图：技术人员正准备在南加州海海域放置一台名为雷穆斯（Remus，希腊神话人物名）的自主潜水器，专门用于研究该水域的声音散射层（sound-scattering layers）。

渔网和其他捕捞器

人类使用的最悠久的海洋生物捕捞工具都与网有关，但这个古老的捕捞概念并不意味着现在我们使用的拖网在研究深海生物方面已经过时。网眼小的小网对捕获小型浮游生物十分有效，而大网既能捕捞大型生物，还能捕捞那些游速快的动物，其中包括各种鱼类、鱿鱼、虾类等，甚至有一些还处于幼年期。一些专门的捕捞船能够携带大型拖网，用于捕捞处于不同生长期的海洋生物样本，其中一些在成年后体形庞大并且游速极快。随着科技的不断进步，用于采集样本的深海网具的种类越来越多样化，可以在不同深度的水域捕捞生物样本，为研究海洋生物在纵向上的分布和游动提供重要信息。

采集海水样本对研究其中的微生物、水样化学性质及其环境DNA十分重要。现在的海洋研究船都装有能自动开启和闭合的水样收集瓶，在不同深度采集供研究用的水样。水样采集瓶还加装了各种传感器，用于测量水温、水的传导性（以测定盐分）、水压（以确定深度）以及来自发光生物体发出的生物光等。

抓斗、抓取手、岩芯钻取器

我们通常使用抓捞工具从海底将生物抓捞到网中，或用抓取手等设备捞取海底沉积物和其中的生物，对生活在海底表面或沉积物中的生物进行分析研究。此外，我们还可使用单管或多管岩芯钻从海床上采集样本，对其中的生物进行研究，一般情况下，我们在一个划定的有限区域中选择一平方米面积的海床进行钻探采样。对生活在较平坦海底区域的一些体形大、游速快的动物，如螃蟹、底栖鱼类等，我们选择更结实、更重一些的网具，但这类网具很容易对底栖生物群特别是那些寄生在海底硬质基底上的生物造成实质性伤害。

海底着陆器、诱饵性摄影机、诱捕器和延绳钓具

在深海水域通过诱饵或诱惑物吸引移动的食腐动物和其他捕食者，可以用陷阱或钩线捕捉它们，也可以拍摄它们。这种方法适用于底部，也适用于水中，但更常用于前者。现在配有多种声呐系统和定时装置的复杂海底着陆器，已经成为探索和评估人类难以到达区域（如峭壁和海沟）中游走动物群的标准方法。

浮游生物网

上图：研究人员正放置两种不同规格的中型和小型“羚羊角”式采样器，用于捕捞不同大小的浮游生物样本。每种规格采样器都由两张网组成，这是为减少“漏网之鱼”的专门设计。

深海潜水器

下图：这一台老式的深潜器，里面安装了一套名为“大海之眼”的拍摄系统，为吸引食腐动物，还可安装诱饵或人工诱惑物。

岩芯钻取器

这台岩芯钻取器正准备在位于北极楚克奇海北部的楚克奇边缘的海底淤泥中采集样本。研究人员能够通过采集到的样本，了解生活在这一地区海洋沉积物中的海底生物。

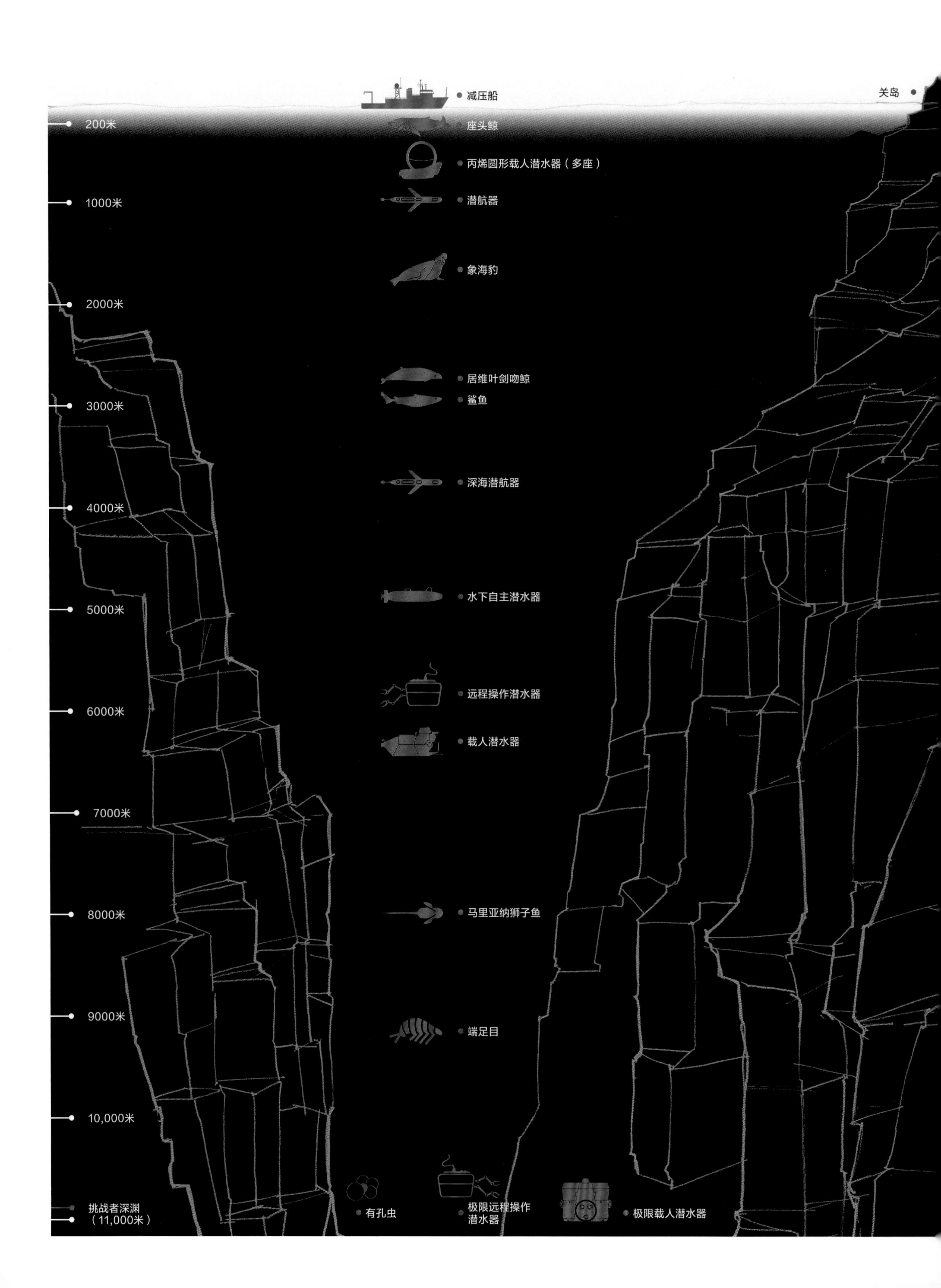
减压船
关岛
200米
座头鲸
丙烯圆形载人潜水器（多座）
1000米
潜航器
象海豹
2000米
居维叶剑吻鲸
3000米
鲨鱼
深海潜航器
4000米
水下自主潜水器
5000米
远程操作潜水器
6000米
载人潜水器
7000米
马里亚纳狮子鱼
8000米
9000米
端足目
10,000米
挑战者深渊（11,000米）
有孔虫
极限远程操作潜水器
极限载人潜水器

用于深海研究和工作的各种深潜器，都有最大工作深度。现在的载人或无人潜水器都能下潜到大洋的最深处，但大多数这样的深潜器都存在潜深较小的限制。请注意：如果按实际比例绘制左侧这幅图的话，这艘68米长的“减压”号船可能隐约可见，但其他各种深潜器和动物就无法显示了。

· 关岛

太平洋的一个岛屿，也是距离马里亚纳海沟最近的一块陆地（相距约322千米），它是太平洋海底隆起的一座海山的山顶构成的。

· 马里亚纳海沟（左图）

在世界大洋底部的众多地质深沟中，马里亚纳海沟是最深的。这些海底深沟地壳板块运动形成，我们对这些规模不大却“深不可测”的海底世界仍知之甚少。

· “减压”号船

深海研究对主要设备投资要求很高，“减压”号船就是一例。它是中型专业船只中的一种，专门用于在复杂困难的海洋环境中进行特别科目的探测和研究。

· 座头鲸

座头鲸能够下潜到200米深的水域。

· 丙烯圆形载人潜水器

这种深海载人潜水器载人舱的树脂玻璃结构透明度高，但抗压强度有限，因此最大下潜深度为1000米，但随着技术进步，其下潜深度也在不断增加。

· 潜航器

一种特殊型号的水下自主潜水器。潜航器通常根据海水流体动力学和浮力变化原理航行，而非发动机驱动，所以它们不需要大型电池就能独立进行长时间的航行。

· 象海豹

体形最大、下潜深度最深的鳍足类动物，又分北象海豹和南象海豹两种。

· 居维叶剑吻鲸

下潜深度最大的鲸，目前的最深记录是2992米，但通常在1000米的深海中觅食。

· 鲨鱼

不少人对鲨鱼不生活在海洋最深处感到意外，虽然深海鲨鱼的种类不少，但一些体形硕大且长寿的鲨鱼不会出现在3000米以下水域。

· 深海潜航器

虽然目前大多数潜航器的最大下潜深度都在1000米左右，但随着技术进步，潜航器最大下潜深度正在不断扩大。

· 水下自主潜水器

一台水下自主潜水器能够根据预设的程序自动航行并采集数据。由于它与水面指挥船之间没有缆线相连，彼此间信息传递十分有限，通常只能等它被收回后才能获取其收集的数据。

· 远程操作潜水器

远程操作潜水器通过缆线与母船相连接，能够实时传输图像和其他数据，操作员一般在海面的母船上控制潜水器。

· 载人潜水器

下潜深度超过1000米的载人潜水器，通常都是钛金属材质的球形体，并装有面积小而厚度大的观察舷窗。这些舷窗外侧面积大、内侧面积小，有利于深海海水的巨大压力将舷窗牢牢地固定在舱壁上。

· 狮子鱼

目前已知生活水域最深的鱼，马里亚纳狮子鱼也是生活水域最深的脊椎动物，栖息水域的深度达8000米。

· 极限载人潜水器和极限远程操作潜水器

在设计和制造工艺上，这两种潜水器都有极强的抗压能力，专门用于对海沟最深处的探索。

· 挑战者深渊

世界最深马里亚纳海沟的最深处，深度约11,034米，是地球各大洋的最大深度。

· 端足目动物

生活在马里亚纳海沟最深处的“大型”（3厘米）甲壳纲腐食动物，它们能够利用海沟中的氢氧化铝物质保护自己的甲壳。

深潜器种类

深潜器的功能和配置因用途而不同，其中最基本的区别是载人或无人。根据载人舱空间大小和结构的差异，载人深潜器还可以进一步细分。从舒适和有趣的视角考虑，人应该坐在一个几乎全透明的球体里。但像玻璃那样透明的载人舱的最大抗水压深度是1000米，增加下潜深度就必须使用更耐压的钛金材料，因此驾驶人员和观光者也只能使用小型舷窗。不同深潜器的最大下潜深度取决于不同设计、构造及其材料，一般来说，最大下潜深度有两种规格：6000米和11,000米（全水深）。目前这两种规格的深潜器都能配备深海探测的全套装备，其中包括摄影器材、各种机械手、采样器、环境探测传感器等。

技术进步催生了各种不同的深海探测机器人。它们可分为两大类：由操作人员通过连接缆线在位于水面的母船上操作，或根据预设程序自动工作。目前常用的是第一种，即远程操作潜水器，它对协调水面操作人员及潜水器的正常工作要求极高。与载人深潜器相比，远程操作深潜器的一个突出优点是：不同领域的研究人员可以在母船上通过缆线甚至在岸上通过网络实时观察并指挥深潜器工作。而对于载人深潜器来说，这一点仅限于舱内人员。总之，这些深潜器都能装备各种工具，而设计和主体结构决定着从近海面到整个深海水域的下潜能力。

还有一类深水探测机器人属水下自主潜水器。它们可根据预设程序在水下自动工作，不需要人操控。这类机器人根据用途不同，其设计和功能也不同，尤其在下潜深度能力方面都做了专门的结构设计并选用专门的材料，例如专门为南极冰架下水域使用定制的。水下自主潜水器具有自己独特的优势，其中包括：①能从母船上直接下水，不需要专门定位并使用绞车和数千米长的钢索；②在放置和收回过程中，它能够进行工作；③多艘潜水器可以根据预设的程序同时工作并相互配合。

人类深海探索简史

海洋研究与发现回顾

以航海为生的人们在史前可能就已经意识到海洋“深不可测并生活着大量各种奇怪的动物”。今天从古文明保留下来的一些源自深海动物的艺术品仍清晰可辨。但直到18世纪末期，当人类绘制出精确的世界海洋图之后，对深海的探索才正式起步。1775年，法国数学家皮埃尔-西蒙·拉普拉斯（Pierre-Simon Laplace）测量了巴西和非洲海岸的潮汐，他还根据自己创立的潮汐动力学理论测算出大西洋平均深度为3962米，这个数据与今天普遍接受的数据的误差不到10%，这也成为人类对深海科学探索开端的标志。

英国皇家海军“挑战者”号

左图：这艘三桅帆船战舰全长69米，装有一台蒸汽马达并拆除了大多数火炮，这是为环球探险做的特别改装。探险队共237名成员，于1872年12月21日从英格兰朴次茅斯港出发，1876年5月24日返回，共航行67,000海里。

发现之旅

右图：这幅“挑战者”号环球航行线路表明该舰跨越了世界各主要大洋，船员曾航行到距南极很近的地区并拍摄了冰山，但没有看到陆地。

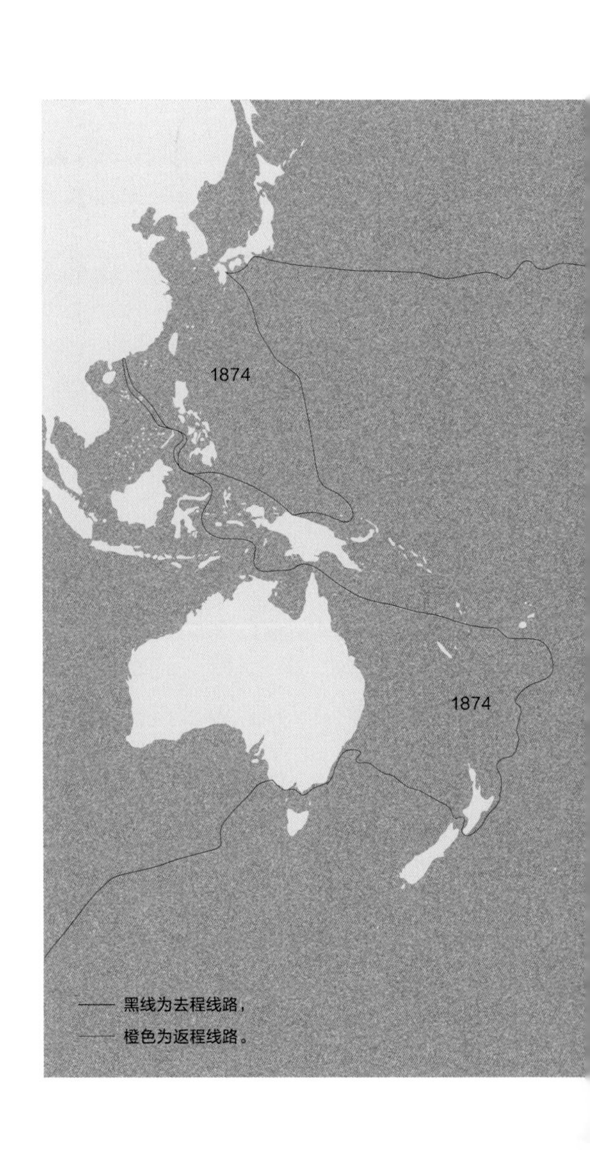

人类早期的深海科考活动

1810年，法国自然学家安托万·里索（Antoine Risso）开始详细记录一些栖息在2000米深海的鱼类，它们都来自他的出生地法国尼斯所濒临的地中海深处。他命名了其中的21种，这些由当地渔民用网、捕捞器和鱼钩等工具捕获的生物包括睡鲨、灯笼鱼、龙鱼、平头鱼和刺鳗鲡（参见第88—89页底栖鱼类和104—109页大洋鱼类）。1818年，英国海军军官约翰·罗斯（John Ross）用测深绳从1000米的深海捕到了动物，1839—1843年，他的侄子詹姆斯·克拉克·罗斯（James Clark Ross）船长在南极洲海域水下1800米处发现了生物证据。然而，1843年爱丁堡的自然学家爱德华·福布斯（Edward Forbes）发现，随着海水深度的增加，他的海底耙网中的生物量在减少，并因此推测500米以下的深海水域不可能有生物存在。他的这套深海“无生命假说论”一时间引起了广泛关注。

但在接下来的1860—1870年的10年间，动物学家迈克尔·萨尔斯（Michael Sars）在挪威海域820米水下不断使用耙网采集到了多种多样的深海生物，其中他造册登记在案的就超过400种。这期间，苏格兰自然学家汤姆森（Charles Wyville Thompson）也在大不列颠群岛以西海域水下4289米处发现了生物。汤姆森因此获得一笔经费和一艘名为“挑战者”号的英国皇家海军军舰。于是，他领衔开始了为期4年（1872—1876年）的环球探险，主要调查世界主要深海海盆的物理、化学特性和生物情况。这次探险取得了一系列丰硕的成果，例如界定了几个主要大洋海盆的形状，完成了海底沉积物和涌流图的绘制，并发现了4717个新物种。虽然汤姆森在旅程开始不久就不幸去世，但他的助手约翰·墨里（John Murray）编辑出版了完整的探险考察报告（50卷），为现代深海海洋科学研究及其新方法的应用奠定了基础。

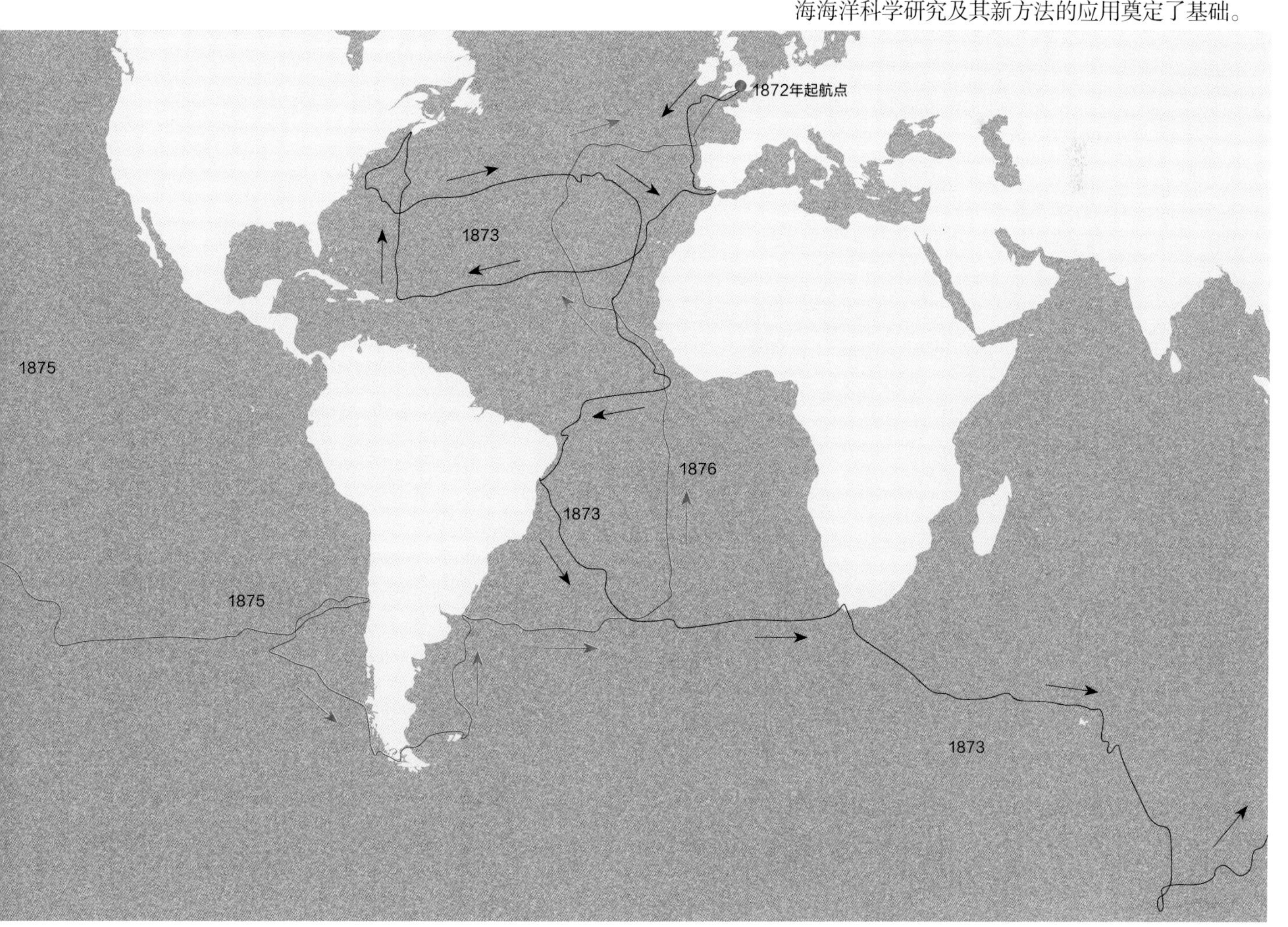

深海探索的黄金时代

紧随“挑战者”号，其他国家也相继跟进。其中主要有：德国的“加泽尔”（Gazelle）号，1874—1876年对深水环流进行调查；法国的“航行者”（Travailleur）号和“法宝”（Talisman）号，于1880—1883年对深海鱼类进行考察，并由美籍瑞士海洋动物学家亚历山大·阿加西（Alexander Agassiz）资助对大西洋西部和太平洋进行了探险航行（1877—1891年）；俄国的“勇士”号（Vityaz），在1886—1889年的环球航行中对各大洋进行了一系列物理测量；德国动物学家卡尔·全（Carl Chun），在1898—1899年的深海研究中，通过使用大型精织筛孔网捕捞深海生物对深海生物学研究做出了重要贡献；摩纳哥大公国大公阿尔贝特一世（Prince Albert I），1885—1915年利用游艇对海洋进行探索也促进了人类对深海的认识。此外，1858年人类成功铺设了第一条跨大西洋海底电缆，这个项目和世界其他跨海电缆线路的铺设进一步丰富了人类对深海的认识。

1904年，瑞典海洋物理学家瓦尼·瓦尔弗里德·埃克曼（Vagn Walfrid Ekman）展示了在不同密度水团之间的接触面上，波浪内部是如何释放动能的。今天这样的波浪被认为控制着海洋内部大多数湍流的形成（参见第60—65页）。1921年德国地球物理学家阿尔弗雷德·维格纳（Alfred Wegener）首次正式提出大陆漂流理论，对人类理解深海盆地的长期动力产生了重要影响。不幸的是，1914年第一次世界大战的爆发使人类深海探索的黄金时代戛然而止。

1918年第一次世界大战结束，人类重返深海探索的征程，直到1939年第二次世界大战爆发。这期间，丹麦生物学家约翰内斯·施密特（Johannes Schmidt）在1920—1930年的10年间，发现了海洋最小含氧区（参见第172—173页）和深海鳗鱼的产卵。一支德国科考队于1925—1927年通过对大西洋的科考，成功绘制了第一幅大西洋深海全水域水温、盐度和含氧量的水文图。1930—1934年，美国探险家威廉姆·毕比（William Beebe）和发明家奥蒂斯·巴顿（Otis Barton）使用他们自己的名为“深海球形潜水器”，完成了人类首次深潜，其深度达到水下923米。

1945年，第二次世界大战结束宣告着人类深海探索新时代的开始。领军者是1947—1948年瑞典深海探险队的科考工作，其后是丹麦的加拉帖亚（Galathea）科考队，在海洋学家安东·布鲁思（Anton Brunn）的带领下，1952年在菲律宾海沟10,190米深处发现了生物。此外，战争中用于反潜的声呐技术被用于深海探索，通过声呐装置传回的声波图，展示了海床特征，其详细程度前所未有。此外，还揭开了夜间向海面移动的“深海散射层”之谜。

1957—1960年，海洋学家亨利·施托梅尔（Henry Stommel）提出了深海环流理论，揭开了源自南北两极富氧冷海水向各大洋盆地提供氧气的秘密。1987年华莱士·布勒克（Wallace Broecker）将这套环流系统称为“大洋输送带”，科学家们之后所做的几项重要世界大洋环流实验都以此为基础。

深海球形潜水器

右图：奥蒂斯·巴顿（左）和威廉姆·毕比（右）与直径1.4米的钢制深海球形潜水器。1934年，他俩乘这台潜水器在百慕大海域下潜到800米处，透过直径20厘米的几扇石英玻璃窗口（在潜水器另一端，本图看不到）观察生活在中层水域的原生发光生物。图中的圆形口是出入舱。

太平洋黑龙鱼

对页上图：它在19世纪深海探索的黄金时代被发现，这种鱼的颏下长着一根能发冷光的触须，用于将猎物引诱进自己的大嘴中，沿着身体分布的那些亮点是发光器官。它们生活在东太平洋深度为1100米的水域，在夜间向水面迁移，以猎食栖息在中层水域的鱼类和甲壳类动物。

吸血鬼“乌贼”

对页下图：它们生活在东北太平洋海域。虽然被冠以这个令人生畏的名称，其实它们既不会吸血，也不是乌贼，而是一种接近章鱼的特别物种。尽管我们对它的了解主要来自美国加州蒙特雷海湾（那里的物种主要是红色的），但它的分布是全球的。除了南北两极深海水域以外，在世界各大洋都能见到它黑色的同类。那张黑色的面积巨大的网状“披风”，让20世纪初发现它的科学家们想到了德库拉和其他吸血鬼的形象，它也因此得名。

海底测量与探索

20世纪中期是人类积极致力于测绘各大洋海底实际地形地貌的时期。1957年，地质学家布鲁斯・希恩（Bruce Heezen）和海洋学家马里・撒普（Marie Tharp）开始绘制世界各大洋的地形图，用图展示了绵延的大洋中脊体系。1963年，地球物理学家劳伦斯・莫莱（Lawrence Morley），弗雷德里克・瓦因（Frederick Vine）和德拉蒙德・马修斯（Drummond Matthews）通过系列原始地磁场研究，提供了海底源自大洋中脊扩张的首个证据。20世纪60年代末，大陆漂流理论和地球板块构造理论被普遍接受。1997年，地球物理学家瓦尔特・史密斯（Walter Smith）和大卫・桑德维尔（David Sandwell）通过卫星数据绘制出了全球各大洋的高分辨率海底图。

20世纪中期，载人深潜器和无人深潜器不断进步，为科学家们的深海和海底研究提供了越来越多的帮助。1960年，探险家雅克・皮卡尔（Jacques Piccardand）和唐・沃尔什（Don Walsh）乘深潜器“的里雅斯特”号（Trieste）成功下潜到世界海洋最深处——挑战者海渊。

1964年，美国马萨诸塞州的伍兹霍尔海洋研究所（Woods Hole Oceanographic Institution，WHOI）首次用新改进的“阿尔文”（Alvin）号深潜器下海。这台更容易操作的深潜器安装有拍摄和采样装置，帮助科学家在深海不断获得新的发现。1966年，该研究所生物学家里卡尔・巴克斯（Richard Backus）等几位研究人员应邀搭乘“阿尔文”号，对太平洋深海中部水域中不同深度的鱼类（参见第104—109页）进行考察。1977年借助“阿尔文”号，海洋学家杰克・科利斯（Jack Corliss）和鲍勃・巴拉尔德（Bob Ballard）率领的研究小组，在太平洋深海热液口附近发现了化能自养生物；1984年卡罗勒斯・保尔（Charles Paull）等几位海洋地质学家乘深潜器，在释放碳氢化合物的海底冷泉区发现了多种类似的化能自养生物。这些重要发现让科学家认识到，在没有阳光供给能量的深海也栖息着各种特别的生物群落（参见第158—167页）。

人类对海面生物的认识与发现为深海研究提供了帮助。1980年，沃伦・霍温斯（Warren Hovis）等航天工程师发表了人类第一幅海面叶绿素的卫星图像，这使制作全球海面主要动植物图和对海面有机物流向深海进行量化提供了可能性。1976年美国伍兹霍尔海洋研究所的地球物理学家进凡人（Susumu Honjo）根据沉积物形成年代顺序和沉积物中栖息的停泊性生物群，对海面以下不同深度的沉积物流动进行了开创性的科考，并完成了一项“补充性的直接测量”。这些具有创新性意义的科考，促进了人类对深海远程探测和有机物流向研究的发展。

目前，很多研究人员和研究机构仍然在对深海物种进行探索并不断有新的发现，而国际性的多边合作也在进行，其中包括一项国际合作完成的世界“海洋生物普查”（CoML，2000—2010），这项为期10年的普查对世界所有海域和大洋的生物多样性及生物数量进行了深入的研究并且成果丰硕。

“的里雅斯特”深潜器

对页上图：1960年1月23日，雅克·皮卡尔和唐·沃尔什在做首次下潜马里亚纳海沟前的最后准备，他们在那里停留了20分钟。

载人深潜器“阿尔文”号

对页下图：1964年6月5日，世界第一艘新型载人深潜器正式交付使用。它能够依靠可进行三维转向操作的动力装置下潜至水下2400米深处。“阿尔文”号其后的新型号和种类下潜深度要大得多。

绘制海底图

右图：地质学家和海洋学家马里·撒普于20世纪50年代绘制完成了大西洋海底图。全球大洋中脊结构的发现，催生了大陆漂流理论和板块构造理论。

“载人潜水器和远程操作潜水器为科学家们的深海和海底研究提供了越来越多的帮助，使更多新发现成为可能。”

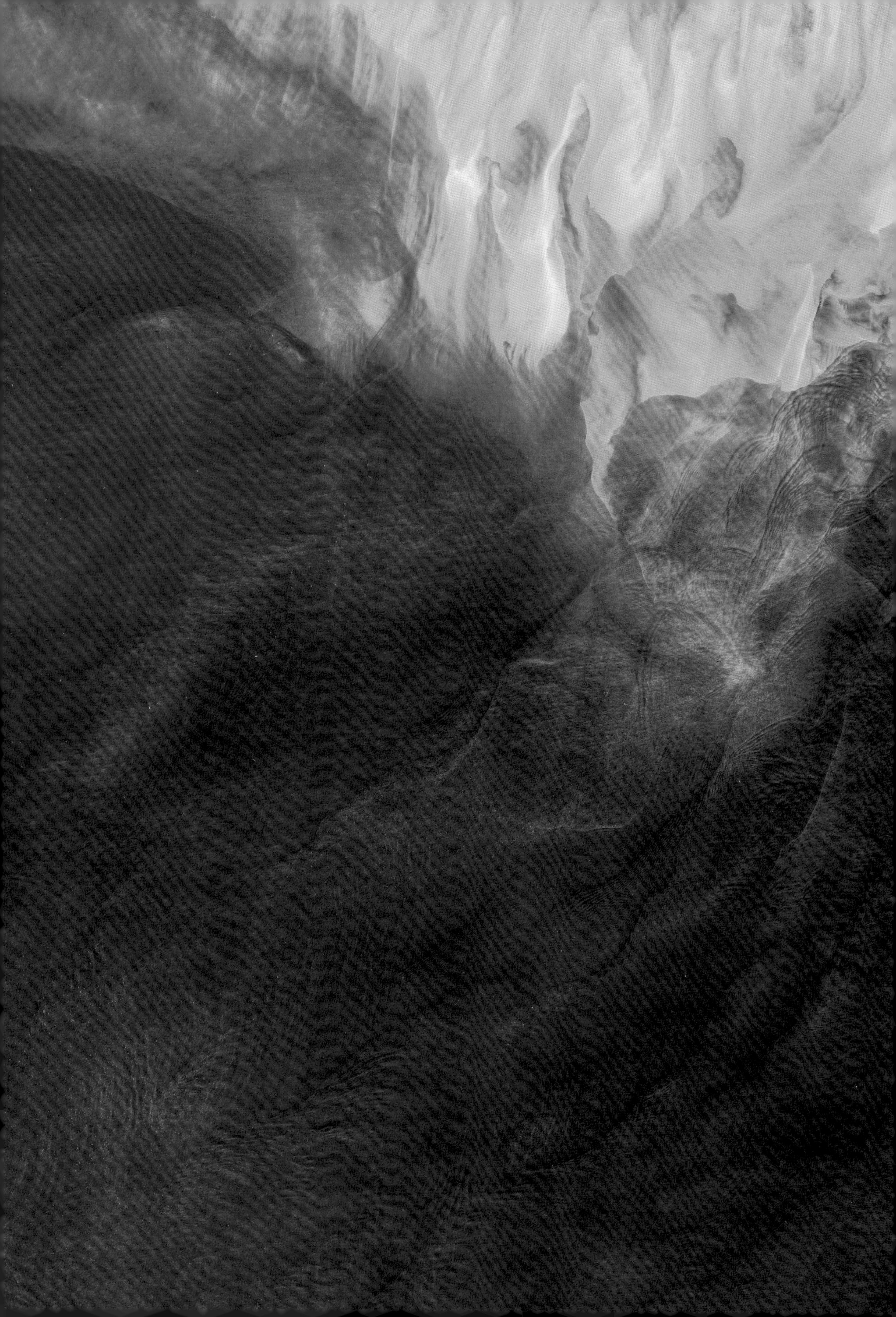

海洋学

前页图：**海洋内波**

这是一幅泰国海岸线以外的安达曼海的一幅海洋内波卫星图。海洋内波的高度可达数百米，长度可从数十千米绵延至数百千米，还能从海面一直往下涌入深海。阳光的作用使海洋内波明显可见。在这幅图的中部可以看到波形和浪头的情形。此外，海洋内波通常能从深海向上涌并将海面平均推起0.1米。

水下地形学

大陆、板块、海岭和潜没带

海洋大约诞生于38亿年前，海洋中的水主要来源于原始大气中冷凝的水蒸气和从火山熔浆中向环绕这个冰冷星球的大气层排出的气体。是否还有一部分海水由陨石带来，目前仍然是一个争议很大的问题。在很长的一段时期内，天空中水气与大气共存于一体，随着地壳逐渐冷却至摄氏100度以下，大气的温度也慢慢地降低，水气逐渐变成水滴，并且越积越多，变成了雨水。大量的降水逐渐灌满了盆地，最终形成了地球上的海洋，而受地球引力的作用，海水不能离开地球。

大陆和海洋板块

从地质构造看，地球表面由8个大板块和无数小板块组成。这些巨大、坚硬的板块构成了地球的上层地幔。这些板块由大陆板块和海洋板块两大部分组成。在大板块中，最大的是太平洋板块，它是唯一一块与整个太平洋大小相当的板块，还支撑着一些水面以上作为大片陆地的热带岛屿。由于大陆面积约占整个地球表面的30%，大多数大陆板块都是一半在水上，另一半在水下，形成了深海海底的延伸。例如，北美洲板块和南美洲板块都向东延伸到了中大西洋海岭，形成了大西洋洋底；澳大利亚板块既包括印度洋洋底又包括太平洋洋底。

在特点方面，大陆板块和海洋板块既有共性又有个性。海洋板块的平均厚度为6000—8000米，大陆板块是4万米。海洋板块主要由富含铁、镁和钙的玄武岩构成，大陆板块是富含二氧化硅、铝、钠和钾的花岗岩。由于含有大量很重的铁镁化合物，海洋板块的密度比大陆板块高出五分之一。两者间的密度差异，导致在它们的交界地带较重的海洋板块会沉降（或潜没）到较轻的大陆板块之下，同时还使海洋板块下沉到地球上层地幔的下面，它们都低于海平面，而更轻的大陆板块却移动到地幔之上形成陆地。

主要地壳构造板块

对页上图：这是地球外层地壳构造板块分布图，其中面积最大的是太平洋板块。

海床上的海岭

对页下图：在这幅地球地形图中，黄色显示的是海面2500米以下海床上的海岭，紫色为深海海沟。这里也是冰冷和高密度的板块沉降进入大陆的位置，深蓝色是深海平原。

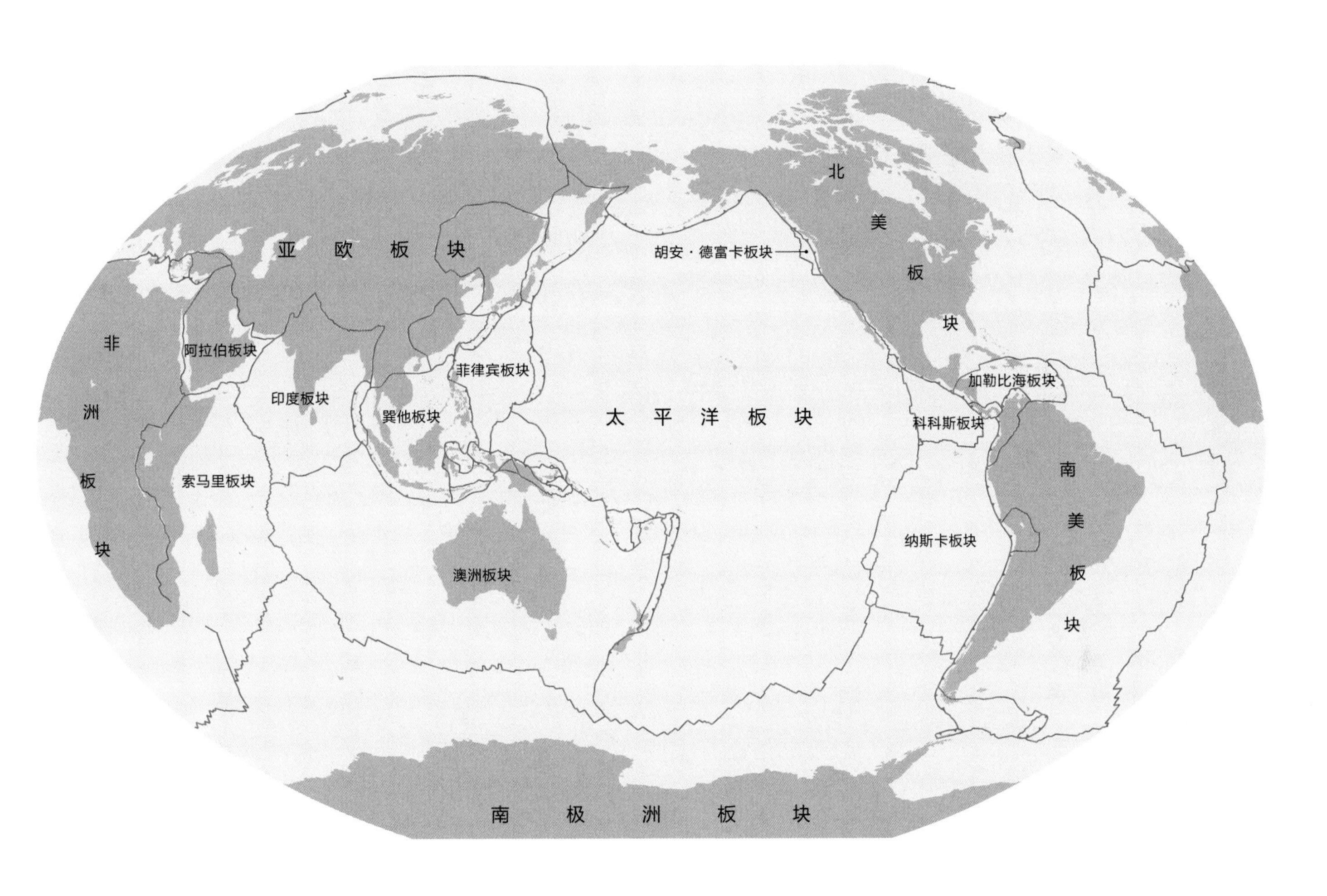
亚 欧 板 块
北 美 板 块
胡安·德富卡板块
非 洲 板 块
阿拉伯板块
菲律宾板块
加勒比海板块
印度板块
巽他板块
太 平 洋 板 块
科科斯板块
索马里板块
南 美 板 块
纳斯卡板块
澳洲板块
南 极 洲 板 块

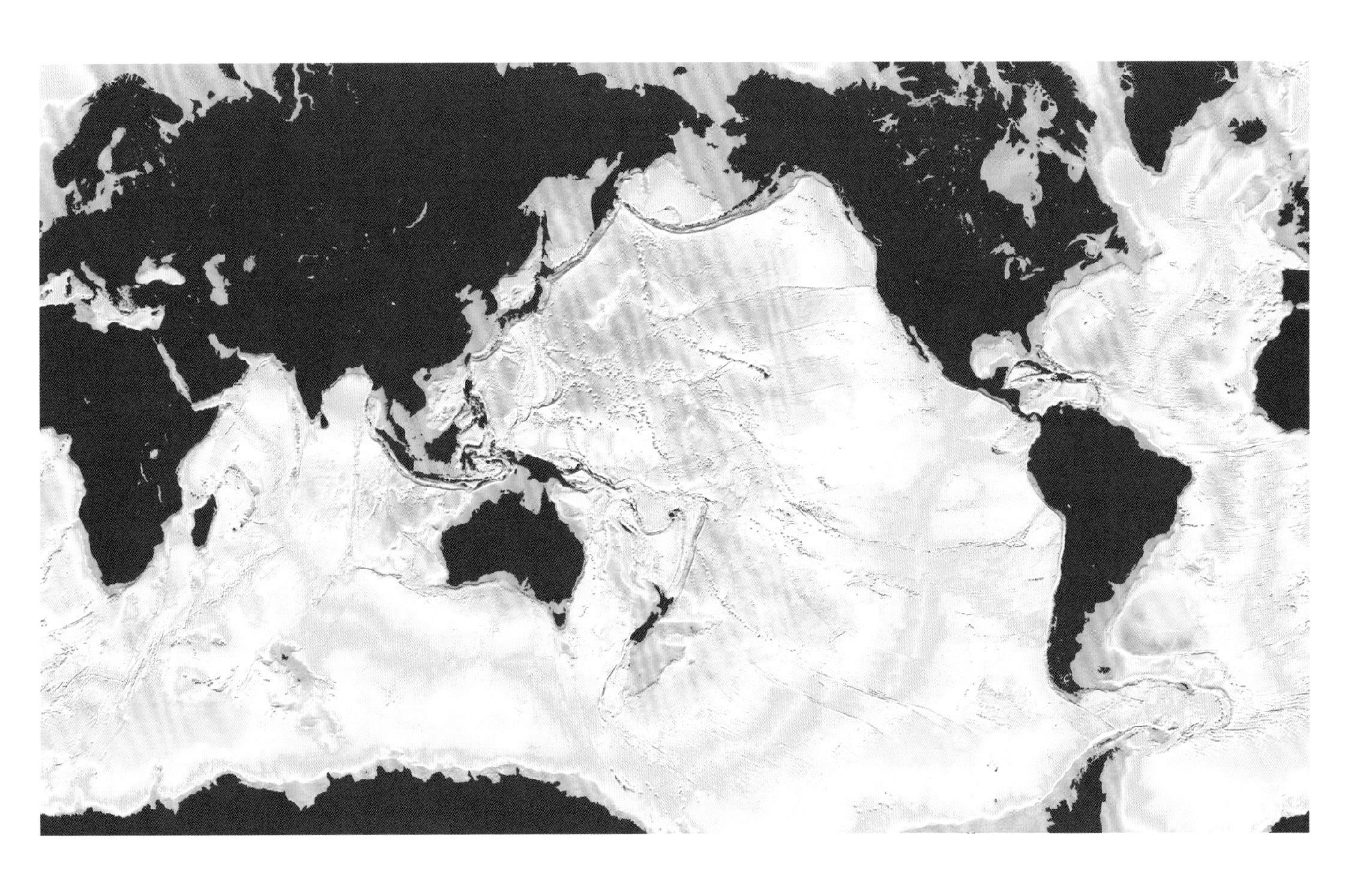

大洋中脊和潜没带

海底火山熔岩在从火山口流出过程中，迅速冷却形成火成岩，而在不同板块交界区隆起的海底火山岩不断形成新的大洋地壳。目前大洋板块仍在扩张，例如大西洋板块不断从中大西洋海岭（巨大的火山岩海底山链）持续向外延伸，除了一些露出海面的大西洋岛屿，其余都在海面以下并仍在以每年平均2.5厘米的速度向不同方向扩展。不同大陆板块的形成，主要是各板块交界区域相互冲撞的结果。在这些交界地带，大陆板块与大洋板块相互碰撞，大洋板块向下“俯冲”进入大陆板块下面，这个过程称为“潜没”。在大洋板块潜没过程中，它们融化并形成岩浆，这些岩浆在经过数百万年的冷却后形成新的大陆地壳。

板块构造作用造成了大洋板块和大陆板块之间存在着很大的差异，这种作用控制了地球地壳的地质结构、性质及其演化过程。不同板块交界地带一直在“更新”大洋板块，同时处在各交界区域的潜没带也处在不断地运动中。其结果是，最古老的大洋岩石形成的时间不到2亿年，而大陆板块形成的时间要长得多且极少受到破坏。绝大多数大陆地壳形成的时间都超过了10亿年，其中最长的可能达到40亿年。

潜没带一直通向地球的最深处——距海面6000米以下超深渊海沟，目前发现的深度超过8400米的海沟都分布在太平洋海底。沿着太平洋板块边缘有无数深坑，现发现最深的位于太平洋西侧，其深度达到10,000米。除了深度很大以外，海沟的地形地貌也多种多样。例如，太平洋马里亚纳海沟长度为2500千米，但深坑数量却屈指可数，这些深坑长度不到50千米，深度超过10,000米，其中3个分布在挑战者海渊中，其中的一个深度为世界之最。太平洋板块周围的大陆板块都是火山活动的产物，也都属于地震活动带。

深海平原

科学家将深度小于海沟并且相对平缓的海底区域称为深海平原。深海平原的地形地貌同样呈现出多样性，主要包括大量深海丘陵和无数孤立的山峰。这样的山峰可能很高，有些甚至高出海面形成岛屿，科学家将处于海面以下的山称为海山，将其中顶部平缓的海山称为平顶海山。如果这些平顶海山属于海底火山弧的一部分，它们就可能形成温度高、富含矿物质和微量元素热泉。

对于深海生物来说，水下各种不同的地形、地势和地貌都意义重大。比如，在矿物质流入并不断扩散的水域，海洋水体中的矿物质含量会增加，这十分有利于那些适应这种水体环境的生物进行繁衍生息。在富含营养物质的海水“再分配”过程中，海流同样扮演着重要角色。当然，海底地形地势和地貌对各种深海活动发挥着多种作用，一些地形可能使深海活动异常活跃，进而形成各种湍流混合（参见第52—65页）。

海底区域

对海底区域的命名。所有这些都在深海海底，除了大陆架。

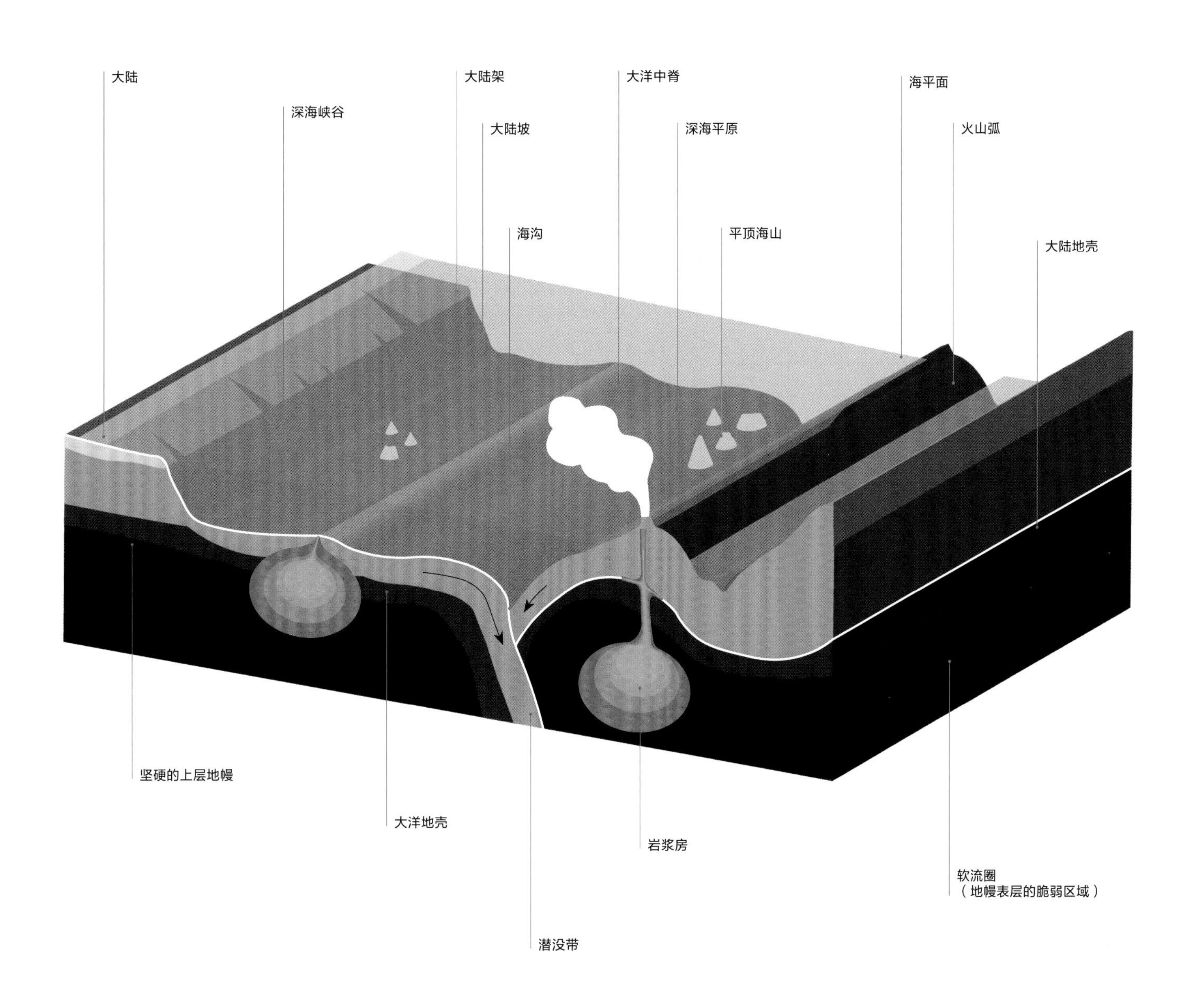

海水的属性

海水不仅仅是水

海水不是一般的水。海洋表面水体的平均密度约为1025千克/立方米，它是空气密度（1.2千克/立方米）的800多倍。因为海水中溶解的盐增加了水体的质量，使其密度大于淡水（在摄氏4度条件下的密度是1000千克/立方米）。世界各大洋海水的平均盐度（溶解的无机物）是3.5%，以前使用的术语是“每毫升35”或“35/1000”，现在为无量纲数“35克/千克的盐度”。换言之，每千克海水（约1公升）含约35克溶解的盐（约7茶匙）。溶于海水中的主要离子是纳（Na^+）和氯化物（Cl^-），此外还有少量的镁、硫酸盐和钙。与海水盐度相比，人体血液中的盐度为9克/千克。海水的凝固点（冰点）随着盐度的减少而增加，当盐度处于正常值时，凝固点约为摄氏负2度，这也是液态海水的最低温度。

声速

深海的各种参数值不同于靠近海面的参数值。海水温度通常随着深度的增加而降低，深海海水在垂直方向的特定位置上含盐量变化更大，而在垂直方向上的海水温度的变化会引起海水密度的变化。科学家在对海水相关参数做小幅但重要的修正后发现，海水密度看起来是随海水深度的增加而增加。在海洋中的声速也是一个变量。一般情况下，在水深1000—1500米的中部水域，受水温、水压和含盐量的影响，声音的传播速度较为稳定，距离也最远；在靠近海面的水域，水温对声速影响最大，温度越低声速越慢；但在深海水域，压力成为决定声速的主要因素，水压越大，声音的传播速度就越快。科学家据此发明了“沙发声道”（Sofar channel，一种声音定位测距法，又称“声发”），即声波在海洋中部水域的沙发声道中可保持一定速度并进行长距离传播。在沙发声道中，低频声波在逐渐减弱并消失前可以传播数千千米。

氧饱和度

与声音在海水中的传播速度受深度影响一样，海水深度对水体中的氧饱和度同样产生着重要影响。根据某个水域物理和生态环境，海水氧饱和度达到最小值的深度一般在500—1500米。这个“最小含氧区”（OMZ）的形成是两种因素相互作用的结果，一是湍流强度较低限制了含新鲜氧气的上层海水与下层之间的互动，二是那些靠从海面冲下来的有机物为生的细菌对氧气的大量消耗。海洋中的氧气均来自与大气层中空气的相互交换。在水深1500米以上海水中的大部分有机物都会被分解，而在这个深度以下，氧饱和度相对较高，因为这里的生物对氧气消耗量较低。

海水的属性

这张图表显示的是位于西大西洋的波多黎各海沟的温度、盐度、密度、声速和氧饱和度。

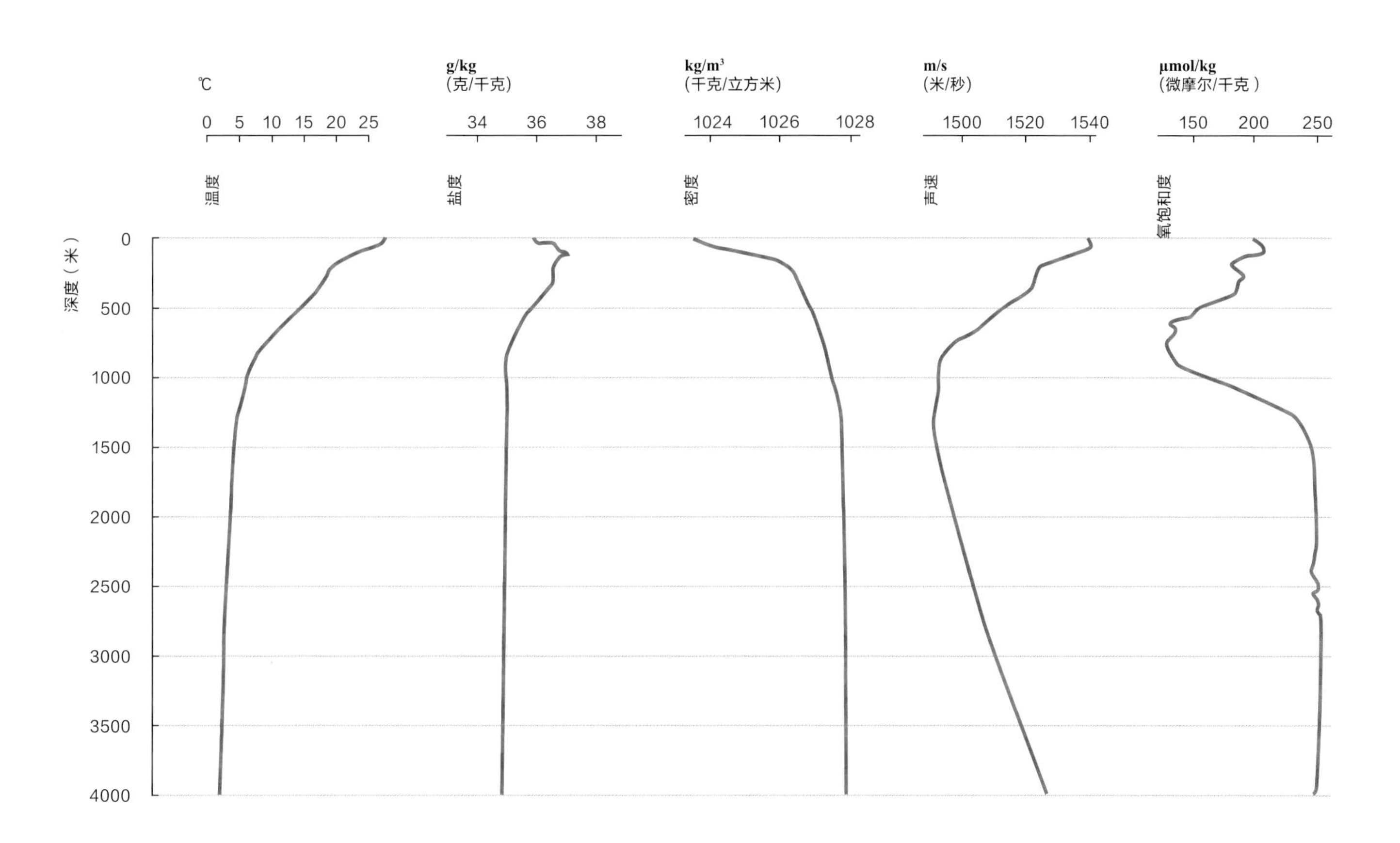

声波

科学家发现，长须鲸是利用“沙发声道”进行信息传递的高手，它们总是下潜到位于海洋中部水域的“沙发声道”与位于远方的长须鲸进行信息交流。

海水的酸碱度和盐度

测试海水酸碱度时，其pH值大于7，一般在7.6—8.2之间，所以海水基本上呈碱性。但也不完全相同，从总体看，接近海面水体的碱性更强一些，随着海水深度的增加，特别是从1000米开始，海水酸性逐渐明显。如果制作一幅深海酸碱度变化图表的话，随着海水深度的加大，海水酸碱度变化的曲线与深海海水含氧量变化曲线非常相似。

数十亿年以来，海洋的含盐量始终处在一个稳定的状态中。究其原因，最大的可能性是海洋中存在着一种化学构造/系统，它能将不断新增的盐完全消除。与淡水相比，海水中所含的被溶解的无机物要多得多，两种不同水体对无机物的溶解率差别也很大。例如，海水中的碳酸氢盐的含量是淡水的2.8倍，它决定了海水的pH值和碱性性质。然而，作为一种完全溶解的离子的比率，海水中碳酸氢盐的百分比又比河水中的比率低得多，这是因为两种水体溶解这些物质所需时间不同：海水溶解钠和氯化物需要较长时间，而钙（对碳酸盐的合成十分关键，即某些海洋生物的甲壳生长）的分离与沉淀要快得多。此外，海水中还存在少量的其他物质如氨基酸，科学家认为它们在生命起源中发挥过关键作用，氨基酸是在氮原子中发现的，每千克海水中最高含有2微克氮。

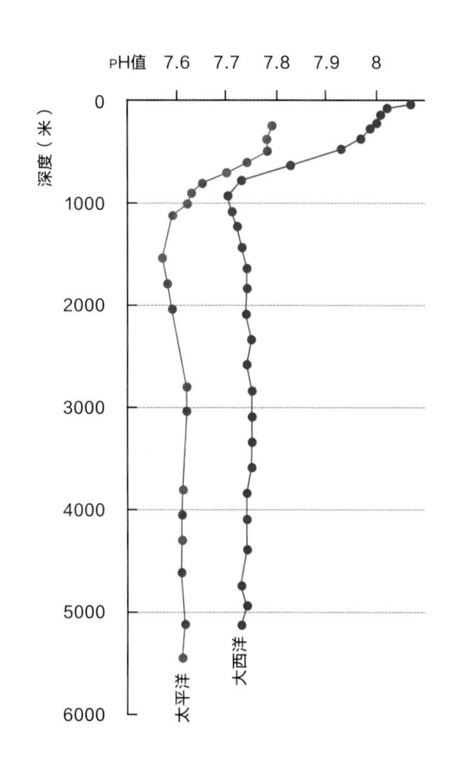

微生物

海水中含有大量微生物，其生命形式主要包括细菌、古生菌（单细胞原核微生物）和病毒，种类繁多。科学家经DNA分析发现，一桶海水中不同生命形式的微生物种类可能超过2万种，而在世界各大洋中的微生物种类可能超过1000万种。相关研究结果还显示，在深海各个深度和海底沉积物中都有细菌存在，其中一部分属于需氧菌（消耗氧气），另外一些属于厌氧菌（其生长不需要氧气）。这两种细菌中的绝大多数都能自由浮游，有一些存在于其他有机物中，例如生物发光体细菌。藻青菌（蓝绿海藻类）在海洋演化进程中曾发挥过重要作用，它们促进了叠层石（微生物礁）的生长和大气层中氧气的形成。一些海洋细菌能够生活在pH值为7.3—10.6的海水中，另一些种类的细菌只能在pH值为10.0—10.6的海水中生长。此外，还有些能够栖息在某些碱性环境异常的海水中。

在海底世界中还生活着古生菌，它们的数量可能占到整个海洋生物总量的一半。古生菌，这些形同细菌的微生物，能够在海底高温、硫黄含量大的热液口等极端环境中生存。科学家对海底沉积物的研究显示，古生菌不但能够分解甲烷，还可以分解一些具有分解海底岩石能力的细菌。古生菌因此对海水的化学性质产生着影响。

深海的酸度

左图：这是一幅海洋平均酸碱度函数值表。对大西洋和太平洋不同深度海水酸碱度的分析显示，大西洋的酸度低于太平洋，原因是大西洋中海水停留时间比太平洋短。

生物发光细菌

对页左上图：这幅图中的弧菌属的蹄叶囊吾菌（Vibrio fischeri）是一种生物发光细菌，它们生活在世界各大洋中，并与某些深海生物共生。

叠层石

对页左下图：图中的叠层石群是海水中所含碳酸盐中的钙沉淀形成的，藻青菌在这个过程中发挥着重要作用。

藻青菌

对页右上图：图中的藻青菌（一种单细胞微生物）生活在深海水域，通过吸收阳光产生能量，并给海洋供氧。

对页右下图：硅藻经显微镜放大的附着在藻青菌上的硅藻（椭圆形）。右下角是海洋原绿球藻的显微图，它是各大洋中的主要藻青菌。

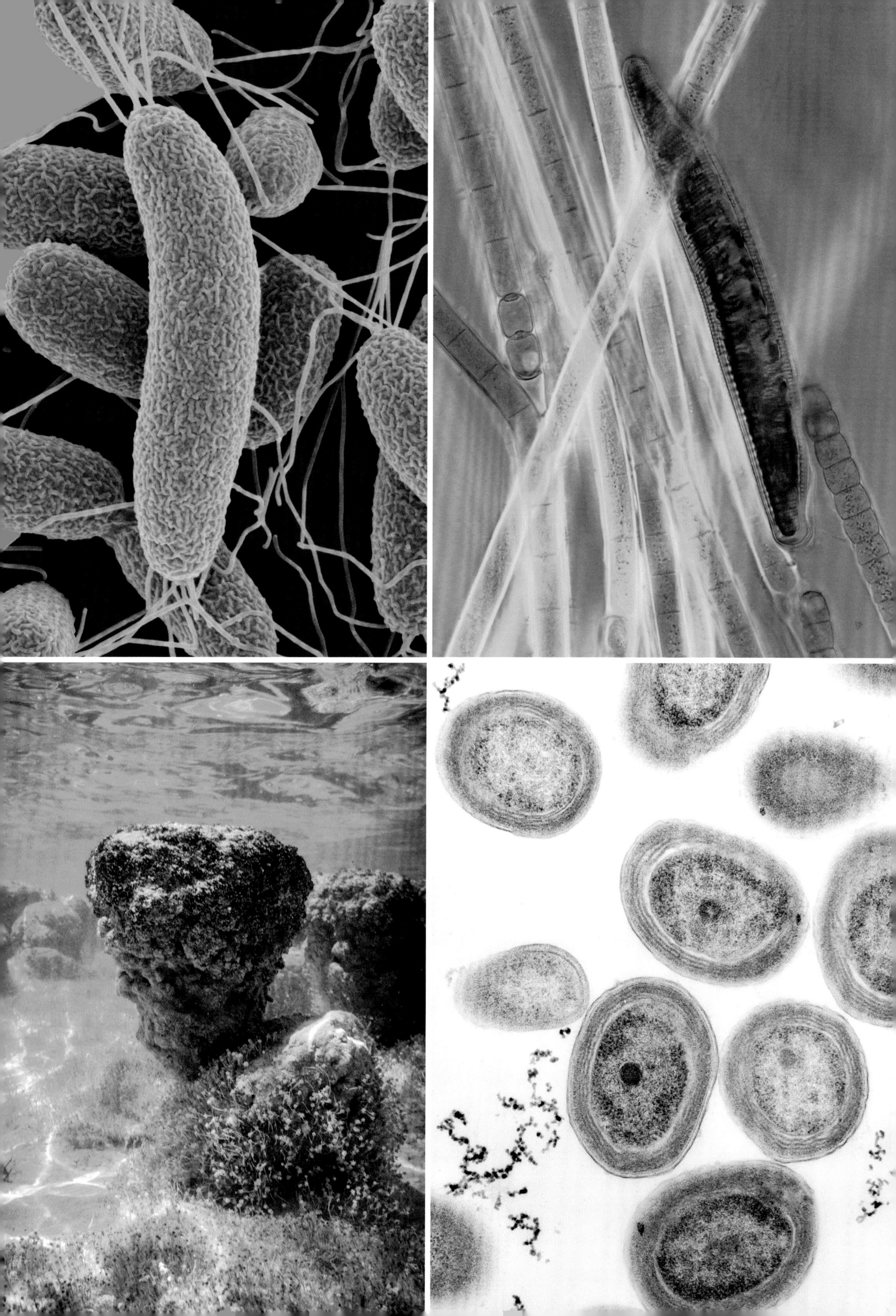

洋流和湍流

海水是如何流动的

在深海大洋中，海水不是在一种稳定的状态下流动，而是在多维空间范围和时间尺度上发生各种变化。海水流动的海洋空间范围有大有小，例如在大洋盆地，大型的海流长度可达数千千米，而最小的海流可用毫米计算（例如毫米波）。海水流动的时间尺度差异也巨大，放射性碳测试表明，有的大洋盆地海流的驻留时间长达数千年，有的驻留时间仅为百分之一秒，也就是说一股海流不到一秒就遣散了。目前，还未构建出可以描述所有尺度深海动态的测量设备和数值建模能力。例如，目前用于计算大范围海洋环流的各种模型并未包括海流混合的过程。海流之间的巨大差异及其流动之间所产生的相互作用，决定了海流各种内在过程的复杂性，科学家正努力对这些海流进行量化，但也许这是一个原本就不可预测的问题。在得到证明之前，就像湍流的物理原理一样，对多维空间范围内和不同时间尺度中的海流进行量化，仍然是一个有待解决的谜团。然而，这并不能阻止科学家对特定大洋盆地内规模有限或特定海水的流动过程做深入的研究。

从全球范围看，深海海水总是跟随接近海面的大气的流动而运动，不过总体流量不大。沿着地球南半球和北半球中纬度地区自西向东运动的西风带强风，会带动靠近海面的海水一起向东流动，这些向东流的海水最终会向下到达数百米的深海。此外，赤道地区的信风会增大西风带自西往东运动的强度，并形成较大的大洋盆地环流。这些海盆环流由压强梯度力驱动的海流构成，地球自转会增强这种海流的强度，并受到海盆西部边缘地势的制约。印度洋中的厄加勒斯海流、太平洋中的亲潮、大西洋中的湾流，都是由风驱动的海流。世界上最大的海流（以输送的水体体积计算）南极环极洋流，也是由风驱动的。所有这些大规模的海流都呈现出科里奥利效应，即流向因受地球自转影响发生偏斜。在北半球，海流受压强梯度力影响逐渐向右侧偏移，这种偏移一直到受地球自转影响产生的力与压强梯度力达到平衡并相互抵消时才会消除。风增水（wind setup）——因受风力作用而产生的水面倾斜——会在海面产生一个压强梯度力，这个力不受深度的影响。在深海内部，水平方向上的密度差（锋面）会产生一种单独的压强梯度力，这种力的强弱则受海水深度的影响。

科里奥利效应

科里奥利效应是指主要洋流流向在北半球向右偏斜，在南半球向左偏斜。科里奥利力也会导致主要海洋环流在北半球沿顺时针方向流动，在南半球沿逆时针方向流动。

洋流

由地球西风带强风和地球自转驱动的海洋表层洋流，能够到达200米以下的深海。

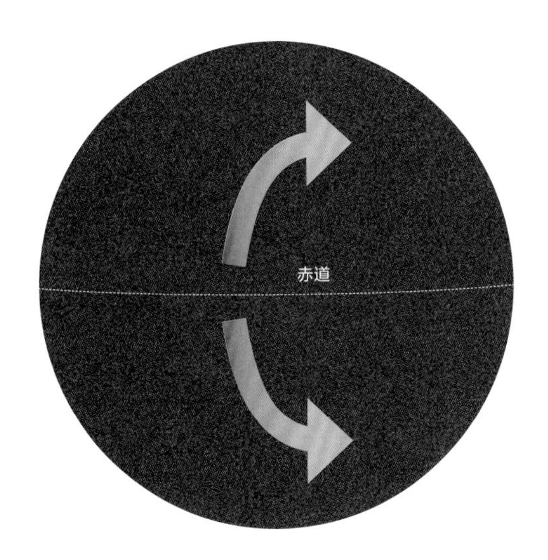
赤道

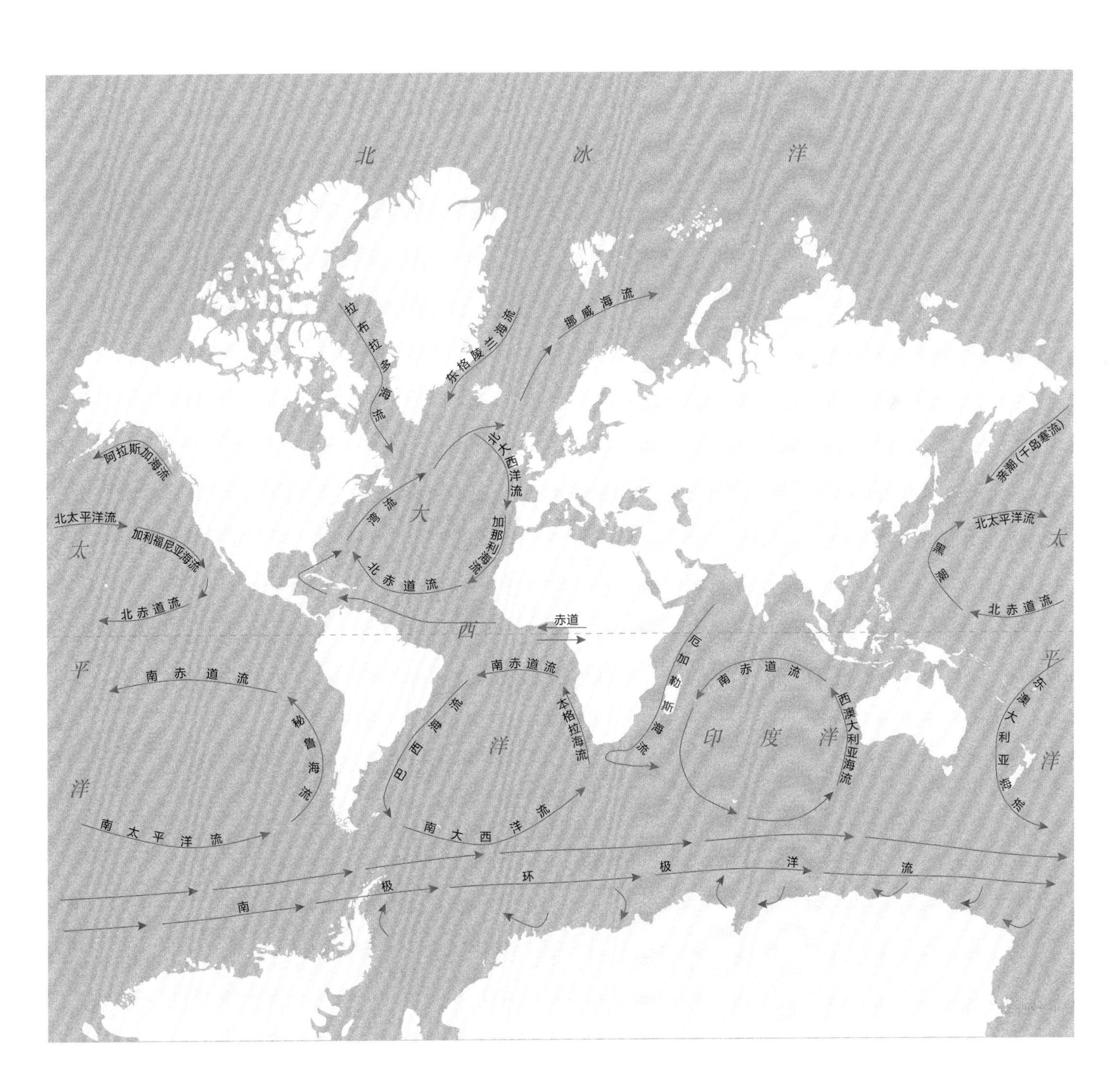
北 冰 洋
拉布拉多海流
东格陵兰海流
挪威海流
阿拉斯加海流
北大西洋流
湾流
大
北太平洋流
加利福尼亚海流
加那利海流
太
北赤道流
北赤道流
西
赤道
亲潮（千岛寒流）
北太平洋流
太
黑潮
北赤道流
平
南赤道流
南赤道流
秘鲁海流
本格拉海流
巴西海流
洋
厄加勒斯海流
南赤道流
印度洋
西澳大利亚海流
平
东澳大利亚海流
洋
洋
南太平洋流
南大西洋流
南 极 环 极 洋 流

深海海流

如图所示，深海海流的流向经常与海面环流流向相反。此外，发生在像海山和大洋中脊等不同水下地形地貌上面的海流会引起湍流混合。

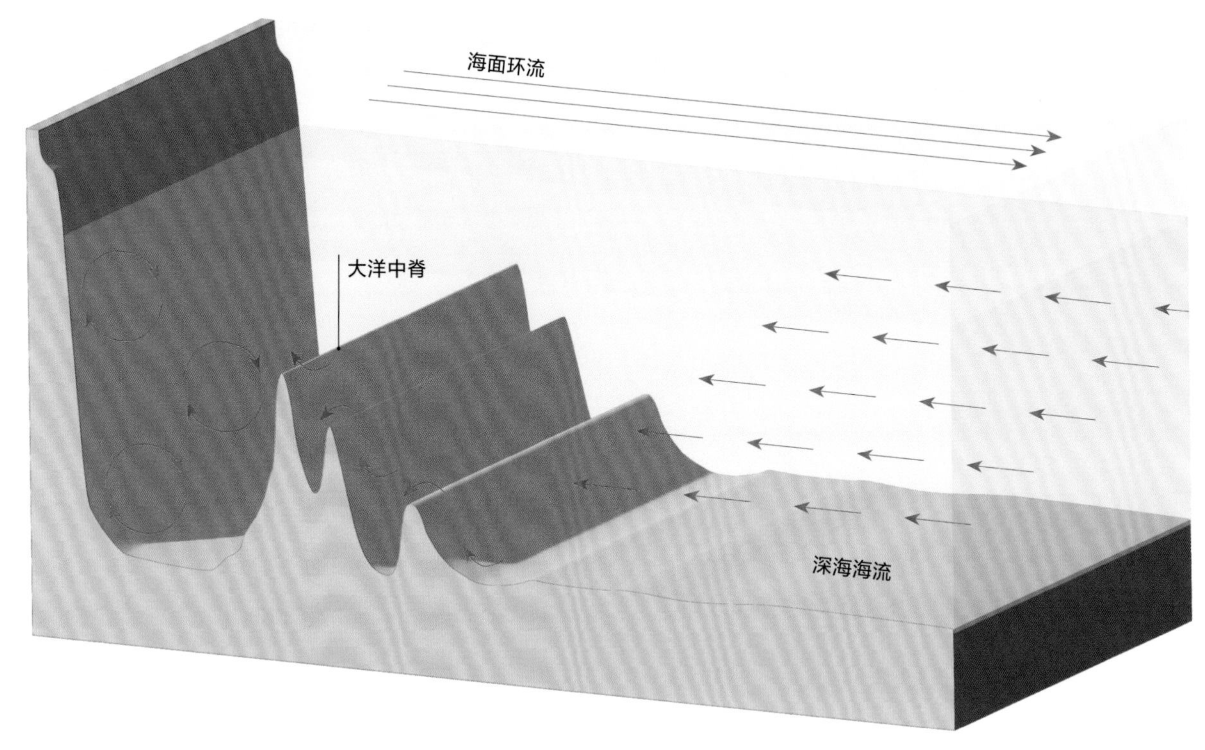

深海海流与海水密度

通常情况下，海水密度分为不同的层并且都处于相对稳定的状态。与深海海水相比，靠近海面的水体密度和盐度较低，但水温高一些，部分热量和盐分会向更深的水体传导。在水平方向上，深海也分为若干稳定的密度层。随着海水深度的增加，水体的密度也不断增加，但当海水深度达到一定程度后，海水密度增加的速度会减慢。此外，如果海水密度层没有处在平面状态，它们就会形成水平方向上的锋面，这种水平方向上的海水密度差将导致压力差，其大小因海水深度不同而不同，压力差又驱动海水。根据科里奥利效应，压力差将引起海水沿着锋面的方向流动。在世界大洋中，这类由海水密度驱动的大范围海流一般都是沿着主要由风驱动的海流的边界区域流动，例如，湾流和（西太平洋）黑潮。南极环极洋流有三个大规模的锋面，其中之一属于极锋（polar front）。

尽管风驱动的大规模海流主要处于一种平衡状态，根据科里奥利效应，在这种状态中海水压力差也是平衡的，但这两种平衡并不意味着风驱动的海流是稳定的。像大气中的风一样，海流在时间和空间意义上同样呈现出相当的多样性：一是海流的动能极不稳定；二是所有的流向虽保持不变，但迂回曲折，仿佛一条蜿蜒流淌的河流。当曲流变得很强时，海流的弯曲部分可能折断形成涡流，即水的环形流动形成的漩涡。在海洋环境中，水平方向上的海流漩涡直径可达100千米。此外，海流的流速也处在变化中，大面积的海流同样会给人一种陡然而生的强烈冲击感，变化可谓气象万千。

深海同样存在由海水密度差驱动的规模巨大的海流，但强度不如靠近海面的海流。在海底不同地形交界区域，如大陆坡等上面的海流，会被增强而不会被减弱。根据水平方向上不同密度（可能因海水压力的不同而有所区别）的海水流向，深海海流流向与其上端接近海面的海流流动方向相反。在距海面1000米以下的水域，这样的海流流速能够达到0.1—0.2米/秒，是远离深海腹地不同地形上端海流流速的10倍。

地形地貌变化小于大陆坡的深海海域可能会引发一些规模较小的海流。将大陆坡切断的深海峡谷能够改变局部区域海流的方向，其流速也会随着加快或减小。像位于中大西洋海岭和中印度洋海岭等区域的海山链，都是由无数断裂带以及海岭之间绵延不断的幽深山谷切割而成的。流入这些断裂带的海水流速会加快。这些断裂带既有一些底部不够平坦而且狭小的海盆，又有一些面积不大并横跨海峡的海岭地形，海流在通过这些区域时，流速或增或减。伴随着海流速度加快，该海流将会与其上覆的海水产生更多的湍流混合，这些湍流混合会对流过海底的高密度海水产生稀释作用并降低其密度。这些断裂带对不同深海海盆之间海水的流动，发挥着重要的渠道作用（参见第74—75页）。

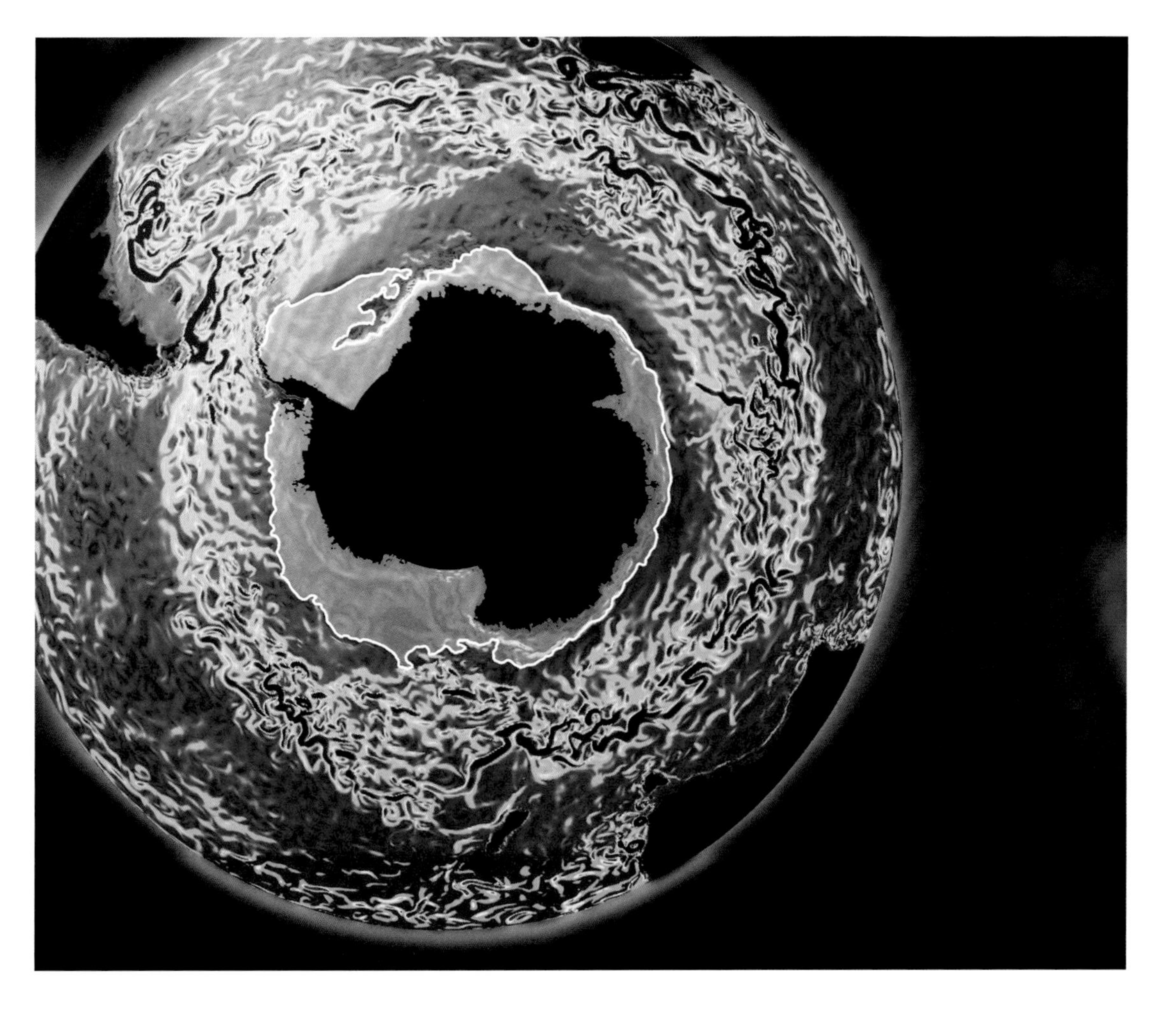

南极环流

这是一幅关于南极环流的计算机模拟图，图中显示了大量回旋流和涡流，红色部分是强度最大的洋流。

水团的密度及其相关信息

水团是具有独特水温、盐度、含氧量或放射性同位素等属性并且体积巨大的海水，在特定区域内水团的每一属性值都不同。水团一旦形成就会流动并离开发源地，在流动过程中水团之间会发生碰撞，并在湍流流动过程中最终混合在一起。在深海水域中，深度最大且始终处于流动中的水团，其密度大于其上覆水团，且与深海中垂直方向上稳定的密度层一致。当不同水层的海水密度处于不稳定状态时，会形成新的高密度水团，其过程是自上而下。此外，这样的情况偶尔会发生在南北两极局部海域和地中海中纬度的个别区域。通常，在南北回归线之间和几乎所有的中纬度海域，由于受阳光加热的近表密度层范围极其广阔，有力地限制了深度超过数十米的湍流混合。而在更深的水域，处于稳定状态的海水密度层，不会受到海水蒸发和夜间冷却等不稳定因素的影响。

在南北两极海域（以及地中海局部水域）冬季末期的自然环境中，海面以上的空气可能使海面水域温度下降或充分蒸发，从而导致接近海面的水体比其下的深海水体温度要低，而含盐量相对较高。这种情况出现时会造成不稳定密度层，引起上下对流运动的湍流，并一直流向特定深度——密度值与下沉水体密度值相等的深度，并通过横向运动扩散至深海内部。

这样向下流动的海水会到达深度超过1000米的海底，这种深度大、密度高的新水团会替换那里“驻留”的深海水团，这种情况通常每5—10年会发生一次。这种替换是驱动深海海水运动的方式之一，而新旧深海水团之间存在一个有密度差异的横向锋面。南北两极附近海域偶尔会形成这种水团，它们以“跳动”（in pulses）形式向赤道方向流动。这些水团在下沉和流动过程中，在湍流剪切不同流速或相反方向水流产生的内部摩擦力作用下，最终与其上覆的海水相混合。

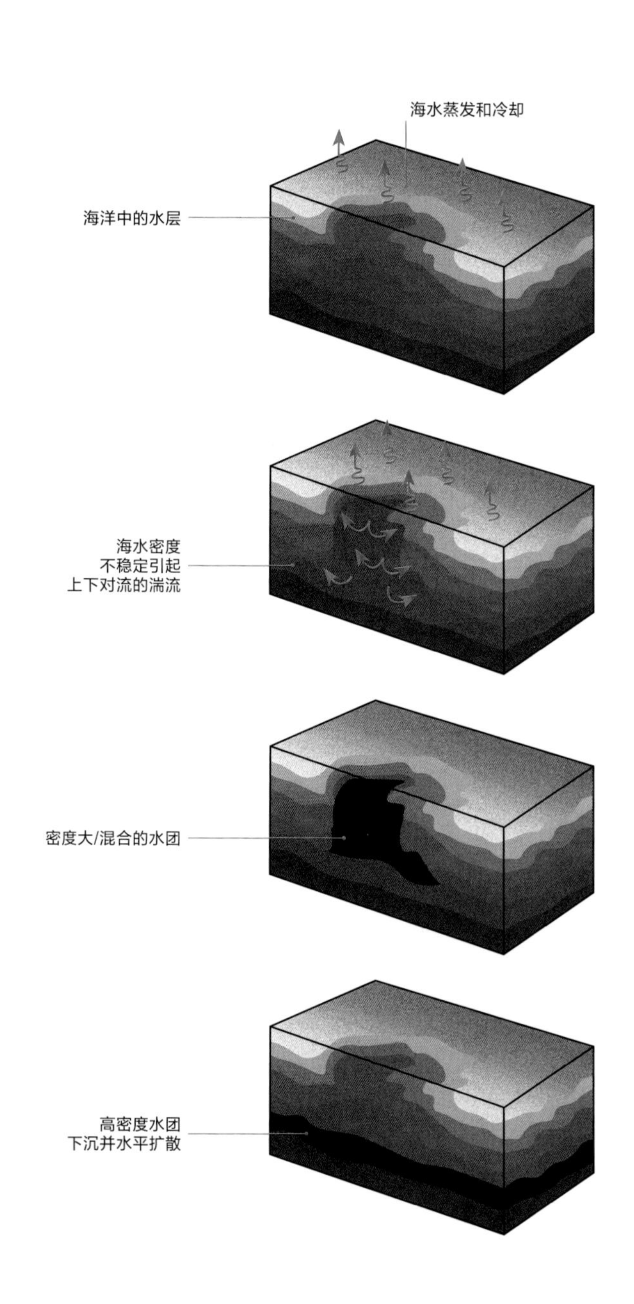

高密度水团构成图

这是四幅深海海水对流的图示，从上往下分别是：蒸发与冷却的前提条件、在狭窄管道中的深海海流对流、混合以及下沉后的水平扩散（参考马歇尔和肖特1999年的研究）。

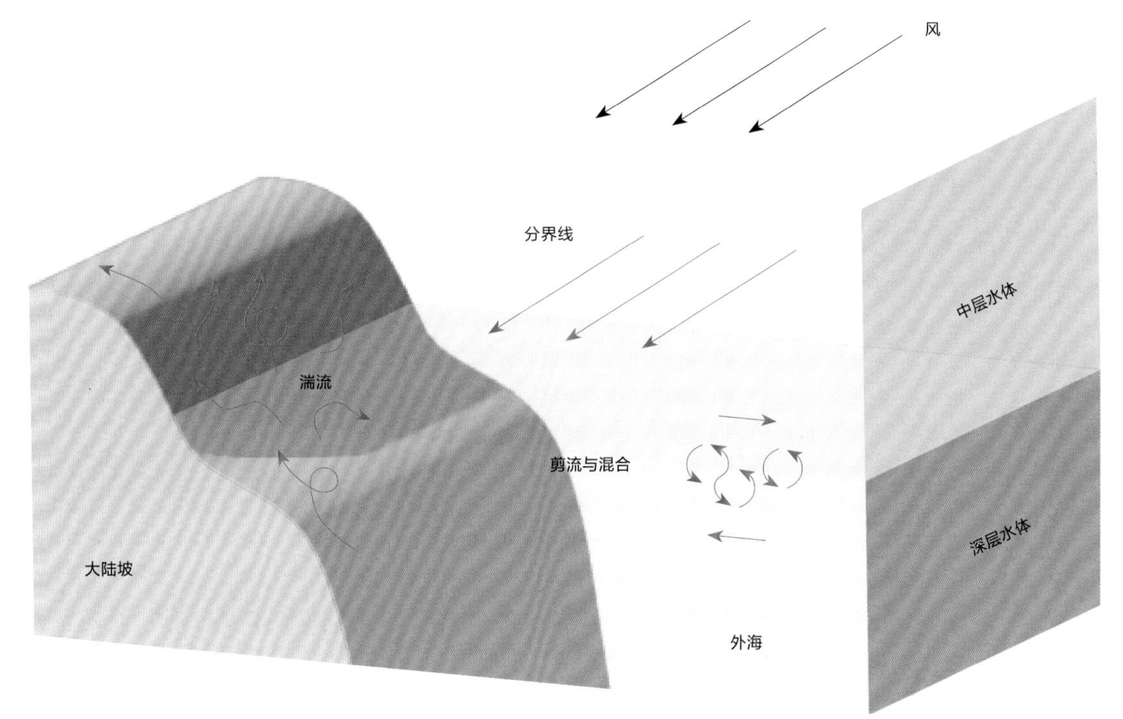

混合与湍流

在大洋外海深处的海流通常沿着密度稳定的（等密度面）的海水表面流动，在这个等密度面，海水会通过由剪流产生的湍流发生混合。在大陆坡之上水域中因内波断裂引起的湍流混合，以及其断裂边界流所产生的能量，比在外海区域要大100—1000倍。

深海海流和混合

虽然高密度深海海水的结构可能引起一幅图景，即由密度驱动（density-driven）的持续不断的大范围的海水从南北两极向赤道地区流动，但这幅图景与现实不尽相同。深而密度大的海水结构是动态的，在深海复杂的地形地貌上，高密度海水流动也处在不断变化之中。深海高密度海水结构变化不仅有季节性因素，还呈现出年份特征，真正有规模的高密度深海海水结构每5—10年出现一次。而在不同季节中，规模性的深海高密度结构始终处在不稳定之中，其发生变化的时间从一天到几十分钟不等。这种规模不等的深海高密度海水变化，不会形成深海河（a deep-sea river）或涌流传送带（conveyor belt）。使用这两个比喻性修饰词描绘深海流，也许能够激发读者的想象力，但难以准确呈现深海海流的运动过程。

高密度水团一旦形成就会沿着海底扩散，或在尚未达到海底之前就沿着等密度层（isopycnals）较为平缓地运动。这种平缓运动是由高密度水团内部缓慢的湍流混合过程决定的。一旦这种平缓运动与不同流速和流向的水层产生相互作用时，就会变得十分汹涌，并形成相互冲撞的湍流混合。在这种情况下，靠近深海海底的高密度水体在朝着赤道方向流动的过程中，它们的密度会逐渐减小（它们上覆水体的密度会逐渐增大）。无论这个过程多么缓慢，由于能够长期追踪水团运动，由湍流混合引起的这种水团，其内部交融的速度比在非湍流的水体内部的交融快10—100倍。在某些深海水域，湍流混合产生的能量越大，其流速就越快。

在开阔海域，发生在深海海盆中平缓海底，由剪切力作用或内波引起的湍流混合的强度是非海底水域湍流混合强度的10倍。在坡度地形上水深100—200米水层间的湍流混合产生的能量更大，能够达到开阔海域水柱能量的100—1000倍。对位于大洋中脊断裂带中某个范围较小的地形之上的流速不断加快的海流，以及在深海中由内部结构断裂的海流引起的大规模海流混合，科学家已经有了一些认识。在深海密度不同的各层水域中，这种海流普遍存在。接下来，本书将对此做深入分析。所有能够抵达海底的海流混合都会搅动海底沉积物，并使其向上泛起，这些沉积物都是大规模海流的产物。在南北两极以外海域，所有的海流混合都为从海面往下的热传输引起的海水分层提供了保障，并成为因新形成的密度和含盐量大、温度低的海水下沉的补充。如果没有海流混合，世界海洋深处将成为一潭冰冷的死水，即使是密度不同的海水也无力回天。

由于深海海水流动规模巨大，海流无处不在，只有一层（或平缓）流动的环境是不存在的，除非是从一个身体非常小的游动动物身旁流过的厚度小于1厘米的海水中。

随洋流而动

自上左顺时针方向：美属萨摩亚的海百合；墨西哥湾的棕色管海葵；太平洋东部克拉里昂—克利珀顿断裂带发现的刺胞动物门新目：回线海葵属物种；墨西哥湾的大型长茎海葵。

潮汐、气流和内波

深海湍流的主要发源地与潮汐相关，潮汐是月球与太阳的引力作用于海水的结果。如果把一支水流计放置在深海水域的任意一点一段时间，它就能测出海水的动能，即其运动的能量。通常，反映能量大小的时间函数频谱图可以显示：①每12小时出现一次的最大峰值；②该最大峰值的惯性频率。这意味着能量巨大的运动受潮汐和地球自转两个因素的影响：一个是潮汐，占主导地位，一昼夜两次变化表明一天中会出现两次潮汐高潮；二是地球自转的科里奥利效应，会导致某种惯性运动，根据纬度的不同，其振荡频率约为24小时。在全球范围内，这些运动所蕴含的能量分别为1—2太瓦和0.5—1.0太瓦，比大多数深海中的其他大型洋流的动能都大。与这两组数字相比，目前人类消耗的能量约为16太瓦，海洋传递的热量约为2000太瓦，与大气传递的热量相仿或更大，而抵达海洋表面的太阳辐射的能量大约是120,000太瓦。

惠塔德峡谷内潮

大西洋东北部惠塔德峡谷的温度传感器探测到内波从波峰到波谷的高度为200米，图上的红圈是惠塔德峡谷的位置。

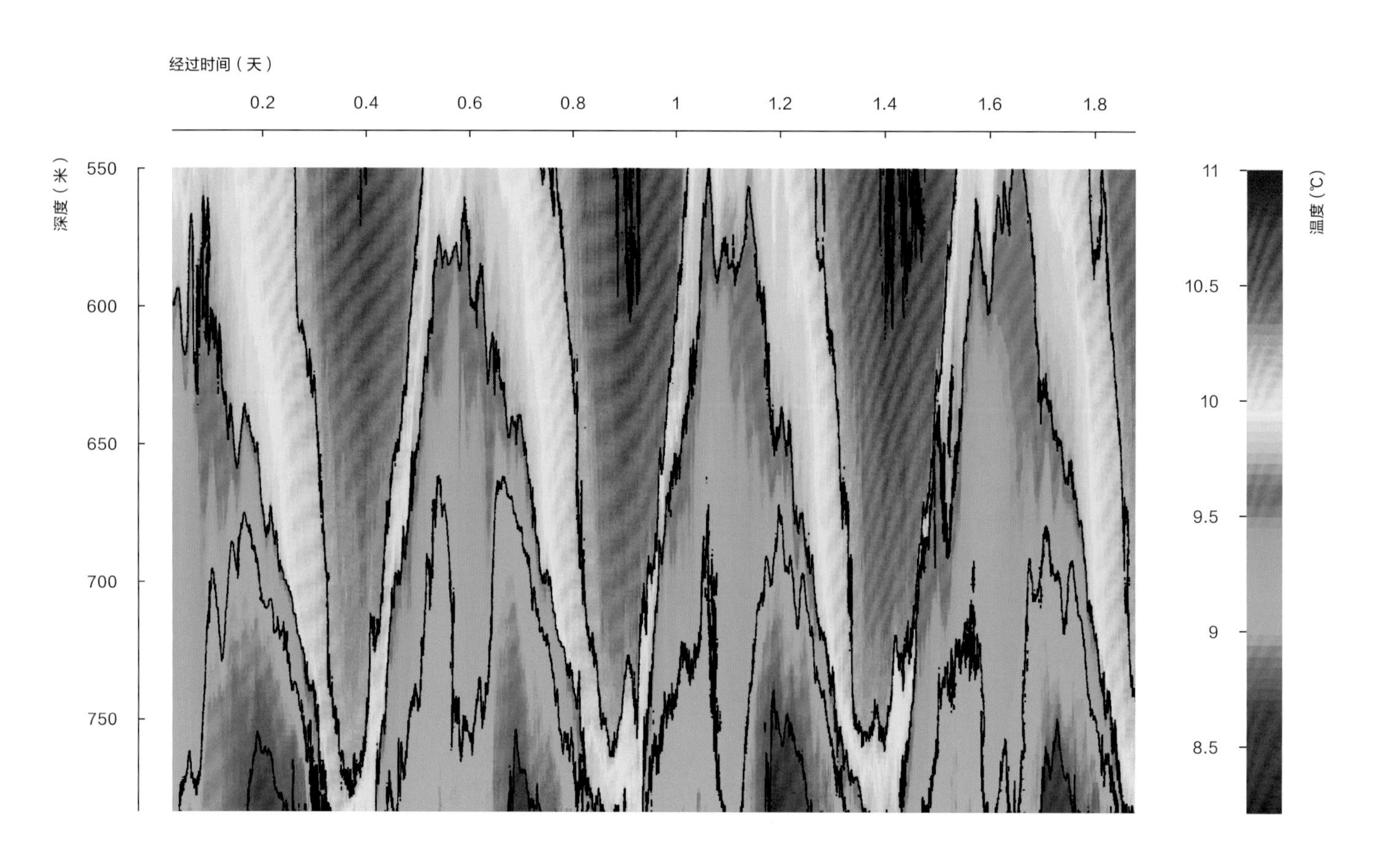

与数值巨大的热传递相比，海洋潮汐和惯性运动的动能微不足道，但为什么如此小的能量不仅对深海湍流而且对深海环流意义重大呢？因为引发两种主要动能峰值的来源各不相同。由于地球、月球以及太阳的相互作用而产生的海面压力差导致了一昼夜两次峰值的出现。在深海，已经出现的相对弱的水平潮汐运动，在遇到水下地形时，可诱发垂直运动。垂直潮汐运动将使不同的水平密度层发生变化，而水平密度层就此产生了具有潮汐频率的内波。

由于深海的垂直密度差相对较小，一般小于空气与水的密度差的千分之一。因此，内波与海面波浪不同。内波振幅在垂直高度上可超过100米，抵达海面时位移只有10厘米，可谓风平浪静。它们的典型波长（波峰与波峰之间的距离）以1—10千米的次序排列，而海面潮水的波长可达数千千米。在深海，内部潮汐流的流速可达每秒数十厘米，而在海面，潮汐流深处的流速仅为每秒1—2厘米。内波运动速度缓慢，通常为每秒0.1—1.0米，相比之下，海面潮汐流的潮峰潮谷的速度可达每秒数百米。内波即使在其最快频率时，仍属慢波。在深海，内波的典型周期为1小时或1个多小时，而海面风浪的周期一般是10秒。频率最低的内波，其周期最长，通常为1天，这取决于内波产生位置所处的纬度。在一个旋转球体中的液体内和液体之上的任何移动性扰动都将引发惯性运动。这类运动属于过渡性的，由科里奥利效应造成的偏转引起。想象一下这个场景：大气中的暴风雨掠过海面，或者一个密度锋面在深海塌陷。此类扰动通过时产生的惯性运动，将会引发近乎水平移动的内波。其中垂直运动的比例越大，抵达深海的深度就越深，成层效果就越差。

内波的阻断

由于持久的运动，内波使深海腹地的任何一处的分层都十分稳定。当波浪在腹地不受阻碍地移动时，阻断现象很少出现。不过，在整个深海腹地，当不同频率和来源不同的内波相互作用时，在发生作用的区域会使能量增强。平缓的波会因此变形，并且变得不稳定。当它们途经上下不同的洋流层时，会承受垂直切变，变形的幅度会达到阻断临界点。例如，在局部的较大范围海流体系中，已经发现了切变，像黑潮或南极环流，它们在深海区减弱，进而发生切变。在其他区域也会出现切变，例如由密度驱动的潮汐流降至峡谷以及内波中。

相互矛盾的是，内波切变使密度分层变得不稳定，所以切变的产生显然使得内波破坏了自身的支撑。在深海腹地，尽管出现了湍流，这种湍流混合仍是偶发和间歇性的，这次发生在这里，下次在那里。与在深海区域坡地上方某些局部点位的内部湍流的强度相比，内波湍流的强度要大1000多倍。

斜坡的特性

根据海底地形和内波二者的斜坡特性，内波也像海浪撞击海滩一样不断冲击海底。内波在水下以三维方式传播，因此会遇到某一海盆的边界。例如，西北太平洋台风（飓风）所产生的巨大惯性波在撞击3000米深的大陆坡时，产生的湍流高度达200米，而很轻微的内潮此时也碰撞着所在区域的地势。在与此类倾斜的深海地形碰撞时，内波能量积聚起来，暴涨的内波必定迸发成湍流混合。事实上，这些点位并不固定，它随时间、空间的变化而变化，因为撞击发生在内波斜度与海底斜度相匹配的地点，而且内波斜度依赖于所在区域的海水分层，而分层因时间和空间不同而不同。

大陆坡上的湍流阻断

西北太平洋台风（飓风）所产生的巨大惯性波，在撞击3000米深的大陆坡时引发的湍流高度达200米，在这个过程中，规模稍小的内潮碰撞着所在区域的海底。图中白色条表明惯性周期大约1.25天，虚线显示的是内波阻断的概略图。

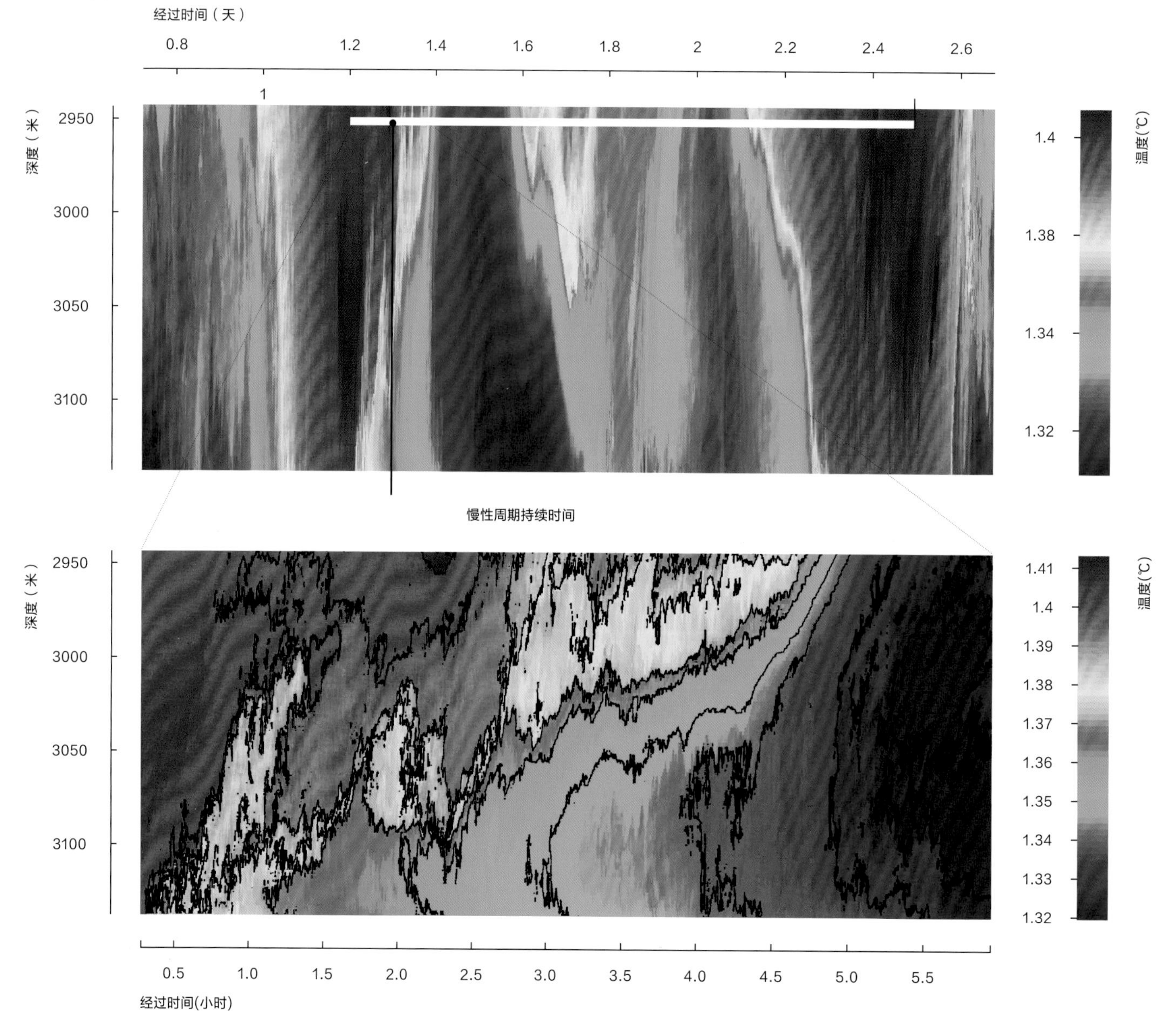

反向阻断内波

这是利用温度传感器观察到的向上坡移动的一股海流的一个巨大反向阻断内波图，地点靠近北大西洋流星海山（Great Meteor Seamount）上方。温度范围在12.3℃（蓝色）到14.1℃（红色）。箭头粗略地表示了运动方向，例如在较强的正面（温度发生变化）附近，温暖海水和冷水以每秒近15厘米的速度分别向下和向上流动。

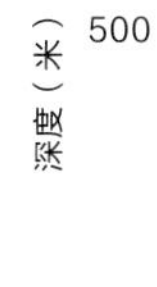

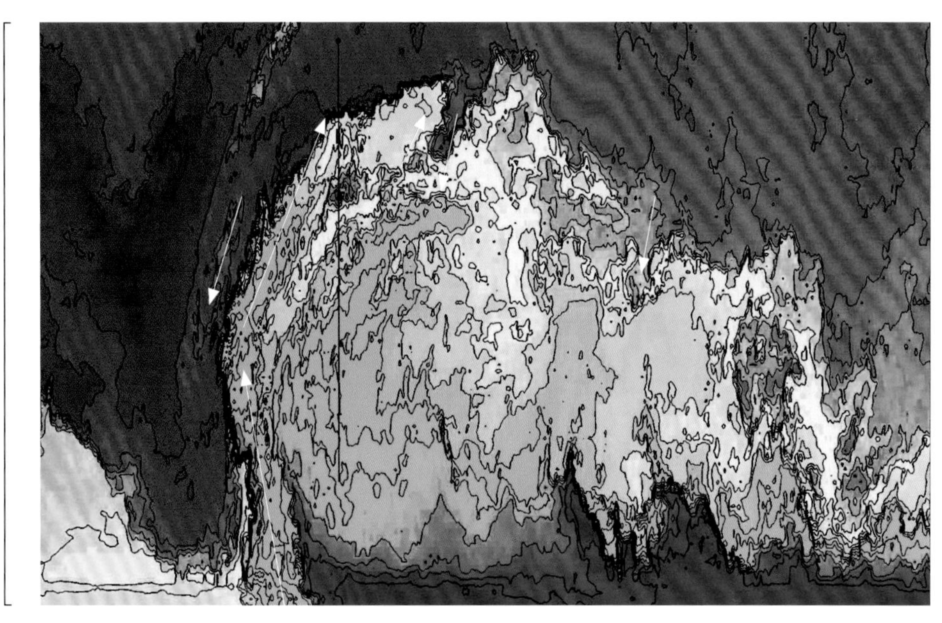

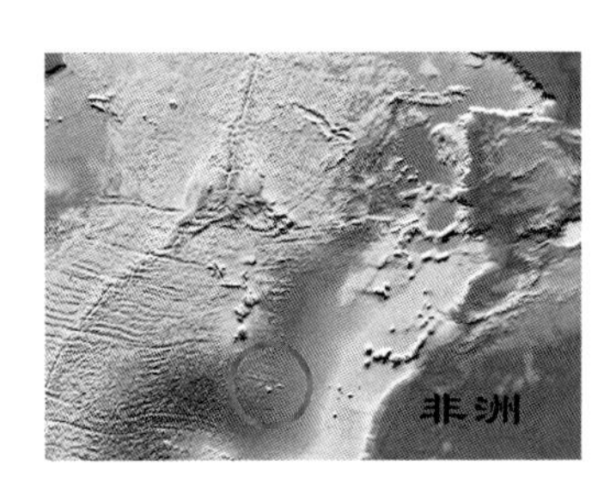

剧烈的湍流

前述的地形斜度、湍流混合和多变的边界洋流改变了当地的分层，因而也改变了特定频率的内波斜度。内波湍流混合也会因此不规律地出现，大部分是在地形斜坡，这类斜坡比内波占支配地位的斜坡要陡一些（超临界）。但条件适宜时，湍流会很猛烈、壮观，会出现向上坡运动的湍流暴涨潮或一些单独的涌流，也就是移动波浪前方的陡直浪峰。在深海已经观测到这类高达数十米的暴涨潮，如此剧烈的涌动在每个（潮汐）波浪周期会出现数次，对海底动物群影响很大。自海底向上100米的范围内，这种垂直运动的速度超过10厘米/秒，会将沉积物和营养物冲击成漂浮状态，之后把它们输送至深海腹地。尽管是在漆黑一片的深海，如果读者此时身临其境，那么眼前的景象就仿佛一场撒哈拉沙尘暴。

各种观测结果表明，地形上方的内波阻断在湍流混合中烈度巨大，足以保证深海热量的垂直传送，从而影响密度分层和海洋整体由密度而驱动的循环。因此，一个重要的特点是斜坡地形上的内波阻断十分高效，海水在某一斜坡上不断地来回晃动，使海水迅速再次分层，这使得海水不断融合和均匀分布。同质海水已达均衡状态，再混合的效率为零。内波以分层海水代替了混合海水，而分层海水会产生高效的混合特性。

岭上和海沟内的湍流

在深海，内波越过小型海岭时也会引起剧烈而高效的湍流混合。根据波（动）相位，当这些极小的潮汐流速度超过波的相速度，并且内波波峰超过其波谷时，这种洋流可能会变得极其奇特。对流的倾覆融入波的阻断，会造成一个100米高的波峰，这种情形可被描绘成一台深海洗衣机。此类称为水跃混合的内部作用，一般来说不会触及海底，只会影响位于海岭上方的水柱体。所以，对于进一步的热传递和使漂浮物进入深海腹地来说十分重要。

尽管波长为数十米的内波在传播过程中总是将漂浮物和营养物抛上和摔下，但也正是内波引发的湍流将漂浮物真正混合在一起，最后这些漂浮物顺着等密度线，被大规模的洋流传送出去。等密线顺势传送比逆势传送要容易得多。另外，在水层之间密度差小的深海中，不需要太大的力量就能引起不同水层间的湍流混合。

入海越深，垂直密度分层就越弱，因而内波（引力）的复原力就越弱。所以，内波能获得更多的垂直传输路径，其波长也能随之增加。研究人员期待在深海海沟中能发现最弱的密度分层。然而，个别观察结果还表明，那里的湍流不可小觑，其强度大约是深海周边湍流的2倍。这或许能解释为什么流入海沟的碳大约是海沟外的2倍。尽管分层较弱，但因为海沟两侧壁间的距离相对较近，在其地形周边可能聚集起一团团的内波阻断，从这里或那里冲入海沟。目前观测到的深海海沟湍流团，多以垂直形式出现，比在深海周围出现得更加频繁。观测还显示，在海沟内由洋流切变生成的湍流数量，不如由对流型流动产生的湍流数量多，海沟内的湍流有时以密度大小不等的海水垂直撞击相对静止的周边环境，这种撞击都属偶发性的。

水跃混合

发生在中大西洋海岭之上的一种“洗衣机型”湍流对流。这是一幅通过高分辨率温度传感器获得的数据图。

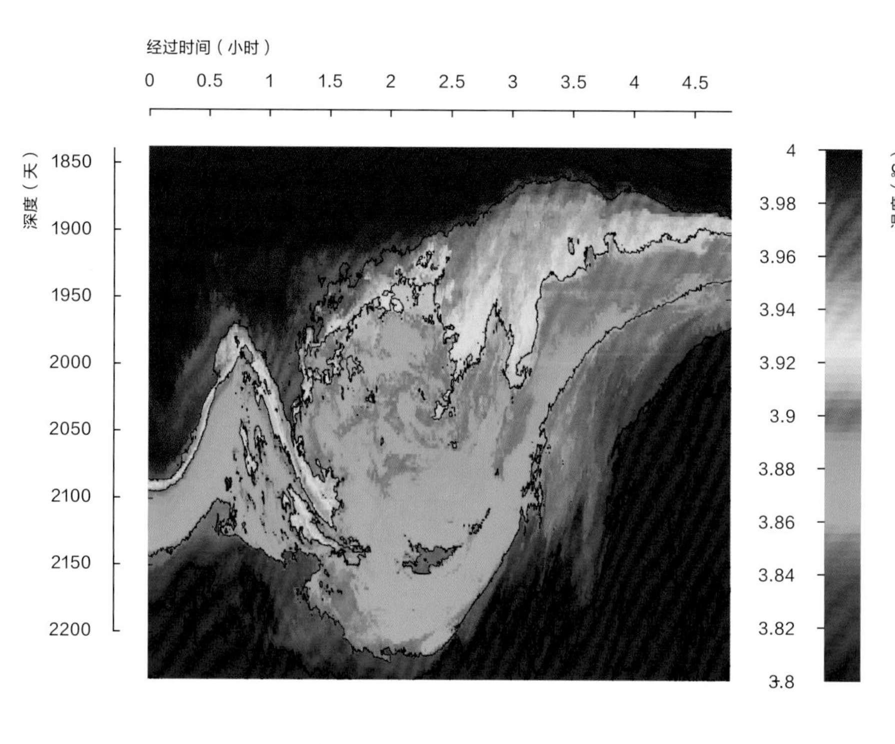

马里亚纳海沟湍流喷射

温度传感器收集的数据显示，伴随着一股又一股洋流抵近马里亚纳海沟底部，间歇性的内波阻断会不断出现。这幅图中白色圆圈凸显了相对较强的湍流“团”；白色直线表示涌向海沟底部的湍流“团”的运动方向。

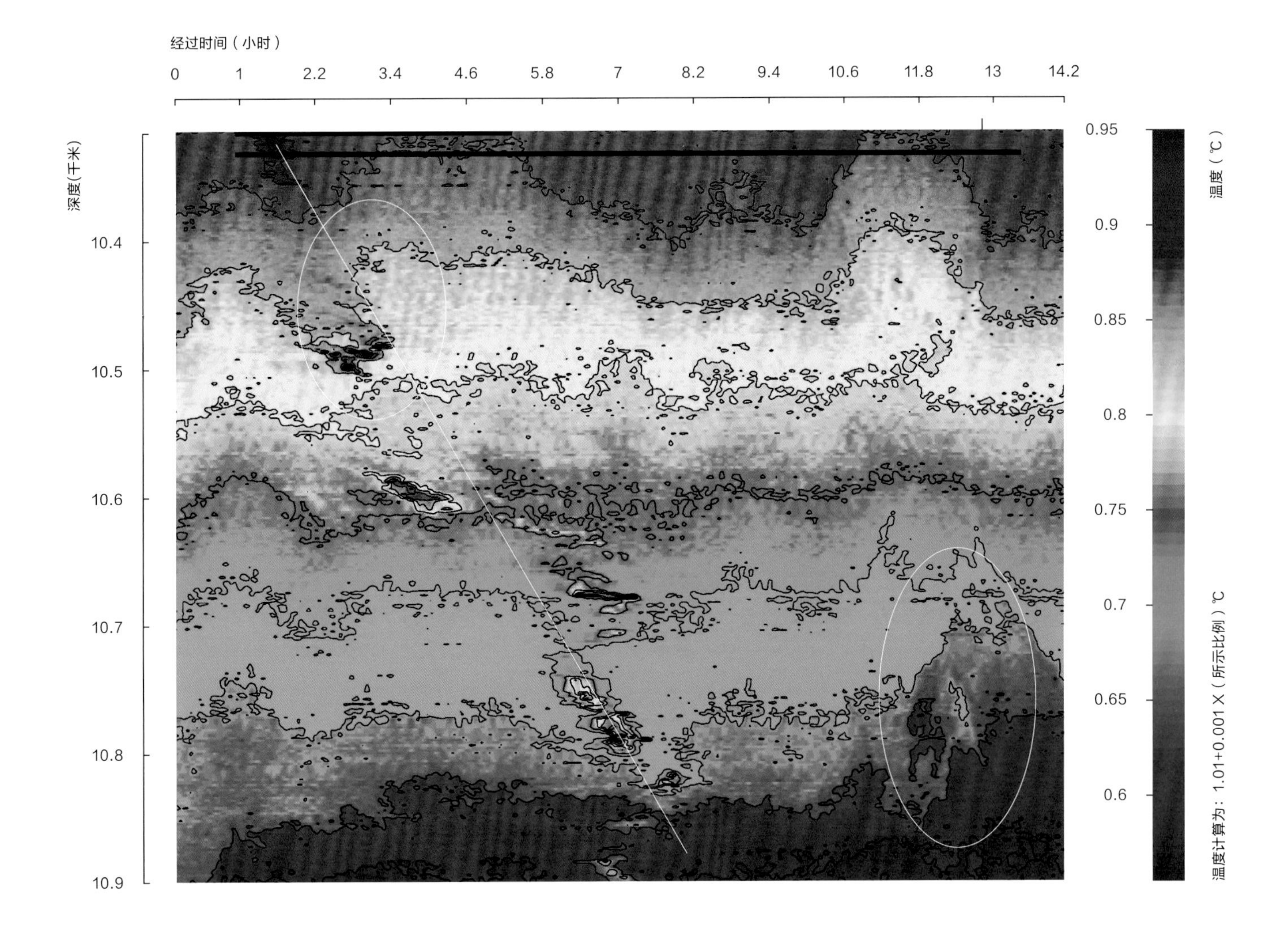

深海海盆的特性

拥抱海洋的各种海盆

深海海盆是海洋中因地形因素而部分或完全与其他海域相隔离的水域。一个深海海盆通常有一块相对平坦的海底，其四周环绕着更高的水下地形，如海山、海岭、大陆坡或大陆。或者，一个海盆可能引起特定海域的海水扰动，这些特定海域一般位于海山或其他沉寂平坦的岛屿周围。海盆包括大型海洋盆地和小型领海。它们的区别主要在于独特的地形特色和不同的规模，但它们的特性以及大部分整体动力学是相似的。某些海盆会通过海峡或海岭相互交流。那些因受限而不能与其他海盆交流的海盆，其循环方式和物理特征不尽相同。

大洋盆地

大洋海盆是地球上最大的“水盆”。穿越所有大洋海盆截面的子午线区显示：靠近海面的区域氧含量较高；从海床往上的水域，其氧含量逐渐从高到低进行变化；在海面以下500—1500米的区域为最小含氧区，氧浓度会随地理条件的不同而变化。在所有的海盆里，发生内部湍流的最小深度为1000—2000米，由风引起的湍流混合发生在海面附近；多数情况下，在斜坡地形上方发生的湍流都与内波阻断有关。

主要的大洋盆地

五大洋的海盆囊括了大量相互分离的次海盆，它们都被大型海岭隔开。

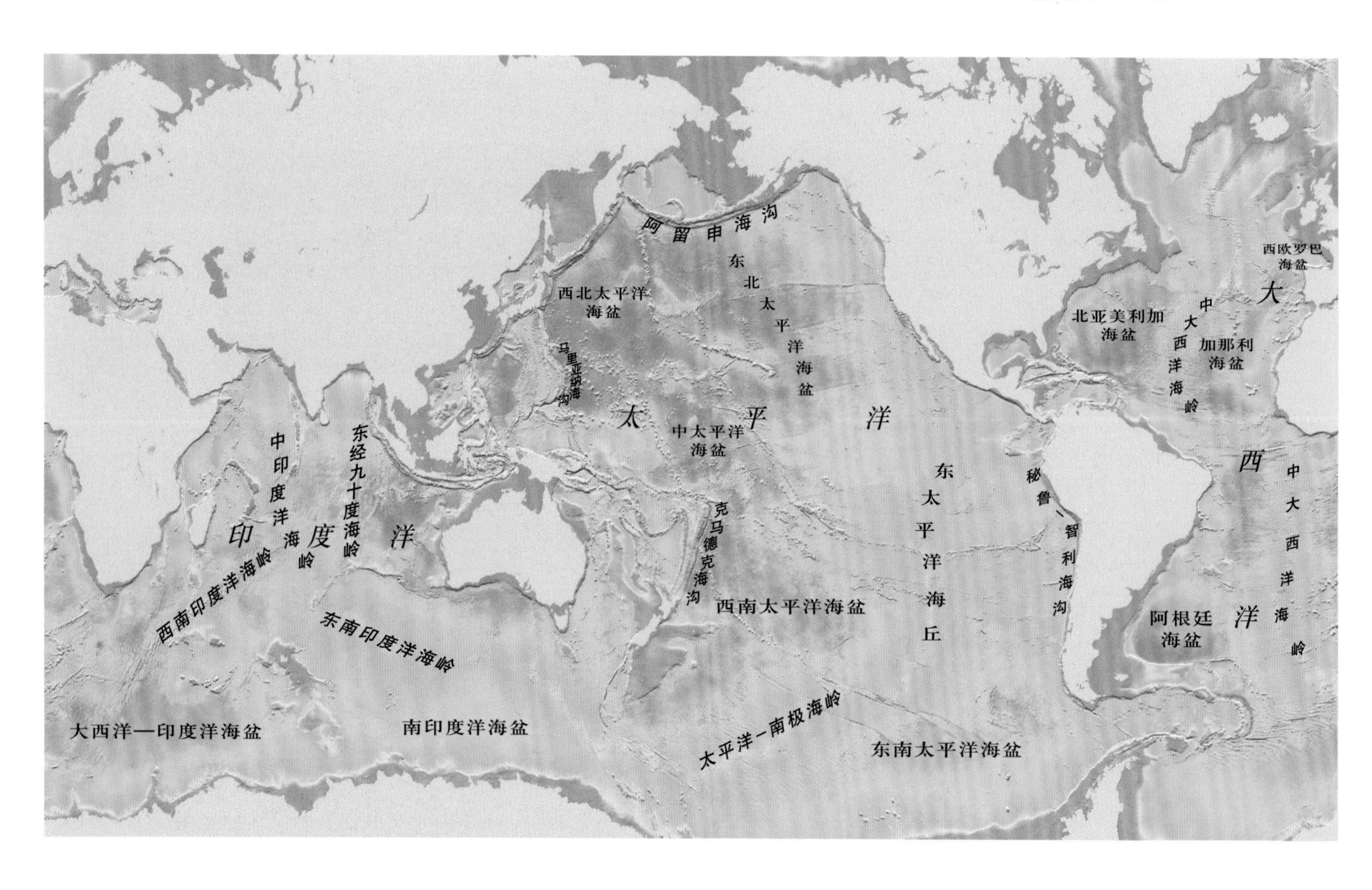

大西洋海盆

从大陆架以下到达海底平原和中大西洋海岭，这是大西洋海盆的突出特征。此外是依稀可见、千奇百态的海底丘陵和山脉。

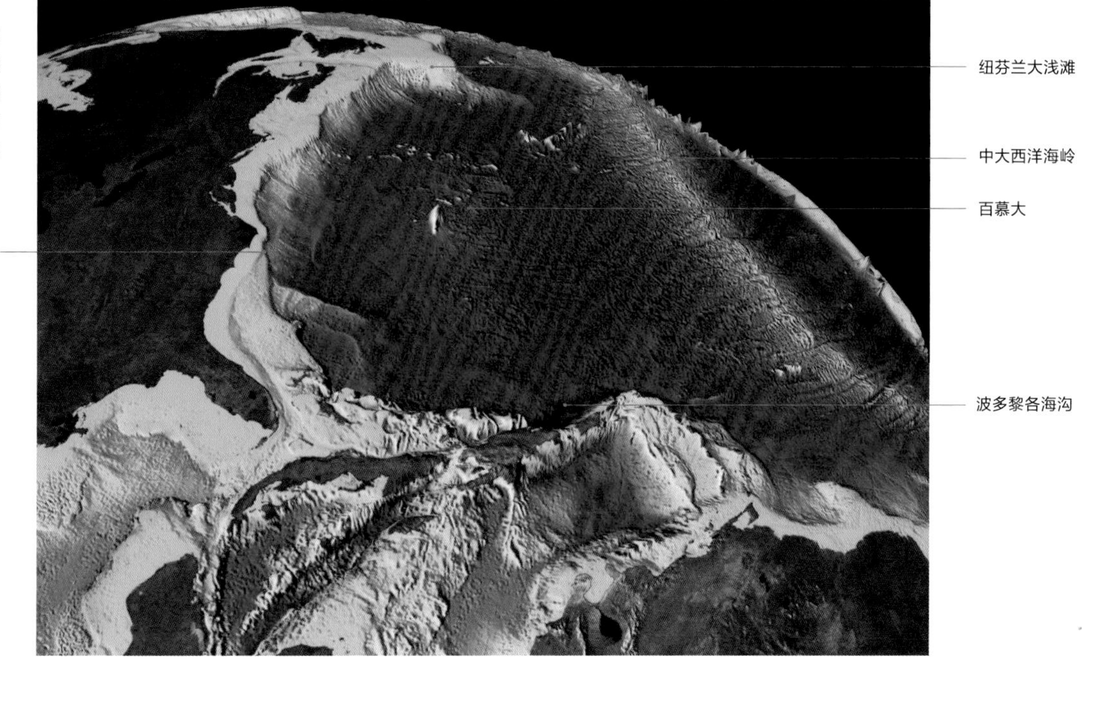

大西洋和太平洋海盆

尽管大洋海盆和较小的海洋盆地存在着许多相似性，但大洋海盆仍独具特色。大西洋是唯一能在南北两个边界都能看到深而密海水的大洋。而在印度洋和太平洋，只能从其南侧看到这种海水流过。

白令海峡几乎将今天的太平洋北部水域与北冰洋完全阻隔。太平洋北部的阿留申海岭到白令海之间有一些缺口，而白令海自身的海面循环并不能使水温足够冷却，尤其是通过蒸发难以形成深而密度大的海水。北太平洋的高盐度强化了海面附近水域的密度分层，其海面附近水域的盐度大约为32.8克/千克，而更深水域的盐度约为34.6克/千克。北大西洋的同类数值分别是34.7克/千克和34.9克/千克。研究发现，北太平洋海域富含氧的高密度水域的分布并不一致。此外，与北大西洋相比，北太平洋海域的最小含氧区的规模更大，海水密度更高。

大西洋海岭形成的海山链，将整个盆地自南向北一分为二，而北太平洋缺乏这样一条位于中部的洋中脊。在大西洋，通过自东向西的海盆断裂带，会出现深层海流以及扩散和混合，而这种情况在北太平洋几乎很难出现。不过，在南纬10° 与北纬10° 之间东西流向的赤道流系统，或多或少与大西洋和太平洋海盆类似。赤道流系统包括靠近海面反差强烈的东西洋流，以及深海不同水层中的各种逆流。

印度洋和南大洋海盆

由于印度洋在赤道以北的区域有限，研究发现其海盆范围内的主要环流均集中在赤道以南。这样一来，与大西洋和太平洋相比，印度洋大规模环流呈现出极不对称的特点。一些世界最温暖的海面水域也出现在印度洋北部小部分水域中，这个区域是被南亚次大陆分割出来的。厄加勒斯暖流（Agulhas Current）是印度洋深海的一种独特洋流体系，属于南印度洋大型环流的一部分，沿着东部非洲海岸将海面附近的温暖海水传送至深海。就规模来说，除了南极环流以外，厄加勒斯暖流是世界上最大的风驱洋流。厄加勒斯暖流不断分解中等规模的涡流（这类涡流直径约100千米），并猛烈撞击南部非洲的大西洋海水，之后转而循着南极环流路线流动。

南极环流占据着南大洋的大部分水域，由于它穿越了所有的地球经度线（参见第52—53页），属于一种独特洋流；还由于它的风驱特点，其最强部分是在海面附近，但南极环流强度大的部分仍能抵达深海。这些相对温暖的海水阻滞了高密度水的形成。因此，在南半球的冬季，深度大、密度高的南极海水反而会在威德尔海和罗斯海等毗邻海域形成，它们都与北部的深海海盆有着宽阔的通道。威德尔海和罗斯海的平均深度为500米，已经形成的高密度海水自大陆坡一直延降到深海海盆。这也表明地形在传输不同水体、漂浮物和营养物方面所发挥的重要作用。

边缘海盆和近乎封闭的海盆

其他深海盆地属于领海（也称边缘海），领海通过相对较小的开口与大洋相连。一些领海同样属于深海，如日本海的深度可达1750米，几乎完全封闭的黑海深度为2200米，地中海的最深处为约5250米。与超深渊区的海沟（参见第74页）类似，这些最深点位并没有展开，平坦的海底只是在局部存在较深的点位或洞孔，就像一座独立的山巅。

领海具有典型的深海密度分层、水流循环和物质的重新分配体系以及海洋生命，与大洋腹地相似。不过，某些专属特征只出现在此类海域。

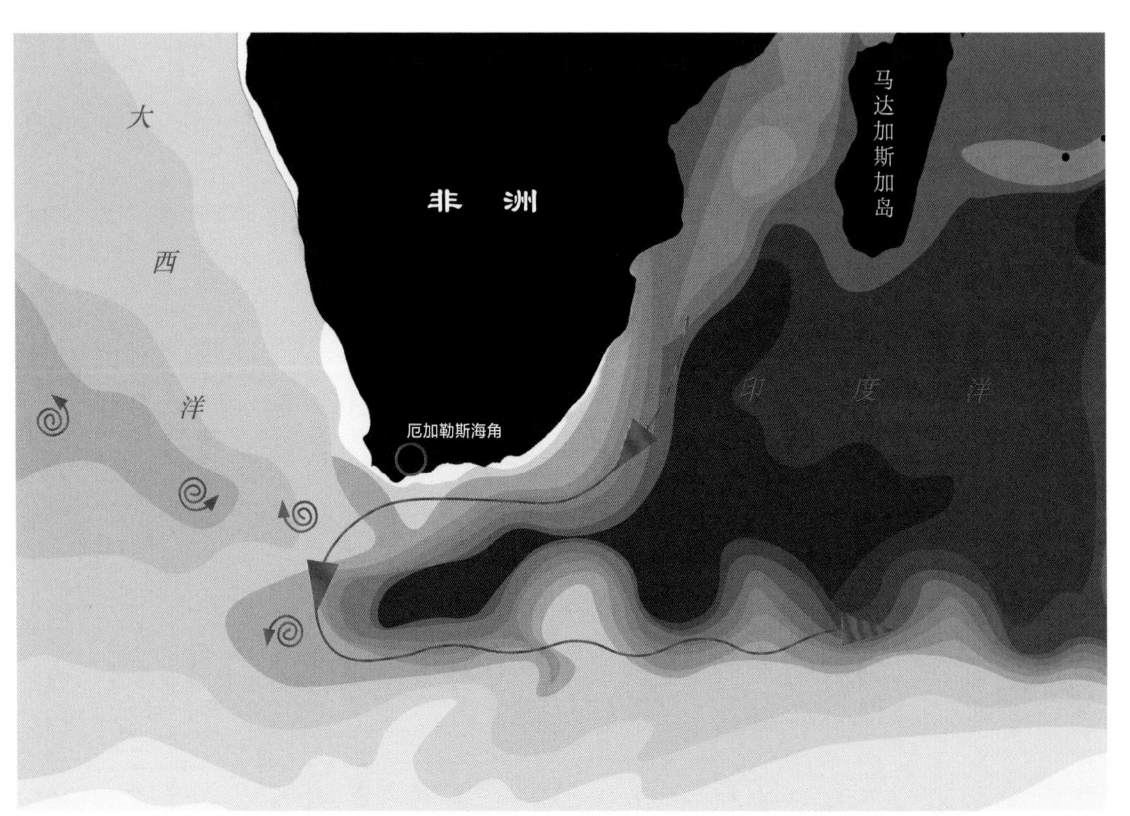

日本海

对页上图：日本海位于日本群岛、俄罗斯大陆、萨哈林岛、朝鲜半岛和俄罗斯远东大陆之间。通过岛与岛之间的海峡，日本海与太平洋、鄂霍次克海以及东海相连。

厄加勒斯暖流、回转流和涡流

左图和对页下图：印度洋洋流沿非洲东海岸与大西洋海水相撞，并转向朝南极环流方向流动，受离心力作用影响产生大量涡流（左图）。许多涡流从大洋深处为浮游植物带来营养物；卫星图像（右图）显示的厄加勒斯海角（Cape Agulhas）东侧，淡蓝色旋涡表明寒冷的上涌水域存在一大片浮游植物群。

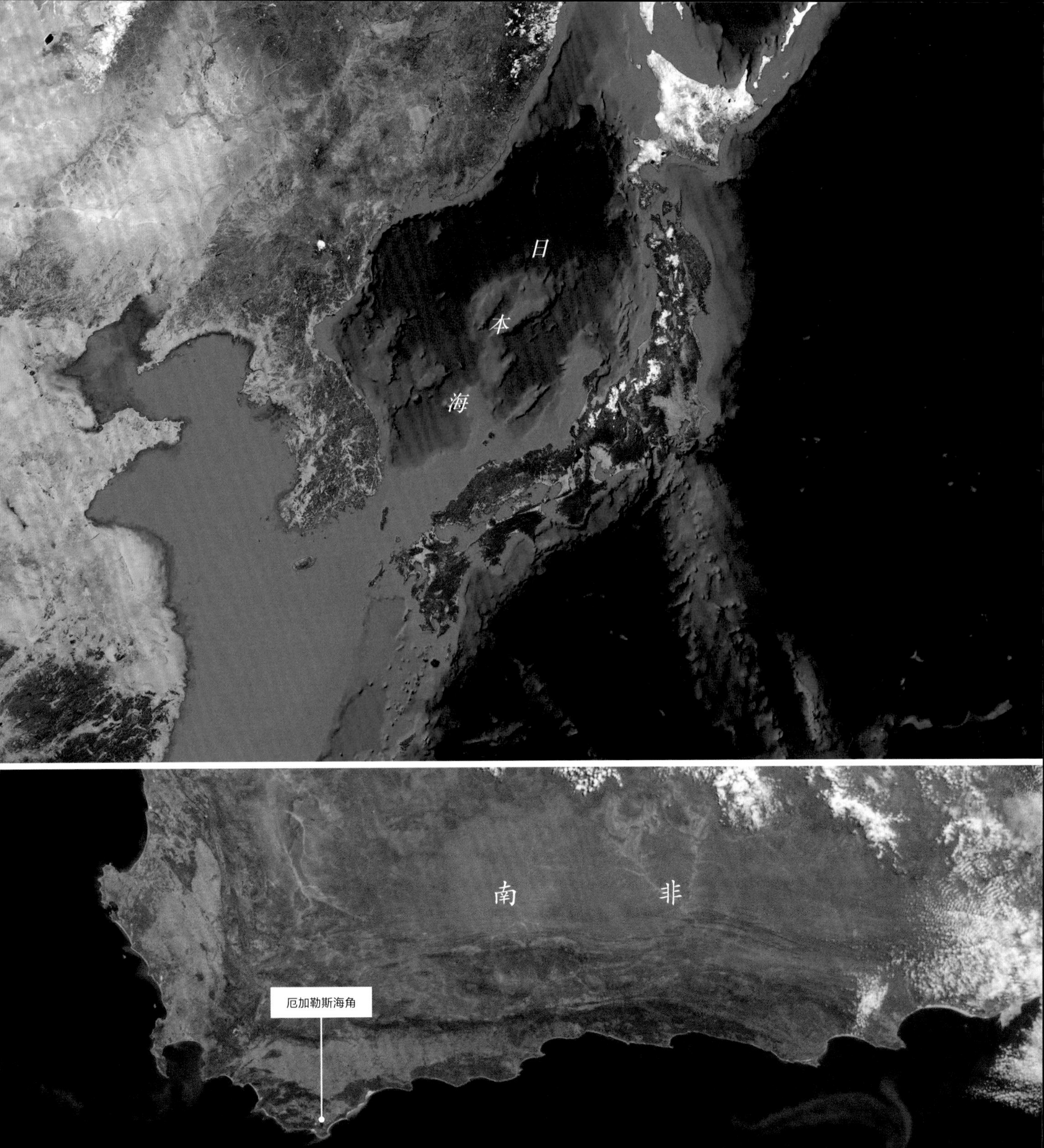
日
本
海
南
非
厄加勒斯海角

领海内的潮汐

由于与大洋的关联不大，领海中的海潮活动通常较弱。这是因为在此类海盆中，潮汐活动受地球、月球（和太阳）相互作用力的影响，但不会通过其边界区域的潮汐洋流造成共振（在特定规模的海盆中某一特定频率上对某一海浪的强化）。潮汐洋流边界或通向毗邻规模较大的潮汐承载海盆的开口，一般都非常小。研究发现，世界规模最大的潮汐都发生在沿北美东海岸的芬迪湾地区。如果将芬迪湾与地中海相比，我们会注意到，沿着芬迪湾整个西南边界都存在一个宽阔的开口，而地中海在直布罗陀海峡的开口相对较小。

在靠近直布罗陀的地中海海域内的潮汐也不能忽视，相比之下，在地中海其他水域的潮汐重要性要小一些。不过也有例外，如在靠近意大利北部海域的潮汐会形成共振。即使在世界各大洋海盆中，能够产生潮汐的动力也难以直接驱动潮汐运动。因为大洋海盆的形态和规模不适合规模为10,000千米的潮汐。但南极环极海盆是一个例外，凭借那里一些海盆共振的支撑作用，甚至有潜在直接产生潮汐的可能。几乎所有较大幅度的大洋海面潮汐，都是通过共振形成的，其形成方式通常较为复杂。对此，读者可以想象一个场景：一架巨大管风琴的无数音管产生的声音共鸣，回荡在一座恢宏的教堂中。

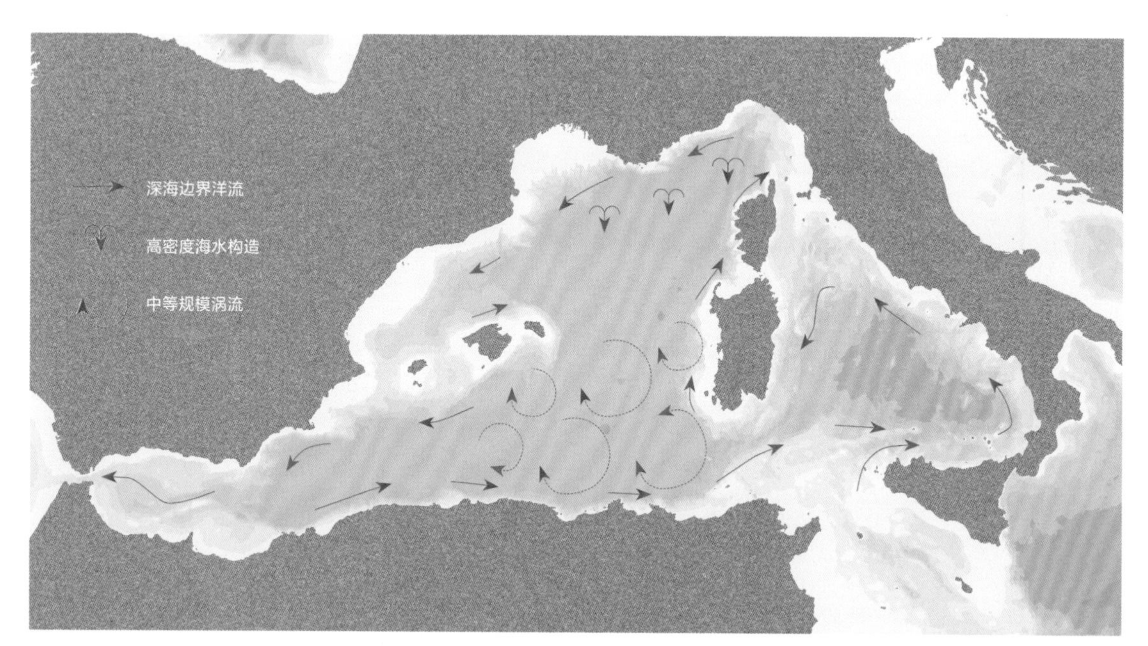

洋流特性

上图：这幅地中海重要洋流图显示了海洋的一些共性：强烈的边界流、涡流、深海高密度海水分层，这在南北两极以外不常见。

芬迪湾和地中海边界

下图：等比例边界海洋例图，左为拥有世界上最大潮汐、半封闭的芬迪湾，右为使大西洋与地中海相互连通的直布罗陀海峡。

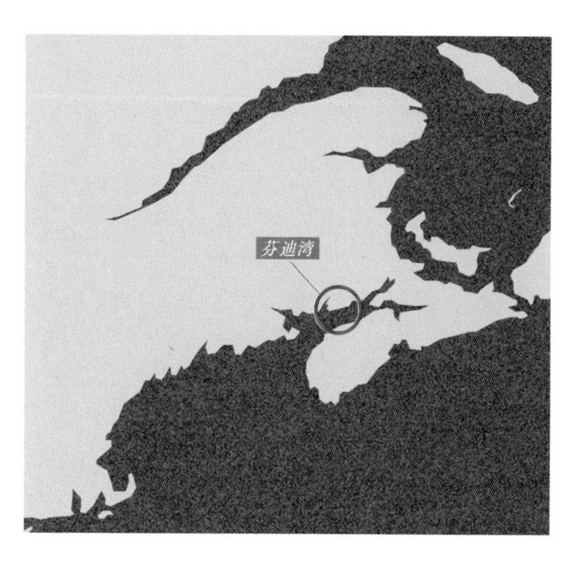

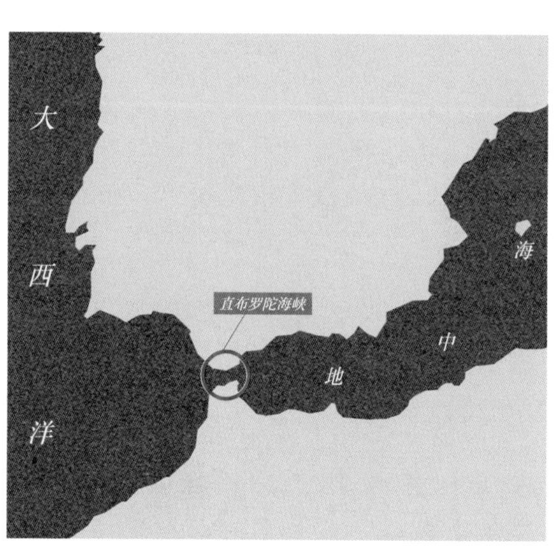

中等规模的涡流

上图：较强的中等规模涡流能够一直抵达深海海底。

波罗的海浮游生物

下图：波罗的海中大片浮游生物旋涡。

领海内波和洋流

虽然领海缺乏潮汐也因此鲜有内潮，但凭借充裕的海水密度层，领海有各种内波和内波湍流。在任何一片这些深度较大的领海周围的本区域惯性频率附近，研究人员不但发现了动能频谱中的明显峰值，还发现了最低内波频率以及在此频率上强度最大的切变。在潮汐占主导地位的海洋中，当受惯性波切变影响，或受地形上方洋流（如边界洋流等）产生的切变影响而使内波发生形变时，较高频率内波就可能被阻断。与大洋海盆相比，领海海盆相对较小，因此更加靠近大陆坡。陆地与海洋的交汇影响着流过大陆坡的强烈洋流。截断大陆坡的不规则海岸线和峡谷，也加剧了此类洋流的不稳定性。其结果是使边界洋流呈蜿蜒流动状态，包括涡流的切断，这类似于在强劲洋流（如墨西哥湾流和黑潮）附近发现的暖流环和冷流环。中等规模的涡流（直径约为100千米）和次中等规模的涡流（直径1—10千米），都能直接抵达深海边缘的海底。由于这些涡流以每秒几厘米，即每天数千米的速度在垂直方向上强烈运动，它们对悬浮物的重新分布意义重大。这意味着以浮游植物形式生长在海面附近的新鲜食物，可在大约一天内被输送至2500米深的海底。

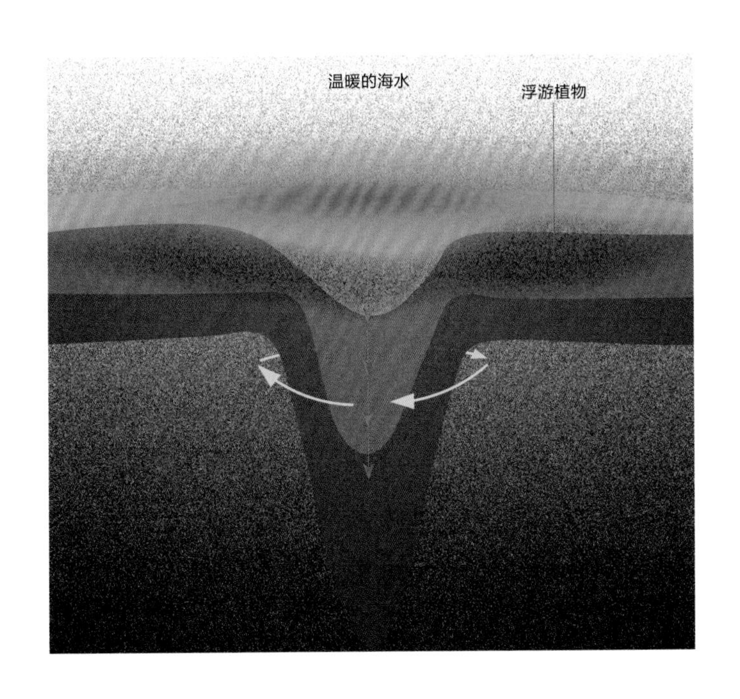

黑海

由浮游生物（图中深浅不一的蓝色）标识的海面潮流，显示的是不同的涡流和回旋流。在黑海的更深处，氧气稀缺。

领海的密度和向深处沉降

在中纬度领海内，特别是地中海地区，邻近陆地尤其山脉的海域，都会产生独特的物理特性，比如海水蒸发量巨大。在地中海，尤其是东侧水域，夏季的盐度会增加；在冬季，伴随着海水进一步蒸发以及开阔海域近海面海水逐步变冷（受来自像阿尔卑斯和比利牛斯等山脉干冷强风影响），在冬季快结束时，这里的海水盐度仍然相对高于那些沿岸地区受河流入海影响的水域。盐度差异不但会强化大陆边界流，而且还会导致海水沉降。这种沉降既发生在深海海盆，也出现在大陆架之上的浅海海域。而被截断的地形——大陆架峡谷，在引导新近形成的高密度海水流入深海方面发挥着重要作用（参见第56—57页）。

这类深海海水沉降在黑海深处的发生率并不高，而黑海有一个典型特征：海面以下50—100米由风引起的海水混合层水域存在缺氧情况。其原因是细菌耗氧巨大，导致从上方输送下来的大气氧补充量不够。即使加上从地中海（通过博斯普鲁斯海峡）流入的大量内波和相关湍流混合等带来的氧气，也无法补充这个缺口。此外还有几个主要因素：无论夏季或冬季，由于黑海水体分层都十分明显，使得海水自上而下输送氧的动能不够；黑海虽然也有最低程度的潮汐，但无法形成内潮；穿过浅海水域（水下50米深度的海底山脊）和狭窄的博斯普鲁斯海峡（2千米）的内流，的确能使密度较大的地中海水域与部分黑海水域产生混合，但这些混合水体进入黑海后即下沉，水量有限也不能抵达黑海深处，新流入的海水与黑海海水混合不足以提供足够的氧。

密度相对大的地中海海水流入大西洋后会发生情况相似的沉降，下沉的海水能抵达水下1000—1500米的深度，并在这个区间达到这里海水的密度。沉降以起伏的形式进行，在密度相同且相对更凉、盐度更低的大西洋海水环境中，能够形成相对温暖和盐度较高的海水“中间透镜”（intermediate lenses）。这些地中海海水透镜能够穿过北大西洋的重要水域，分别向南北方向运动，向南在遥远的佛得角岛和向北超过不列颠和爱尔兰的海域，研究人员都发现了它们的踪影。在这些地区的深海水域，这样规模的中层水体并不是被位于大洋中部的洋中脊所截断，而是被大陆坡阻隔的。

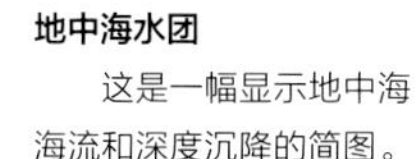

地中海水团

这是一幅显示地中海海流和深度沉降的简图。因为直布罗陀海峡几乎将地中海从北大西洋分隔开，加之高蒸发量，它比北大西洋含盐量要高。在地中海，高盐度海水下沉，并吸收来自大西洋海盆的低密度海水。

海盆之间的关联

次海盆位于较大海盆和领海内部，并且被洋中脊或狭窄海峡海底山脊所分隔。单个次海盆的特点是：次海盆之间相互关联，不封闭，靠近海面，与领海的区别并不明显。在深海水域，两个次海盆可以通过洋中脊水下断裂带的水域彼此相连。断裂带是深海海底附近密度最大海水的重要输送管道，能把这些海水从一个次海盆传送到另一个次海盆。当靠近深海的海流流入一个断裂带时，由于其流速会不断加快，这些海水会与上覆海水产生混合。例如，靠近赤道的罗曼什断裂带和位于中大西洋海岭的韦马断裂带，在经过湍流混合的调整后，引导着西南大西洋（源自南极）的深海海水横穿赤道后流入东北大西洋次海盆。在地中海，西西里海峡（宽145千米，最大深度320米）和墨西拿海峡（宽5千米宽，最大深度250米）将东部和西部次海盆联系在一起。

小而深的海盆

海沟属于特殊的超深海海盆，它们的深度超过周围的海底，与潜没带有关。潜没带就是一块地壳的海洋板块下沉到一块大陆板块之下（参见第46—47页），倾斜的地形几乎总是相伴而行。潜没带附近的地形可能导致湍流的发生，例如阻断内波，这会把再次漂浮的物质散布到海沟腹地，也会沿着侧壁形成独有的环流。由于海沟周围海水压力巨大并且与海面之间的距离太远，对这样的海沟内部环境的观测极少，必须要有专门的设备。

斜坡地形

这台“深海发现者”号远程操控潜水器，正沿着波多黎各南部的瓜亚尼亚峡谷壁的一处陡坡向上攀爬。像这种斜坡地形能引发内波和湍流混合。

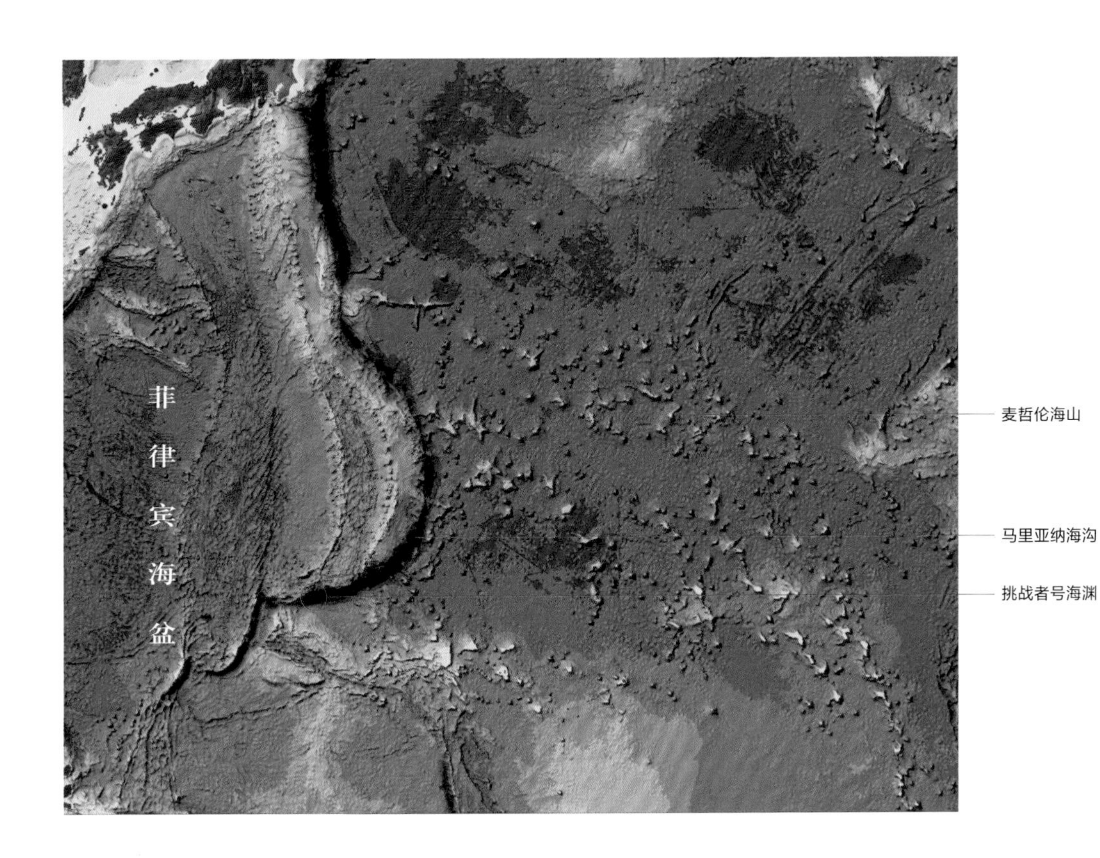

马里亚纳海沟

马里亚纳海沟是超深海海盆之一，位于西太平洋，其挑战者号海渊的最大深度为11,034米。

中大西洋海岭地区的断裂带

大量的断裂和沟槽贯穿中大西洋海岭。这些“断裂带”将深海水团从一个次海盆引流到另一个次海盆。

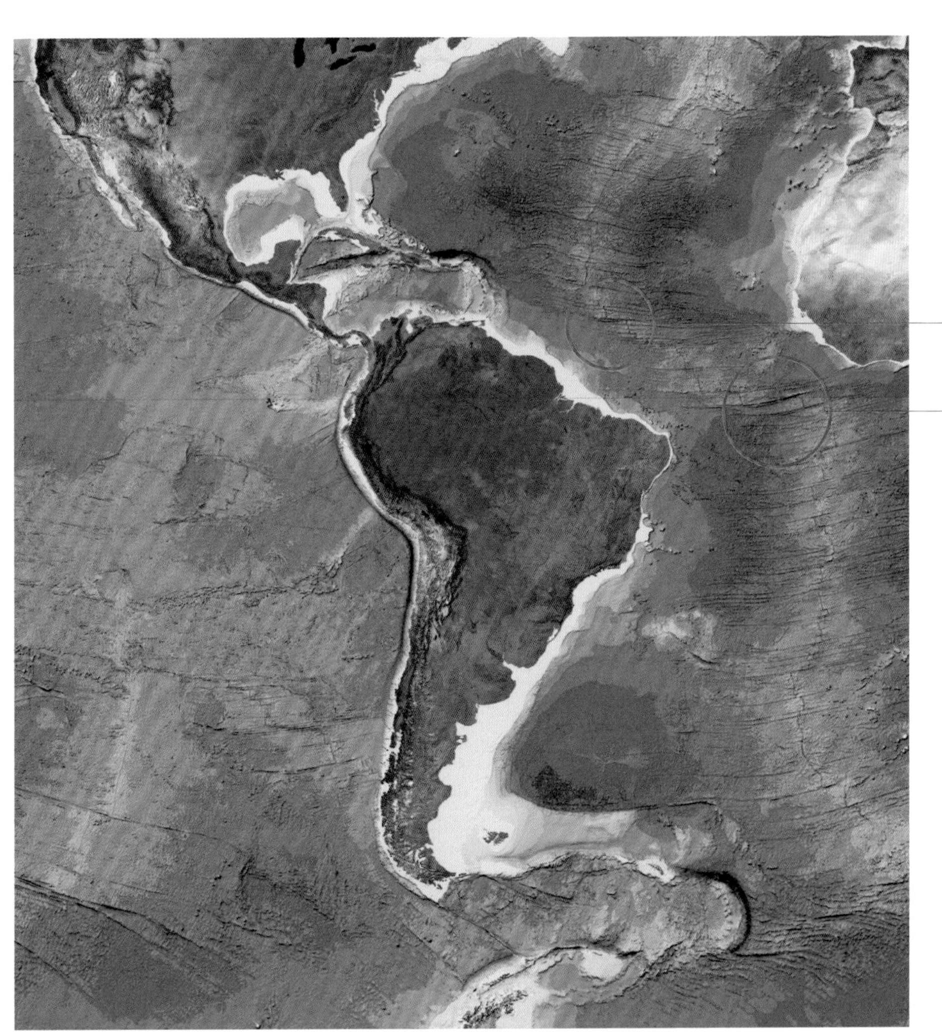

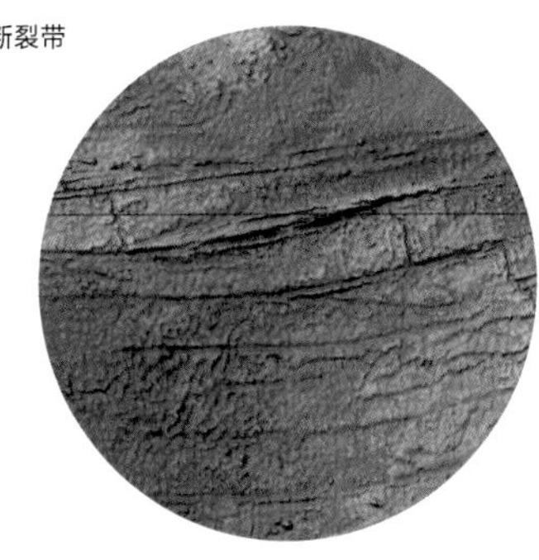

深海生物

海底无脊椎生物

见前页：**红水母** *棕壶水母属一种*

这个小红水母曾与水下机器人遭遇，此类水母漂游在北冰洋深水海底。

无脊椎动物在深海动物群中占统治地位，称为“海底动物群”（benthos，该词源自希腊语，意为“海洋深度”）。在每一海区，现有动物的生存取决于海底基质和影响食物获取难易程度的海洋环境。动物群可能已适应生活在基质中，或以基质为生；固定在松软的沉积物或附着在岩石上以过滤、储存食物。我们知道浅水区中相同的主要动物群，其适应性却大相径庭，而这些能力有助于它们在极端环境中繁衍生息。在35个动物门中，除一种（天鹅绒蠕虫，即有爪动物门）外，都有一些海洋物种，但只有少数门包含深海海底最常见的动物。

捕蝇草海葵
海月水母属

一只捕蝇草海葵惬意地生活在大西洋西北部2766米深的水域，悬浮进食。

常见的深海海底无脊椎生物门类

多孔动物门（Porifera）

深海中有两种主要的海绵动物：寻常海绵（寻常海绵纲）和六放海绵（六放海绵纲）。

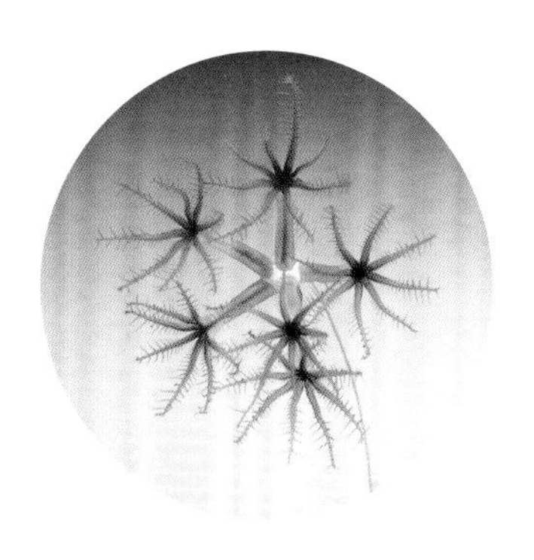

刺胞动物门（Cnidaria）

这种高度多样化的族群包括水螅动物（水螅纲），管海葵（管海葵亚纲），真海葵（海葵目），多射珊瑚亚纲（多射珊瑚亚纲），以及不同种类的珊瑚：石珊瑚（骨葵目）;黑珊瑚（角珊瑚目）和八放珊瑚（八放珊瑚亚纲）,包括蘑菇珊瑚（软珊瑚科）,花椰菜珊瑚（棘软珊瑚科），竹珊瑚（等角软珊瑚科）和海笔（海鳃目）。刺胞动物门还包括许多在深海发现的凝胶状族群（参见第96—97页）。

环节动物门（Annelida）

最多的环节动物群是环节蠕虫（多毛纲），包括沙蚕（沙蚕科）和管栖蠕虫（缨鳃虫目和涡虫目，包括在化能合成生态系统中发现的高度特化的斯博高缨鳃虫科）。花生蠕虫（星虫纲）现在也被划分为环节动物门（之前被划为单独的门）。

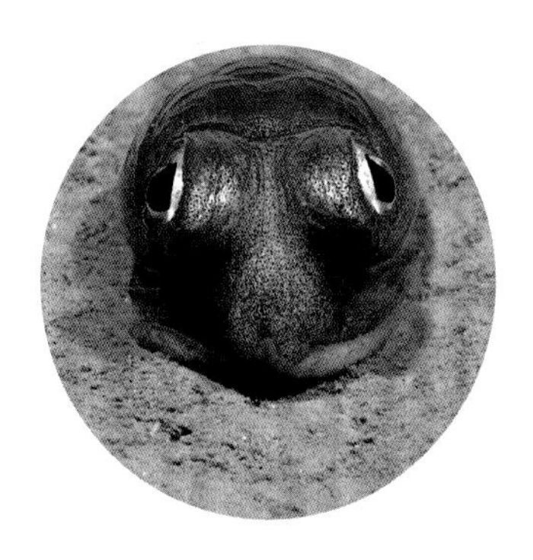

软体动物门（Mollusca）

这个族群包括腹足类或海蜗牛（腹足纲）；双壳类（双壳纲），包括蛤蚌，贻贝，牡蛎及其近亲；头足类（头足纲），在海底环境中包括八腕目软体动物和短尾动物（其他头足类动物，例如鱿鱼、鹦鹉螺和旋壳乌贼属动物，它们生活在深海海域）。

节肢动物门（Arthropoda）

深海海底的节肢动物由甲壳纲动物（甲壳动物亚门）构成，包括蟹类、虾类和龙虾类（十足目），橡子藤壶（藤壶亚目），柄藤壶（铠茗荷目），等足类动物（等足目）和端足目动物（端足目）和海蜘蛛（有螯肢亚门坚角蛛纲）。

棘皮动物门（Echinodermata）

棘皮动物主要由5个种群组成：海参（海参纲）；海星（海星亚纲），包括卤水海星（线海星科）；海蛇尾（蛇尾纲）；毛头星和海百合（海百合纲）；海胆（海胆纲），包括心形海胆（猬团海胆目）和柔海胆（柔海胆科）。

多孔动物门——深海海绵

海绵是最原始的无脊椎动物，属于多孔动物门。深海海绵动物主要分为两类：一是寻常海绵，它长有由纤维构成的一副骨骼，骨骼由海绵硬蛋白或硅土骨针组成；二是六放海绵，长着长长的硅土骨针与玻璃纤维相似，包括从未在寻常海绵中发现的独有骨针种类。海绵几乎全是滤器型进食者，利用纤小的击打鞭毛通过位于表面的称为“口”的孔隙汲水，诱捕微小食物颗粒。这类生物不长口腔或胃：细胞在颗粒状食物周围伸展和缠绕着自身，利用吞噬作用摄入食物，即“细胞进食”。海绵在海洋“雪”（有机物的积聚）飘落的区域大量出现，“雪”的存在带来了充足的食物，尤其是在海山和深海峡谷。在这类区域，洋流和当地海洋特性输送了丰富的资源。令人惊奇的是，少量寻常海绵竟然是食肉动物，它们都是近亲，属于枝繁骨海绵科。食肉类海绵没有“口”，而长着细丝，覆盖在纤小稠密的骨针上，骨针像尼龙搭扣一样诱捕小型游动的甲壳纲动物，如桡足动物（桡足亚纲）。这类行为是滤器型进食者为了适应食物匮乏的状况而演化形成的，在深海的许多区域都存在。

“深海海绵主要分为两类：一是寻常海绵，它长有由纤维构成的一副骨骼，骨骼由海绵硬蛋白或硅土骨针组成；二是六放海绵，长着长长的硅质骨针与玻璃纤维相似，包括从未在寻常海绵中发现的独有骨针种类。”

食肉类寻常海绵

球枝海绵属一种

对页左上图：像所有食肉寻常海绵一样，这种动物会引诱在其表面上的微小无脊椎动物。之后，猎物被包围，被迁移到海绵体细胞处消化。

七弦琴球枝海绵

对页左中图：食肉的枝繁骨海绵展现了形态学的多样性：物种通常都长有许多附器，以增加表面积，利于捕食。天琴软骨藻属动物，因其垂直附器类似七弦琴的琴弦而得名。

山居繁骨海绵

对页左下图：这个物种首次在加利福尼亚中部戴维森海山1280米深处被发现。研究人员在海绵栅格内发现被部分消化的甲壳类动物，猎物被海绵诱陷在海绵栅格内。

偕老同穴海绵

对页右上图：一只长着复杂硅质骨骼的偕老同穴海绵。这类海绵的成员被通俗地称为“维纳斯花篮”，通常是一对虾的寄生场所，而这对虾会终生生活在篮子里，并在其中生儿育女。

六放海绵类的骨针

对页右中图：与偕老同穴海绵迥然不同的六个尖状硅质骨针，“六”这个数字使得六放海绵名副其实。

群居动物

对页右下图：海绵可作为其他动物的生存基础。此处，海蛇尾把一只偕老同穴海绵当作寄生处，在海绵四周缠绕着它们的长臂，一只蹲龙虾则隐藏在海绵骨架的皱褶间。

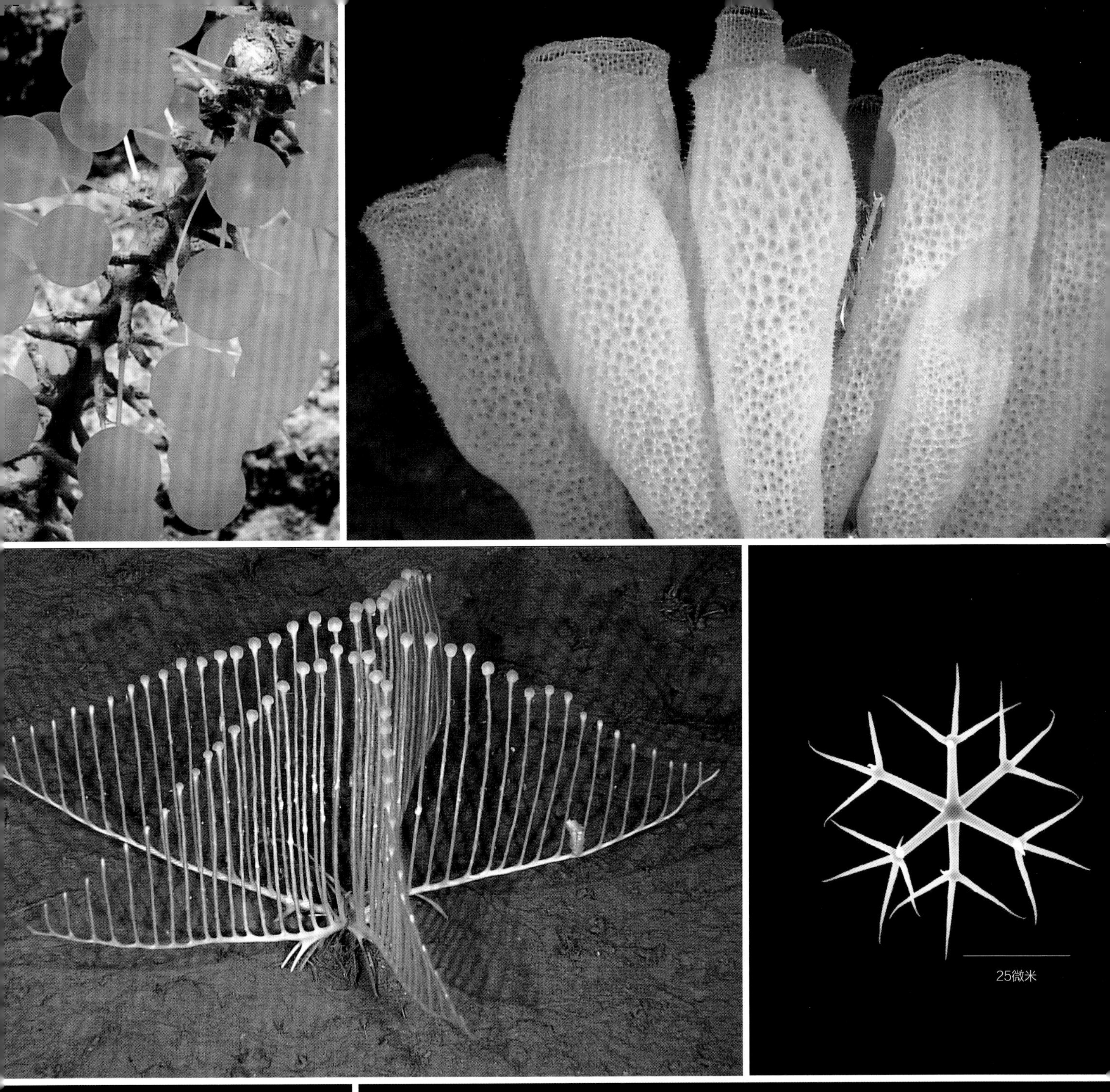
25微米

刺胞动物门

刺胞动物门的部分成员进食悬浮物，它们用触须捕捉悬浮的颗粒状物体。这种高度分散的洋底族群包括海葵、珊瑚和多射珊瑚亚纲，它们当中也包括许多食肉动物。例如，纯种海葵通常用刺一样的触须诱捕小型动物，把猎物拖进具有消化及循环双重功能器官的腔肠，这是一种只有一个开口的消化囊。我们看到被捕获的猎物在这里被分成更小的部分，之后填满消化囊的细胞将其吞噬。海葵通常附着在岩石上，但也有穴居的海葵物种。当感受到捕食者的威胁时，海葵会收缩其触须，形成紧密的球状。管海葵长有一个长管，可伸入沉积物中，一旦感知危险就能缩回，它也因此而得名。管海葵经常出现在大陆坡（大陆架与深海底之间的陡峭斜面）的大部分海域，这个“美丽牧场”中有大量物质从大陆架分流出来，食物丰富。六放珊瑚、群体性类海葵生物用相互作用的珊瑚虫覆盖着岩石表面和其他动物。在与寄居蟹的共生关系中，六放珊瑚占据了一只贝壳的地盘。水螅虫的情形并不很显眼但非常普遍，它们大部分是微小的捕食类刺胞动物，长着摄食水螅虫，与珊瑚相似。最让人吃惊的是深海硕大态（或巨型态）（参见第29页）的水螅。偶见巨大而独栖的水螅，周身长度可达50厘米甚至更长。

珊瑚在深海特定海域的动物群系中占据着主导地位（实例可参见第128—129页）。在浅水区，珊瑚的机体组织成为共生的海藻栖息地，海藻在此进行光合作用。在大洋深处，光线无法穿透，珊瑚未能随之进行适应性的变化，但仍有部分珊瑚形成了珊瑚礁。公认的构成珊瑚礁的成分是穿孔莲叶珊瑚（之前称筛孔珊瑚），它们在水深200—900米的大陆坡和海底山形成了大量礁石，在较高纬度地区峡湾的稍浅水域也是如此。尽管它最常见、分布最广，我们对其研究最深也最熟悉，但深海珊瑚在躯体和形状方面相差甚著。原因在于“珊瑚”是任一刺细胞动物的通用名称，其珊瑚虫分泌了一种骨骼。黑珊瑚长有金属线般的黑骨骼，其每一个珊瑚虫顺着其分叉都有六个成对存在的不能缩回的触须，而八放珊瑚的珊瑚虫则有八个伸缩自如的触须。某些八放珊瑚的骨骼只是由骨片组成（即显微状态下的针状物或碳酸钙片），使珊瑚形成一个“软”外形，如蘑菇和花椰菜珊瑚。其他八放珊瑚长有轴型骨骼和骨片：在许多海扇（丛柳珊瑚科）中，这类轴由坚硬，类似木质的蛋白质组成，蛋白质十分柔韧，在洋流中不会被折断；在竹珊瑚中，此轴由碳酸钙切片构成，它们之间有蛋白质结节，外形长得像竹子，同样增加了柔韧性；其他珊瑚种类（硬轴珊瑚目）的轴本身与一层骨片相似。海笔也是珊瑚，它们往往长着一个中心轴，珊瑚虫和珊瑚虫叶通过骨片更有力地支撑着这个轴。许多珊瑚附着在硬质基底（穿孔莲叶珊瑚礁一旦达到一定规模，会有效形成自身的基底），但海笔通常生活在软质海底，并且移动迅捷，受到惊扰会迅速撤退并藏进沉积物中，其移动速度依据其种类不同而存在差别。

尽管它们的栖息地漆黑一片，但水下机器人的灯光仍可照亮许多深海珊瑚，使其绽放出绚烂色彩。珊瑚组织中的色素产生了色彩，色素分子来自它们摄食的生物，并积聚在珊瑚的组织中，不过颜色本身没有实际功能。

海笔

左图：印度洋深海中的一只海笔。此处珊瑚虫排列成整齐的“叶子”状，从中心轴或分脊向外延伸。在其他物种中，珊瑚虫顺势附着在分脊上，或一簇一簇地附着在分脊顶部，形成完全不同的整体形状。

黑珊瑚

右上图：由于长着黑色茎干，黑珊瑚因此得名，黑茎在橙色组织中清晰可见。珊瑚虫大部分密集排布，但若它们排列稀疏，很可能在每个珊瑚上数出六个触须。与八放珊瑚不同，这些触须没有羽枝。

八放珊瑚

右中图：生活在2240米处的浅粉红色蘑菇珊瑚（花乳珊瑚亚科）。这种长着纤小精致羽枝的八触须珊瑚虫，使八放珊瑚独具特色。

多放珊瑚

右下图：前景是明黄色的群体海葵。它通常移居在已死亡的八放珊瑚骨骼上，背景中可见活着的白色八放珊瑚，它们生活在海绵、岩石上，甚至为寄居蟹提供“外壳”。

棘皮动物门

棘皮动物门的多样性显著，海胆是其中一种。某些海胆以珊瑚为食，其他种类例如分泌毒液的柔海胆和穴居的心形海胆，它们利用海床产生新碎屑的便利，进食沉积物。柔海胆无意中会成为幼小江鳕鳗（鼬鳚目，参见第90—91页）的保护者，它们在其他暴露、无遮掩的海床觅食时，好像利用海胆做掩护。海参是另外一种以沉积物为食的族群，比较典型的是海猪（海猪属）。海猪顺着海底游荡，在沉积物中搅动、翻找食物。研究人员利用地理化学示踪器的研究结果表明：海猪对颗粒食物很挑剔，只进食海底在3周内产生的新微粒。海猪长着伪足（生长在侧面似足的赘生物），行进较快。伪足充满海水，似乎储存着最优质的沉积物食物。观察发现，部分海猪群体的个体数量超过了500只，它们非常怪异地朝向同一方向，好像整齐行进的军队队列，这样做可能是在洋流中自我调整方向以保持各自的位置。看起来大多数深海动物都选择沉积物作为食物，但都很挑剔。以沉积物为食的腹足纲软体动物摄入的食物是过去3个月沉积形成的，但它们可能缺乏海猪那样迅捷、专门化的进食适应性附器，因此无法正常获取更优质、更新鲜的食物。

“看起来大多数深海动物都选择沉积物作为食物，但都很挑剔。古往今来，这些深海生物间的食物争夺大战从未停息过。”

海胆

对页上图：头帕目海胆长着坚硬的大棘刺。不过请注意棘刺上的柔软附着物：它们能自我调整以抓牢八放珊瑚。所有海胆都有强壮的颚以摄入珊瑚组织。

卤水海星

对页左中图：明黄色卤水海星在深海十分常见。它们各具特色，通常在其他生物的顶端停留。

海百合和毛头星

对页左下图：海百合是一种非常独特的深海生物元。它们的臂铰合在中心盘，这样就可像花朵一样“收缩”。没有柄的海百合（毛头星），能利用铰合的关节游动。

海蛇尾

对页右中图：在美国西南的大陆坡755米深的海域，一只海蛇尾用它的五条长臂缠绕着泡泡胶珊瑚的枝节。

海猪

对页右下图：蒙特雷湾水族馆研究院（MBARI）远程控制的水下机器人多克·里基茨（Doc Ricketts）号在1400米深的苏尔海脊观察到一只海猪。苏尔海脊是位于加利福尼亚州大苏尔海岸外的一处岩石海脊。海猪用它们六对伸长的管状脚在海底慢慢移动。这种双边对称性在成年棘皮动物中较为罕见，多数棘皮动物呈现放射状对称。

环节动物、节肢动物和软体动物

深海中的环节动物、节肢动物和软体动物基本上都在不停移动，也有少数不动（固定在某个地方）或缓慢活动。多毛纲环节动物蠕虫进化出多种生命形式。它们生活在沉积物里，可能是沉积物进食者、滤器进食者或食肉者。一些多毛纲环节动物与特定的珊瑚物种共生（关系密切）。多毛纲环节动物蠕虫中有一些精致的管状蠕虫，它们以过滤方式进食，但大部分蠕虫的进食方式为食肉或沉积物。长期进化使管状蠕虫能利用共生微生物在化学合成生态系统中生活（参见第158—167页），它们在这方面是行家里手。在节肢动物中，藤壶体长2.5厘米，它们将自己牢牢地固定在露出地面的岩石部分，其封闭的片状组织虽在一千多年来少有用处，但偶尔会在海底形成粗糙的壳床。深海软体动物包括双壳类软体动物如深海锉刀式蛤蚌附着在垂直的崖壁上。与浅水区的情况相同，这3个门类的多数成员也都是一些最大、移动速度最快的无脊椎动物捕食者。八腕目软体动物长着强壮的喙来撕碎肉类。沙蚕科多毛纲环节动物长有螯状甲壳质的颌，体长能达到近30厘米。蟹类、龙虾、端足目动物和等足类动物有强壮的颚。在深海，端足目动物和等足类动物的身体尺寸不详，但我们了解其浅海区的近亲的体形大小。端足目动物巨型爱丽钩虾的体长可达30厘米，等足类动物巨型深水虱更是长达50厘米。我们已知这个物种能啃噬科学仪器上的电缆。海蜘蛛是这类节肢动物的远亲，但也能长得很大。已知最长可达61厘米。

多毛纲环节动物蠕虫
裂虫科

对页左上图：这个种群多样化特征明显，其共同的积极生存模式是在海底觅食海草、珊瑚、岩石和软质沉积物。图中的蠕虫生活在深海海绵上。海绵也是其他动物的主要栖息地。

八腕目软体动物

对页左下图：这是大西洋西北部格力峡谷的变幻疣章鱼。在太平洋，观察到它的近亲北太平洋变幻疣章鱼的雌性个体正在孵卵，它已经在此4年多。

海蜘蛛

对页右上图：大西洋西北2623米的海山上，一只海蜘蛛进食竹珊瑚骨架上的六放珊瑚。海蜘蛛主要以刺胞动物为食。

甲壳质颌

对页右下图：多毛纲环节动物的进食策略变化多端，它们可以过滤进食、以沉积物为食、化学合成共生有机体或者直接成为捕食者。许多捕食类多毛纲环节动物都长着大甲壳质颌。

生命痕迹

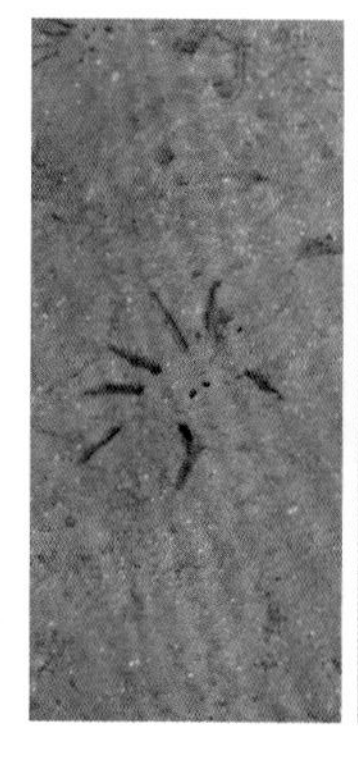

虽然小型动物在深海区域占海底的大多数，但我们通常较为了解的生物是生活在海底的大型生物，而对小型生物的了解稍逊，比如穴居多毛纲环节动物、以表面沉积物为食的动物，它们生活在沉积物中或以沉积物为食。许多这类生物留下了痕迹，即生命痕迹，可以是痕迹、排泄物或穴居。痕迹包括海蜗牛和海胆的爬行印记，印记由这些生物的数百个纤小又充满水的管状脚在海底移动形成。排泄物是它们进食后排出的废物，这类排泄物差异非常大，科学家可通过废物判断是哪个物种排泄的。例如，玉钩虫的部分物种（半索动物门肠鳃纲）会遗留下大量螺旋状排泄物，很多海参则产生紧密盘绕的废物。说到穴居，我们一般不了解痕迹生成的原因。其中一些可能是大型单细胞生物，即外孔虫类（属有孔虫门外孔虫科），我们不把这类生物分类为动物，但将其列为“候选选项”的一种，这种“候选选项”可用来对既不是植物、真菌、动物也不是细菌的生物进行分类。其他类别由花生蠕虫或者其他穴居无脊椎动物构成，但在沉积物中提取易碎动物样本的困难表明，我们对这些海底动物（沉积物定居者）的了解很不充分。

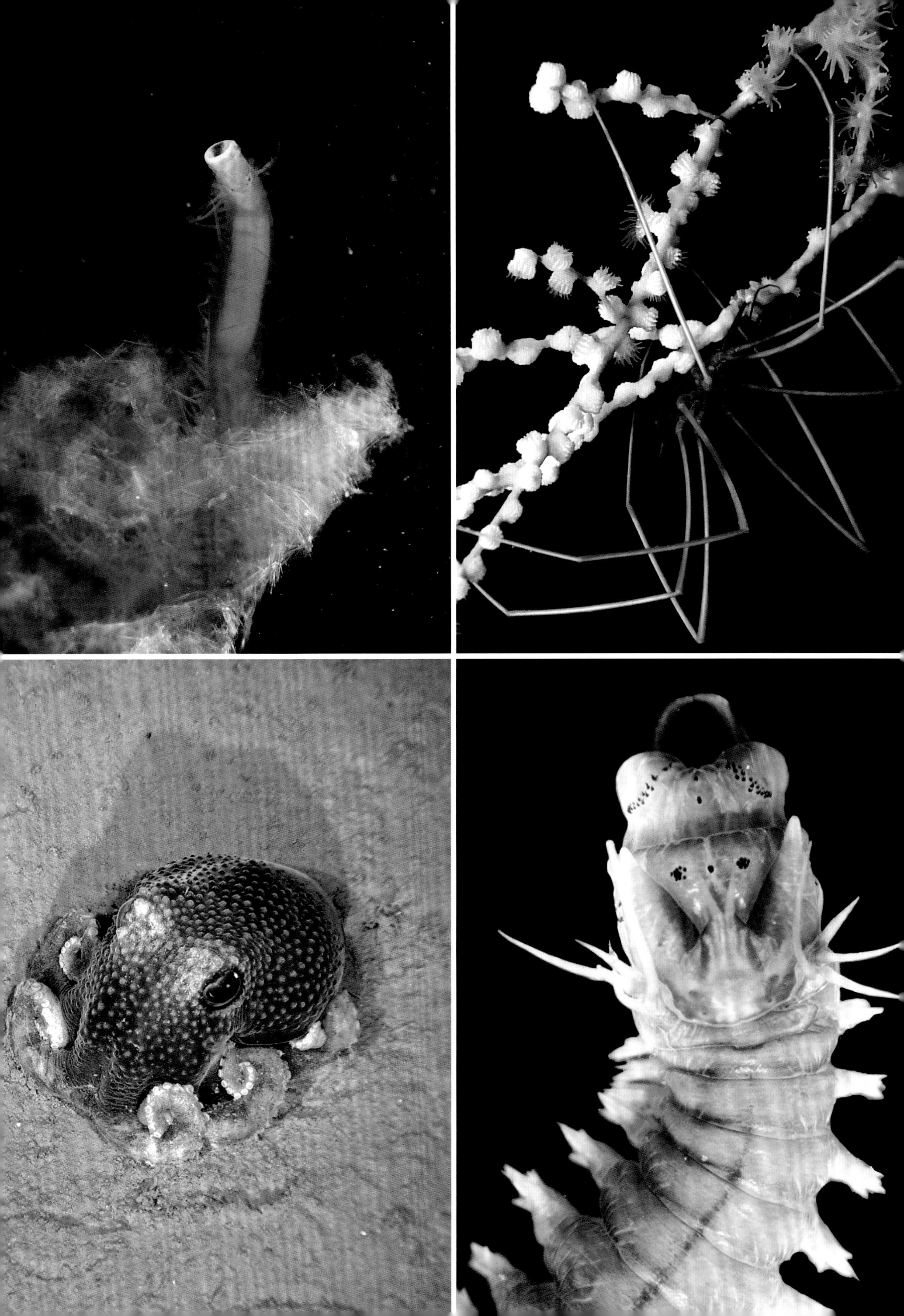

底栖鱼类

海底鱼类简介

海洋鱼类的绝大多数代表性种类生活在深海海底。这些种类与它们生活在浅水区的表亲很相似，两者的许多进化特点也相同。其体形一般趋于细长型。尽管生存的区域缺乏明亮的色彩（多数情况是灰色），但它们大部分都长着眼睛，少部分鱼自身还具备生物性发光的功能。其进食方式为：利用嘴进行主动和伏击捕猎、摄食小型游动猎物、底部进食、逡巡觅食、钻穴和食腐。

无颌和软骨鱼

鱼类中的“草根阶层”无颌鱼（无颌纲）和软骨鱼（软骨鱼类），在大陆坡深度小于3000米的区域生存。第一类是大约有60个物种的深海盲鳗，也就是像鳗鱼一样的无颌鱼。这种鱼可钻入洞穴并在海底寻找废物为食，其中的一些鱼成群出没在大型食物（如鲸鱼尸骸）掉落的区域。软骨鱼类如银鲛鱼、鲨鱼、鳐鱼，是深海海底或海中重要的捕食者。银鲛鱼中的33个物种（也称为纺锤蛇鲭或魔鬼鲨鱼，银鲛目）是一种曾经广泛分布的鱼种的残余体，它们在一亿五千万年前的侏罗纪时期退回到深海求生。这些鱼能长到1.5米长，长着长长的渐渐变细的尾巴，还有七个牙板，面部如兔子一样，像在咧嘴痴笑，主要在海底猎食。纯种鲨鱼有约200个种类生活在深海，从5.5米长寿命长达300多年的格陵兰鲨鱼（角鲨目），到短于0.5米的娇小猫鲨（胭脂鱼形目），它们的身形差别很大。原始的六鳃鲨鱼（六髻鲨目）属于皱鳃鲨鱼，这种鲨鱼擅长捕食鱿鱼；灰六鳃鲨的食谱则多样化，包括其他鲨鱼、有骨的鱼类和鱿鱼。角鲨鱼类（角鲨鱼目）包括荆棘鲨、银鸢鲳鲨、粗糙鲨、宽咽鲨、睡眠鲨，属于深海主要的族群，共有100多个物种。它们长有巨大、脂含量高的肝脏，有利于增加浮力，但是鳍较小，适于缓慢游动。软骨鱼类（软骨鱼系）也有100多种深海鳐鱼（拉吉形目），部分有记录的物种生活在超过4000米的深海。它们与生活在浅水区的同类差别不大。与浅海区软骨鱼相似，深海同类在特定育儿区产卵。

盲鳗

对页左上图：黑盲鳗在加利福尼亚海岸外1675米深的海域拣食一头鲸鱼的骨骼。这个场景发生在鲸鱼沉入海底后的第18个月。右上图：佛罗里达海岸外的大西洋760米深处，一条未被定名的盲鳗在珊瑚堆上。

鬼鲨或银鲛

对页左中图：这是苏拉威西海的深海图像。鳃盖上部的线是神经末梢网络，通过探测移动的动物所产生的电力扰动，能在黑暗处发现猎物。

皱鳃鲨

对页右中图：原始六鳃鲨鱼通常生活在120—1280米深处，雌性鲨鱼产出卵并孵化出幼鱼。

睡鲨

对页下图：它们生活在深达3700米的地区，是有记录的生活在最深海域的鲨鱼。由于长着一个巨大的肝脏，它们的身体膨鼓，利于漂浮，但鳍较短。

有骨鱼

在有骨鱼（硬骨鱼纲）中，只有鳍刺鱼（辐鳍纲）明显栖居在深度3000米以下的深海海底，这是大量族群多次侵入而导致的结果。它们分为两类：一是远古深海种类，这个种类不在浅海生存；二是次生深海类，它们迁居在该区域时间不长，其物种生活在所有深度的海区。

远古深海种类属于鳗鱼目。深海蜥鱼和刺鳗（斑鳌形目）只生活在深度达4000米的海域，擅长捕捉无脊椎动物为食。它们长成后，体长可达1米，其引人注目的深海浮游幼虫也很长。栖息在海底的8类纯种鳗鱼（鳗形目）也出现在深海。最引人注目的是杀手鳗，它大量捡食飘落在大陆坡和海洋中部海脊的食物，另一些种类的鳗鱼会出现在深度超过4000米的深海平地。

其他典型的鱼类是平头鱼（平头鱼科），深海鲑鱼和胡瓜鱼的亲属。深海鲑鱼和胡瓜鱼的眼睛大，器官能发光。平头鱼在深度4800米或更深的大陆坡捕猎凝胶状的浮游动物和海底动物，在海底产下大型卵。在海底以上区域，深海三足鱼（三脚架鱼科）用细长的骨盆和尾鳍尖端保持平衡，用延伸的胸鳍伏击小型甲壳动物，但不是所有物种都采用这种三足姿势。人们发现深海三足鱼生活在全世界6000米深的海区，它们的眼睛小，或已退化，而其他深海鱼类眼睛变大，可感知非常暗的光线。深海蜥鱼（深海蜥鱼科）两个物种的体形与鳄鱼惊人的相像，全世界都有它们的踪影。它们在海底纹丝不动，耐心埋伏，静候鱼和甲壳类动物送上门来。

很可能鳕鱼（鳕形目）源自深海，它们包括11个科，有商业化捕捞的鳕鱼、深海鳕鱼、大西洋鳕，生活在大陆坡的上部和中部。梭子鱼、长尾鳕科鱼、鞭尾鱼属于鳕形目。它们长有长尾，这种只在深海生存的科大约有400个物种。长尾鳕生活在全世界海洋的深海平地，在超深海沟超过7000米的海底占统治地位。但它们仍是迅速截获并摄食掉落在海底食物的拾荒者。有骨鱼的次级

杀手鳗

上图：这个科有超过40个物种。它们增大的鼻孔和前脑使其在深海觅食时拥有对气味更敏锐的嗅觉。

鳗鲡

中图：图示为2200米深的太平洋。鳗鲡身形瘦长，但与真鳗鱼区别较大，大约有250个物种。

深海三足鱼

下图：这条鱼依靠胸鳍和尾鳍的尖端支撑在海底。它可在洋流中定位并截获漂浮的食物。胸鳍展开像把雨伞，有助于捕猎。

深海蜥蜴鱼

右图：正在埋伏的捕食者，通常在1000—2500米深的海域，在这里它可以静停并伺机扑向活动的猎物。

下双页图:

深海鳗鲡幼体

这是一条深海鳗鲡的幼体。成年鳗鲡生活在2500米深的开阔黑暗海区，幼体在海洋的浅水区由大量凝胶状浮游卵孵化、生长，成年后潜回深海区栖息。

深海种类高度多样化，以适应万千变化的栖息地。鳗鲡在从近海到深海的区域生存，最深区域水深超过6000米。某些物种会在热液口出没（参见第162—163页）。大型短面鼬鳚能长到1米长，吞噬微小无脊椎动物和碎屑，在太平洋和大西洋的浅海大陆坡和深海平原都较常见。该目包含盲鳗（胶鼬鳚科），这是一种稀有的深海鱼类，能生产活的幼体，幼体较小且退化，能在深达5000米的深海存活，只进行最低限度的活动，能量消耗低。

狮子鱼（狮子鱼科）体形小，只有25厘米长，腹部长有吸盘，能吸附在岩石上，成熟时在此孵卵。

全世界范围内共有380多个物种可适应不同的栖息地，从海岸线直至8000米深的马里亚纳海沟。在这个海沟中，土生的马里亚纳狮子鱼，很可能是世界上在最深海域生存的鱼类。鳗形鱼（鲶鱼类绵鳚科）的种类繁多，约有200个深海物种。它们身材细长，长得像鳗鱼，在海底大量产卵。鳗形鱼从北极到南极的辽阔海域都有分布，深度超过5000米，其中的11个种在热液口附近活动，其他种类栖息在海底平原上的海洋哺乳动物残骸上。

我们发现比目鱼（鲽形目）在2000米深的海域生存，其中最大的物种是大西洋庸鲽，长度超过4米，是北极海区宝贵的深海渔业资源。这个目中最小的种类是无线鳎，它只有6厘米长，在西太平洋水下富含硫黄的热液口水域附近活动。

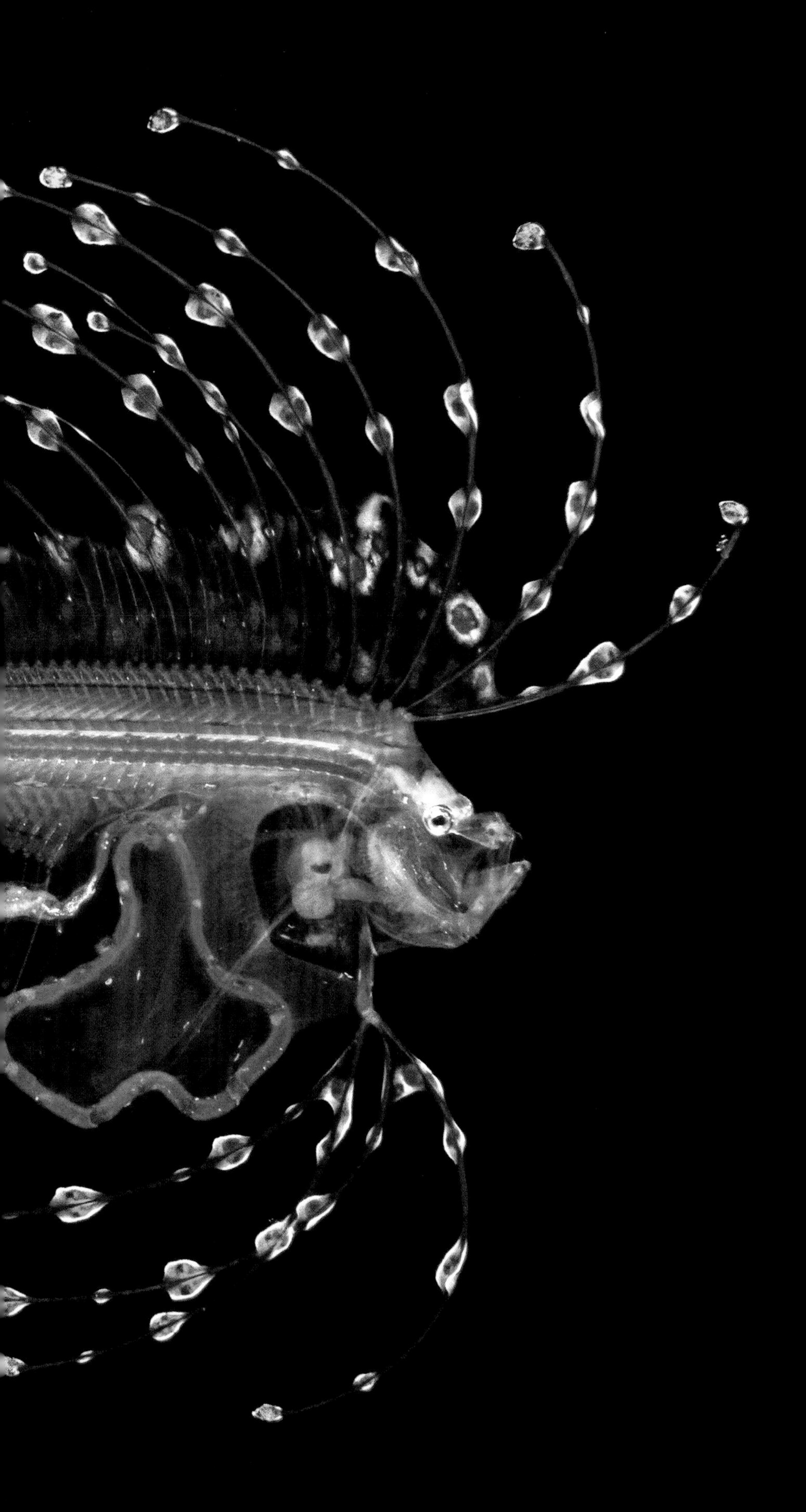

非鱼类深海生物

深海中的微生物、无脊椎动物和非鱼类脊椎动物

深海水域包含一个巨大的中部水域，这个区域位于海底和海平面之间。深海鱼类种类繁多，魅力超凡（参见第104—109页）。在本小节，我们会描述许多其他已发现的深海生物，从无脊椎动物到微生物（原核生物和真核生物），甚至包括令人惊讶的呼吸脊椎动物。深海无脊椎动物包括几乎所有主要的进化群（门）的典型种类，但对深海无脊椎动物的全面讲述，则需要一部无脊椎动物学教科书。此处，我们仅做最低限度的描述。微生物包括微观细胞的经典类群（即细菌和原生动物），这个类群要么独立生存，要么栖息在其他动物体内，某些独立生存的物种（即有孔虫目和放射虫目）体量较大，无须显微镜可用肉眼观察到。它们可以生产大量的甲壳，对海洋和陆地生物地球化学意义重大。非鱼类脊椎动物大部分是哺乳动物，可潜至海洋中层带（200—1000米，参见第170—171页）和深层带（大于1000米）的海域寻找食物，但一些爬行类动物甚至鸟类（企鹅）也能进入深海区。

在一个完全由清澈海水和栖息在此的动物组成的海洋环境中，不存在藏身之处。生活在此处的动物，除了栖息在其他动物身上以便休息和保存能量外，是无处歇脚的。所以，我们会探讨这些生物当中一些明显的特点，包括上浮和多种迷惑对手的方法。本节将会探讨这些深海生物进化的特点（参见第110—121页）。

“在一个完全由清澈海水和栖息在此的动物组成的海洋环境中，不存在藏身之处。”

樽海鞘链

对页图：这是一条樽海鞘群体链，乍一看有点像管水母目通过喷射推动自己前进。它们属于脊索动物门，是水母的亲属，脊索动物门包含人类和所有其他脊椎动物。樽海鞘的繁殖方式复杂，既有有性繁殖、无性发育，也有单生个体和无性繁殖链。

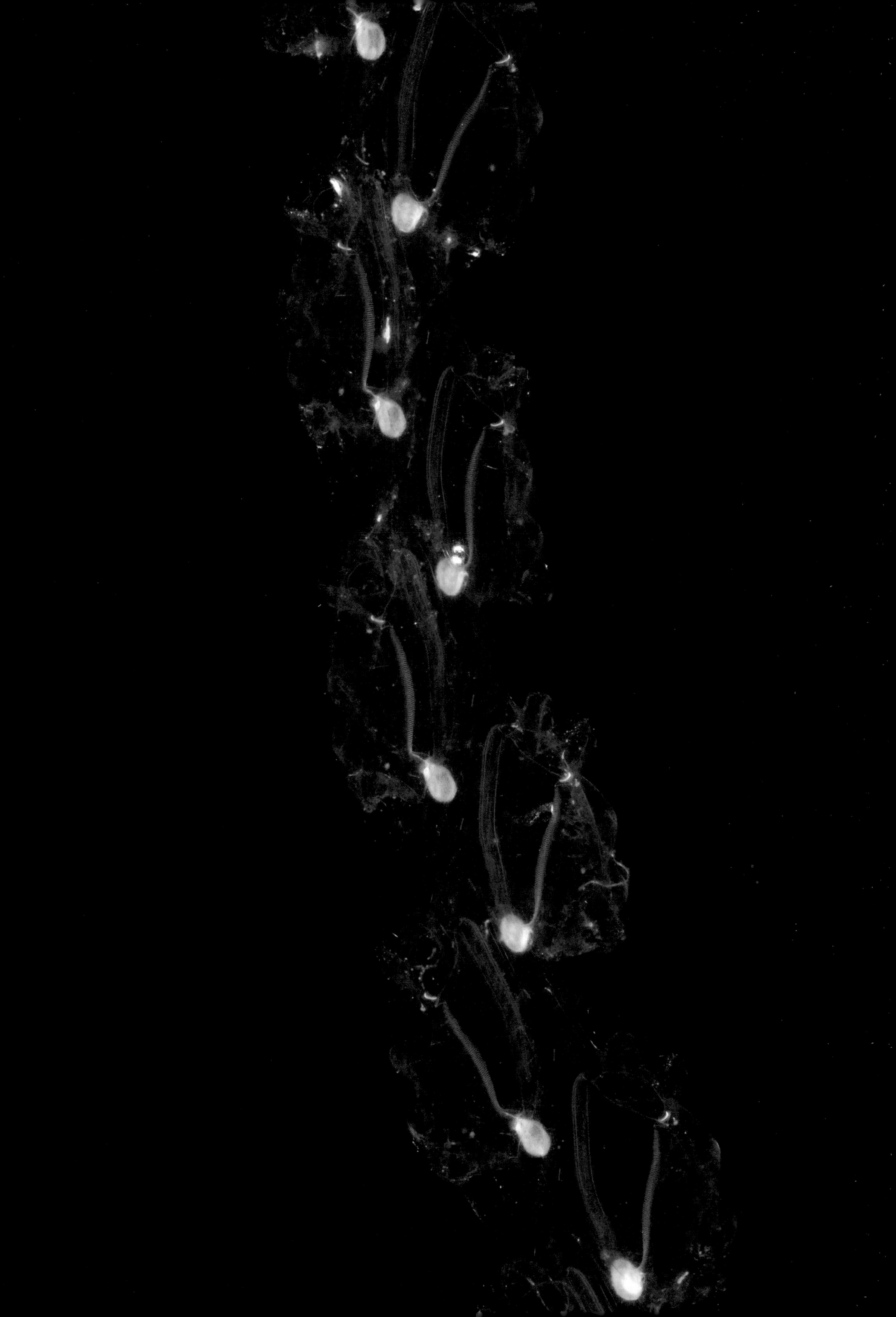

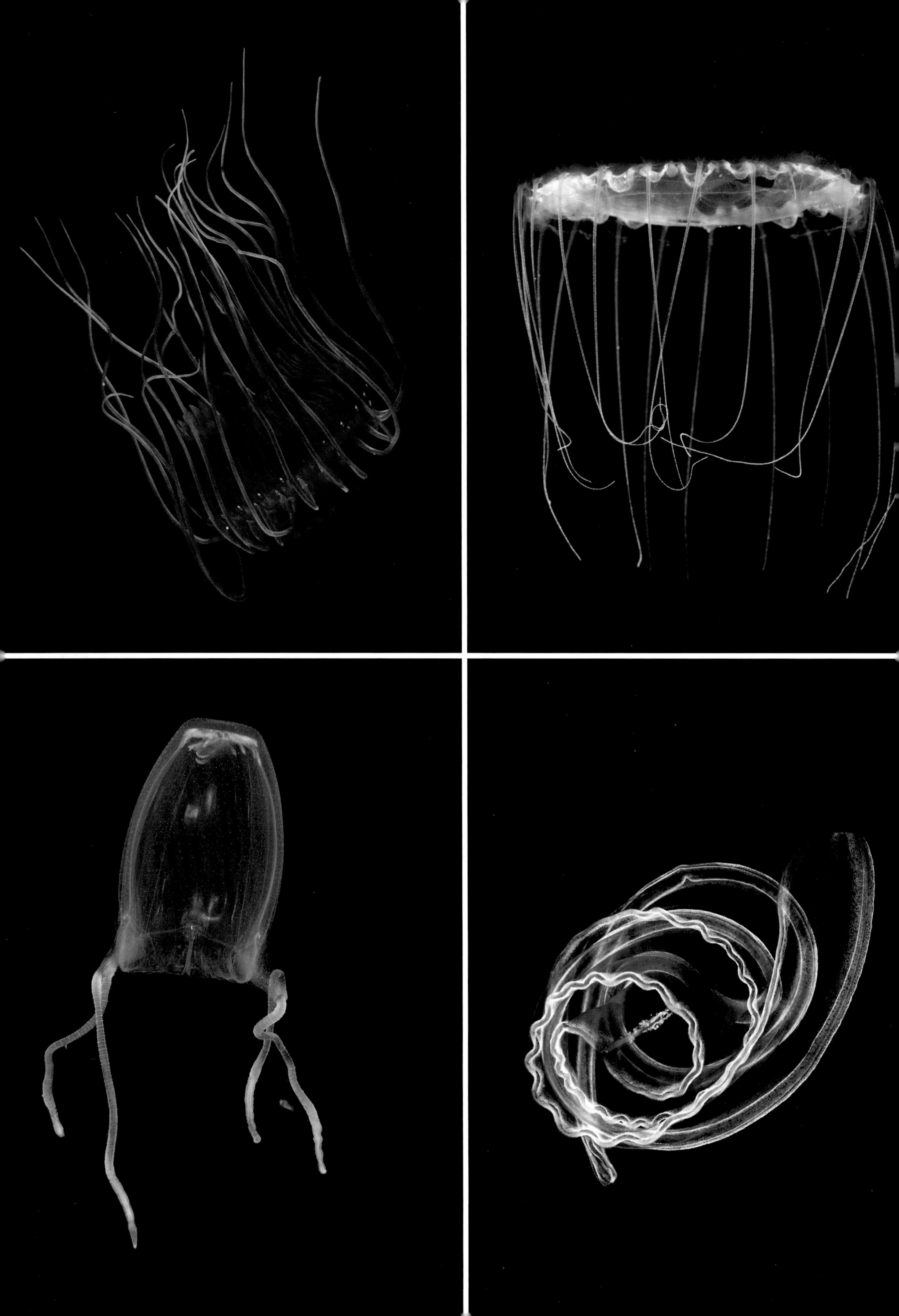

真水母
环冠水母属一种

对页左上图：这是一类普通的深海冠状水母，在中部深度海区较为常见，当它在深海时周身鲜红的点不复存在。它能发光，像是轮转焰火，很有特色。这种发光现象被称为“强盗招惹器”，因为它会招来大型捕食者，可能会吃掉正在袭击它的较小的捕猎者。

螅水母
嗜阳水母属一种

对页右上图：这是我们的盘中美食海蜇。它们通常生活在海洋的中部和深部，看起来像一个正在飞舞的托盘。

箱型水母

对页左下图：箱型水母也称为“海黄蜂”。由于长着非常锐利的螯刺，这类水母长期以来都被视为游动者的一种危害。借助深潜器的观察，我们现在已清楚它也在深海生活。与其他水母不同，箱型水母长有多重成像的眼睛。

栉水母

对页右下图：带水母是非常少见的栉水母门动物。图中水母平展的身体蜷曲起来形成一种防御态势，这在海洋中部其他细长透明的动物（如鳗鱼幼体）身上也能见到。

血红灯栉水母

右图：大多数栉水母（栉水母门）采用成排纤毛协动的方式游动。

大水母和小水母

它们是深海最典型的动物，自然也是地球上最典型的动物，因为深海环境使所有其他环境相形见绌。水母属于凝胶状生物，种类多样，通常称为水母或海蜇。它们包括许多刺胞动物种类（腔肠动物门，其典型特征是长着刺细胞）和栉水母（栉水母门，其典型特征是长着黏性细胞），它们是相对简单的动物，通常处在生命树的基础位置。但是请记住：这些已进化的种类与其祖先一样，都非常出色。生活在海洋中部的种类，既包括围绕其自身游弋的个体，也包括群体，其中的某些种类如管水母目动物（水螅纲）长着令人惊奇的特化器官，群体的其他种类主要是无性繁殖的个体。

生物学知识告诉我们，水母这种刺胞类动物的生命周期非常复杂，能在深海螅形体阶段（附着在海底或其他表面，一圈触须伸入水中）和深海水母（自在游弋，更像我们通常想象中的水母模样）阶段之间交替转换。深海水母没有供螅形体栖息的基底，因此许多种类丧失了螅形体阶段。而另一些种类通过独特方式解决了这个问题，例如借助浮游海蜗牛的壳作为硬质基底，从而得以在上生长。很多人一听到“水母”这个词，脑海里立刻会浮现出像水母状（伞一样的）形象。许多刺胞动物群的确存在水母体阶段，包括箱型水母（立方水母纲）、真水母（钵水母纲）和水螅水母（水螅纲）。剩下的种群包括群体管水母目动物，由善于游水、捕猎、消化和繁殖的个体构成。深海刺胞动物不同种类的体形差别巨大，有几个毫米的微小水母，有几十米自在游弋的水母，甚至有某些长达100米的管水母群。

由于栉水母（栉水母门）与刺胞类水母的外观看起来有些相似，因此人们经常会混淆，不过这两者的确不属近亲。由于没有像刺胞动物类水母那样长着螯刺一样的细胞，栉水母的触须能用“黏性的”细胞黏住猎物。尽管大部分种类的水母能利用成排的梳子状纤毛游动，但其中一些物种是通过拍动身体上成对的叶片来游动，看起来像类水母体海蜇在游弋。

被囊动物

另一个进化种群通常归并在“水母”的范畴内，即使这个种群与人类的关联性更强，而与刺胞动物或栉水母门动物的亲缘关系较弱。这个种群就是过滤进食型被囊动物（被囊亚门）。与人类相似，这些脊索动物最典型的特征就是长有被称为“脊索”的结构，这种结构存在于其所有成员的某些生长阶段。在深海区举足轻重的被囊动物包括樽海鞘（可群居也可独处）和火体虫属动物，这些火体虫属动物集聚在一起，形成巨大稠密的群体，有些像游动的海绵（两者均属海樽纲）。俗称的“火体虫属动物”，指的是能发出明亮光芒的动物。尾虫纲被囊动物（尾海鞘纲）比较怪异，不过有时数量巨大，它成年时的体形看起来像其他被囊动物的“蝌蚪形”幼虫。通过深潜器我们发现，它能分泌一个复杂的滤食组织称作“房子”（house），由黏液构成。它的这种滤食组织会不断被抛弃，成为海雪的重要组成部分。这些被遗弃的组织快速下沉，为深海海底带来成包的碎屑和碳。

尾虫纲被囊动物的滤食器

一只大型尾虫纲被囊动物在它的“房子”里。它会生长出一种复杂的体内过滤器（多叶片结构）和一个更大的胶黏性体外过滤器。位于中心的心形结构是它的头部，我们勉强可见其透明的尾巴自头部向上延伸。它敲动尾巴，产生水流，压迫海水进入过滤器以便滤食。

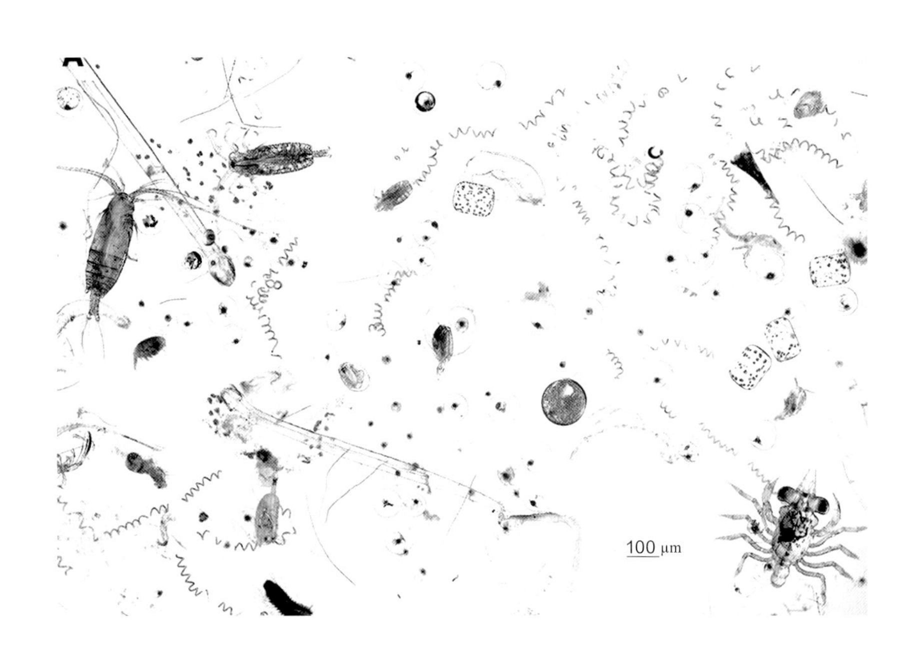

海洋小型浮游生物

小型浮游生物和中型浮游生物，范围从微生物到许多种类的浮游动物，包括终生浮游生物（一生都生活在浮游生物中）和暂时性浮游生物（临时寄居在浮游生物里，如鱼卵和蟹类幼体）。

浮游动物——“游荡者”

本节所描述的水母和被囊动物可看作是“游荡”动物群体的一部分，其称谓是浮游动物。此处引号中的“游荡”意味着多数浮游动物实际上极擅游动，尽管它们游得不如鱼、鱿鱼或其他水生动物那么快或那么持久。大型水母和管水母可被划分为“凝胶性大型浮游生物”。除之前介绍的种群外，其他浮游动物包括翼足目软体动物、扁鲨（腹足纲翼足目）、箭虫（毛颚动物门）和其他深海蠕虫（多毛纲），都可视为明胶性的，原因是其肌力具备黏滞度，但无论从外形还是游动来看，它们都不像水母。

浮游动物种类十分多样，包括多种甲壳类物种，某些种类的个体数量很大。其他浮游动物众多的成员包括：腹足纲软体动物（腹足纲），有壳或无壳翼足目软体动物（翼足目）；与翼足目软体动物亲缘关系不大的海象（翼管螺总科）；少见的裸鳃亚目软体动物（裸鳃目）和前面提到的毛颚动物门动物。鉴于不同的研究方法会应用于不同的生物体形，研究浮游动物时一般根据体形大小来进一步细分：超微型浮游生物（深海实例包括非常小的原核和真核异养生物，即非光合作用微生物），体长小于2微米；微型浮游生物（即较大型的细菌和原生生物），体长在2—20微米；小型浮游生物（即甲壳型有孔虫类，在沉积物形成，对生物地球化学循环过程十分重要），体形在20—200微米；中型浮游生物（即许多甲壳类生物如桡足亚纲动物，其他实例包括小翼足目软体动物和异足类动物），体长在0.2—20毫米；大型浮游生物（大型甲壳类动物、软体动物和多毛纲环节动物），体长在20—200毫米；超大型浮游生物，体长超过200毫米，但不擅游水。

浮游动物还有一种重要的分类，基于该生物全生命过程中是否以部分浮游动物组织的形式存在。完全满足这个条件的浮游生物即终生浮游生物，部分满足的则是暂时性浮游生物。后一种分类包括许多深海底栖物种的早期生命阶段，而这反过来在所有分类学层面上大幅增加了海洋中部水域的生物多样性。例如，不存在终生浮游生物海绵，但海绵的幼体通过深海洋流散布到各处，因而呈现为暂时性浮游生物的特点。暂时性浮游生物还包括下文介绍的生物分类的早期生命阶段，它们是包含鱼在内的自游动物，个个都是游泳高手。

自游动物——活跃的游泳健将

数量充裕且种类繁多的游动类深海鱼类，称为自游动物（参见第104—109页）。自游动物的其他主要成员包括：甲壳类动物，如虾（十足目），磷虾（磷虾科）以及我们知之甚少的种群疣背糠虾（疣背糠虾目），这个种群很可能与俗称“负鼠虾”（糠虾目）有亲缘关系。

头足类动物（头足纲）也属于重要的深海自游动物。除了种类多样的深海鱿鱼（开眼目），深海头足类动物还包括：部分短尾动物（耳乌贼目）、无须八腕目软体动物（无须亚目）、有须八腕目软体动物（有须亚目），以及非常罕见的没有任何近亲的物种羊角鱿鱼（旋壳乌贼属动物），这种鱿鱼体内长着缠绕的钙质壳，钙质壳还有充满气体的多个腔室。自游动物和浮游动物物种之间并没有严格的界线，某些深海腹足类软体动物如海象，就是这样的例子。海象长着进化完美的眼睛，是一种视力较强的迅捷猎手，我们一般把它视为浮游生物的一个类群，但某些体长可达50厘米的大型物种，除了能够拍动腹鳍在水中巡航以外，还可像鳗鱼那样快速游动。如果根据游水能力来定义自游动物，那么这些游泳能力超强的大型腹足类动物似乎当之无愧。

关于深海自游动物另一个问题是：自游动物中小型且游动活跃的物种是否应被单独分为微型自游生物。我们一般通过细网眼的小鱼网来捕捉这些生物样本，而用大网获取大型自游动物样本。小鱼网容易操作，大网的操作则难度较大。鉴于此，人们对微型自游生物的研究更加频繁、深入，而对大型物种或个体的研究则存在差距。

深海红虾

上图：在海洋中层带红色生物非常普遍，尤其在甲壳类动物中。这是因为，在此区域中周边的蓝绿光线完全被红色素吸收。由于此处光不能反射，捕食者只能依靠海面暗淡光线反衬的猎物轮廓来捕食。除此之外，它们完全看不见这种虾。

南极磷虾

中图：大型磷虾形成了一个巨大而稠密的虾群，成为许多猎食者的捕食目标。这类虾群稠密至极，当虾群经过海面时，海水像是被染红了一般。虾群在海洋中层带与上层带之间的垂直迁移，会剧烈搅动这里的水体。

羊角鱿鱼

下图：这个物种在靠近鳍的身体尾部长着一个充气的腔室壳。过去认为这种增强型浮力会赋予动物使用鳍向上游动的功能，但通过深潜器原地观察，它们是通过腕向上游动和保持平衡的。

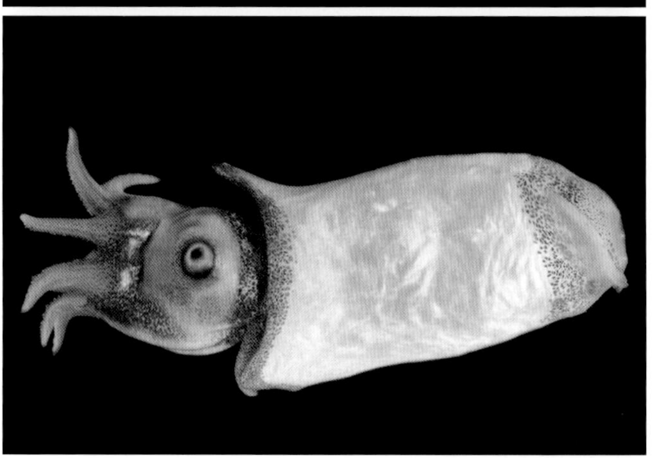

呼吸空气的非鱼类脊椎动物

谈及较大的自游动物，鲸鱼和其他海洋哺乳动物的情况如何呢？其中一些物种的确属于深海自游动物。尽管须鲸和大部分海豚生活在海面附近，许多种齿鲸也会深潜至海洋中层带和深层带捕食其他自游动物，其中包括体形最大的抹香鲸。其他在深海捕食的主要鲸类包括：剑吻鲸（剑吻鲸科）、领航鲸（领航鲸属多种）、瓜头鲸、侏儒抹香鲸等。我们将这些哺乳动物划为深潜鲸鱼，但还有一些鲸鱼如剑吻鲸，几乎终身深潜，只是偶尔浮出水面换气。这类鲸鱼或被划为定期浮出水面的深潜鲸鱼。

象海豹（象鼻海豹属多种）也会深潜以寻找头足类动物和鱼类作为食物。某些海龟，尤其是棱皮龟同样非常精于此道，它们能深潜觅食凝胶状大型浮游生物。甚至还有些鸟类，比如较大的王企鹅和帝企鹅，也会深潜至海洋中层带搜捕磷虾和其他微型自游生物。

帝企鹅

上图：这种大型鸟类能够潜水20多分钟，潜到500米深的海洋中层带水域觅食磷虾、鱼类和鱿鱼。

棱皮海龟

下图：它是现存最大的海龟，栖息的海域也最深。它们有时会潜到超过1000米深的海域，搜寻喜欢吃的凝胶状大型浮游生物。

向上游而不是向下潜

关于深海动物群的一种确定性分类可这样定义：动物们从深海底部向上游动，有时游得相当高（从海底算起数百米或更多）。我们观察到，除鱼类外，在海底生活的头足类动物和十足甲壳纲动物，通常在海底以上向上方游动，如棘皮动物（棘皮动物门）食泥沙的海参（海参纲）和毛头星（海百合纲）。我们使用深潜器直接观察深海动物越频繁，看到它们的游动状态就越感惊奇。海蛇尾（棘皮动物门蛇尾纲）、海蜘蛛（节肢动物门海蜘蛛纲）、长腿等足类动物（节肢动物门拟穆长足水虱科）和玉钩虫（半索动物纲门肠鳃纲），它们属于底栖动物群中让人意外的既能游动又能漂流的动物。

瓜头鲸

对页图：瓜头鲸是齿鲸类的一种，以深海鱼类、鱿鱼和虾类为食。其小型物种（最长2.7米）通常以大群体形式生活在深海，在全球热带海域均可看到它们的身影。

游水者和漂浮者

右图：上图的这只海参与下图的毛头星，属于某些深海动物门的多个物种中的两种棘皮动物。它们一般向上游动，但有时也会游进海底边界层。这是为了逃避被捕食，或为自己在底部找个新地盘。

深海鱼类

广阔深海水域鱼类简介

欧氏剑吻鲨

对页上图：这条外形看起来奇怪的鱼是所有鲨鱼中下颌开合速度最快的。它的颌每秒运动速度可达3.1米，同时身体其他部位不动，能出其不意地捕捉猎物。

切刀鲨

对页下图：这条鲨鱼身体下部发光，发出的光向下照射，光线昏暗时能使之隐形。这条醒目的黑带不发光但保持可见状态以吸引那些觉察到小食物的捕食者，然后它会一口咬住这个“倒霉”的攻击者。

在深海中部水域的鱼类，生活在无垠的三维环境中，中间没有固态界面，许多物种在不同深度——从海洋上部的昏暗蒙影到深海的漆黑一片——展现出多种多样生命的非凡适应性。大部分物种自身能够发光，既可伪装，又能交流。上层海域的物种，其皮肤往往呈现镜面般的银色，身体上部有暗色阴影，下面有发光器官，向下照射的光线使自身仅能显出模糊的轮廓。在1000米以下更深海域生活的物种，其肤色较暗。深海鱼类体形差异较大，既有细长的，如线口鳗长着750多根椎骨（超过任何其他脊椎动物）；也有圆球形的，代表性物种是鞭冠鮟鱇。

鲨鱼

少数鲨鱼生活在远海深处。欧氏剑吻鲨体长可超过6米，能在海水中漂浮不动，用它非同寻常的下颌以吸吮方式进食其他鱼类、章鱼、鱿鱼和凝胶类浮游生物。小型鲨鱼的两个科基特芬鲨鱼（铠鲨科）和灯笼鲨（乌鲨科），已经进化出拥有通过发光进行伪装的功能，它们能悄无声息地抵近海洋中层带暮光区中的猎物。切刀鲨可利用自己的发光技能迷惑海洋哺乳动物，撕咬海豹、小鲸鱼、海豚和鲸鱼等动物的皮肤和身体，并留下盘状咬痕。

上图：切刀鲨的猎物也包含较大的海洋哺乳动物，如海豚。一条倒霉的长吻海豚身上可以看到被咬后的圆形伤痕。

下图：切刀鲨的牙齿特写。

在深海散射层沦为猎物的鱼类

在深海上部的暮光区（海洋中层带），小型鱼占主导性地位，其中大部分体长短于10厘米，属于4个科：灯笼鱼类（灯笼鱼科）、圆罩鱼类（鲻科）、银斧鱼类（褶胸鱼科）、光器鱼类（鳞鱼科）。地球上最丰富的脊椎动物中，一些种类的数量是天文数字，全球累计总重量很可能在1000亿吨。这些鱼类身体下部都有发光器官。白天，在500—1000米区域内不同水层，回声探测器观察到，这些鱼类加上无脊椎动物（如磷虾）构成了遍布四方的深海动物群落。夜晚，它们会朝着海洋表面游动以捕食浮游动物，破晓时分它们会再次下潜。这些鱼类会成为各种捕食者的盘中餐，包括从海面下潜的哺乳动物和鸟类，也有自下方袭击的鱼类和头足类动物。

在深海区域生活的其他两个科：桶目鱼类和鬼鱼类（后肛鱼科），以及深海胡瓜鱼（胡瓜鱼科），数量很少。鬼鱼类和桶目鱼类体形小巧（1.5厘米长），它们的眼睛朝上，便于发现透明的凝胶状浮游生物并捕获。还有一个物种小口后腔鱼，它们能够转动眼睛跟踪猎物，直到吃进肚里。深海胡瓜鱼全身黝黑，常被热带和极地海域的灯笼鱼捕食。

作为捕食者的鱼类

超多种类的捕食鱼类生活在200—2000米深的海域。它们通过上浮或下潜，抵近深海散射层中的生物，追踪每日垂直迁移的动物群，或者只是在深海处停留、静候猎物。这个群体包括280多种海蛾鱼（鲄科），它们身体细长，肤色黝黑，长着大牙齿，腹部有发光器官。大部分在下颌都长有一根触须，颌顶尖部还有一套复杂的发光器官作为诱饵来引诱猎物。蝰鱼（蝰鱼属多种）是不长触须的海蛾鱼，不过它们另有绝招，在延伸的背鳍辐肋上“设置”了一个诱饵。它的超长牙齿与下颌配合能够张得非常宽，有利于摄入较大的猎物。信号灯松颌鱼类（柔骨鱼属多种）口中不长牙床，也便于吞噬大型猎物。海蛾鱼眼睛下部长着独特的发光器官，能用红光照亮猎物，而猎物除了能探测到蓝光外，其他光线则完全看不见。概括起来，海蛾鱼每年能够吃掉大部分现存的深海小鱼。

海洋中部水域的捕食类狗母鱼有3个科：望远镜鱼（蜥鱼科）、珠目鱼类（蛙科），以及剑齿鱼（齿口鱼科）。后两者长着向上看的管状眼睛，利于搜寻猎物。望远镜鱼的眼睛只能朝前看，所以捕猎时必须垂直漂游，仰头向上看。大嘴和能膨胀的胃部便于这类鱼摄入较大猎物。珠目鱼类在眼睛底部附近长着一些特别的视窗，可以向下窥视以防来自下方的危险，管状主眼向上看用于搜寻食物。剑齿鱼的牙齿则又尖又大。

可爱的银斧鱼

对页上图：这种鱼的皮肤能反射银色，长在腹部和尾巴下部的发光器官向外发出蓝光，使它们在海洋中部几乎看不见。

能发光的深海灯笼鱼

对页中图：这是灯笼鱼下端发光器官发蓝光时的景象，在昏暗光线的背景下，它的身体轮廓变得模糊不清。

海蛾鱼

对页下图：海蛾鱼的颏触须尖部发出的光，有利于吸引猎物，然后它利用内侧长有尖牙的嘴巴咬住食物。颌部和腹部的发光器官用于伪装。

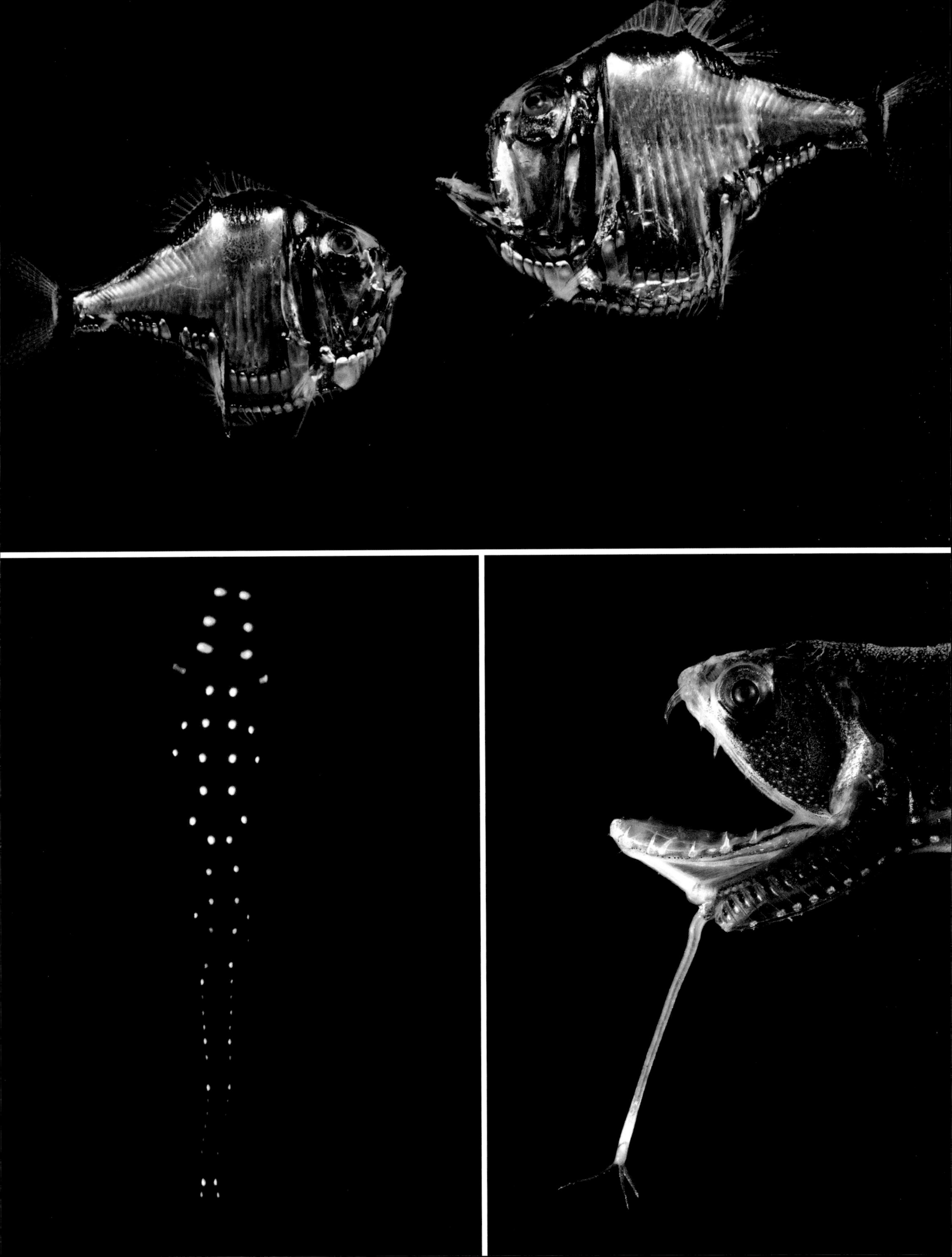

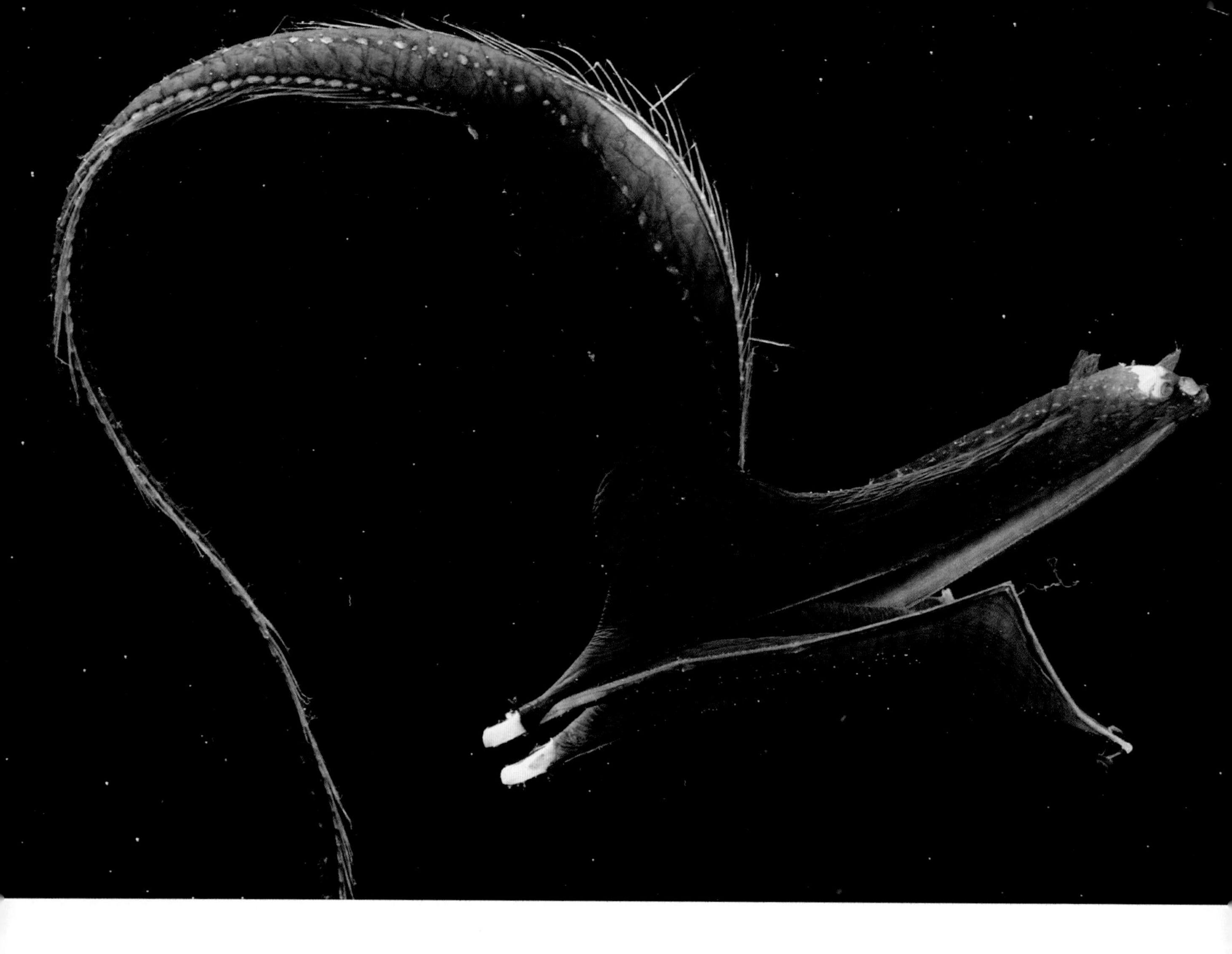

在深海水域发现了两类捕食类鳗鱼：大嘴吞咽类鳗鱼和长颌类鳗鱼。大嘴吞咽类鳗鱼含有两个科：只有单一物种鹈鹕鳗的扁尾鱼科和叉齿鱼所在的宽咽鱼科。这两个科的鱼都呈黑色，在深处不易被发现。大嘴吞咽类鳗鱼的嘴特别大，腹部能膨胀，可吞食巨大的猎物（主要是鱼类）。从温带到热带海域，鹈鹕鳗的身影遍布全世界，深度通常在1000—1400米。叉齿鱼类的10个物种生活在3000米深的海域，它们尾巴尖上的发光器官可作诱饵。细长颌类包括最细长的脊椎动物线口鳗（线虫科），它们利用窄长的嘴巴捕捉甲壳动物，主要是磷虾和虾类。锯齿鳗体形适中，以鱼类、头足类动物以及甲壳类动物为食。

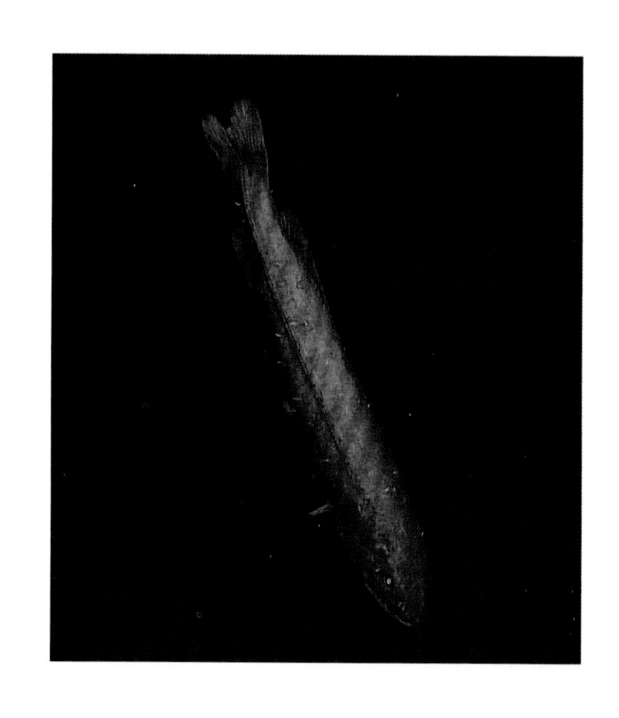

鹈鹕鳗

对页上图：鹈鹕鳗长得像鹈鹕，因而得名。这种鱼嘴部内腔巨大，能吞进大量含食物的海水，然后通过鱼鳃排出水并留下食物。

红刺鲸鲷

对页下图：由于其身形似鲸鱼，因此得名。但它身长仅为39厘米，与鲸鱼相比远不在一个量级。这种鱼在全世界都有分布，通常在大陆坡、海山和海岭海域活动。

角鮟鱇

下图：雌性角鮟鱇的下方附着一条侏儒般的雄性。伴侣的相遇非常不易，所以一旦这种机会出现，雄性绝不放过，直到产卵为止。鮟鱇中的一些种类，雄性会终身寄生在雌性身上。

深处的鱼类

海洋深层带（深于1000米的海域）中，数量最多的鱼类是拟鲸鱼（拟鲸目），甲壳动物是它们的主要食物。一些种类的拟鲸鱼在刚捕获时呈橙色或红色。拟鲸鱼的雌性长大时体长约40厘米，雄性则要小得多。雄性或许成年后就再也不自己进食了。在深层带最特殊的鱼类是深海鮟鱇，170多个物种都很罕见，只发现了少数样本。与鲸鱼一样，雄性比雌性小得多。成年雌性在海洋中部浮游，利用身体背鳍上的器官发光作诱饵吸引猎物。雄性的眼睛很大，嗅觉极强，这种功能使它们能够主动追踪猎物以及获得交配机会。侏儒般的雄性依附在雌性上以求交配。在一些种类中，这种依附会变成永久性的——雄性的进食、消化和游动器官失去功能，而把雌性作为外部寄生处，生命完全依赖雌性。

深海的适应能力

在高压、食物短缺、寒冷和黑暗的环境中求生

我们通常认为，深海是一个残酷的环境，在那里，生命的存在近乎不可能。不过对在此地长期进化的物种来说，生存下来实际上并不是一件了不起的事。针对寒冷、黑暗、高压及食物受限的环境，这些生物演化出多种多样的适应能力。根据这些适应能力的不同方式，我们提出与深海生命攸关的4个主题：能量管理、新陈代谢、感官挑战和生物发光。

能量管理

除了相对较小的化能合成生态系统，深海生命完全依赖从生产力很高的海洋表层输送的食物。海洋越深，能获得的食物越少。在关键资源长期短缺的恶劣环境下，深海动物进化出3种策略综合应对：最大化摄入（敞开肚皮胡吃海塞）、最大化吸收（尽可能消化和储存所吃食物）和最小化消耗（缓慢消耗，细水长流）。

巨型等足类动物（深水虱属多种）是最大化摄入食物的例子。它们能循着气味跟踪大规模的食物飘落（如鲸鱼残骸），在飘落处塞满它们能胀大的消化系统；鱼类（例如黑色异齿鱼）能制服并吞下比它们自身还要大的整个猎物；蹲龙虾（龙虾科）埋伏在珊瑚上漂来游去，用它们的长螯捕获猎物。高效的消化功能通常涉及细长的肠道系统。海参的肠子很长，环绕在体内，而某些鱼的幼虫肠子却悬挂在体外。还有一些垂直迁移的海洋中部水域的动物，在日间潜回更冷更深的海域以便降低消化速度。最小化消耗还意味着尽可能少动，运动时尽可能迟缓。一些海百合和海绵移动太慢了，所以之前我们认为它们完全静止不动，但我们近期惊奇地发现它们的确是在移动。其他深海动物尽管在受到威胁时会游动，但通常只是缓慢爬行。

保持漂流状态是海洋中部动物要面对的挑战之一，因为这个区域没有可用来支撑的基底。肌肉和骨骼比海水重，所以动物会下沉。为克服这个困难，一些动物的骨骼减少了，或者在肌肉内增加液体以增大体积。深海动物之所以会呈现胶质状，与水母相似，原因就在于此。在体内用更轻物质，如海水中的铵盐置换较重的氯化物盐，可以进一步降低身体密度。即使腔室充满气体可极大提升浮力，但动物们也需要控制好以维持浮力的持久性，而气体在周边海水中也会不断地损耗。不过别急，深海动物也有妙法，它们会通过用脂肪和油脂置换空气来解决这个问题。脂肪和油脂一般不能压缩，又可充当一种食物的储备。某些动物，如端足目动物和深海章鱼，会搭凝胶状大型浮游生物的“便车”，随之浮游，或许也会吃掉它们。

主动游动也会防止沉降，这就像飞船与飞机飞行的区别。鲨鱼和某些鱿鱼在水平游动时，当海水流过其身体和鳍的下面时就会产生额外的浮力。还有一些动物，如深海腹足纲软体动物会在漂流与沉降间积极地向上游动，以抵消重力作用。

海参
角参属一种

对页图：为了有效利用稀缺的食物资源，动物应对的一个方法就是长出长长的肠，以吸收所吃内容中的有用成分。深海海参能够游动，以沉积物为食，肠很长，通过半透明的体壁可以看到肠形成了一个环。

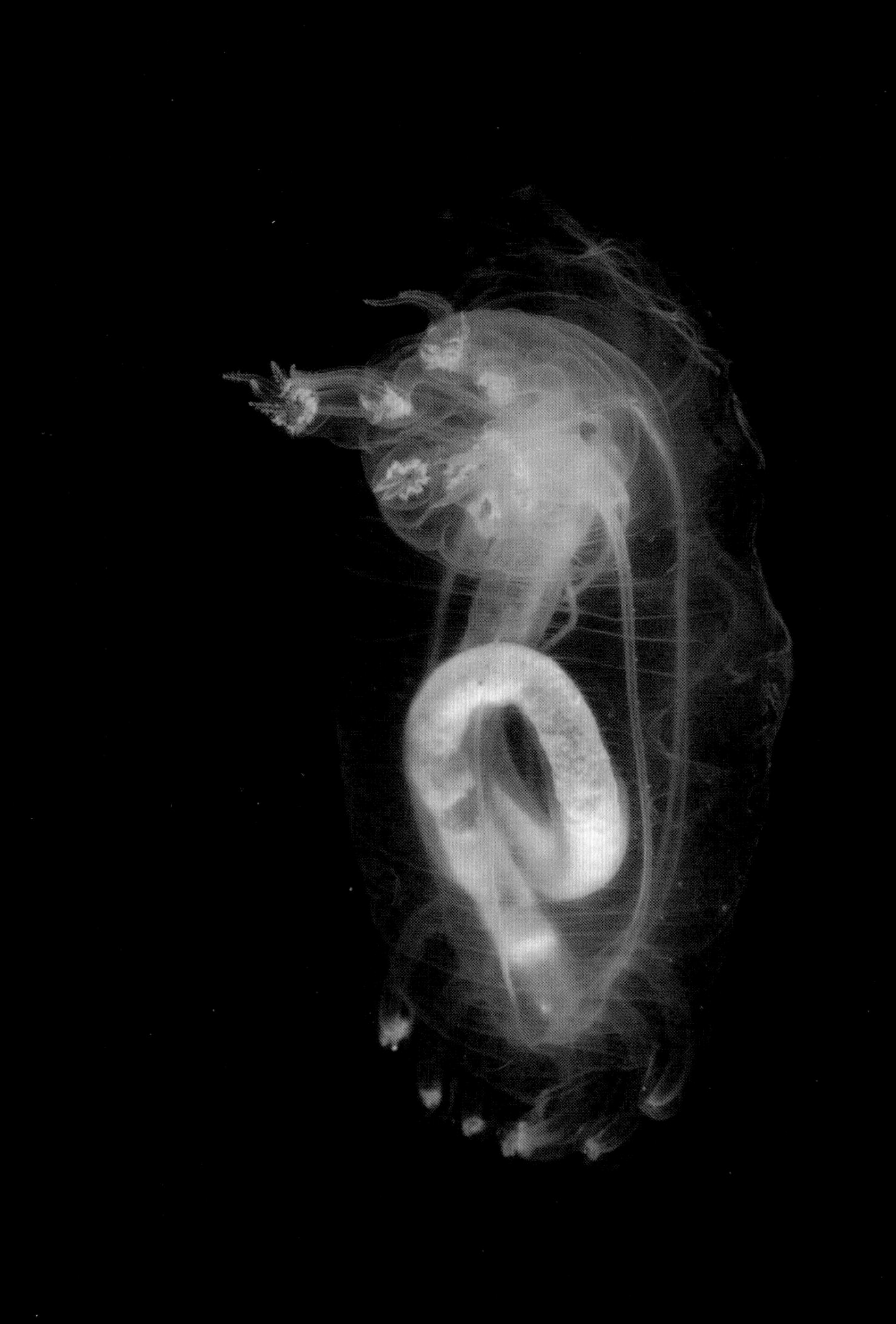

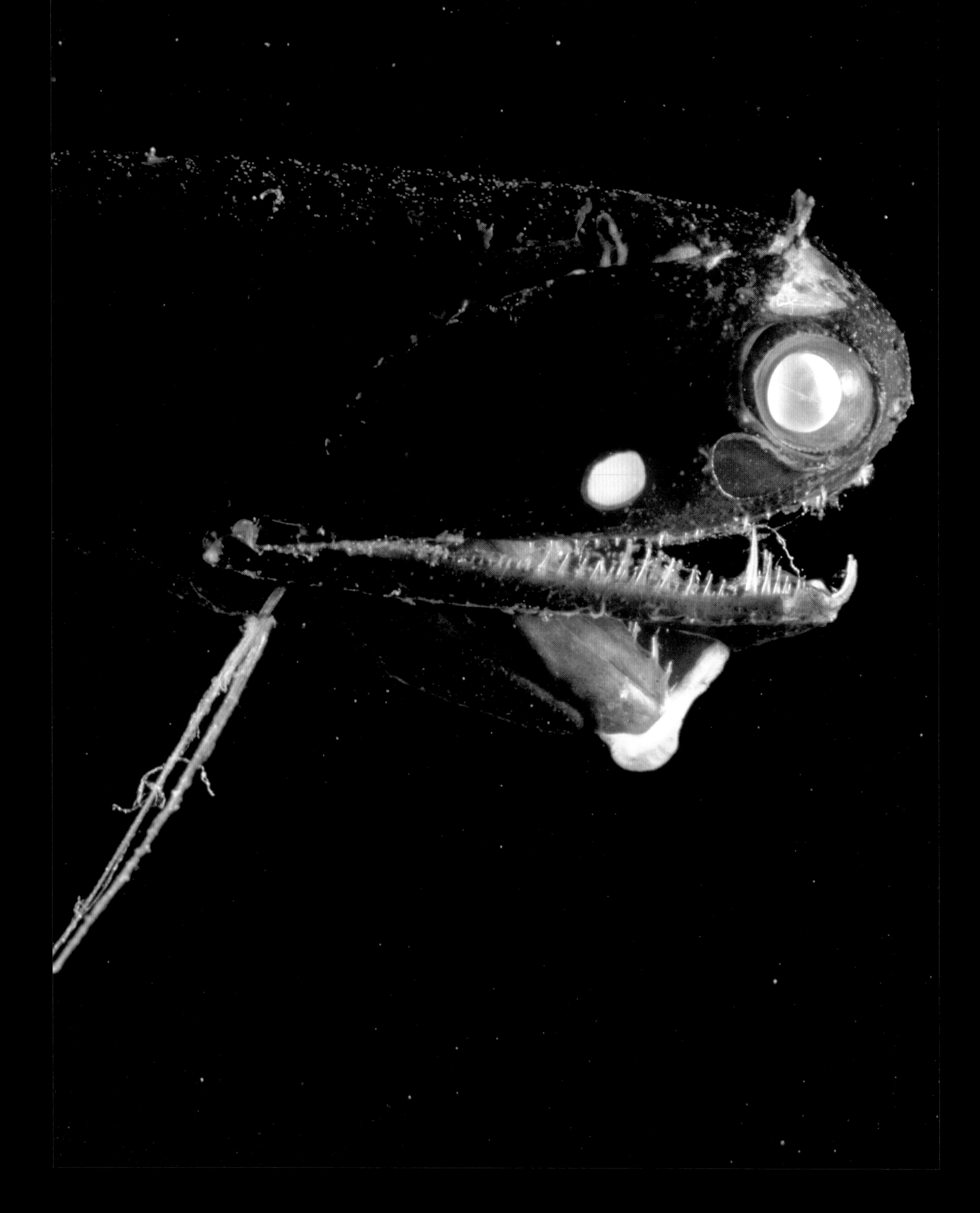

新陈代谢

除了最小含氧区（参见第172—173页），寒冷的深海海域含氧量是很充足的，能够满足深海动物新陈代谢的需要。另外，氧气更易溶于较冷的海水中。南极银鱼（鬝口鱼科）没有血红细胞也能生存，氧气在其血液中可以直接分解。许多无脊椎动物没有铁基血红蛋白，而是利用在低温状态下更亲氧的铜基血蓝蛋白。

前面所述肌肉和组织密度的降低，会降低某一已知尺寸动物的新陈代谢速度。另外，低温和高压本身往往会减缓新陈代谢活动。我们发现有些深海动物通过酶来改善体内的化学结构，以降低自己对压力变化的敏感度，但副作用是新陈代谢速度也会降低。在最深处生存的鱼类和头足类动物，很可能与其蛋白质对压力的敏感度相关，因而更僵硬，渗透性变差。解决这个问题的进化方法，就是在细胞膜中增加不饱和脂肪的数量，以维持正常进出细胞的转换过程。

感官挑战

在深海中，黑暗的环境既不完全也不均匀。在海洋中层带和深层带上部（与200—1000米深的海洋中层带处于同一深度的大陆坡和岛坡海底区域），向水下照射的光线暗淡模糊，这种情况每日、每个季节都会发生变化。但在1000米深度以下的海区，多种生物发光会代替阳光（参见第118—121页）。黑暗环境中，由于视觉的作用大幅下降，也迫使动物们转而更加依赖其他感官，包括对振动和压力波的感知、化学物质生成与探知以及对电和磁模式的探测等。

人们想当然地认为深海动物都是盲的，就像许多穴居生物一样，但实际情况却是几乎没有完全失明的深海动物。即使是“盲目”章鱼（穆氏奇须蛸）也能感知光线。非常重要的原因就是普遍而常见的生物发光。色彩感知在深海是多余的，因为只有蓝绿光线能不受阻碍地穿透任何深度的海水。大部分深海动物只能看到蓝绿波长的光，但极少数两个物种，如信号灯松颌鱼自身能产生红光，而其猎物则无法感知，视若无物。

信号灯松颌鱼

对页图：一条眼睛下方长着罕见红色发光体的巨口鱼，悄悄地照亮猎物。松弛的下颌有利于吞咽大型猎物。它们生活在500—3900米深的海域。

“盲目”章鱼

右图：“盲”章并非完全看不见。它的眼睛呈杯状结构，内有由感光细胞组成的视网膜，但已退化，非常小。与大多数头足类动物不同，这个物种的眼睛没有晶状体，无法在视网膜上聚焦影像。

眼睛结构与视觉

大部分深海动物复杂的眼睛主要源于两种基本结构：相机型和甲壳动物型。相机型眼睛有一个单球形晶状体，可在视网膜上聚焦。不但许多鱼类和头足类动物具备相机型眼睛，还有一些意想不到的生物，如深海多毛纲蠕虫和箱型水母，也长着这种眼睛。深海的一个常见变种形式是管状眼睛。由于这种结构看上有点像望远镜，因此经常被误认为“望远镜型”，但它们其实没有放大功能。当在某一方向上（通常向上看）为了最大限度利用光线而保持眼睛的全孔径时，管状的作用就缩小了眼睛尺寸（眼睛轮廓）。

甲壳动物型眼睛分好几种，大部分为复合状（多层面）与昆虫的复眼相似。对深海环境的适应包括身体尺寸（有的涵盖整个头部）、形状（长有两叶，将注意力分至侧面和上部），以及减少并定位感光器的叶片。有一种甲壳动物型很奇怪，这就是大海莹属介形类甲壳动物过度进化的幼虫型眼睛。它们的眼睛像抛物镜面，能在一些单体的感光体细胞上聚焦。

有些动物有光感但没有视敏度。例如棘皮动物的皮肤细胞含有视蛋白（光感蛋白质），而在其他物种的较小单体集中区域（眼点），也发现了视蛋白。它们可感知光的形态，如一个动物穿过向下照射的光线形成视觉变化时，不会聚焦为一幅图像。同样，某些鱼类（三脚架鱼属）和甲壳类动物（裂谷虾属）的敏感度完全丧失，晶状体作用可忽略不计，但感光体细胞散布在更大区域。还有一些物种保留有晶状体用于聚焦影像，但还长着另外的视网膜部位，以扩大主影像边缘之外的探测范围。另有某些动物，尤其是头足类动物，除了眼睛外还长着称为囊泡的眼外感光体以感知光，但无法聚焦。

我们在深海还发现许多眼睛结构的其他变种。有时被称为“斜眼鱿鱼”的帆乌贼类（帆乌贼科），其眼睛是双形状态：头部同时存在两种不同的结构，一只是正常眼睛，可在水平方向上观看，有时也会向下看；另外一只是管状结构，可朝上看。鬼鱼类（胸翼鱼属多种）长着4只功能性眼睛，每一只管状眼额外都有一只带镜面的开孔，用来将光线聚焦在一个附属视网膜上。该鱼类的同种成员小口后肛鱼的管状眼睛长在透明头部内，可根据其所处方位随时转动。很多物种的眼睛不在头部，而位于长长的触须上，在动物进化的初期这种情况较常见。异足类腹足纲软体动物（翼管螺总科）的眼睛进化完美，有晶状体和形状奇怪的视网膜。至少有某些物种会快速上下转动眼睛，或许是从一整圈旋转而累积成一幅周边影像。部分种类的热液虾大概能靠近灼热的液体而不怕变成“烤大虾”，其原因是它们能看见由热液发出的模糊化学光（参见第162页）。

在几乎没有光线的环境下求生，需要尽可能捕捉和运用每一个光子。由于光本质上是一个波长，含色彩接收器的视锥细胞作用被削弱。长满单色视杆细胞的视网膜或其无脊椎等效物，能够捕捉更多光子，前提是色素密度增加或者这些细胞如果能伸长或多层相互堆积的话。如果一个光子穿过这些组织，视网膜后的反光器（称为一个反光色素层，如夜间猫眼的反光）会使吸收光子的机会成倍增加，也就是说，反光器能将穿过视网膜的光再次反射。

小口后肛鱼

左上图：长在头顶透明半球形体内的绿色向上看的眼睛，有助于搜寻浮游类食物。当某个猎物得到确认后，眼睛向前转动，图示即为最后发动攻击时形成的一幅双眼特写。

帆乌贼

右上图：这个物种及相关物种都长着一只大大的管状眼睛，在暗淡的表面光的衬托下，方向朝上，可看到轮廓。另一只眼睛比较普通，可水平观也能稍微向下看，以搜寻周边的动物或寻找发光体。它倾斜着身子浮在海洋中部水域时，会转动并通过视觉扫过周边的大量物体。

大海萤

左下图：这个深海巨型介形亚纲动物的眼睛长得十分奇特。每只眼都有一个抛物状反光器，能把有限的可见光集中在一小簇感光体细胞上。

鬼鱼

右下图：这是一幅幽灵鱼的管状眼睛向上观察的俯瞰图。管状眼睛用来在海洋中层区域向下照射的光线下觅食，眼睛有附属垂叶和视网膜，可从侧面和向下观察以躲避捕食者。

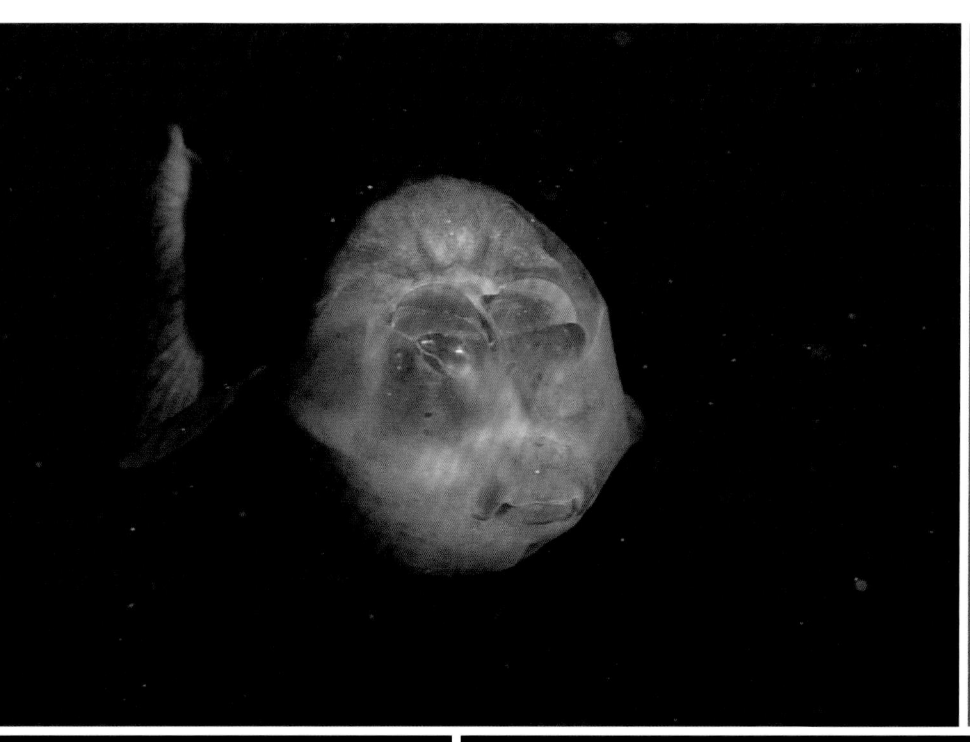

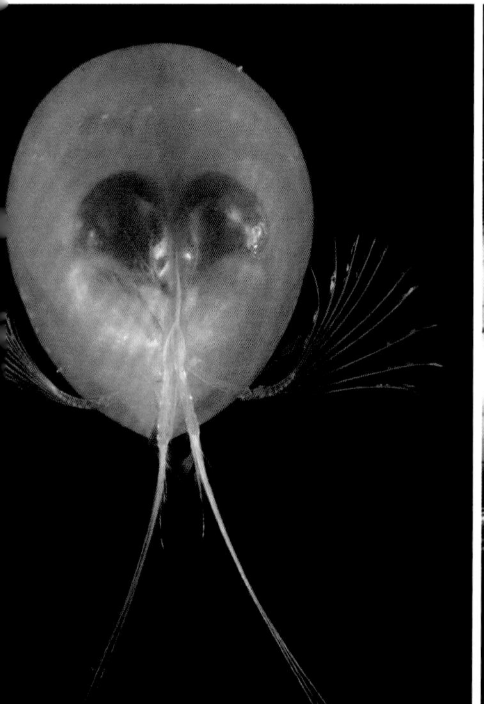

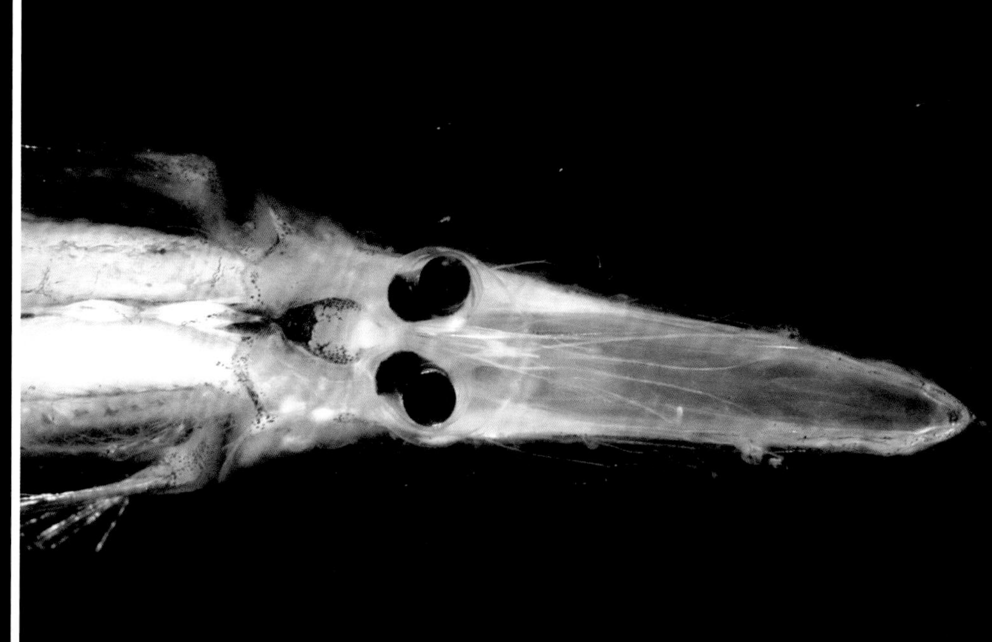

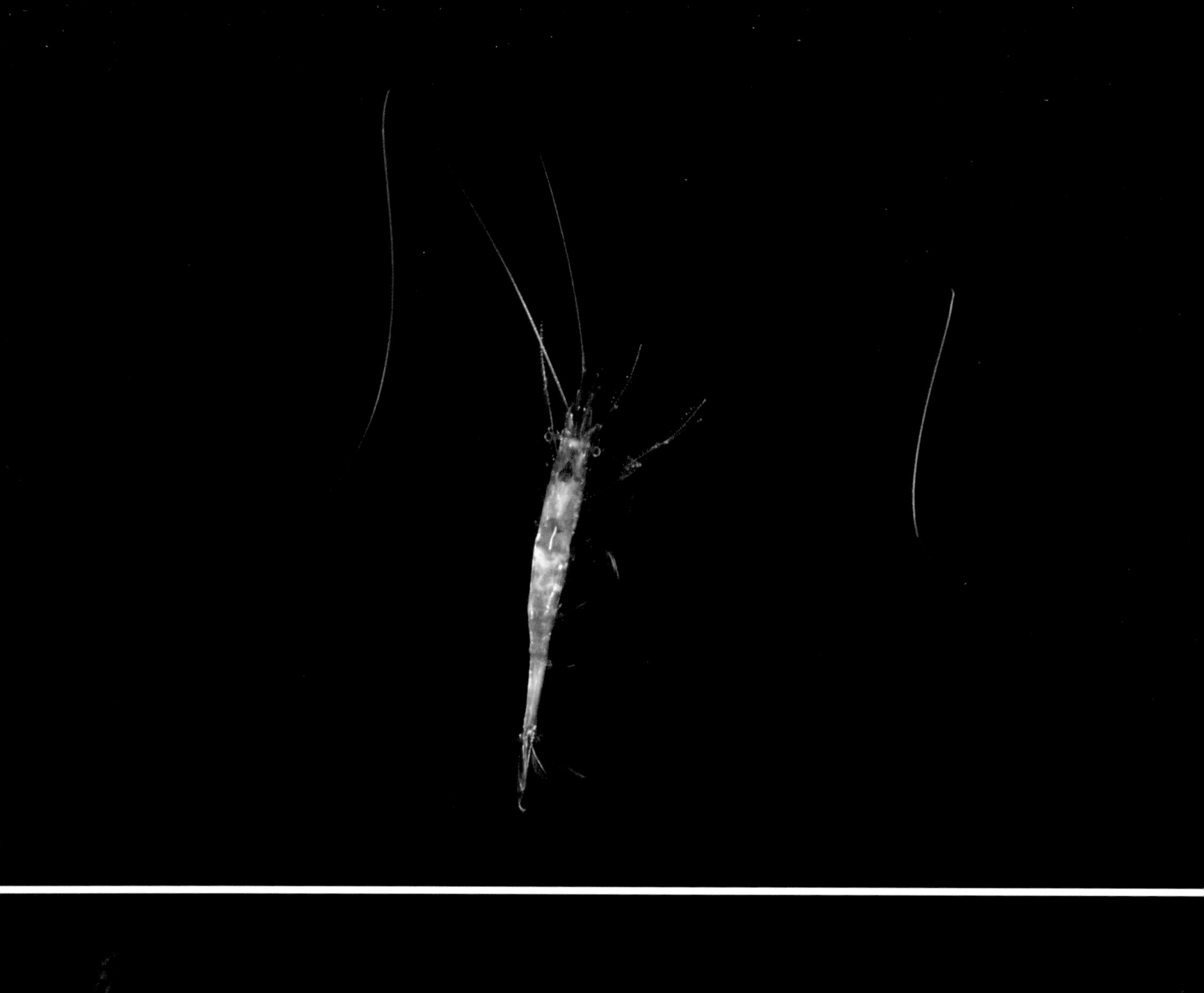

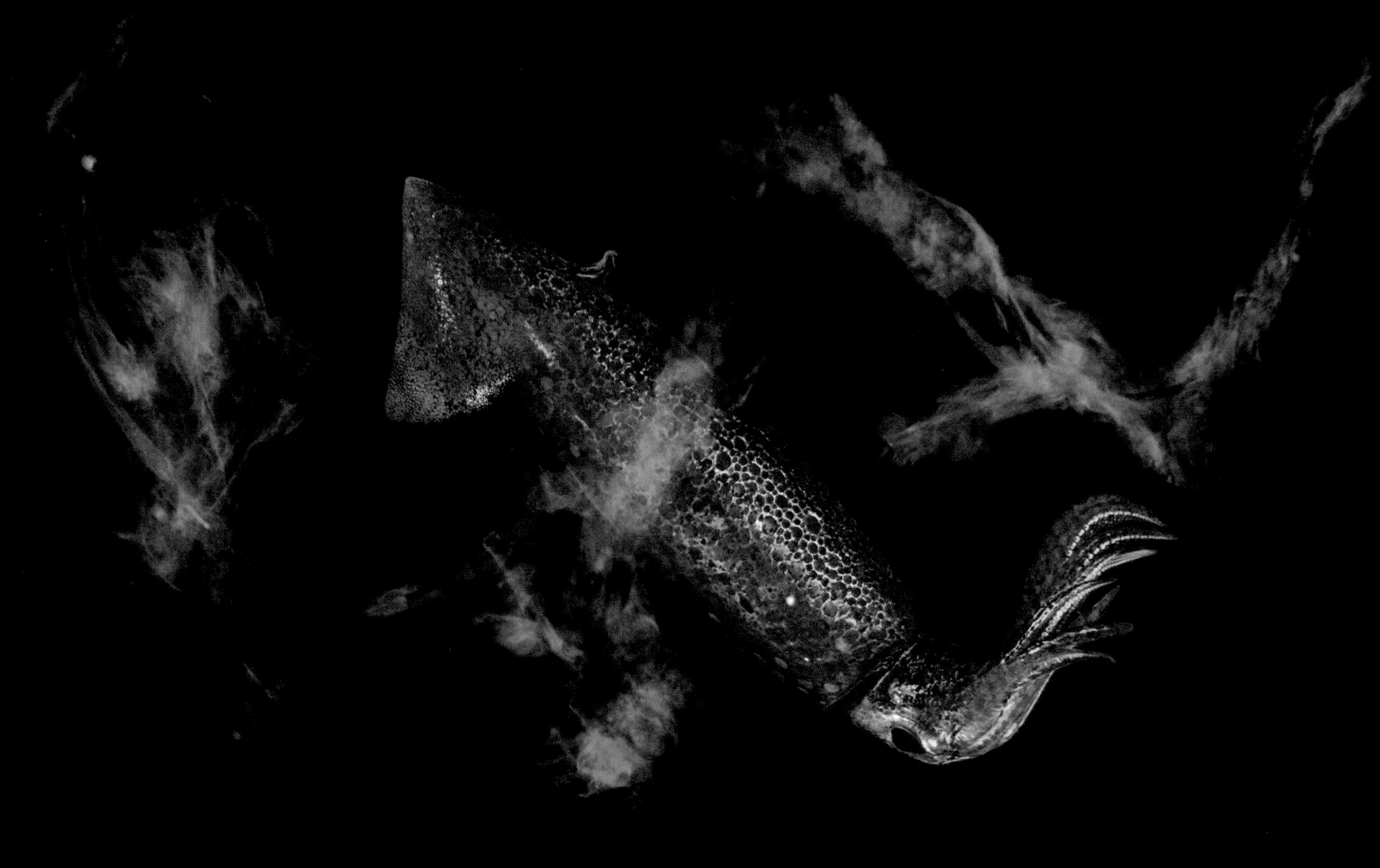

长触须

对页上图：长触须使游动的樱虾（樱虾科）身体保持平行，这类长触须长有机械性刺激感受器刚毛，能够在水中感知周边存在的潜在捕食者和猎物，功能上与鱼类的侧线相似，但虾的长触须从身体向外延伸。

化学信号的掩护作用

对页下图：通过一种化学信号的伪装和掩护，能够避免撞上捕食者。如柔鱼（柔鱼科）和鞭乌贼（鞭乌贼科），能喷射出一团墨汁状液体，之后藏在黑液团中与对方周旋。

听觉和触觉

由于视觉较弱，其他感觉的重要性就凸显出来。听觉（振动）和触觉（压力波）这两种现象相似，源于对水中扰动的感知。但压力和振动并不相同，其区别在于能量影响动物的方式，或者反过来说取决于这个能量源相对较近还是较远。这些差别对于感知器官的结构，或者换个专业表达方式—— 机械性刺激感受器来说很重要。节肢动物的外部毛发状刚毛和无外骨骼动物的纤毛进化和演化过程迥异，但外形和功能相似，两者都可用来探测流体动力的扰动。如果它们所依附的细胞能够成为浓缩器官的有机部分，其效率会得到提高。这类器官可能只是散布在动物的外表面，换句话说，它们进一步形成了凹陷和管状机体。这类结构中的细胞膜对共振能够酌加或酌减，敏感性会增加。在有些动物中，这些感受器甚至伸到身体以外的触须上，起预警作用。

相似的机械性刺激感受器也位于体内。因为扰动在不同组织中的传播速度不同，它们与不同密度组织相关联能够影响其功能。除了感知扰动和压力波，这类体内系统也用来监测动物在控制游动时的线性和角加速度。动物们发出的声音可作为信号，例如生活在深层带上方靠近底部的水域，某些鱼类的鱼鳔所产生的扰动；声音也可以当作工具，如可以进行深潜的齿鲸就把它作为声呐，用来定位猎物；声音还能作为武器，抹香鲸的声呐声响巨大，猎物被震得不得不败下阵来，束手就擒。

化学受体和电受体

嗅觉（气味）的化学受体的生物结构与机械性刺激感受器十分相似。借助两只眼睛和机械性刺激感受器，化学感受器可以在肉柄上向外伸长。能被感知的化学成分包括个体动物的分泌物、它的同种（同一物种的其他成员）以及包含其他动物和物理现象的外部来源。举个例子，水由于密度不同而分层或洋流涌动的物理过程使已分解的化学成分形成聚集和踪迹。在深海动物中，分泌化学成分的功能及其探测方式多种多样。在一个开阔的光线受限的环境下，信息素显得十分重要，许多没有亲缘关系的深海物种体内有化学感受器，其作用是在黑暗中寻找配偶。除了确认同种，嗅觉在漆黑环境中也有其他用途，例如探知猎物、捕食者的气味流和基底。后一种作用对幼体尤其有益，这可以帮助它们择吉处定居和成长。

鉴于深海区化学探测的重要性，使用化学成分作防御武器似乎顺理成章地成为一种合理的战略。化学防御的一种进攻方式就是产生化学物质来驱除捕食者。如果某只动物排出了一种防御性化学物质，而同种的其他成员感知到后，会解读为有一个同种成员感受到了威胁。因此，这种化学成分的第二个功能就变成了危害预警，有些鱼类会产生称作恐吓物质的化学成分。参观过水族馆的读者可能会了解，水族馆里的南极章鱼通常可以长时间停留不动，但是如果其同种的一滴墨汁状液体滴入水箱，这只章鱼会骤然生变，开始疯狂四处游动。这个实例充分说明化学成分的预警作用。

电感受器在结构上也与化学和机械性刺激感受器类似。它们通常生在身体凹部或管的细胞簇里，也会经常分布在鱼类的面部（尤其是软骨鱼类，如鲨鱼、鳐鱼及其同类）。我们确知这类鱼会使用电感受反应抵近猎物，然后发起攻击。动物们还有一种更神秘的能力，深海大型游动类动物能够探测和定位磁场。一般说来，如果某一能够探测磁场的器官在磁场现身，那么它游过磁场时会产生电信号，这样就会被电感受器捕捉到。尽管此类器官已在一些深海动物上得到了确认，但许多大型物种是否拥有此类器官并没有得到确认，而它们也能够长途跋涉，肯定拥有某种程度的导航方式。地磁导航似乎是这种远距离迁徙最合理的解释，不过这种能力在大部分动物身上未得到验证。

生物发光

通过生物形式生成光即生物发光，这在深海黑暗区域极为普遍，尤其是深海动物，座生底栖动物甚至也有这种功能。深海容量超级巨大，即使最分散的生物数量也很惊人。所以，一般来说，生物发光是动物间最常见的交流方式。从深潜器拍摄的视频中，动物身上展现的晶莹色彩并不是生物发光，但易与生物发光混淆。在很多视频中，摄像机的灯光太亮了，自然生物发光完全被淹没，我们看到的色彩是由摄像机灯光的反射和折射而成。

生物发光需要含氧的两种化学成分（雅称“荧光素”和“荧光素酶”）。某些动物也会产生自身的化学成分，还有一些生物吃掉了发光的猎物后产生了可发光的化学成分。在这两个大类中，“自身”能发光的动物通常有许多发光器官或发光点，其他动物在特定腔室中补充并培养发光微生物。这些“细菌发光器官”数量上往往很少。有一些动物，如琵琶鱼既能培育细菌性发光体，又有自身的发光器官。但多数动物只能二者居其一。几乎所有的生物发光的色彩都与从海面向下照射的阳光类似，但也有极少数例外，有些动物能产生和感知黄色和红色光。

生物发光对动物的防身和捕食都有许多益处。一些捕食者用它作诱饵以吸引猎物，如在动画片《海底总动员》中的琵琶鱼那样令人难忘。具有视力的捕食者，如巨口鱼，其眼下长着大型发光器官，用它充作“头灯”照亮猎物。我们发现一些巨口鱼物种的红色头灯与视黄醛相互配合可感知红色，在深海捕食许多红色甲壳类动物时有奇效。

生物发光也可成为一种防身策略。多种海洋中层动物能产生专门向下的光，用于抵消照明效果，以减弱动物以海面光线为映衬的背影，致使向上看的捕食者难以侦测它们。很多动物，包括各式各样的甲壳类动物、多毛纲环节动物、鱿鱼、头足类动物和凝胶状浮游生物，会运用一团发光的液体或颗粒掩护自己逃逸。例如，吸血鬼乌贼感受到危险时，能从臂尖发光器官中放出闪光的颗粒。有些动物为了能活命，甚至会舍弃自己的一部分身体。深海炸弹游须虫的发光囊中长着改性鳃状器官，遇到敌人时，能滴下液体分散其注意力。其他蠕虫如鳞沙蚕，会脱落发光的鳞片以引开捕食者。深海海参睡参在逃命时，会蜕掉能发光的表皮，黏住并照射捕食者，大幅削弱其攻击能力。

发光也是物种间和跨物种的重要交流工具。（参见第228—229页）

反射

对页左上图：当拍摄动物时，在摄像机灯光的照射下，这些“排梳”（这里所见的是加利福尼亚蓑鲉）的反射和折射，通常会被误认为是生物发光现象。虽然栉水母门动物能发光，但多数情形下的摄像机闪光灯会将其覆盖。

巨口鱼的诱饵

对页上图：一条游弋在大西洋热带深海海域的无鳞黑色巨口鱼，展现了其触须尖上的发光泡和触须枝叉。

生物发光团

对页右下图：深海细额刺虾遇到捕食者时，吐出一个发光团，作用与发光墨汁类似。这个发光团可在它逃逸时迷惑捕食者。

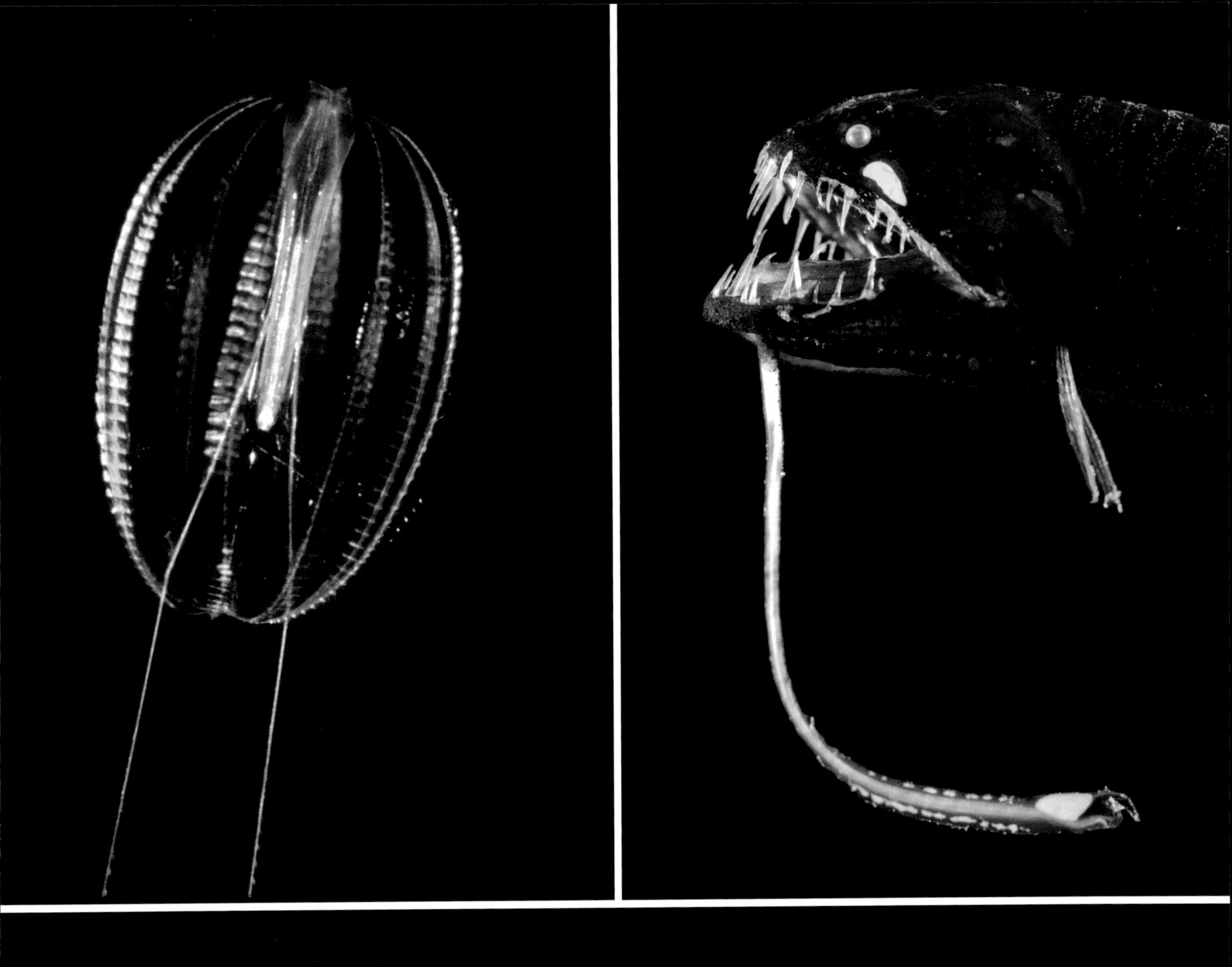

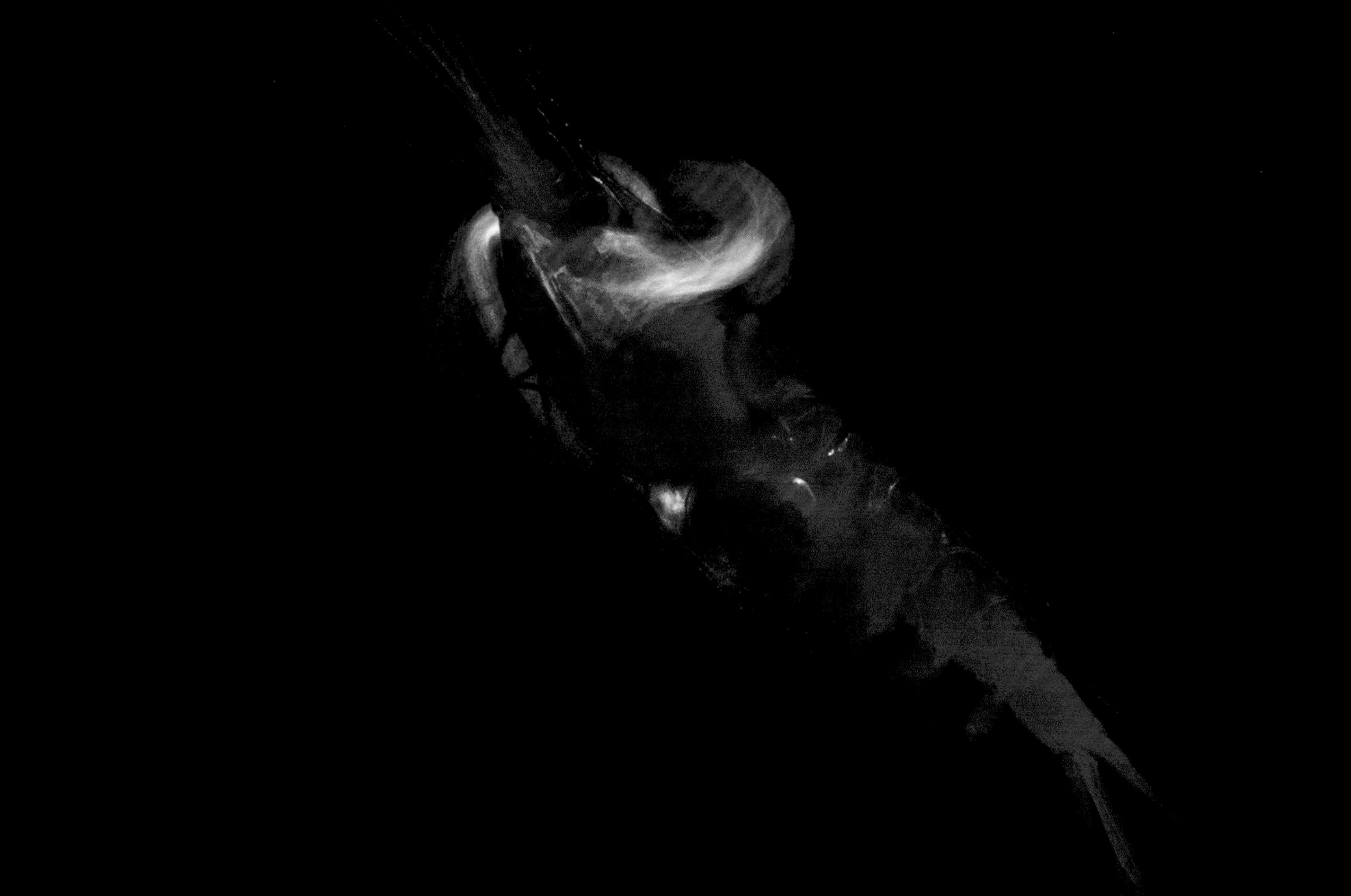

发光吸盘

懒洋洋游弋的深海锡尔特十字蛸，在腕间蹼的包围下形成了个小水湾，可似气球一样漂浮。它长着发光吸盘，诱骗猎物前来，不需要主动出击狩猎。

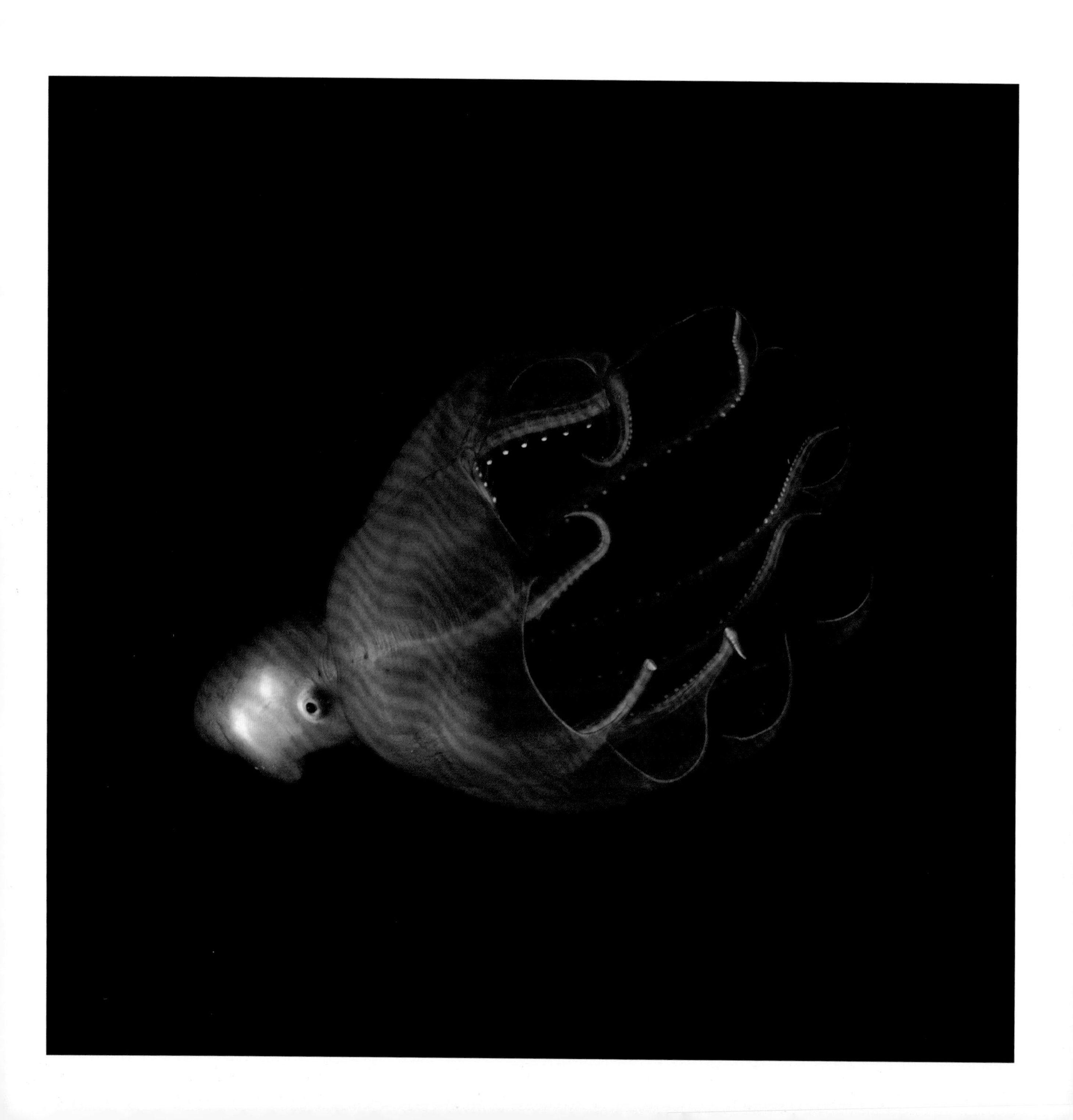

栖息地

大陆坡与海底峡谷

大陆坡的地形学与生物多样性

参见前页：**珊瑚礁栖息地**

北大西洋挪威特隆赫姆峡湾的多孔珊瑚礁中的泡泡胶珊瑚和花篮筐蛇尾。

大陆坡

大陆坡是从大陆架外缘延伸到深海海底的部分，平均40千米宽，深度200—4000米。大陆坡作为一个过渡区，供养着我们熟悉的浅海物种和纯粹的深海物种。其地形斜度大约为10%，大约是旧金山著名的榛树大街（Filbert street）斜度的三分之一。大陆坡表面往往被软质沉积物覆盖，而这些沉积物是穴居动物、食屑动物以及不需要硬质基底固着自己的生物们的栖息地。源自大陆架的许多大型游走动物会顺着斜坡到达深海：成年美鮟鱇（黄鮟鱇属多种）和大西洋庸鲽（庸鲽属多种），可抵至1000—2000米的深度；约拿蟹（北极蟹）会从近海一直迁移到750米的深海；短鳍乌贼（眼柔鱼属多种）可下潜至1000米深，并停留在海底。在大陆坡上，当地的特化物种会各自在某一特定深度内活动。例如，在东北大西洋的鱼类中，莫罗深海鳕会在500—1300米的深度区域活动，圆鼻榴棘鱼在700—1900米深度内活动，古氏石鳕在1200—2875米的深区活动；海星中，神女裸槭海星在500—1260米深度，透明膜翅海星在1460—3100米的深度。相似的深度特化作用出现在所有动物群中，所以从大陆坡上部直到海底动物群的变化，与陆地山坡地带植被逐渐从森林过渡到雪地的变化类似。

统而言之，随着深度的增加，食物会减少，每降低2000米，食物大约减少90%，所以在大陆坡底部（约4000米深），可获得的食物数量大约是大陆架的1%。不过，生物量、个体数量和物种数量，通常会在大陆坡中部达到峰值，部分原因是因为此处是浅海区、大陆坡和深海物种的重叠区域。海洋深散射层（参见第170—171页）的动物也会与同等深度的大陆坡密切接触，成为大陆坡中部生物的丰富食物来源。海洋深散射层的物种在一生中都不会遇到硬质表面，所以当它们碰到海底时就会迷失方向，很容易成为在大陆坡栖息的捕食者的猎物。然而，在夏威夷或许还有其他地区，“海洋中层带边界的生物群落”与这类海底深度密切联系在一起，会顺着大陆坡斜着向上或者向下迁移，而不像海洋深散射层中大部分成员那样进行直上直下的迁移。

大陆坡上的物种生活在海床上被水下峡谷所分隔开的一条狭窄水域中。此类碎片化的栖息地，区域范围可能很小，生物种群会被另一个地域切分开。不同种群也许会生活在海洋两侧的大陆坡上，动物群还会随着纬度的变化而变化。大陆坡物种往往都是区域性而非全球性的物种。

鮟鱇鱼

对页右上图：最大的成年鱼群生活在大陆坡上部到1000米的深度区。它们身体的一半埋藏在沉积物里，准备随时跃起用大嘴捕捉经过的猎物。

莫罗深海鳕鱼

对页右中图：深海鳕鱼（深海鳕科）有超过100个物种，栖息在世界各地的大陆坡偏上区域。莫罗深海鳕鱼以鱼类和无脊椎动物为食。

神女裸槭海星

对页左上图：东北大西洋大陆坡上层的一个捕食者，它主要捕食软体动物、小型蛤蜊和腹足纲软体动物、甲壳类动物和蠕虫。

透明膜翅海星

对页左中图：北大西洋、北极和南极大陆坡中部的物种。其短粗臂被伞状膜状物连接在一起，它用管状足在海床移动。

短鳍乌贼

对页下图：短鳍乌贼属柔鱼科，是一种非常重要的商业渔业资源，也是许多鱼类和海洋哺乳动物的食物。白天它们会端坐在深度超过1000米的海底，入夜则会向上游到尽可能浅的区域，甚至海面。它们有时会汇聚成多个数量巨大的群体，成为大陆坡当地占主导地位的大型游水动物。

切断海底峡谷

大陆坡会被深海峡谷切开。强烈的湍流裹挟着具有研磨作用的岩石颗粒侵蚀峡谷，使大陆坡高度降低，并将碎石散布在隆起区域和海底平原上，进而形成陡峭的坡地以及特别的半封闭深海栖息地。

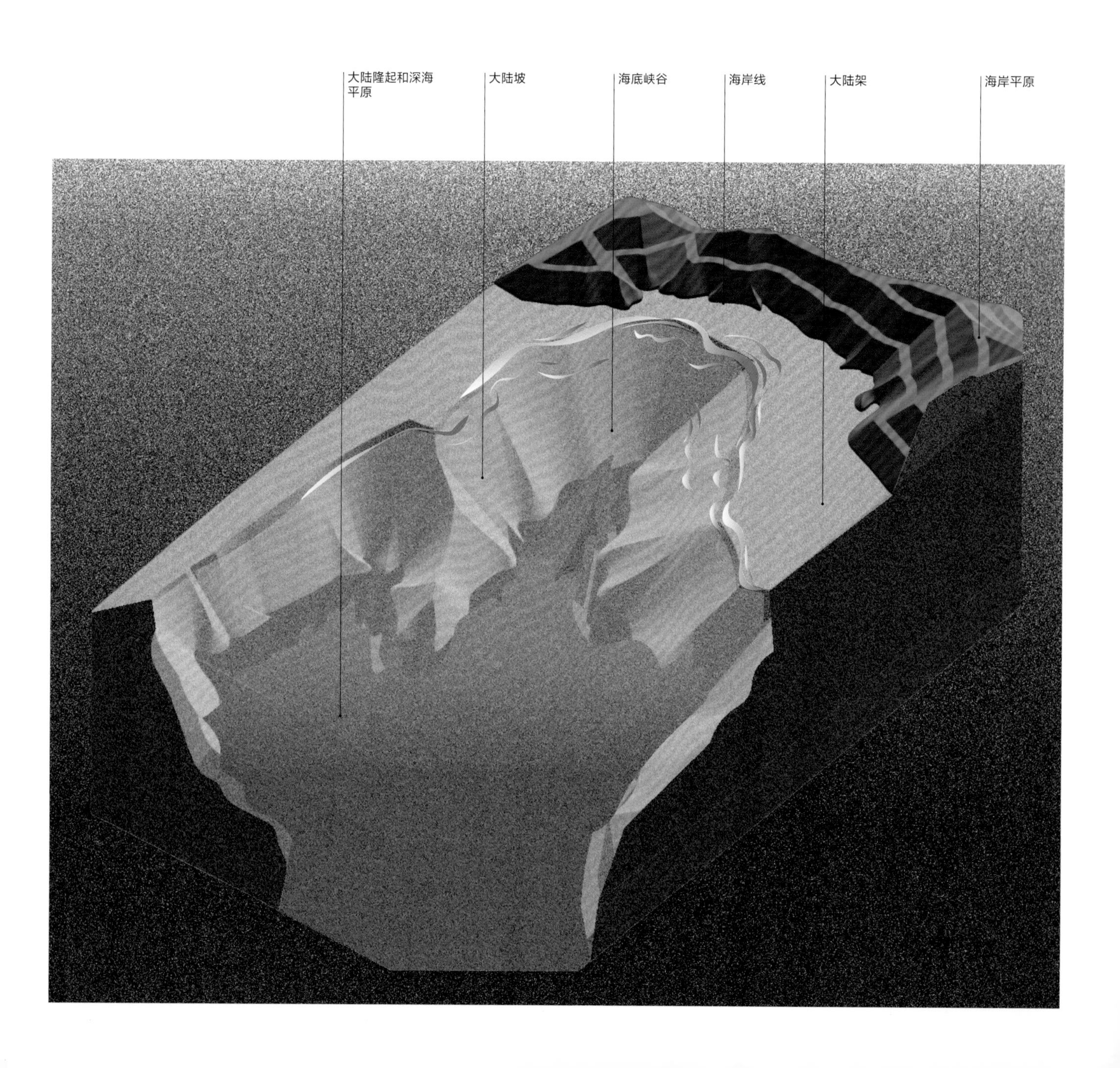

海底峡谷

在某些地区，陡峭的峡谷被切入大陆坡，有时还会形成数百米高的悬崖峭壁，这种海底构造的特点是大峡谷深度的两倍。陡壁通道迫使洋流偏向，使沉积物的移动速度加快，食物沉降加速。撞击并自峡谷峭壁反射的内波（参见第60—65页）也会对养分的散播做出贡献。海底峡谷的食物十分充裕：浮游植物和浮游动物的碎片自其上方的海域直接沉降，形成海雪，这些新增的食物像从大陆架落下的瀑布一般，直抵密度大且冰冷的海域。丰富的食物来源和分布不均匀的硬质基底，为数量浩繁的固着生物提供了分散的栖息地，如珊瑚（腔肠动物门）和海绵（海绵动物门）。这类结构性区域占据了海底大部地区，形成了数量众多的立体化海洋动物家园。有时，这可与陆地上森林的作用相类比。

“动物森林”既有1—2米高的珊瑚和海绵花园，也有历经数个世纪形成的高达数十米到数百米的碳酸盐山丘和珊瑚礁。这些巨大的聚集物改变了当地的洋流，分离出营养物，为其他生物提供食物和栖息地，使它们在此抚育后代。因此，“动物森林”区域的生物多样性远比空旷的大陆坡丰富得多。由于形成“动物森林”的固着动物天生具有脆弱性，某些物种已被联合国确定为脆弱海洋生态系统（Vulnerable Marine Ecosystems，VMEs），是重点保护对象。

附着珊瑚和海绵的海底并不是唯一与大陆坡相连的海床栖息地。冷泉也很普遍，在这里溢出的石油和甲烷气体滋养着化能合成的生物群落，我们已在第158—167页的“化能合成生态系统”进行了探讨。在最小含氧区（参见第172—173页）直抵海底的其他区域，细菌层覆盖了大部分地方，这里的动物群就只能局限于小型生物，以应对氧浓度降低的恶劣环境。但在最小含氧区的边界地带，通常会聚集大量的游走甲壳类动物（甲壳亚门动物）和棘皮动物（棘皮动物门），它们摄猎这里核心区所产生的食物。

冷泉

在华盛顿峡谷以北弗吉尼亚近海的海底区域，细小成串的甲烷气泡从一处海床上的沉积物中溢出。在这个渗流区内及其周边，可以见到刚毛蠕虫、海葵等动物，以及覆盖着细菌层的斑块区。

深海珊瑚礁与珊瑚丘

数百种珊瑚物种缺乏能进行光合作用的海藻（参见第82页），但其中也只有少数能形成珊瑚礁。实际上，仅有5种石质珊瑚（石珊瑚目）构成了世界上大部分海底珊瑚礁（参见下表）。我们研究最深入的是穿孔莲叶珊瑚，这个物种遍布全世界的大陆坡区域。在大西洋，它们存在的海域十分辽阔，从巴伦支海南部延伸到西部非洲，从加拿大新斯科舍到美国佛罗里达。2018年，一支探寻穿孔莲叶珊瑚礁石的考察队从南卡罗来纳出发一直延续了137千米，珊瑚礁才消失。

在其他地区，冷水珊瑚经过数千年演化会形成珊瑚丘，同时，骨架珊瑚（可承担坚固结构重任的珊瑚）在间冰期不断生长，并被沉积物填满。此类珊瑚丘可高出海底350米。尽管海洋环境经历了沧桑巨变，活珊瑚了无踪迹，一些珊瑚丘不再生长，但许多珊瑚丘在当下仍生机勃勃。在冰岛外海的豪猪海湾（Porcupine Seabight）发现的场景令人印象深刻。在这里大量穿孔莲叶珊瑚覆盖了珊瑚丘的顶端，延伸数海里，使本地区的生物多样化更加丰富。

由于深海珊瑚礁很有可能被移动的渔业用具触及并造成损害，因此被认定为脆弱海洋生态系统。穿孔莲叶珊瑚礁的生物多样性是周围海区的3倍。珊瑚礁为其他固着滤食生物提供了硬质基底，为食草动物提供了盘中餐，为食腐动物、食肉类软体动物、甲壳类动物和棘皮动物提供了栖息地，这里也很可能成为鱼类繁殖哺育后代的重要场所。2018年，人们发现了一个大型鲨鱼育儿场所与一处宽阔的穿孔莲叶珊瑚礁相连，这处珊瑚礁位于爱尔兰近海的一个碳酸盐山丘上。大量黑嘴锯尾鲨在此处海底栖息，鲨鱼卵与珊瑚碎片混杂在一起散落在海底。远程操纵潜水器只是勘察了这些辽阔栖息地的一小部分，我们知之甚少，还需要继续深入探索。

穿孔莲叶珊瑚的多样性

一座穿孔莲叶珊瑚礁为大量无脊椎动物提供了栖息地。

对页左上图：佛罗里达外海珊瑚礁上的一只蹲龙虾。

对页下图：一只花篮筐蛇尾在挪威特隆赫姆峡湾的珊瑚礁上。

南卡罗来纳珊瑚礁

对页右上图：利用多波束海洋测深技术，可看到南卡罗来纳外海的一座深海穿孔莲叶珊瑚礁。线性珊瑚礁在蓝绿背景的映衬下，显现为连续的山丘和山脊（红色部分为山丘，黄色为山脊），深度范围大约在700米（红）到900米（蓝）。

深海造礁珊瑚

物种	深度	地理分布	注释
穿孔莲叶珊瑚	50—1000米或更深	全球分布	最普通且研究最深的物种，以前称筛孔珊瑚
枇杷筛孔珊瑚	50—2000米	全球分	更脆弱；通常和穿孔莲叶珊瑚枝状小角珊瑚一起
多变管丁香珊瑚	200—2000 米	大部分全球分布，但南极和太平洋北部和东部不存在	
深海变沙木珊瑚	400—1750 米	大西洋西	通常与其他大西洋的骨架珊瑚共同存在
枝状小角珊瑚	100—1500 米	约在新西兰和其他南半球和太平洋海域	

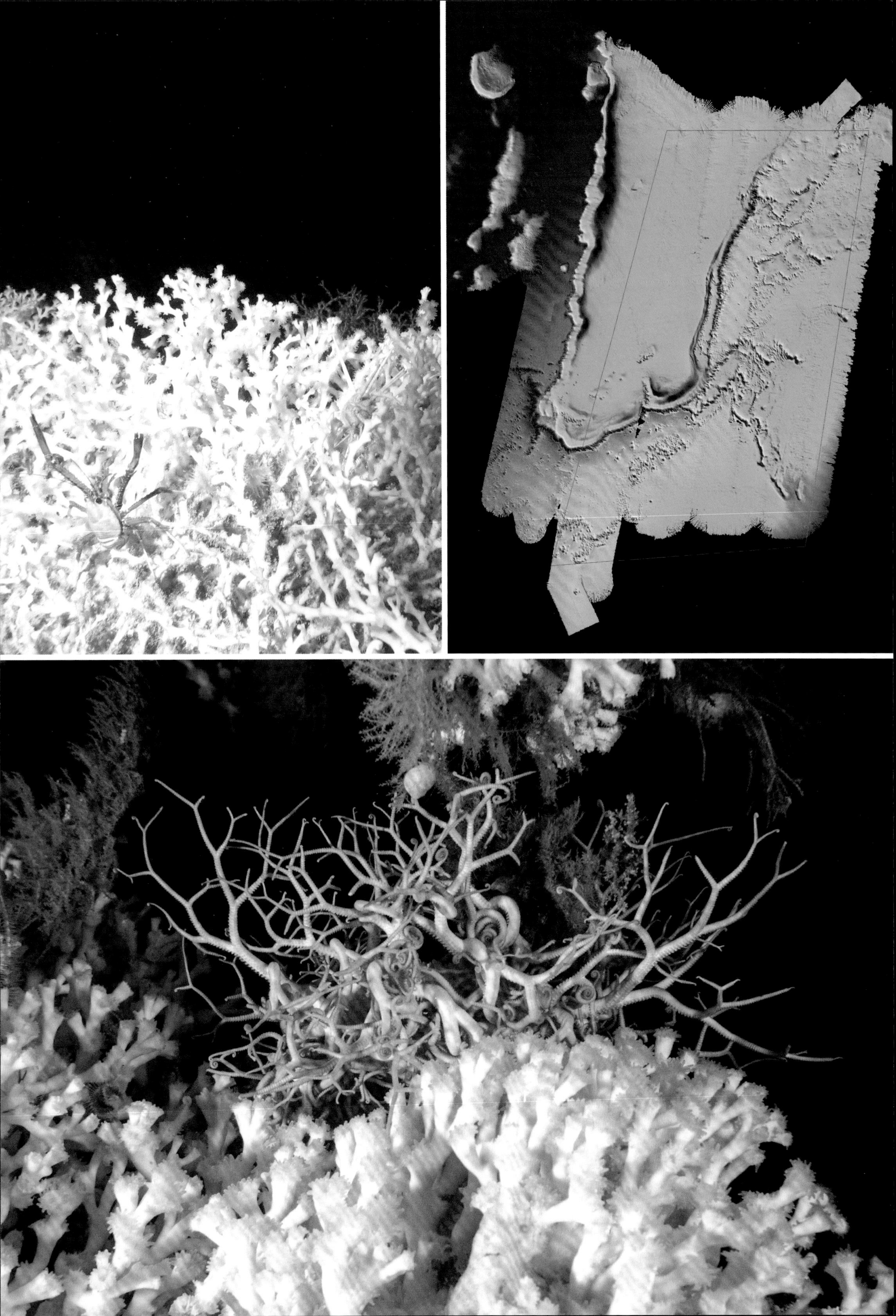

珊瑚花园

花园可主要由一个占支配地位的物种构成，例如美国东北部乔治斯海岸的海洋学家峡谷（Oceanographer Canyon），在这里副尖柳珊瑚属的一个物种占主导地位（上图）；在下图更北的格力峡谷（Gully Canyon），则存在着若干物种。珊瑚花园主要由竹珊瑚、蘑菇珊瑚和多放珊瑚亚纲的其他珊瑚组成。

脆弱的大陆坡和峡谷生态系统

大陆坡的许多区域不存在能构建珊瑚礁的石质珊瑚，但这里有珊瑚花园，不同珊瑚花园差异悬殊，原因在于构成花园的主要物种不同。根据海底是硬质还是软质，以及当地的洋流变化，珊瑚花园可能由石质杯状珊瑚、八放珊瑚（八放珊瑚亚纲）占支配地位，其中八放珊瑚包括软珊瑚（软珊瑚亚目），或者黑珊瑚（角珊瑚目）。海笔（海鳃亚目的特化八放珊瑚，参见第82页）也经常出现在延绵数公里的大型“草地”或“牧场”中。与冷水珊瑚礁相似，此类珊瑚花园也是其他物种的栖息地，通常也是生物多样性程度较高的区域。海绵也会集聚并形成其他动物的栖息地。（参见方框内容）

需要实施专门保持措施的脆弱海洋生态系统，其划分依据通常取决于系统中珊瑚和海绵的稠密度。然而，毋庸置疑的是，人类的捕鱼活动对珊瑚和海绵构成了巨大威胁。笨重的底拖网及缆绳在沿海底拖动时，造成的威胁最大。另外，用延绳钓方法捕鱼需要拖拽着带饵料的鱼钩，因此也会对生态系统造成损害。许多物种不仅脆弱，而且生长极其缓慢，这表明它们一旦受损，若要使其复原，可能需要长达数十年甚至数个世纪的漫长岁月。有鉴于此，现在许多脆弱海洋生态系统的保护区内禁止海底捕鱼。不过，我们对脆弱海洋生态系统所处方位的了解十分有限，为了加强对它们的保护，很有必要进一步利用远程操控深潜器进行勘测、监测和探究。

珊瑚的骨骼由碳酸钙构成，因此海洋的酸化会进一步加剧对它们的侵蚀作用（参见第266—271页）。由于人类燃烧化石燃料而造成大气中二氧化碳浓度升高，会导致海洋溶解更多的二氧化碳。长期下去，海洋会变得更具酸性，这往往就会分解碳酸钙，使海洋生物生长和保持骨骼变得更加困难。气候变化还能影响当地流体动力学进程，减少对当下食物充裕区域的食物供给。如果不采取足够有效的措施应对气候危机，所有这些因素未来都可能对珊瑚花园造成不利影响。

海绵集聚群

海绵聚集群也能形成栖息地。海绵汇聚之处，它们的骨针形成密集的衬垫，可作为微小生物的栖息地。聚集在一起的海绵物种由于深度不同，也存在着差异。聚集群可由一个物种组成，也可由几个物种混合构成。我们在此描述的戴维森海山（Davidson Seamount）位于蒙特雷西南120千米处，大约1500米深。栖息地由十字盖海绵属的一个物种组成，属六放海绵的一种，有时被称为毕加索海绵。在北半球海区，某些海绵聚集群被称为“ostur”，这个词的冰岛语含义是“奶酪”，源自渔民们用拖网捕捞上来的多种独特气味和纹理的海绵。

近期在北大西洋发现的脆弱海洋生态系统

用摄像机拍摄和调查过的海底区域占比极低，因此，我们对于深海珊瑚礁和珊瑚花园、海笔区和海绵集聚群的真实范围知之甚少。有时渔民在捕鱼时用拖网顺便捕捉到了一些物种，才证明它们的实际存在。但某一单一物种的存在，并不能代表海洋动物森林整体的广度和密度。不过，掌握标志性物种的分布，以及显示深测资料（海底深度）和基底（参见南卡罗来纳珊瑚礁，第129页）的高分辨率声呐数据，有助于引导我们开展可视性勘测，这说不定会带来惊人的发现。

惠塔德峡谷（Whittard Canyon）

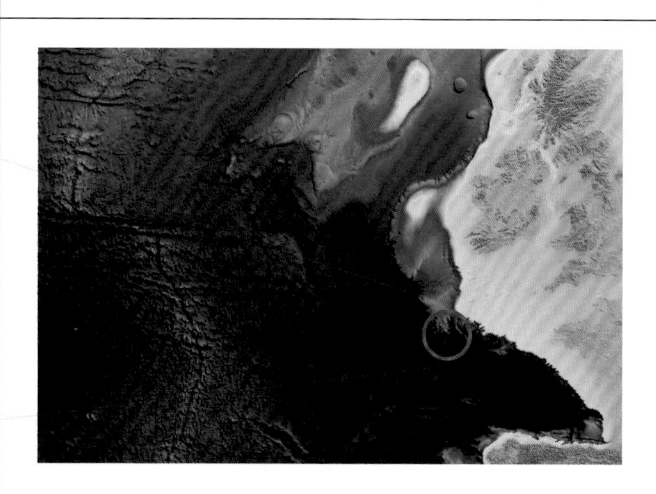

地处爱尔兰西南的惠塔德峡谷是一个复杂的体系，峡谷的多个狭长海沟自大陆架延伸到了这里。峡谷顶峰非常有特色，峭壁直落600—800米深。2012年和2013年，静止的摄像机和远程操控深潜器拍摄的资料显示，这些峭壁被密密麻麻的深海牡蛎、蛤蚌、骨架珊瑚和大型二花莲叶珊瑚所覆盖（上图）。这种隐秘的栖息地成为许多小型游走无脊椎动物的庇护所，包括虾类和蟹类（十目足）、软体动物（软体动物门）、棘皮动物（棘皮动物门），还能作为诸如海葵和水螅纲（腔肠动物门）等许多固着动物栖息的硬质结构。当然，鱼类也很丰富，小到北大西洋的大西洋鳕（鳕科），大到康吉鳗（鳗鲡科）。不同的峡谷海沟栖息地的区别并不大，主要在于牡蛎是否占主导地位，通常情况下，滤食性双壳类动物会超过牡蛎处于支配地位，这也为其他生物提供了可附着的表面。

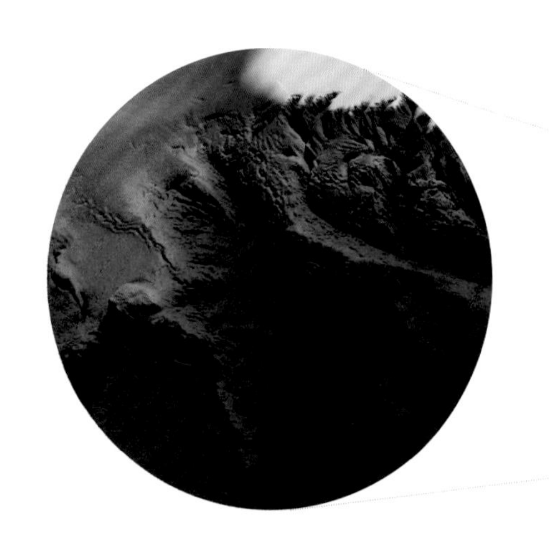

惠塔德峡谷

从大陆坡底部看到的景象，向北望指向豪猪海湾和爱尔兰深海盆地。该大陆坡位于凯尔特海的爱尔兰西南部。

巴尔的摩峡谷（Baltimore Canyon）

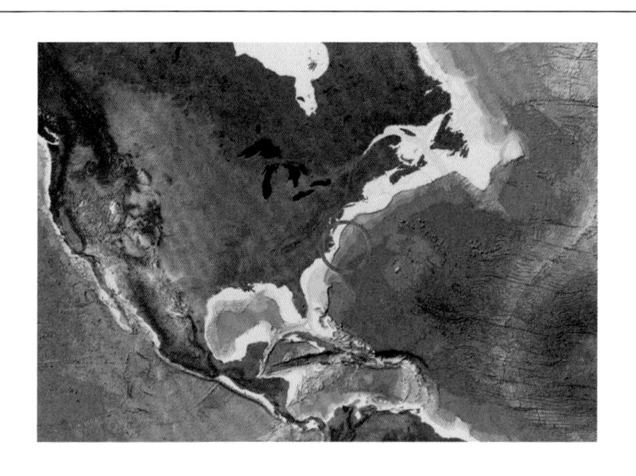

2019年，一个科学考察队赴巴尔的摩峡谷开展科学考察。他们在美国东海岸的一处广阔的深海珊瑚保护区取得的丰硕成果令人振奋。人们已知巴尔的摩峡谷的部分区域珊瑚密布，但研究人员在500米深的一处新地点发现一座呈现鲜红、粉红和白色的泡泡胶珊瑚（副柳珊瑚属一种）峭壁（上图）。这类独具特色的八放珊瑚的分布很稠密个头也大，某些珊瑚伸展宽度达2米。由于珊瑚的生长速度极慢——可能每年只长1—2厘米——这类珊瑚十之八九非常年久，为许多其他物种提供了稳定的栖息地。如本图所示，它们与其他八放珊瑚物种相互交错，海星（海星亚纲）、海蛇尾（蛇尾纲）、虾和其他无脊椎动物把此地作为安身之所。

格陵兰珊瑚花园（Greenland coral gardens）

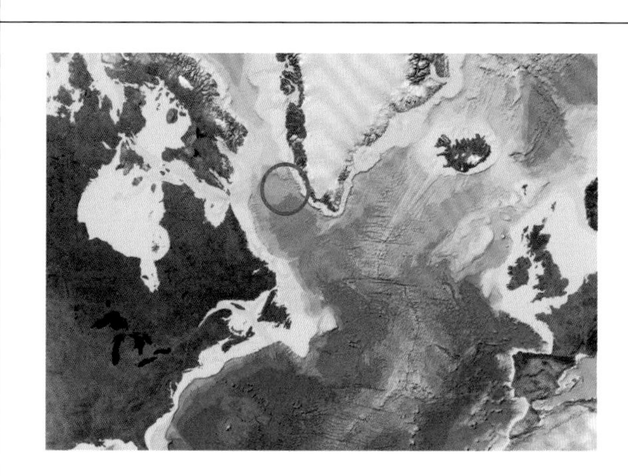

2018年和2019年，考察人员在格陵兰西部大陆坡设置了海底滑橇，它拖曳着摄像机拍摄了许多资料。这些影像显示出大量软体珊瑚花园（上图），包含一些数量占优的花椰菜和蘑菇珊瑚。这些栖息地向四周蔓延，超过了500平方千米，与不远处盛产大比目鱼和大虾的近海周边渔场毗邻。这些不长中心骨骼的软体珊瑚与其他某些八放珊瑚相比，能作为动物的平坦栖息地，但对本地生物多样性的贡献与其他栖息地相似。

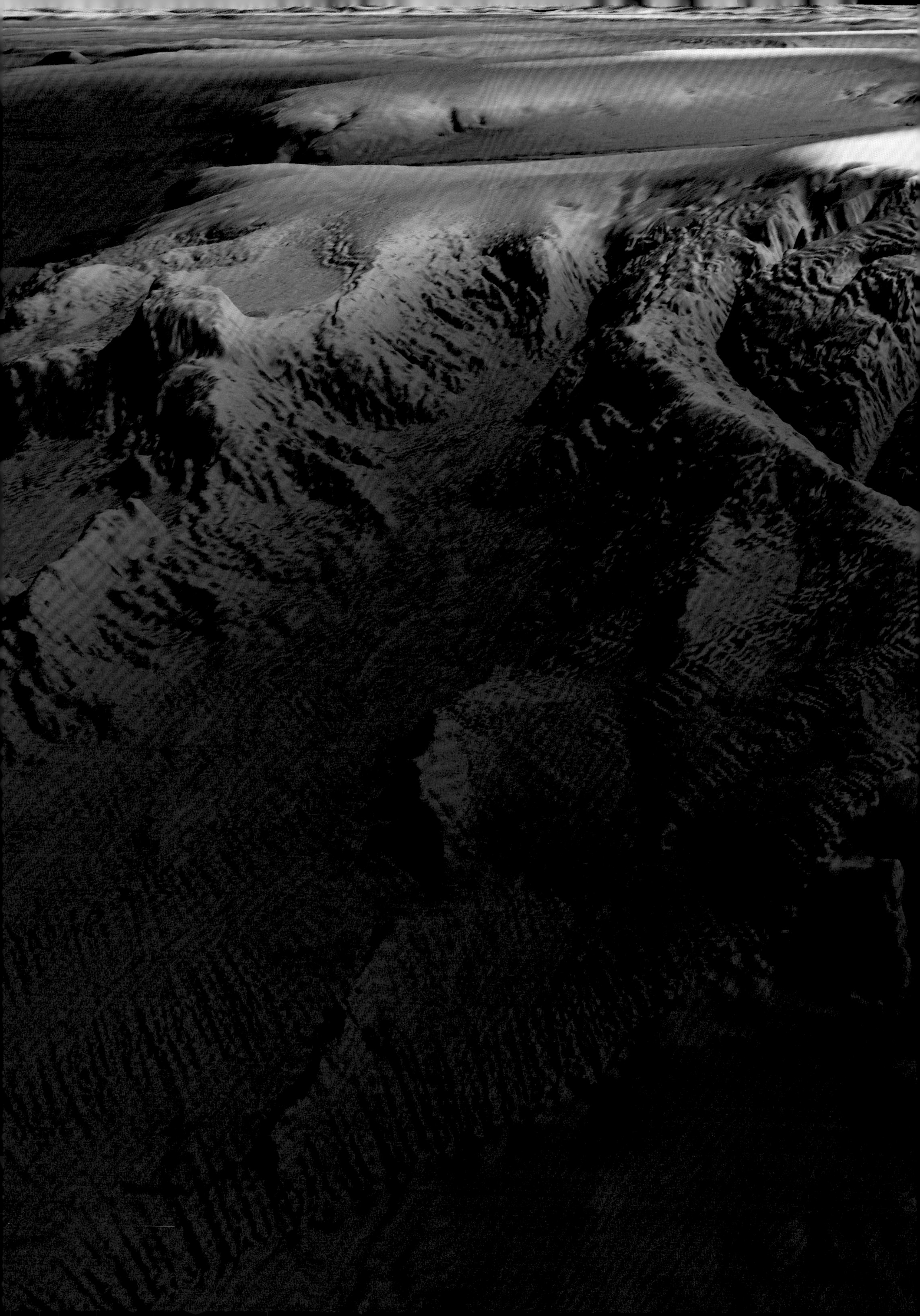

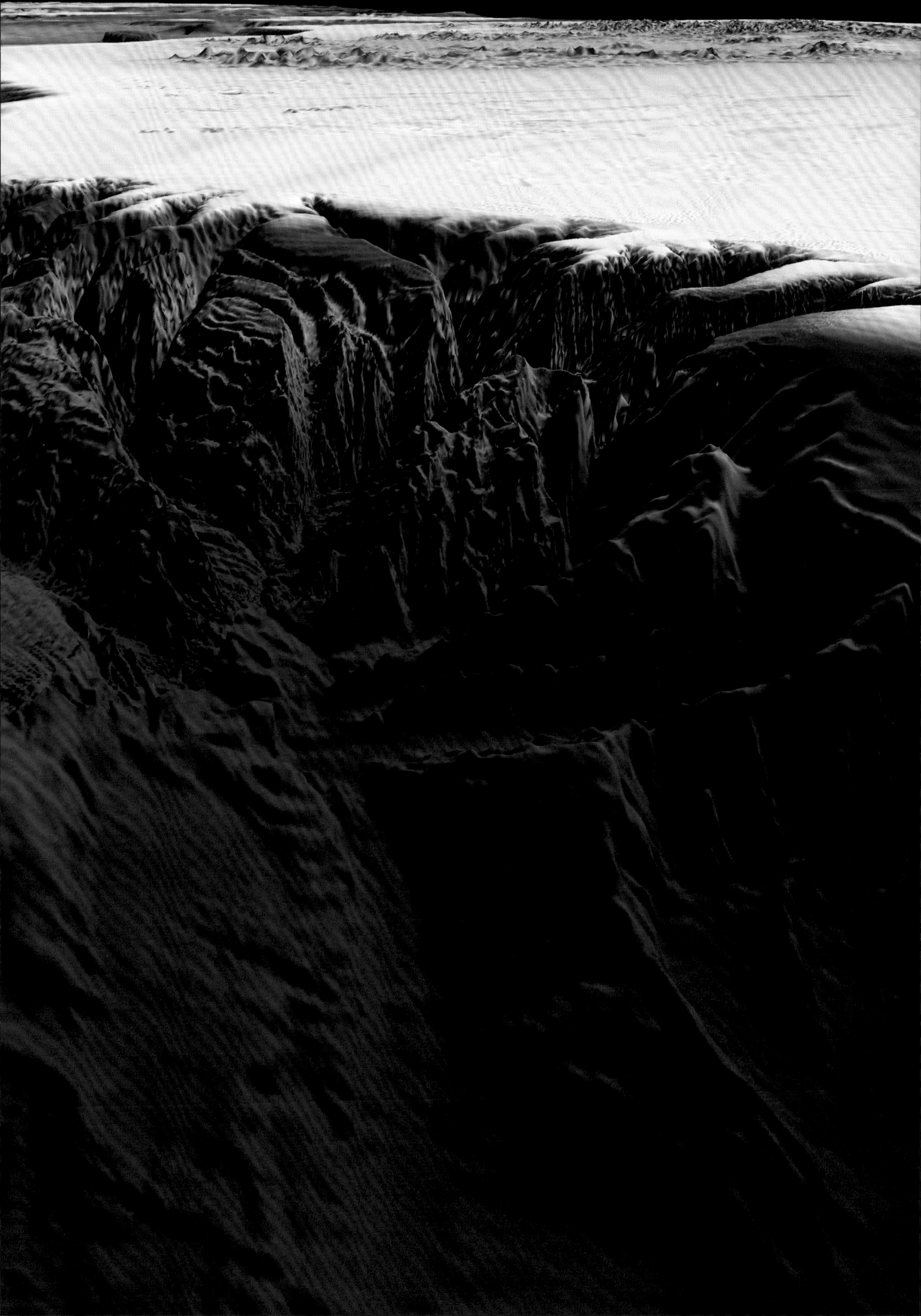

海底峡谷的深海栖息地

沿大陆架倾泻而下的营养物和海洋上升流，使得涌向海面的海水变凉，富含营养物，在两者的共同作用下，海底峡谷也成为某些深海物种的理想栖息地。食物的可及性在海洋中部水域得到强化，磷虾（浮游类甲壳动物，参见第100页）、鱿鱼（头足纲）和海洋中层带中的鱼类因此大量聚集。海底峡谷的形态会进一步增加食物供给。内波（参见第60—65页）会强化这种综合作用，反过来会增加营养物的含量，而有机营养物中的微小颗粒会再次自海底悬浮起来，分层聚集在不同密度的水团间。这些“雾状层”（参见第176页）可为部分深海幼虾和深海幼鱼充当衣食无忧的育儿所，而峡谷底部上的动物森林能充当某些其他特定鱼类脆弱幼苗的养育所和避难处。

更加丰富的生物多样性和数不清的潜在猎物吸引着更高级的猎手。较大的捕食性鱼类，如金枪鱼、箭鱼和鲨鱼，经常会大量扎堆在峡谷出没，它们也会利用峡谷作为产卵地。我们预感到海洋生物如海龟、海鸟、鲸鱼和鱼类，会利用某些海底峡谷，因此将这些峡谷划定为海洋保护区，可能会加强对濒危深海物种的保护。

齿鲸比较青睐在海底觅食，优势有两个：一是海洋中部猎物丰裕；二是珊瑚和海绵群所需的深海食物也很多。在新西兰外海的凯库拉峡谷（Kaikōura Canyon），抹香鲸在200—600米深的深海散射层（参见第106页和第170—171页）寻找食物，此处位于海洋中层带，鱼类和虾类的数量充足，但是它们会花更多时间奔赴深海边界层（直接毗邻海底之上）觅食，这个区域位于峡谷底部。在此处，它们可能捕食海底鱼类，如新西兰鳕鱼，它们最中意的美味是长尾鳕科鱼（娇小且长寿的深海鱼）。由于凯库拉峡谷海底有丰富而立体的无脊椎动物生态系统，因而长尾鳕科鱼的数量更多。

在新斯科舍，北部巨齿槌鲸在格力湾定居和觅食，这是西北大西洋最大的海底峡谷。这种鲸鱼偏爱的猎物是深海鱿鱼法氏手钩鱿。这类鱿鱼在生命的早期以甲壳动物为食。随着逐渐生长，它们会转移到更深的水域，食谱也变为以鱼类为主。在格力湾，深海甲壳类动物比邻近的大陆坡地区多得多，如磷虾。格力湾有高度多样性的深海珊瑚，可维持一个靠近海底的生态系统。在这个生态系统中，底栖鱼类极其丰富，因此对巨齿槌鲸喜欢吃的鱿鱼来说，生活在格力湾可能会终生衣食无忧。

箭鱼
旗鱼属

对页左上图：这种箭鱼可以在至少700米深的海洋捕猎深海猎物，如鱿鱼、灯笼鱼以及其他鱼类和甲壳类动物。

大西洋海鹦

对页右上图：尽管它们在悬崖上筑窝，但一生中在海上度过的时间很多。那些在缅因湾海岛筑巢的北极海鹦，尽情享用科德角东部乔治斯北沿岸（Georges Bank）峡谷的海量食物资源。

抹香鲸

对页左中图：在新西兰外海食物充裕的凯库拉峡谷，已经记录到成年雄性抹香鲸用一个多小时的时间下潜并捕食，两次下潜之间在海面停留的时间大约15分钟。

大西洋蓝鳍金枪

对页右中图：遗憾的是，由于过度捕捞，现在该物种很稀有，它们也是一个贪婪的猎手，捕食体形小的鱼群、鱿鱼和红蟹。大西洋蓝鳍金枪体重会超过450千克。

北部巨齿槌鲸

对页下图：一条雄性鲸鱼在加拿大东部格力湾跃出，这个物种在此处或者附近深海峡谷的海底捕食。

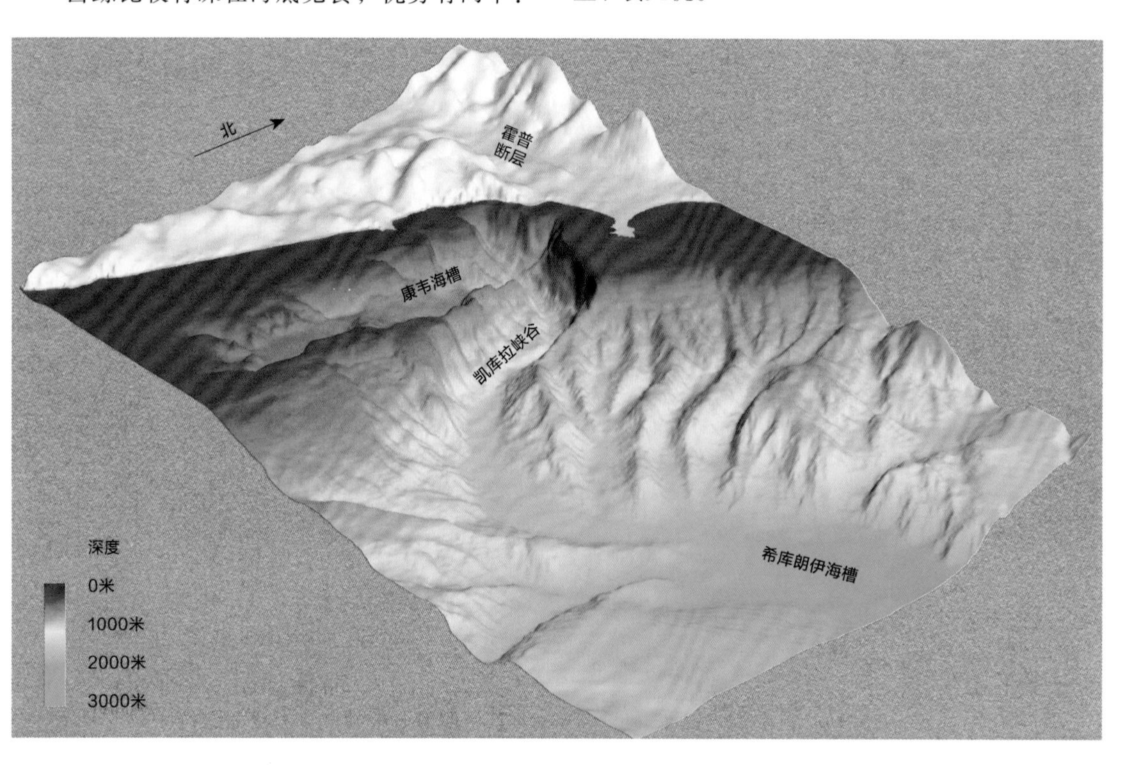

凯库拉峡谷

位于新西兰，这个峡谷的悬崖如斧劈般陡峭，它输送着养分和资源，为抹香鲸源源不断地提供食物。

海岭、海山及深海高原

丰富多彩的深海生物热土

从全球范围看，海床主要被面积巨大、覆盖着沉积物的深海平原所占据，深海平原处于海面以下3000—6000米的深度（参见深海平原，第146—153页）。然而，多波束声呐和卫星遥感调查结果表明，在深海平原周围，有许多高高隆起的海岭、海山和深海高原。这些地方被各种生命形态所利用，成为它们的生活热土。这些海底地貌对于深海生物多样性具有重要影响。

大小、形状和位置

海岭、海山和深海高原的大小和形状差异很大，有的高度或直径只有1英里（约1609米），而大的地质构造可长达数千英里。海岭是大洋中脊的一部分，大洋中脊绕地球延展有80,000千米，常被称为地球上最长的山脉。这些山脉的顶部距海平面的平均深度为2500米，但有些部分要高得多，从而在一些地方形成了岛屿，例如，亚速尔群岛、冰岛和加拉帕戈斯群岛。相比而言，海山一般是单个出现的，它是海底火山锥的残存物，但有时也会扎堆出现，例如位于北太平洋的皇帝海山链，以及位于北大西洋的新英格兰海山链。在全球海洋中，目前已知有33,000多座海山。深海高原是从深海平原上隆起的高度2—3千米的高地，顶部平坦、四周陡峭，占海洋面积超过5%。位于新西兰附近的挑战者深海高原（Challenger Plateau），以及位于冰岛和不列颠群岛之间的罗科尔深海高原（Rockall Plateau），都是古泛大陆的岩石性存留物，而其他一些海山则源自近代的地质构造活动。

对于绝大多数海洋生物而言，栖息地无论是在海岭、海山还是深海高原，并没有太大区别。然而，这些地方的大小、形状和地理位置，对它们在这些遥远地区居住和维持种群数量的能力，确有一定的影响。在大洋中脊区域，这些海洋生物能够借助连在一体的全球栖息地四处迁移，这些栖息地仅会被一些小的断裂口所中断。相反，许多位于海山的栖息地，却无法与位于其他海山或大陆坡等同类栖息地直接相连。科学家曾认为这种孤立区域也许会诞生独特的区域性生命形态，就如同在加拉帕戈斯群岛上发现的那样。在海山上确曾发现了一些新物种，但后来的研究发现，在深度类似的其他海域，也经常出现这些物种的身影。

太平洋海山上的生命

对页上图：银莲花属植物，生长在檀香山西北部莫扎特海山的山顶上，山高900千米。

对页中上图：暗巫海星以一种在2500米深处的珊瑚寄居生物（维克多珊瑚属一种）为食。海星将腹部翻转过来绕住这些珊瑚枝并将这些生物吃掉。

黑腹玫瑰鱼

对页中图：一种岩鱼（平鲉科），可在远离大陆架边缘的海域或浅水区找到它们，如海山山顶和海岭上看到它们。

叶鳞大嘴鲨

对页下图：一种在深海海底栖息的鲨鱼，最大下潜深度为3000米，它们可在大洋中层的海岭、海山和深海高原找到适宜的栖息地。

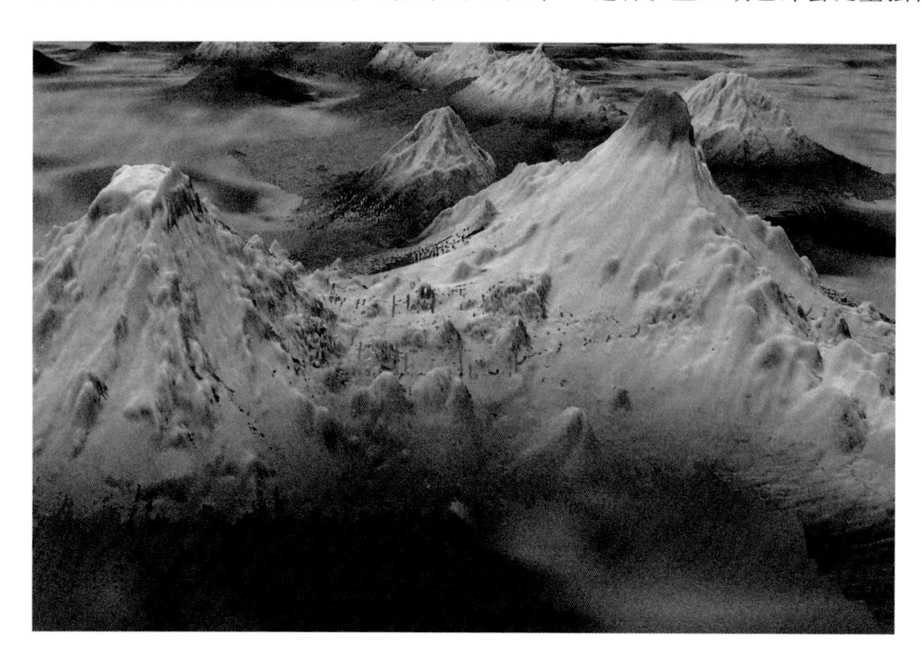

海山地貌

图中右侧的山峰在海面以下300米，是位于南太平洋的帕奥帕奥（Pao Pao）海山。左侧是尚未命名的平顶海山，高度为25千米。

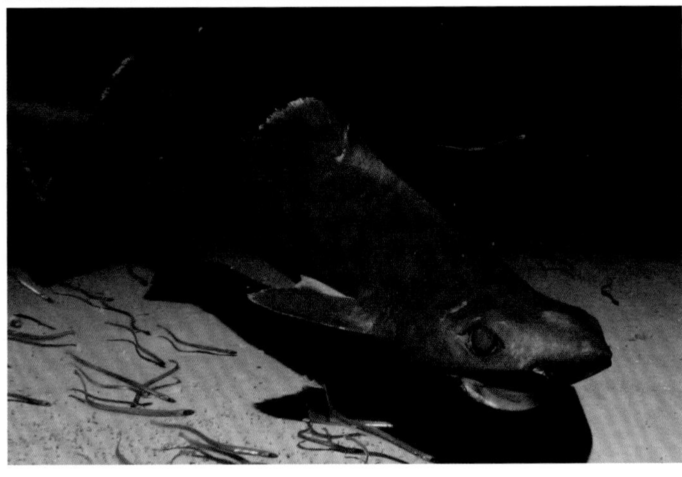

丰富多样的海洋生命

在海岭坡地、海山和深海高原地带，可以发现在海底生活的鲨鱼。它们喜欢待在中层海域的坡地，深度一旦超过3000米就无法生存了。这意味着它们难以沿着海床在海山之间游动。叶鳞大嘴鲨（*Centrophorus squamosus*）能利用深海平原之上数百米的海洋中层这个捷径，在适宜的栖息地之间游动，直到遇见适宜居住的地方。有些种类的鳐鱼和鲨鱼会把卵孵化在海山和深海高原上，它们善于利用宽阔而分散的适宜栖息地来生存。珊瑚、海绵等固着海洋生物还有一种特别能力，它们可以把卵和幼体散布到距离很长的一个区域内。因此，在海山上生活的生物种群，总体上与生活在近海大陆坡上的类似。的确，在中大西洋海岭区域，生活着大西洋从东到西已知的各种生物。深海高原面积很大，可以使海洋动物种群保持相对稳定。在深海坡地生活的动物群能穿梭于各大洋之间，得益于它们能把海岭、海山和深海高原作为栖息地，不仅能繁衍后代还能使种群之间保持很大的居住距离，这种距离远比单个个体运动所能达到的大得多。

当研究人员在20世纪60—70年代将深海地貌绘制出来后，人类就被这里丰富多彩的生命震惊了。这里的生命之所以多种多样，部分原因是海山、海岭还不曾被人类活动所打扰，这与大陆架和大陆坡是不同的。同时，这里有丰富的珊瑚资源，生活着原始而种类多样的鱼类。不幸的是，商业捕鱼者发现这笔远洋财富后，这些鱼类资源数量就快速减少了（参见第234—235页）。在大洋中脊区域，热液口附近的化能合成生态系统（参见第162—163页）进一步丰富和增加了海洋生命的种类和数量。然而，热液口附近的特殊生物，仅是丰富多样的海洋生命的一小部分。大洋中脊区域的生物之所以繁盛，是它们充分利用了这里的营养物质，这些营养物质是由海洋表层丰富的阳光照射转化形成的。

山峰的动力

在海岭、海山和深海高原上，山峰距海面深度小于1500米的区域，最具生物多样性。这类山峰可形成上升洋流，将深海区丰富的营养物质带到海洋表层，为这个区域的浮游植物（参见第12页）繁盛生长提供了养分。反过来，以浮游植物为食的浮游动物可被环绕山峰流动的洋流裹挟进来，为食物链中的上层生命提供适宜的食物。死亡的浮游生物及其排泄物，有利于局部下沉降水携带更多微小有机物质（称为海雪）。相比深海区域，由于沉降到山峰的距离更短，这些下沉到海床隆起处的有机物质会更新鲜，质量也更高。这样，栖息在海山坡面上的食屑动物就有了一个食物供给极为丰富的生存环境。

山顶靠近海面的海山会穿越深海散射层（参见第170—171页）和大洋中层，这些地方的海洋生命极为丰富。饵料鱼、磷虾和其他深海散射层中的动物，会经历每24小时一个循环的迁移过程，傍晚时分上升到洋面，黎明时分下潜回去（参见第196页）。在迁移过程中，这些生物可被沿途海山所阻截，因而也就无法逃脱在此处活动的动物，如食肉鱼类、甲壳类和头足类动物（如章鱼）的魔掌。

在这些山峰附近生活的圆鼻长尾鳕（圆鼻榴槤鱼）、平头鱼（平头鱼科）以及大量底栖鱼类，都长着大眼睛和发达的头部，以便能在黎明时捕获深海散射层中那些发光生物，深海散射层处于海洋中层底部海域。

海山山峰和海岭上都有面积很大的岩石裸露区，这在深海的其他地方是很少的。这类岩石区为丰富多彩的固着生物提供了附着的硬质基底，包括珊瑚、海葵、海绵、海百合，以及毛头星等（参见第78—79页）。在澳大利亚和新西兰海域的海山上，多变管丁香珊瑚的数量是大陆坡上的29倍多。滤食生物（如有孔虫类、海绵）和滤食生物的捕食者（群体和单体珊瑚）构成了这些海山“居民”的主力军，它们享用着山峰附近洋流所携带的丰富食物。这些珊瑚可高效地捕获微小有机物质和浮游动物。人们发现，深海穿孔莲叶珊瑚可以捕获活的浮游动物，包括箭虫、磷虾和其他较小的甲壳类动物。珊瑚床和海绵床在这里扮演了大森林的角色（参见第127页），为在缝隙中筑巢、产卵的动物提供了庇护所，这些动物也可在那些游走动物离开后留下的洞穴中藏身。

海山的生态系统

海山为珊瑚、海绵及其他底栖生物在大洋中层提供了珍稀的固着岩石区。周围水域吸引来了成群的鱼类、鱿鱼、磷虾及各类捕食者，同时也引来了捕鱼船。

海山上的生命

这是一座珊瑚海山的山顶（高175米），位于西南印度洋海岭。

上图：一片茂盛珊瑚中的一只蹲龙虾（龙虾科）。

中图：蘑菇珊瑚旁的一条锯鲉，位于夏威夷北部太平洋的音乐家海山460米深处。

下图：在一片冷水珊瑚床上的卤水海星，位于塔斯马尼亚岛（Tasmania）南部的休恩海洋公园（Huon Marine Park）1115米深处。

山峰上的繁盛生命

多种因素的结合，使海山和海岭之上及周边水域的生命数量和种类不断增长。一个简单而又重要的因素是海床的不断演化。这种演化的结果使一定生物态范围内，在不同深度生活的物种不断繁衍生长。从深海坡地到山峰周围浅水区，可选择的深度范围越大，能够生存的物种种类就越多。

各种鱼类在海山山峰和坡地周边聚集，从总体上进一步增加和丰富了这里的物种数量和种类。频繁迁移的深海鱼类，如鲨鱼、长喙鱼、金枪鱼等，更喜欢聚集在海山周围，而一些深海生物也会利用海山作为繁殖地。维氏五棘鲷是一种深海鲈鱼，幼年阶段会在北太平洋海域觅食并成长，约2.5年长到成熟繁殖期时，就会迁移到夏威夷西北的皇帝海山链海域。由于这里食物储备丰富，它会从数千平方千米的太平洋不断向这些海山周围聚集，在这里形成许多庞大的鱼群。鱼群数量不断增多，大大超过了这里可用食物资源，但它们生命中剩余的3—5年仍然会在这里度过。维氏五棘鲷在其成年期一直以各类浮游生物为食，包括数量庞大的胶质浮游生物，但这并不足以有效补偿它们不断繁殖所消耗的能量。每年12月和次年1月是成年维氏五棘鲷的繁殖期，每完成一次繁殖，它们的身体就会进一步衰弱，最终步入暮年直至死亡。

生长缓慢的胸棘鲷与维氏五棘鲷有着类似的生命轨迹，幼年时期足迹遍及各大洋，大约30年后达到成熟繁殖期。此后每年从冬季开始，它们逐渐集中到海山山顶和坡地海域准备繁殖。每年的7、8月，它们会在南印度洋和东南太平洋700—1400米深的海域进行繁殖。这种胸棘鲷的生命周期长达140多年，因此成年后的繁殖期可超过一个世纪。然而，可以肯定的是，单就个体而言，它们是不能每年都进行繁殖的。不同于维氏五棘鲷，胸棘鲷不会一直在海山山顶区域，而会在繁殖后游到开阔海域补充体内的食物储备，获得足够能量补充后，再返回繁殖地。

维氏五棘鲷

对页右上图：在夏威夷群岛海域西北边缘，距檀香山1400千米的一座海山，夏威夷僧海豹下潜到450米深的海域去捕鱼。

胸棘鲷

对页右下图：成年胸棘鲷集聚在澳大利亚塔斯马尼亚岛南部的佩德拉海山山顶附近，水深约790米。

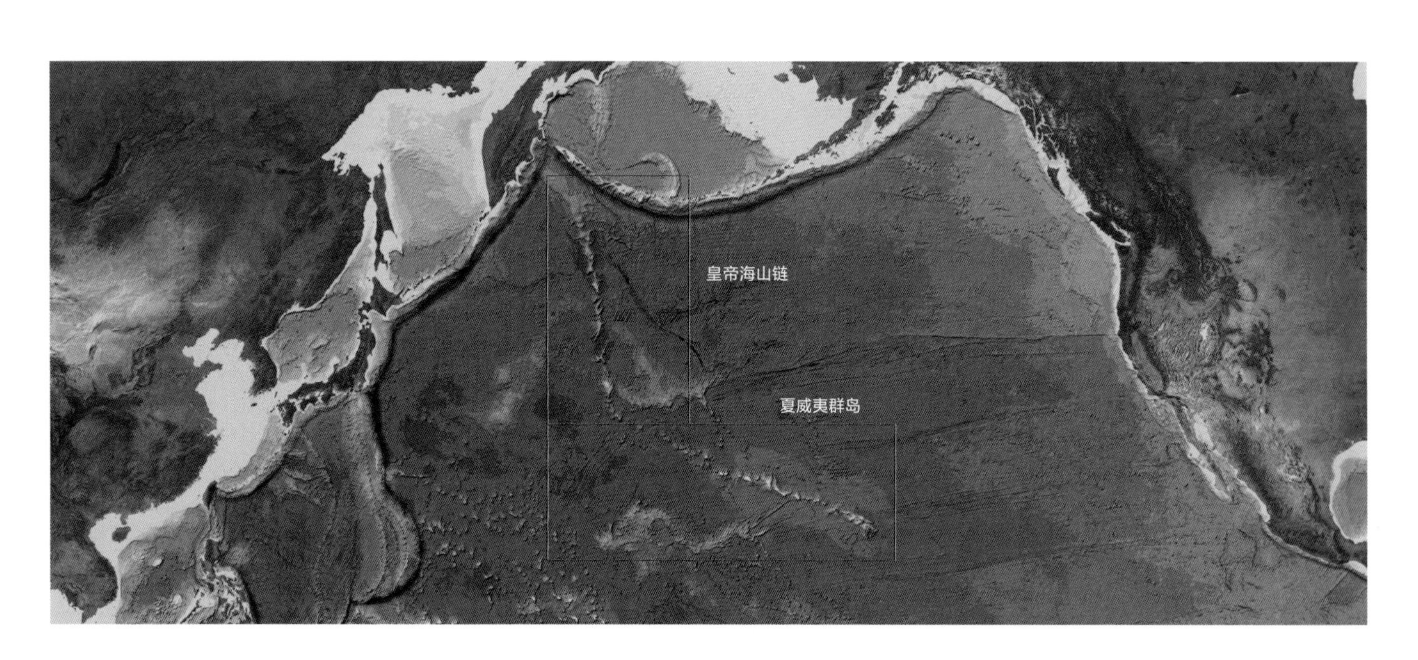

皇帝海山链

皇帝海山链和夏威夷群岛，组成了一个有80多座海底火山的山链，在太平洋中延伸6200千米。

捕食者与掠夺者

海山、海岭和深海高原丰富的食物资源，也引来了齿鲸。鲸鱼中个头最大的当属抹香鲸，体长可达16米，成年的体重可达40吨。抹香鲸可下潜到最深1000米的海域去捕食海洋中层的鱿鱼，这些鱿鱼集中生活在海山坡地海域。抹香鲸捕食的鱿鱼种类很广，包括游动缓慢的帆乌贼（帆乌贼科）以及身强体壮、游速很快的蚜虫（瘤蚜科）。一头成年鲸鱼每天需要吃的食物量约等于其体重的3%，相当于1000条中等身材的鱿鱼。雌性和个头较小的雄性抹香鲸捕食个头较小的猎物，而大块头的成年雄性抹香鲸捕食的猎物个头最大，包括体长达10米的巨型鱿鱼“大王乌贼”。在一些区域，特别是高纬度地区，抹香鲸也会以数量庞大的鱼群为捕食对象。在西北大西洋海域，人们发现抹香鲸还进行季节性迁移，特别是在春季，它们会光顾新英格兰海山链海域。

抹香鲸喜欢成群地下潜，它们通过调节身体浮力可轻松潜入水下，并用位于头部高度敏感的声波定位器官探寻猎物。它们在深海区域捕食，然后上浮到海面消化食物，并将废物从体内排出，为海山上面的海域提供更加丰富的营养。这正好与那些在海洋中层进行昼夜垂直迁移的“生物泵”所发挥的作用相反，那些称为“生物泵”的迁移生物在迁移过程中，等于主动把食物送入深海区。

在鲸鱼中，居维叶剑吻鲸的下潜深度最大，目前最大下潜深度的记录是2992米。一般情况下，它们只会下潜到1000米左右捕食深海鱼类、鱿鱼及甲壳类动物。沿着北大西洋海岭生活的长鳍领航鲸和下述3种海豚，主要以海洋中层的鱼类和鱿鱼为食，但它们所捕食的具体种类各不相同。普通海豚主要捕食冰川灯笼鱼和龙鱼（魟科），而白边海豚则以捕食灯笼鱼中的喙灯鱼（大鳞翅目）为生。花纹海豚以鹦鹉鱿鱼为食，而长鳍巨头鲸的主要食物是冰川灯笼鱼和手钩鱿鱼（手钩鱿属多种）。

鸟类掠食者

除了海洋哺乳类动物和鱼类外，鸟类也会被吸引到远离海岸的浅水区域。北极海燕可从位于不列颠和爱尔兰岛的栖息地持续飞行18天，来到遥远的大西洋海岭海域。在这里，它们可以捕食海面附近的鱼类、磷虾和鱿鱼。黑脚信天翁和库克海燕会集中飞到东北太平洋的海山海域，捕食海洋中层的鱼类和鱿鱼，目前尚不清楚这类潜水很浅的鸟类是如何捕食深海生物的。有种推测认为，这些鸟是夜间在猎物靠近海面时捕获它们的，但没有人真正在夜间观测到。在白天，这些鸟也许有机会捕到浮在海面上垂死或受伤的深海生物。对于海燕以及信天翁等远方来客而言，大多数海山、海岭和深海高原海域对它们很有吸引力。

北极海燕

对页左上图：它们会留下伴侣产卵，自己独自不间断飞行15天，飞到6200千米之外的大西洋海岭海域去捕食，然后再返回家园。

他人的盘中餐——鱿鱼

对页左下图：沿着大西洋海岭海域，生活着数量庞大的鱿鱼。对于能潜入深海的鲸鱼而言，鱿鱼便是自己的美食。位于亚速尔群岛附近的抹香鲸所吃食物的三分之一是帆乌贼科。

抹香鲸

对页右上图：一群抹香鲸正离开位于大西洋海岭海域的亚速尔群岛，开始潜入深海准备捕食。在深海中层水域，成群的鱿鱼缓慢游动着，发着光亮，成为鲸鱼的捕食对象。鲸鱼所吃掉的鱿鱼占其食物总量的75%。

居维叶剑吻鲸

对页右下图：这是下潜深度最大的一种鲸鱼，它正在大西洋洋面上破浪前行。它们主要捕食头足类动物（占90%多），外加少量的甲壳类动物。

深海平原

生活在深海中的生命

深海平原占海洋面积的75%，相当于地球表面积的一半多，几乎全部被细小的沉积物所覆盖。这些沉积物的平均厚度为450米，几乎掩盖了其下坚固地壳的所有地貌特征，进而形成了一个相对平整、柔软的地表。深海平原整体坡度较小，最高区域在大陆架边缘，距海面深度平均约3000米，最低区域在深渊海沟边缘，距海面深度约6000米。

沉积物上的海洋生命

深海海床沉积物中的细土来自陆地，是经河流带入或风力吹到海洋中的，并与海泥混合在了一起。海泥由浮游生物骨骼或外壳碎屑构成，这些碎屑是从海洋上层沉入海底的。将这种海底沉积物带到海面上时，它们的颜色发白，气味清新，手感细腻，不同于那些在新鲜水体或河口中经常见到的黑臭淤泥。原因在于，深海平原上的海水氧含量充足，可为大量生物提供生存所需的氧，这些海洋生物在沉积物上不断掘穴、刮蹭和觅食，持续清洁着海床，各种生物的组织残片因此也很难在这里累积。

深海平原上绝大多数的食物供给都来自从海洋表层不断沉降下来的海洋生物组织碎片，有时这些组织碎片密度很大，可以形成海雪。碎片数量的多少主要取决于海面上营养物质的丰富程度。在海上浮游植物茂盛生长后数周内，大量累积的富含叶绿素的新鲜生物组织碎片就可以覆盖

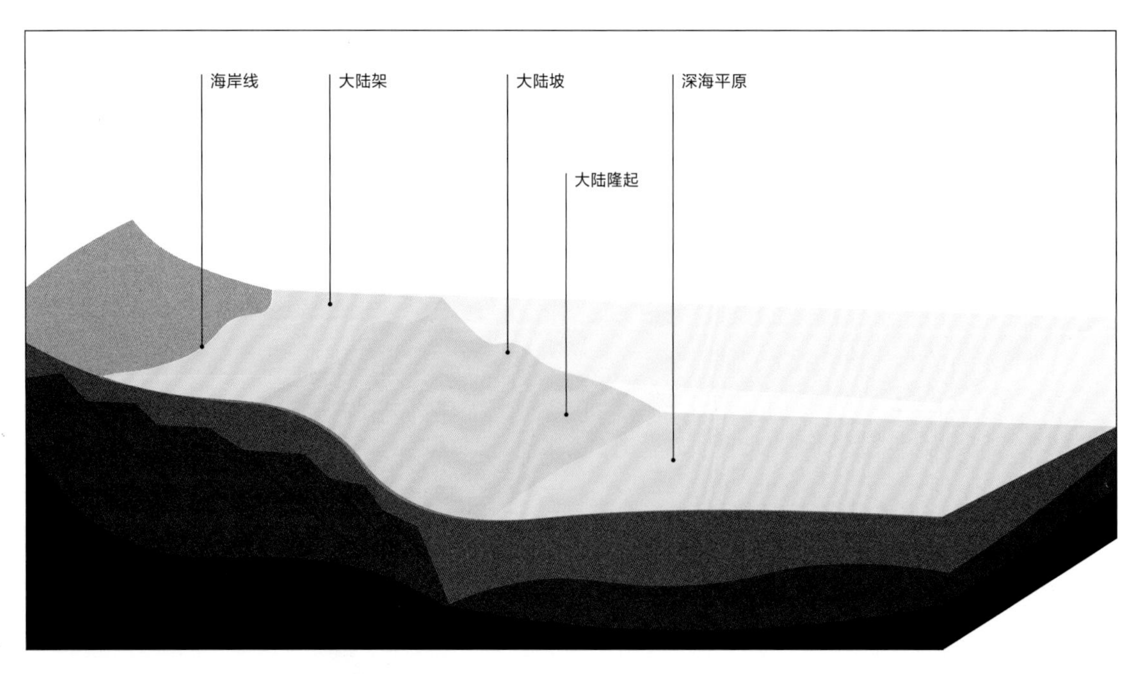

深海平原

这是大西洋中一处没有海沟的不活动陆缘（又称“被动陆缘”）示意图，图中海床从平坦的大陆架下降到陡峭的大陆坡，接着是坡度平缓的大陆隆起部分，再往下是面积巨大而平坦的深海平原。深海平原的总面积大约占地壳总面积的一半。

整个海床。这里是一个营养富集区，累积了大量来自海洋表层的营养物质，这种食物盛宴大约每年或几年出现一次，对于深海平原上那些食屑生物而言，几周内就可将海床上的这些食物一扫而光。规模不等的“食物暴雨”不断补充着下沉雨水中的有机质微粒，这些食物为海洋生物尸体，包括小型鱼类、胶质浮游动物、鲨鱼和其他大型鱼类甚至是鲸鱼。这些生物死亡后会被食腐动物吃掉，食腐动物都长有锋利的附器和牙齿，能快速把肉全部撕扯下来。

沉积物中的动物，只生活在厚度不超过10厘米的薄层内，绝大多数是在最上面的3厘米内。一些动物的摄食触手（须）可伸到海床之上30厘米高的地方，而一些珊瑚和海绵能长到1米高。另外，在沉积物上的游走生物可以在海底之上纵深100米的水域内漂浮或游动，这个水域称为海底边界层。

海雪

海雪由死亡动物的有机质微粒构成，包括骨骼和组织碎片，从大洋表层沉降到深海之中。在水下光线照射下，它们看起来就像落到幽暗深海中的飞雪一般（右上）。降到海床之上的海雪，被游走动物搅动后，变成了一层漂浮的颗粒（左上）。

深海长尾鳕鱼

左下图：该物种出没于全球各大洋深海海床附近，太平洋部分更深的海域除外。这是一种游走捕食者，也是一种食腐动物；每个个体每年都可游走数千千米。

长尾蝶参

Gummy Squirrel Psychropotes longicauda

右下图：一条长60厘米的海参，在锰结核矿岩覆盖的深海沉积物上觅食，此处位于热带北太平洋海域。海参以碎屑为食，长尾有助于它们定向或在海底环流中游动。

小型动物和大型动物

依据体形大小分类，深海生物类型十分广泛。小型动物由体形微小的动物组成，体长在1毫米以内，小到足以在海底沉积颗粒之间的空隙中生存。小型动物中最普通的是线蠕虫（与可以感染猫狗的线虫有亲缘），可以在食腐动物、食肉动物以及食菌动物等众多物种身上见到它们。称为桡足类动物（桡足亚纲，猛水蚤目）的微小甲壳类动物，有着各种各样的外形，以适应在沉积物中掘穴或爬行的需求。介形亚纲动物的种类也很多。八条腿的缓步纲动物（缓步门），英文称为“water bears”，外形相对平常，但在显微镜下近距离观察却令人震撼。除了这些多细胞动物之外，单细胞生物也是这类深海小型动物的重要组成部分。最重要的是有孔虫类（有孔虫门），这是一种如同变形虫那样的有着石灰质外壳的原生生物，它们有各种各样的外形，对保持深海生物多样性有着巨大贡献。

大型动物的体形尺寸排在第二位。这类动物体长从1毫米至数厘米不等，肉眼可见。大型动物中的四分之三属于鬃毛蠕虫（多毛纲），相比生活在海滩上的亲缘物种沙蚕，多毛纲动物体长更短，环节更少。深海多毛纲大型动物包括有掘穴类、食屑类、食肉类，以及表层游走类动物。人们发现，在一些海域可同时生活数百种多毛纲物种。数量仅次于多毛虫类的大型动物是甲壳纲动物，包括与海滩沙蚤亲缘的端足目动物；长着大头和环节尾的铠甲虾类（涟虫目）；异足类动物（异足目），一种细长的底栖动物，与蟹类和龙虾类亲缘；等足类动物（等足目），与陆生森林虱亲缘。这些甲壳纲动物在深海中不断演化，而大量独特的甲壳类动物还在不断被发现。从数量上看，软体动物占深海大型动物的10%左右。其中，数量最多的当属在沉积物中掘穴或爬行的双壳类动物（双壳纲），它们有着十分发达的消化系统来处理深海中各种适宜的碎屑类食物。腹足类软体动物（腹足纲）也随处可见，包括或许食肉的卷壳类以及蝛形食腐类动物。

海虫

上图：在中太平洋3096米深的深海平原上发现的海鼠科多毛虫，正在海床上爬行。它的身体覆盖着海床上白色细小的沉积物，形似一块蛋糕。

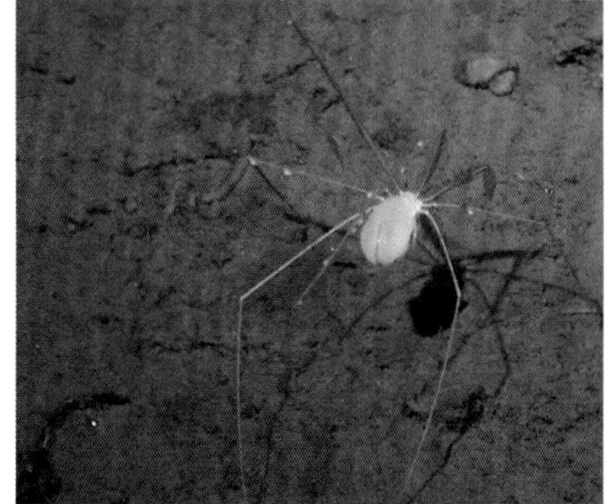

深海等足类动物——鮨

下图：一只爬行在深海海床上的等足类动物，旁边两个红光点相距29厘米，显示出了这个动物的大小，它也可在水中游动，触须和长腿上的感知器官可帮助它探查食物。

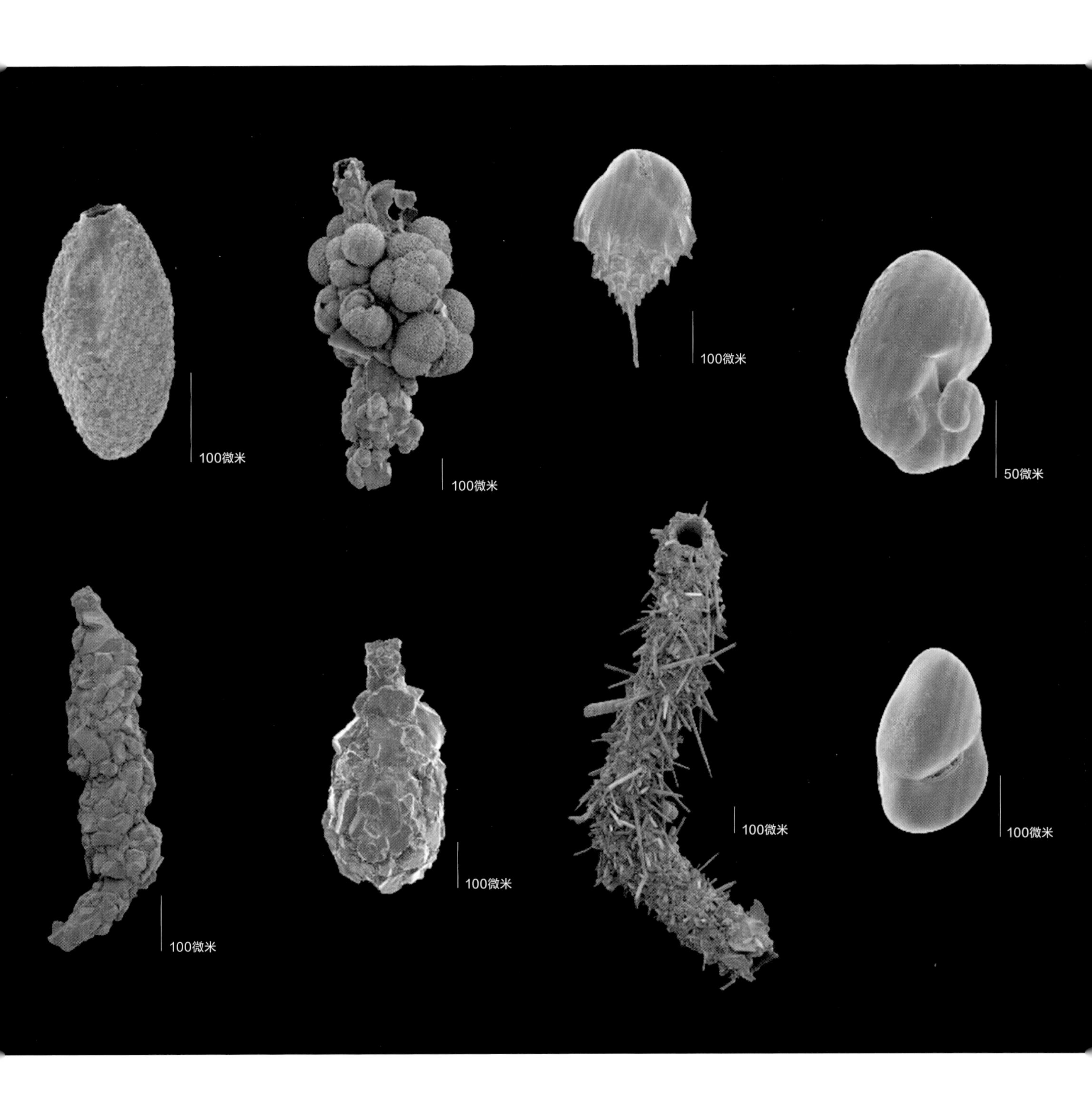

深海底栖有孔虫类

生活在沉积物上面或里面的微小单细胞生物。图中的样本来自西北大西洋罗科尔海槽。它们有3种形态：软壳形态；凝集形态，用淤泥和沙粒等材料做保护壳；钙质壳形态，带有石灰质坚硬外壳。

上图第一行从左至右：

沙袋虫，软壳形态；胶结串房虫，凝集形态；细沟泡虫和似虹小九子虫，都是钙质壳形态。

第二行从左至右：

瓶沙虫属一种，凝集形态；多枝袋根虫，钙质壳形态；蝎串房虫，凝集形态；圆旋虫属一种，钙质壳形态。

巨型动物

巨型动物是深海中体形最大的动物，包括体长大于几十厘米的各类动物，以及体长超过1米的鱼类。深海对于鲨鱼来说太深了，因此深海中体形最大的鱼是鼬鳚（鼬鳚目）和长尾鳕鱼（长尾鳕科，参见第90—91页）。令人惊讶的是，符合巨型动物尺寸的一类知名动物是巨型原生动物，称作异生类生物。它们是单细胞生物，其中一种名为带状立叶虫，尽管身体只有1毫米厚，但体径却能长到25厘米长。网虫属的一个物种在异生科动物中更为典型，像块粗糙的圆形卵石，体径大约有5厘米长，散乱分布在海床之上。其身体坚硬，由有机的管状网构成，能够粘住沉积物颗粒和其他动物外壳碎片等物质，从而形成了一个坚硬的盔甲（称为甲壳）。而这种动物的原生质总量不到该动物总重量的1%。人们已发现，所有巨型单细胞都有多个细胞核，这些单细胞生物会伸出类似变形虫的伪足，从海床上收集食物或捕捉海底洋流携带的食物颗粒。大约有75%的深海异生类生物，能适应不同的捕食条件，有些会在沉积物表面，有些则可扎根沉积物几十厘米深。异生类动物身上也会有细菌和很小的附着动物寄居，因此，这些生物会形成一个很小的、自给自足的深海生态群落。

深海中最显眼的巨型动物是海参（海参纲），通常情况下，海参群可构成深海平原生物量的主体部分。典型的海参体长可达30厘米，主要以碎屑物为食，它们在海床上到处爬行，摄入表层的沉积物，消化其中的有机营养物质，然后排出一串废弃物。最近的研究表明，不同物种善于处理不同的食物，一些物种可以消化富含叶绿素的新鲜有机物质，而另外一些则能消化陈旧的有机物质。大多数爬行动物会利用身下多排足脚或通过身体伸缩运动来爬行。一些物种具有接近中性浮力的胶质身体，使它们能够漂浮在海底洋流中，并在海床之上游动，从而能够到一个新的区域去捕食，例如鼬鳚的多个种。而蝶参属的动物则长有一条难以理解的向上漂浮的尾巴，幼体可以利用它游动，而成年个体却似乎无法借此游动。

海参
同参属一种

对页左上图：一条海参正沿着6500米深的东印度洋爪哇海沟边缘的海床觅食。

怪样鱼须虾

对页右上图：北大西洋波丘派恩深海平原（4800米）上的一只巨型深海虾。触须比身体长很多，可探测潜在猎物的气味和动向。

异生类生物

对页下图：在深海平原上生活着大量巨大的石头状单细胞生物，这张拍自新英格兰海海山的图片显示，海蛇尾常常伴生在这些单细胞生物上面。

充满生机的沉积层

在深海海床上，当深海动物移动或掘穴时，会在松软的沉积物上面或里面（参见第86页）留下许多洞穴、压痕、行进小道以及活动踪迹等。沉积物会被生活在这里的游走动物不断翻腾。一些十分特别的印记呈现出一圈轮辐状图案，这是勺形虫（勺形虫亚纲）“绘制”的，它们的身体可触及各个方向，从而能形成从中间洞穴口向四周辐射的活动轨迹。深海动物在沉积物上四处游走觅食，能够扬起一片细小的沉积物，在留下新的活动轨迹时，也会将过去的活动轨迹覆盖掉。

松软的沉积物中充满了活力，这一点也给那些固着生物带来了一些麻烦，比如海绵（有孔动物门）、海笔、海扇、珊瑚、海葵（腔肠动物门）和海鞘（被囊亚门）。这些生物无法移动，很容易被掩埋，它们必须有一个硬表面作为附着基底，而深海中这种硬质基底却很少。

在高纬度海域，从溶化的冰山上掉落下来的岩石，为深海提供了硬质表面。过去，燃煤蒸汽轮船会产生大量称为“渣块”的硬质废弃物，能在老航线的海下形成一个深海廊道，在那里，固着生物很繁盛。在地质板块之间的断裂区域可以找到天然的硬岩石区，对海床的进一步调查正在揭示，可能有2500万个深海丘陵也不时地将深海平原打断，这些地方都为那些固着生物提供了可以附着的硬质基底。在太平洋的深海平原上，称为锰结核的富含矿物的土豆状岩石散布在整个海床上，一些锰结核上生存着许多固着动物。深海中任何一块硬表面都会被海洋生物迅速“开发”，证实了固着生物幼体所具有的传播和搜寻适宜栖息地的能力。一些动物搜寻硬质表面，是为能将卵附着其上。有时，从深海取回的摄像机上就会附着有狮子鱼（狮子鱼科）所产的卵团。尽管在深海中松软的沉积物占据主导地位，但相对稀少的硬质基底却为深海生物的多样性做出了很大贡献。

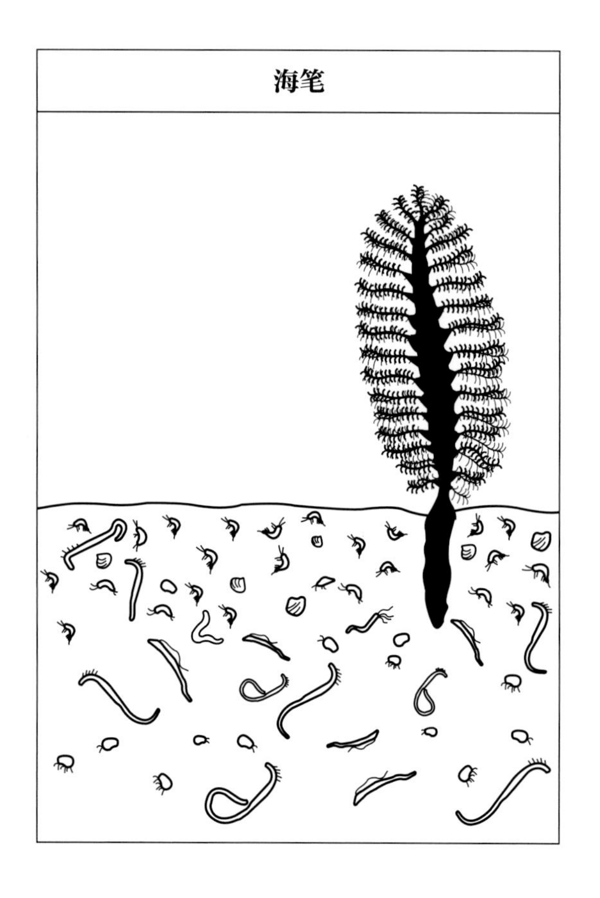

扎根

左图：一些生物，比如海笔（海鳃目），能长出类似根一样的触须，扎入沉积物中，以支撑表层上竖直的茎秆。

深海玻璃海绵

蒽兰属一种

下图：郁金香状玻璃海绵长在一根茎秆上，茎秆附着在深海海床上，地点位于东北太平洋4000米深的洋底。茎秆上寄生着细小的海葵（上花海葵属），底部附近有个大的游走海葵。

硬水母

棕壶水母属一种

对页图：拍摄于4800米深的东北大西洋豪猪深海平原的深海水母。它们终身漂浮在海水中，但可以摄食来自海床上的食物。

由于食物供给减少，深海中生活的生物个体数量要少于在大陆坡上或大洋中脊上生物的数量。与此相关，深海生物的个头会随着所在区域深度的增加而减小，特别是生活在沉积物上面和里面的深海生物更是如此。

目前在深海水域，除了偶尔铺设在海床上的深海电缆、一些散落的沉船以及海洋垃圾（包括遍及全球的塑料垃圾）外，这里几乎没有被人类活动直接打扰。不过，假如尚不成熟的深海矿产开发计划得以执行，那么人类对深海的影响也许会不断增大。

海沟

超深渊区中的生命

海洋深处6000米以下的水域，称为超深渊区（也称超深海带），包括了海洋中所有最深的区域，最大深度接近11,000米，如位于西太平洋马里亚纳海沟的挑战者海渊。海沟只占全部海洋面积的很小一部分，却是一些独特物种的安身之所，但这里的环境对于生物种群维持和保护也造成了极大挑战。超深渊区的深度占全球海洋总深度的45%，但面积只占全部海洋面积的0.5%。超深渊区的绝大部分区域处在环太平洋海沟链中，包括：位于西边的克马德克海沟、汤加海沟、马里亚纳海沟、日本海沟、千岛-堪察加海沟；位于北边的阿留申海沟；位于东边的秘鲁-智利海沟。爪哇海沟位于印度洋，波多黎各海沟和南桑威奇海沟位于大西洋。

相较于具有全球连续性的深渊区（深海带，参见第146—153页）而言，超深渊区是由彼此孤立的深海沟槽组成的。这些沟槽很狭长，截面呈V形。最深处是覆盖着沉积物的海盆，面积不到海沟面积的10%。海沟分布在海洋边缘，尽管十分深邃，却很靠近陆地。由于经常发生地震，有机物质会大量崩落，因此这里的营养物质很丰富。与此同时，人类活动造成的污染和垃圾也常常会袭扰到这里。尽管海沟深处的水压非常高，但氧含量也很高，因此即便在最深处，也依然有部分生命可以旺盛生长。

超深渊海沟中的所有主要动物种类与深渊区（深海带）类似，但种类数量也会随着深度的增加而减少。总体而言，全球深海物种的生存区可向下延展到深度约7000米的海沟边缘，在更深的地方也存在一些十分特殊的超深渊物种。对于不同的海沟系统而言，其中的许多物种都是独特的。在小型动物中（参见148—149页），有孔虫类和线虫类占主导地位，其中包括在挑战者海渊发现的4个有孔虫类物种。超深渊有孔虫类的外壳是软的，因为碳酸钙在海沟高压海水中会溶解掉。

在超深渊海沟中已发现了100多种多毛纲动物，包括在超过10,000米深的海域发现的独特物种。人们已观察到其中一些多毛纲动物可在这里海床上面的海水中游动。

超深渊海沟
全球最深海沟的位置与深度（见对页图）

① 马里亚纳海沟（11,034米）
② 汤加海沟（10,820米）
③ 千岛-堪察加海沟（10,542米）
④ 菲律宾海沟（10,540米）
⑤ 克马德克海沟（10,047米）
⑥ 伊豆-小笠原海沟（9810米）
⑦ 热带西南太平洋海沟最深处：新不列颠海沟（9103米）
⑧ 日本海沟（8412米）
⑨ 波多黎各海沟（8526米）
⑩ 南桑威奇海沟（8265米）
⑪ 秘鲁-智利海沟（8055米）
⑫ 阿留申海沟（7822米）（面积最大的海沟）
⑬ 琉球海沟（7460米）
⑭ 爪哇海沟（7290米）

12
3
8
6
13
1
4
挑战者海渊
7
9
14
11
2
5
10

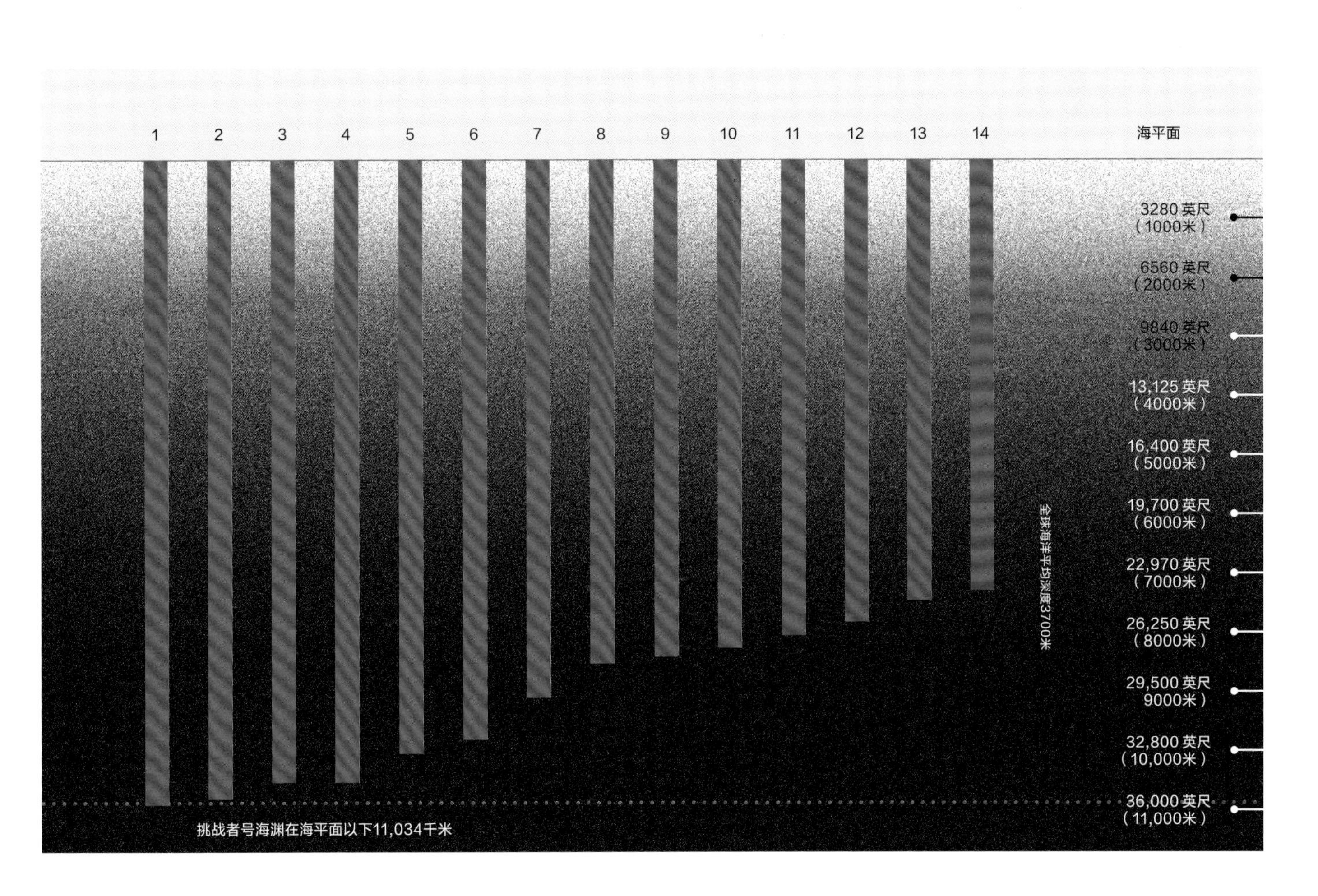
1
2
3
4
5
6
7
8
9
10
11
12
13
14
海平面
3280 英尺（1000米）
6560 英尺（2000米）
9840 英尺（3000米）
13,125 英尺（4000米）
16,400 英尺（5000米）
19,700 英尺（6000米）
22,970 英尺（7000米）
26,250 英尺（8000米）
29,500 英尺 9000米）
32,800 英尺（10,000米）
36,000 英尺（11,000米）
全球海洋平均深度3700米
挑战者号海渊在海平面以下11,034千米

软体动物、棘皮动物和甲壳动物

超深渊动物群包括软体动物门中的成员：腹足类动物、双壳类动物以及头足类动物（章鱼和鱿鱼类）。腹足类动物个头通常很小，直径小于1厘米，但人们发现体形较大的蛾螺种动物在被投放在海底的饵料所吸引后，能以每分钟几十厘米的速度在海床上四处移动。它们能够潜到大洋最深处，但因这里缺乏碳酸钙，其外壳始终是软的。双壳类动物喜欢聚在海底众多的硬质区块上一起生活，或许还利用了海床渗流或沉没物残片（如树木）等地方。近来，在一些海沟的上层水域还发现了有鳍章鱼（有须亚目烟灰蛸属一种）和大鳍鱿鱼（巨鳍鱿科）。

棘皮类动物，包括海百合（海百合纲）、海星（海星纲）、海蛇尾（蛇尾纲）、海胆（海胆纲）以及海参（海参纲），都是超深渊动物群中最主要的物种。超深渊中，海胆只生活在海沟边缘到7500米深的这段水域中；海蛇尾生活在刚超过8000米深的水域中；海星和海百合生活在大约10,000米深的水域中；而海参则生活在大洋的最深处，占10,000米以上超深渊动物总量的90%多。像它们的深海近亲一样，它们能一直盯着沉积物表面，迅速吃掉那些沉积在海床上的有机物质。

在超深渊中已记录到超过350种甲壳类动物。一个重要的特征是，这些甲壳类动物作为生活在深海的食腐动物，个头一般大于其浅海中的近亲，这种现象称为“硕大态”（gigantism），在巨型端足类动物巨型爱丽钩虾的身上表现得更为极端。它们是世界上已知的最大端足目动物，能长到30厘米长，而那些生活在海滩上与其有亲缘关系的沙蚤体长只有1厘米。巨型爱丽钩虾生活在7000米深的水域，它们具有攻击性，在这里的食腐生物群落中占统治地位。人们已发现，在甲壳纲中至少有4个目的物种存在这种在大洋中体形随深度增加而增大的趋势。

超深渊中的海星
长腕海星科

对页上图：这种长有细长触手的深海海星，在外观上与海蛇尾（蛇尾目）相似，在大洋深海水域，特别是松软的沉积物上，随处可见。这一只是在东印度洋爪哇海沟6500米深处发现的。

超深渊中的端足目动物

对页下图：这只大深海钩虾来自10,927米深的挑战者海渊，体长5厘米。它们会被落到大洋最深处的食物吸引而成群地聚到一起。

海沟中的章鱼
烟灰蛸属一种

上图：这些有鳍章鱼（大章鱼）是在印度洋爪哇海沟6957米深处发现的，它们正在海床上觅食。这是目前所发现的，在最深海域出现的头足类动物。

马里亚纳狮子鱼

下图：马里亚纳海沟7500米深处，这些生活在世界最深处的鱼类正在吃投放的饵料鲭鱼。这种狮子鱼是在大洋8152米深处发现的。

在海沟中觅食

当潜水器下潜到生命密度很稀疏的海沟底部时，把一片鱼作为饵料投到海床上，密度会很快发生变化。饵料的气味会被海底洋流带走，一般10分钟内，首个端足目动物就会循着气味轨迹逆流而来。之后数量会很快增多，1小时后会有100只端足目动物现身，8小时后会聚集起1000只。在海沟底部海域，深海生物能够对人工投放的食物做出快速反应，进而挤满这里的海床。在海沟最深处被吸引来的端足目动物数量，要比海沟边缘（6000米）多出100倍。在西南太平洋克马德克海沟和汤加海沟，在最深处占统治地位的端足目动物是疑惑噬钩虾，而在西北太平洋的马里亚纳海沟、日本海沟、千岛-堪察加海沟，这种动物是大深海钩虾。在东太平洋的秘鲁-智利海沟，人们还发现了深海钩虾属中的3个不同种。

鱼类也会被饵料所吸引。然而，在超过8200米深的海域中，这种现象还未被观察到，似乎这个深度是鱼类的生理极限。在海沟边缘附近（6000—7000米），诸如长尾鳕鱼和鼬鳚等深海动物最为普遍，但在更深一点的海沟内部，狮子鱼占据着主导地位，它们常常成群地捕食。这类动物体形很小，体长不到25厘米，在腹部有一根退化的吸管，肤色发白，透明。特殊的海沟生态系统中的特有物种包括：马里亚纳海沟的马里亚纳狮子鱼，西南太平洋中的克马德克南方狮子鱼；西北太平洋中的钝口假狮子鱼和白氏假狮子鱼；秘鲁-智利海沟中至少有一种尚未命名的狮子鱼属动物，而在南桑德威奇海沟也有另外一种未命名的狮子鱼属动物。

化能合成生态系统

不依赖阳光的生命提供能量

生命需要能量。在绝大多数生态系统中，阳光是所需能量的来源。植物生长靠的是利用阳光把二氧化碳转化为糖，这叫光合作用。植物形成了其他生物体赖以生存的基础食物链。在一些生态系统中没有阳光，生成糖所需的能量可从氧化某些“还原”性化合物中获取，如硫化氢（H_2S）和甲烷（CH_4）。利用化学氧化产生能量来生产有机化合物，称为化能合成。

化能合成并不仅局限于深海中，但从海床渗出的富氢化合物十分丰富，因此化能合成在这里大有用武之地。由于大陆板块从大洋中脊处分离，或在俯冲带（参见46—47页）被推入邻近板块之下，或在火山活跃区地壳变得比较脆弱，因此，在海床上就会形成热液口。从海床渗下的海水被地幔中炙热的岩浆加热后，温度变得极高，并且富含了硫化氢等无机化合物。受热后压力增大，这些富含硫化氢的炙热海水便从热液口向上喷溢而出。

此外，在板块边界处也常有冷泉出现。甲烷（由微生物经几百万年的腐变而成）等碳氢化合物从海床向上渗出，其温度与海床周边相当。因此，无论在热液口还是冷泉喷溢口周围，都有大量有利于化能合成的还原性化学物质。

一些特殊微生物可进行化能合成。这些特殊的微生物可以是细菌，也可以是古生菌（分别是单细胞微生物中的细菌和古生菌）。这类微生物的酶系统经过演化，可以氧化特殊的化合物。硫化细菌可以氧化硫化氢，甲烷营养菌可以氧化甲烷。这类细菌中的绝大多数都是独立生存的，它们能从周围海水中简单地获取任何可以生成糖的东西（二氧化碳，氧气的一种来源；还原性化学物质）。而一些共生在蠕虫、虾或腹足类动物身上的细菌，可为宿主生成糖，而宿主则为这些细菌提供保护以及理想的生活条件——充足的二氧化碳（氧气来源）。热液口区域的标志性动物是巨型管栖蠕虫，它们可以长到2米高，成为硫化细菌赖以生存的营养体。这种管栖蠕虫的肉色呈深红色，缘于它们拥有的特殊血红蛋白。尽管硫化物会抑制普通血红蛋白的携氧功能，但管栖蠕虫的特殊血红蛋白却能携带大量的氧，以提供给予其共生的细菌。独立生存的化能细菌，常常聚集在一起形成一个厚厚的细菌层，成为那些没有共生菌动物的食物来源。

各种各样的其他生物体也会到访这些可进行化能合成的栖息地，其目的是获取这里丰富的食物资源，或者利用这里的暖水资源。近些年，人们发现章鱼会在热液口附近的温暖海水中产卵，太平洋白鳐也是这样。

黑烟囱和巨型管栖蠕虫

对页上图：位于胡安·德富卡板块上东北太平洋热液口的黑烟囱，这里生存着许多管栖蠕虫。

热液贻贝

对页下图：热液贻贝能长到40厘米长，在任何一处栖息地其个体数量都可达到数百万只。这里是西北太平洋马里亚纳弧的香槟热液口（Champagne Vent），这里有大量热液贻贝与虾及帽贝密集地聚在一起。贻贝的鳃中有共生细菌，可以生成贻贝所需的糖，但贻贝也能撷取悬浮在周围海水中的颗粒食物（主要是细菌）为食。还有另外一些种类的贻贝可在冷泉周围生活。

管栖蠕虫大量集聚在温度较低的腾普斯富吉特热液区（Tempus Fugit Vent Field），这里位于东太平洋加拉帕戈斯裂谷东部，水深约2500米。这里也生活着大量的海葵。

热液口

热液口的出口处常常形成高高的烟囱，这些烟囱是无机硫化物的沉积物堆积而成的，硫化物来自热液口喷出的富含无机化合物的海水。在大西洋，这些烟囱的出口处常生活着成群的热液虾。在中大西洋海岭更深处的热液口周围，热液与氧化的冷水之间温度呈梯度递减，没有眼睛的盲裂谷虾会在这个区域沿热液口烟囱的外壁游动。尽管这种虾“无眼”但却长着“翼状”感光器，里面含有类似人眼视紫红质的色素，可以探测到极微弱的光。它们探测的是一种热辐射，可能是一种微气泡破裂时的声致发光。感光器能帮助它们避开温度过高的热液口，或在漂流太远时能回到热液口附近。

像管栖蠕虫一样，热液虾身上也有共生细菌。它们的鳃周围包裹着外壳，形成一个可与外界相通的鳃室，里面住满了共生细菌。尽管热液虾能够在烟囱外壁上觅食，但它们所需要的大量营养还是来自共生细菌所生成的糖。

热液口周围的生命，也是按照海水温度变化呈梯度分布的。只有最坚强的生物体才能在最靠近热液口的水域生活，它们可忍受极高的温度以及海水中硫化物的毒性。庞贝虫面对太平洋热液口周围的极端环境，演化出独特的适应机制。它们生活在一个薄纸般的管子中，尾巴放在管内温度超过100℃的海水中，头部则放在温度较低的海水中，并从管中向外窥视，以便及时捕捉那些独立生存的细菌。庞贝虫的背部有很多毛，厚度约1厘米，里面住有不同种类的细菌，在这种共生关系中，庞贝虫供养着细菌，为它们分泌含糖黏液；厚厚的细菌层则为庞贝虫提供了一个隔离极热环境的隔热层。这些细菌还可以代谢掉来自热液口的硫、铅、锌、铜等元素，从而降低栖管的毒性。

对于那些要适应热液口最近处生活环境的动物而言，应对毒性十分关键。对鳞足蜗牛（有时也叫海穿山甲）而言，富含金属的海水有特殊用途，它们身上的鳞就来自海水中的硫化铁微粒。人们推测，鳞是用来保护它们免遭捕食者攻击的，但也有人认为这种演化与它们降低体内硫含量水平的缓慢过程有关。鳞足蜗牛需要适量的硫，因为要从硫化细菌那里获取营养，这些细菌生活在它食道外的腺体中，当然硫太多了也可能带来毒性。索利泰尔热液区（Solitaire hydrothermal vent field）的鳞足蜗牛长有白色的鳞，因为这里的海水铁含量很低，它们无法获取足够的铁。鳞足蜗牛分布地域极少，其中一些栖息地还面临着来自深海采矿的威胁。因此，这个物种已被列入《国际自然保护联盟濒危物种红色名录》（*International Union for Conservation of Nature Red List of Threatened Species*）中的《极度濒危物种名录》。

庞贝虫

对页左上图：一只被移去栖管的庞贝虫，显现出长满细毛的背部，多毛的后背可吸引具有隔热和解毒作用的共生细菌。

对页右上图：水下机器人在加利福尼亚湾发现的一只庞贝虫。

鳞足蜗牛

对页中图：3只长着不同颜色鳞足的鳞足蜗牛，反映出了它们所在的热液口区海水的不同特性。

热液虾

热液口烟囱外壁上成堆的热液虾（对页左下图），可清楚地看到其鳃外用于共生细菌居住的宽外壳，以及背部的翼状感光器（对页右下图）。

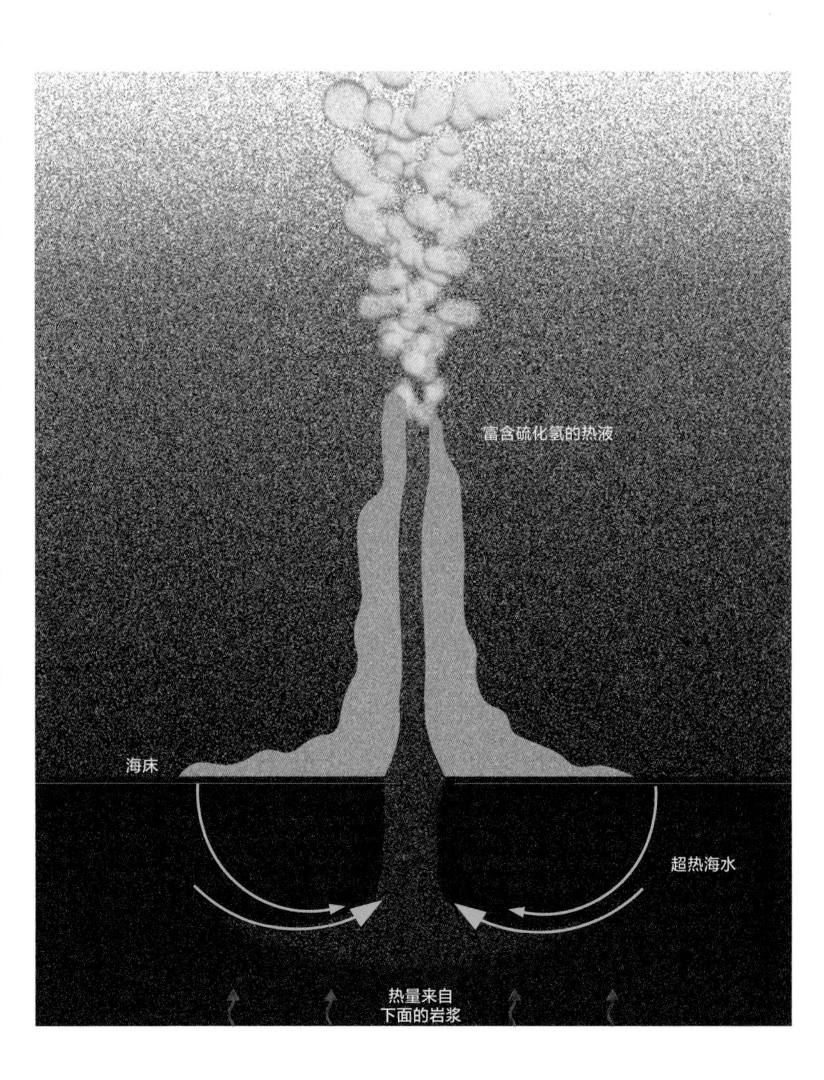

高高的烟囱

从海床渗下的海水，被岩浆加热到极高温度，并溶入无机化合物后向上喷出。高高的烟囱由热液中所含的无机硫化物沉淀后堆积而成。

冷泉

冷泉也是深海动物的家园，尽管这里的动物看起来与那些生活在热液口的动物有较大区别，但实际上是相似的，有些是相同的。冷泉周围并没有热液口那样的烟囱（由热液中的矿物沉积后形成的），但却有大量露出海床的碳酸钙岩层，这是冷泉水域一种常见特征。这是一种“自生”岩石——一种就地生长的岩石。沉积层中的细菌和古生菌对甲烷气体的厌氧氧化，是冷泉区域发生的一种重要过程。这些微生物利用海水里硫酸盐离子中的氧对甲烷进行氧化。这种氧化过程不仅为它们提供了生成糖所需要的能量，同时也产生了一种副产品——碳酸盐离子。这些碳酸盐离子会与溶于海水中的钙离子发生反应，形成碳酸钙。如果在大陆坡上发现了碳酸钙矿床，就说明附近或许存在着甲烷渗流。

像热液口区域一样，冷泉周围也存在着较为脆弱的生物群落。在墨西哥湾的冷泉水域，短片管虫属的管栖蠕虫数量十分庞大。每个个体都能够存活数百年，可长到几米的高度。与生活在热液口的巨型管栖蠕虫类似，冷泉区域的管栖蠕虫既是共生细菌赖以生存的特殊营养体，同时也从共生细菌生成的糖中获取能量。管栖蠕虫是蟹类等游走动物的捕食对象，也是其他动物的食物来源。管栖蠕虫还为大量其他生物提供了避难所——它们的“栖管丛林”是一个理想的隐蔽空间。因此，管栖蠕虫的存在，大大增加了这个区域的生物多样性。

多数双壳类动物在其鳃中生存着化能共生菌。与此类似，有类特殊的虾身上也长有细菌腔室，里面住满了共生细菌。深棕色的热液贻贝和白色的伴溢蛤属蛤蜊能长到30厘米。在热液口，有时在鲸落地，都发现了这两类动物的身影。鲸落可为动物提供一个富含还原性化学物质的生存环境（参见166—167页）。

甲烷渗流

从海床下面的油气储层向上渗出的甲烷气体，为细菌提供了一种能量来源，这些细菌在海床表面形成了一个厚厚的细菌层。蟹类和多毛纲动物等与那些化能细菌共同生活在海底柔软的沉积层上。而其他动物则以这个细菌层为食。碳酸钙是由细菌氧化甲烷气体后产生的碳酸盐离子形成的，碳酸钙岩层为许多其他生物体提供了生活所需的硬质基底。

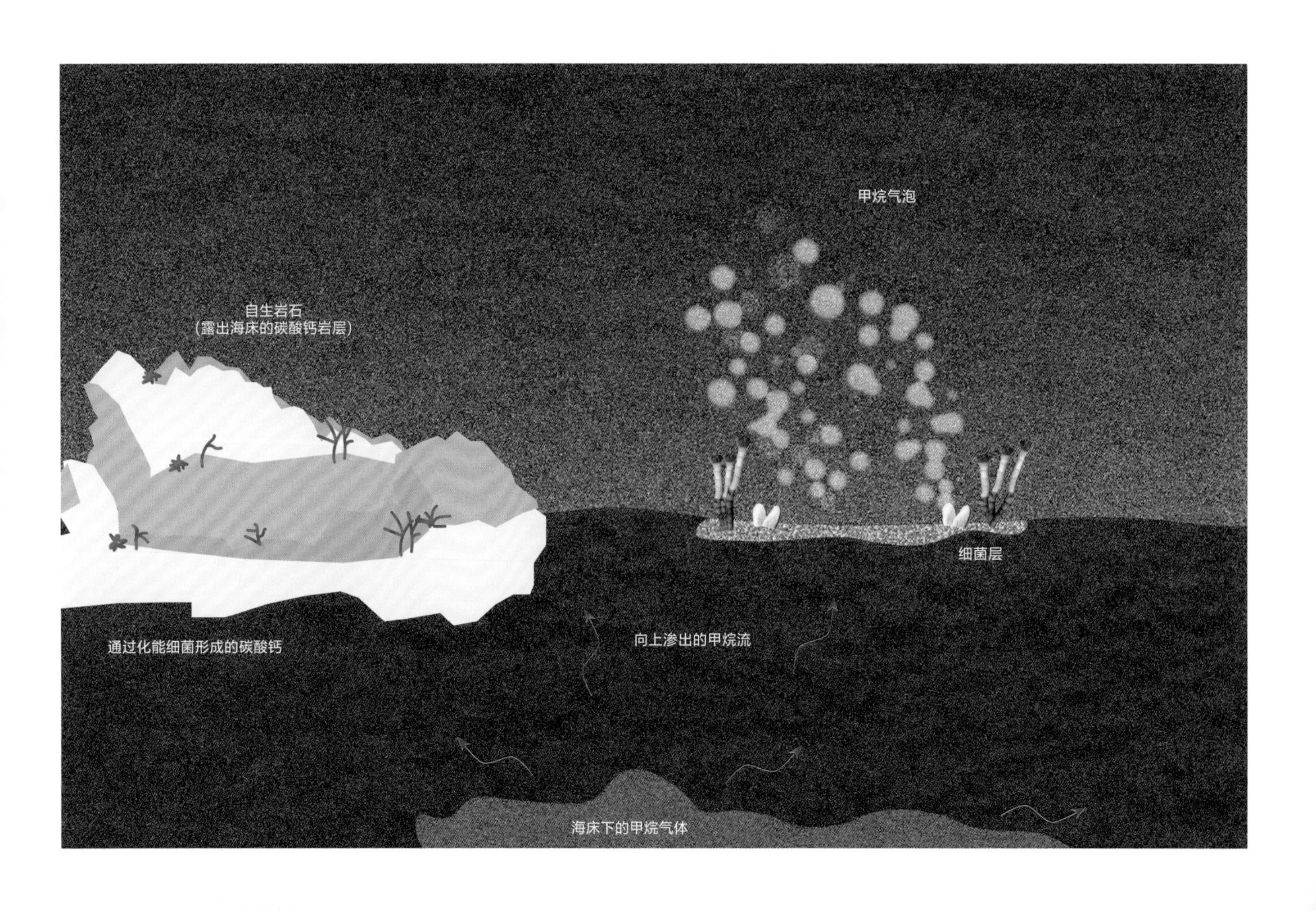

墨西哥湾的冷泉

左上图、右上图：生活在墨西哥湾冷泉水域的管栖蠕虫短片管虫属一种，它们的栖管成为大量微小生物的栖息地。

甲烷水合物

下图：有时，在甲烷渗流中，甲烷与海水混合后结成晶状，形成了甲烷水合物。在这种极为恶劣的甲烷冰（可燃冰）中，人们发现了一种很特别的蠕虫。

甲烷小仙女虫似乎以特别的细菌和古生菌为食，这类细菌和古生菌可利用甲烷水合物进行化能合成。

鲸落

甚至当一头小型鲸鱼死去时，也可为数千生物体提供一场盛宴。充满气体的鲸鱼残骸，可能成为海上的漂浮物，被海鸟以及居住在大洋表层附近的动物们一扫而光。但是死在更深水域的大部分鲸鱼最终会沉入海底，成为那些较大的深海食腐动物的美食，比如鲨鱼和盲鳗（参见第88—89页）。之后，残骸会被那些较小的深海动物继续消费，它们可以清理干净鲸鱼残骨上的腐肉，甚至能将骨头消化掉。

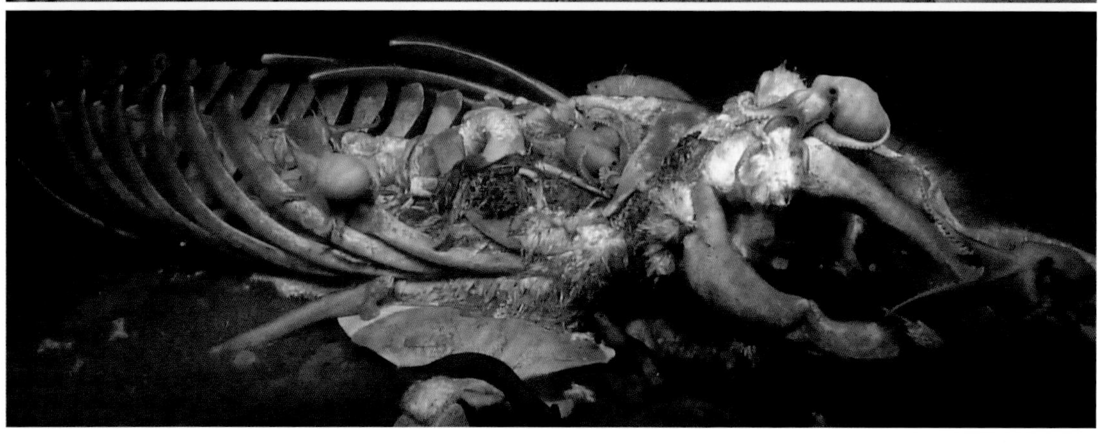

加利福尼亚附近的鲸落

上图显示的是正在被分解的滤食用的鲸须骨骼。

下图显示的是在鲸落中觅食的章鱼，鲸鱼肋骨旁的暗色“绒毛”是僵尸蠕虫。

盲鳗会很快来到鲸落地。这些原始鱼类，与最早期的脊椎动物类似，没有下颚与脊椎，使它们能轻松灵活地蠕动进入鲸鱼残骸内部。它们口中那两排独特的角质牙齿——与我们人类指甲的硬质材料相同——是锉磨残骸上腐肉的理想工具。黏滑的身体既可防范捕食者的猎捕，又便于进入残骸中觅食。它们可以把身体盘成结，也可将身体舒展开，这样可清除身上多余的黏液。

盲鳗、鲨鱼、较小的端足目甲壳类动物，以及长有复合颚的海洋昆虫类动物，都是食腐者。它们在海床上会疯狂掠取死去鲸鱼的腐肉、脂肪以及器官组织，同时为蠕虫、章鱼等打开进入鲸鱼残骸的通道，它们的行为既肥沃了周边的沉积层，又为海参等食屑动物提供了食物来源。那些动作迟缓的食腐者会接着清理鲸骨上的残肉，而剩下的残骨就交给僵尸蠕虫来处理了。僵尸蠕虫是一种特别的食骨蠕虫，它们没有眼睛、嘴巴和肠子，但它们可在鲸骨上扎根并分泌酸液。它们在骨头中扎的根上有共生细菌，这些细菌能分解鲸骨的胶原质，并为僵尸蠕虫提供所需的全部营养。僵尸蠕虫身上的柔软的红色羽状物，包裹着血红蛋白，可从海水中吸收氧，并传输给那些需要氧的细菌，为细菌“工作”提供动力。

与此同时，在沉积层和残骨上无处不在的厌氧菌，则利用溶在海水中的硫酸盐作为氧的来源，去分解鲸鱼骨髓中的油脂，并附带产出硫化氢。在富含硫化物的沉积层，蟹类和管栖蠕虫类如同在热液口发现的一样，身上共生着化能细菌，构建起一个第二生态系统。

当鲸落中丰富的养分都被耗尽时，硫化物也不能再产出了，这里所剩的就是那些缺乏营养的残肢剩骨了。最终，鲸落会变成了一座海下暗礁，成为那些寻找硬质基底来安家的深海珊瑚和其他生物的栖身之所。

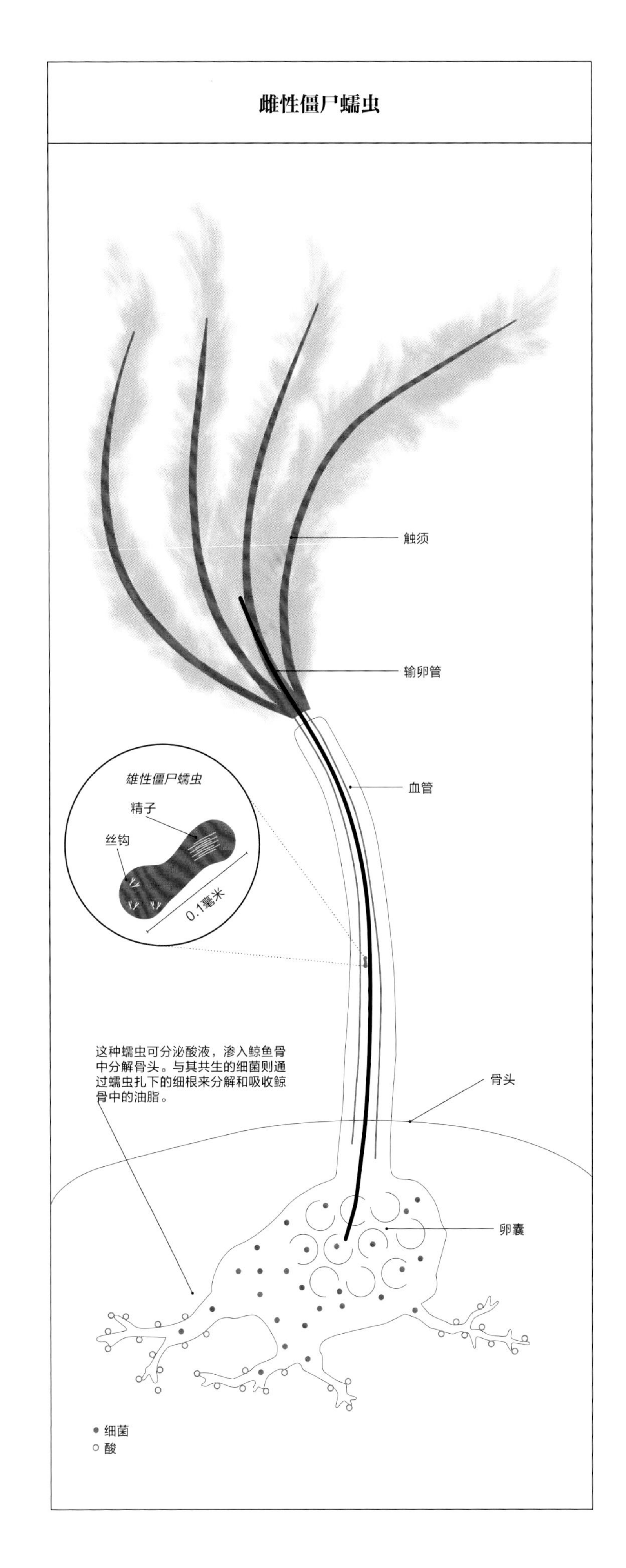

僵尸蠕虫

僵尸蠕虫属一种

雌性僵尸蠕虫利用共生细菌从鲸骨中提取营养物质。雄性僵尸蠕虫都是“侏儒”，个头比雌性的受精囊还小很多，它们寄居在雌性身上，依靠雌性为其提供营养。

海洋中部水体

开阔海域的海水分层及区别

深海的水体很大，超过10亿立方千米，相当于全部海洋体积的四分之三，覆盖了绝大部分的地壳面积。除了极地区域的冰层外，海洋水体内部结构是无法看见的。然而，这种结构是客观存在的，体现在海水的物理和化学特性中。如全球主要大洋盆地（参见第66—75页），作为海洋水体结构的一部分，在海水温度和化学特性上就呈现出明显的区别。海洋水体结构的区别，在水平方向上表现得较小，通常涉及全球主要的洋流、洋流边界的锋面，以及可下旋数百米深的较大涡流（参见第54—55页）。最为剧烈和持续的结构区别出现在海洋垂直方向上，从而形成了海洋水体的分层。由于垂直分层模式在全球海洋各处是一致的，因此可把海床上某个位置以上数千米的水体，看作一个由不同水层堆积而成的“水柱体”，这对于理解海洋水体结构很有帮助。这个“水柱体”从上往下可分为：上层带（透光区）、中层带（暮光区）、深层带（午夜区）、深海带（深渊区）、超深海带（超深渊区）。这个“水柱体”也可称为“海洋中部”（midwater）环境，尽管有人认为这个术语仅指海洋中层带。

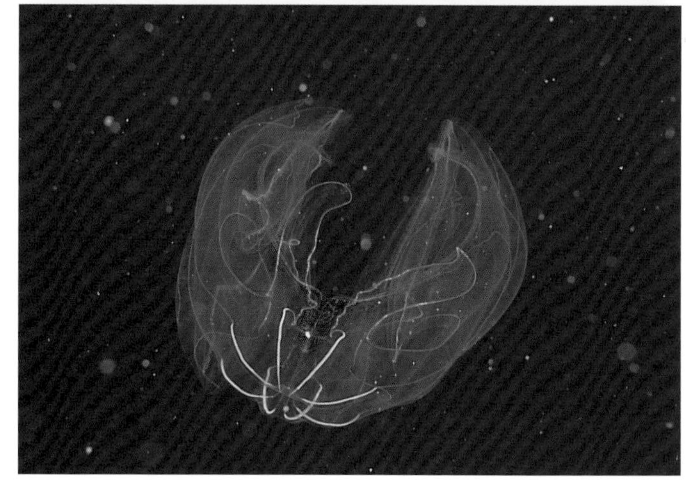

叉齿鱼

上图：黑燕拥有能扩张的肠道，以便吞下体形较大的动物，它可以把猎物整体吞下。在一些被捕获的黑燕的胃中，可发现蜷在一起的比它个头要大的猎物，猎物被展开后，大大超出了潜水器摄像头的图像框范围。

栉水母

深海蝶水母属一种

下图：在深海探险中经常遇到这种叶片状栉水母。它的典型移动方式是通过同步拍打身下成排的梳状纤毛来行进；而叶片状栉水母与此不同，它们通过协同身上大叶片的搏动来游动，这看上去有些像人类游泳比赛中的“蛙泳”姿势。

水层与恒定温跃层

对页图：温度对于确立和保持深海水层结构是十分重要的指标。这是一个水层深度划分的剖面示意图（参见第16页）。细橙线表示的是一个温度随深度变化的典型等比例纬线剖面图，显示了称作“恒定温跃层”的温度梯度区。实际上，在不同水层之间，温度是渐变的，而不是图中示意的那样会出现突然的变化。

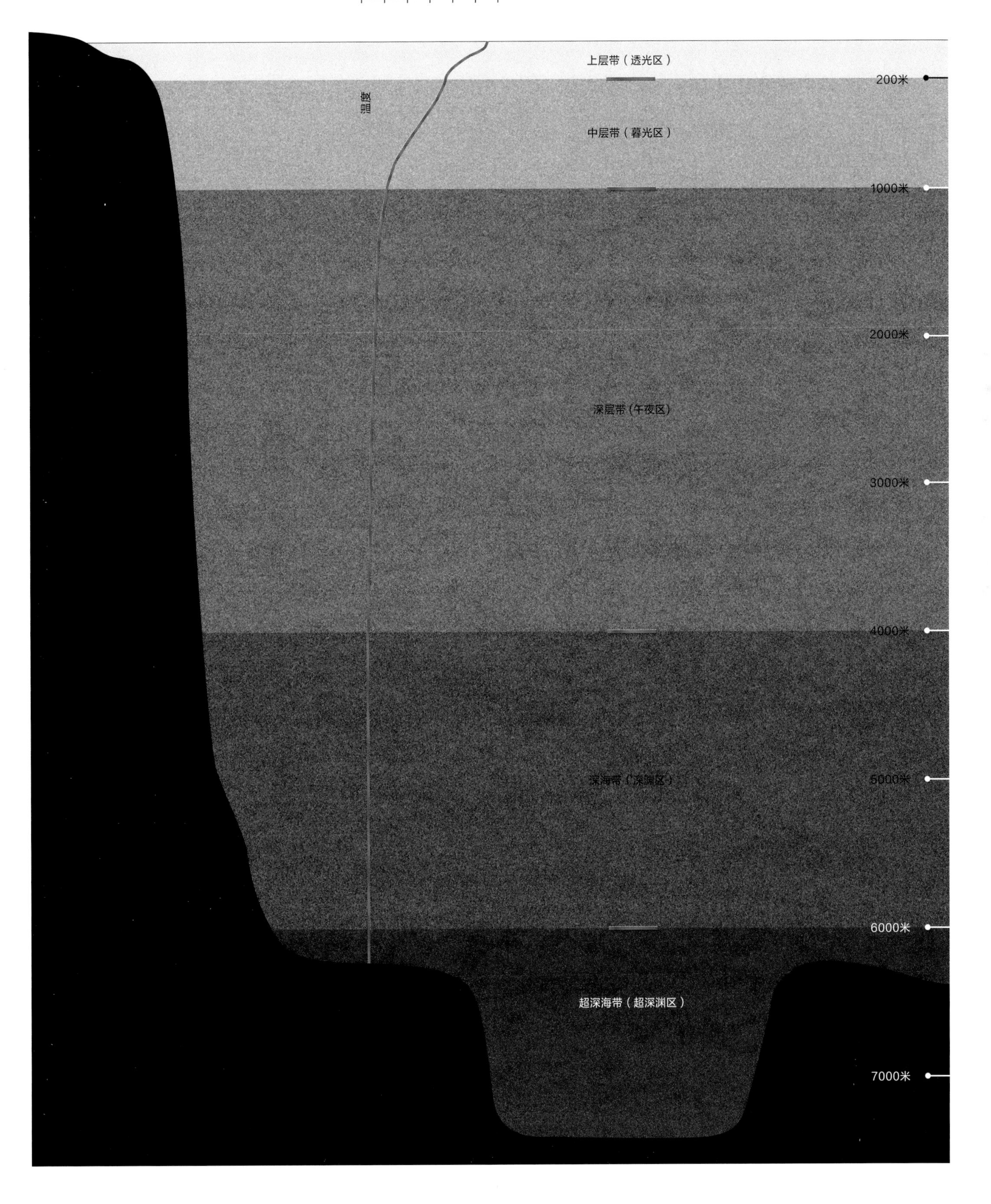
℃
0 5 10 15 20 25 30
温度
上层带（透光区）
200米
中层带（暮光区）
1000米
2000米
深层带（午夜区）
3000米
4000米
深海带（深渊区）
5000米
6000米
超深海带（超深渊区）
7000米

中层带

中层带（the mesopelagic layer）的水深大约从200米延伸至1000米，以光线可以透过的深度来定义。局部深度极值会随着海水透明度的变化而变化。在没有乌云的中午时分，阳光可以穿过海面到达水下的一定区域，但一般而言，到达200米以上深度的阳光并不足以支持生物进行光合作用。在大约1000米深处，真正源自太阳的光线就一缕也没有了。由于光线昏暗，这个区域常被称为“暮光区”。随着光线强度沿垂直方向逐渐减弱，海水温度也随深度增加而递减，形成一个恒定温跃层，逐步从物产丰富且温暖的表层水域（光合作用区）过渡到持久寒冷的深海水域。中层带就处于温暖的上层带与黑暗寒冷的深层带及以下水域的分界处。

除了对偶然被深海拖底网捕获的奇怪动物感到好奇外，人类只是在潜艇探测声呐被发明后，才真正开始关注海洋中层带。海军科研人员发现，潜艇最大潜深下方的很厚水层，会让声呐脉冲信号出现散射现象，这让他们感到震惊。声呐信号显现，“深海散射层”会随着白天时间的变化而上下移动。

当然，夜间不会有阳光射入。绝大多数中层带的动物会随着它们所喜爱的光线而移动，日落时开始向上游、日出后再向下返回，形成地球上最大的每日迁移现象。这些迁移者会在漆黑的夜间到食物丰富的透光区觅食，然后返回到较冷的深水区域去消化所觅食物，这样可以避免被那些视觉捕食者追捕。现在人们已知道，深海散射层里动物大规模迁移中所包括的鱼类，其生物量（总重量）在地球鱼类中是最大的。为了获取这些鱼类资源，人类正在关注这一区域，对中层带生态系统进行科学研究的兴趣也在增大。

中层带的动物还有另一个特征：出于各种原因，它们几乎都可自发光（生物发光现象，参见第118—121页）。这些原因包括：①引诱猎物靠近以便捕食；②通过匹配来自海面的光线而在透明度较高的水域藏身；③通过闪光来吓唬捕食者，以免被猎捕；④在广阔的开发水域吸引异性进行交配。

除了那些我们认为比较典型的中层带动物外，最近的科技发展正让这个事实更加清晰起来，即这里的动物通常都会利用“暮光区”定期来到洋面附近居住。放置在大型动物身上的跟踪器能够记录动物所在水域的温度、压力等信息，外置摄像头还拍摄到了棱皮龟、大白鲨、蓝鳍金枪鱼等穿越中层带甚至更深水域的影像。

栉水母

对页左上图：栉水母是最原始的动物之一，但它不是真正的水母。人们经常在中层带看到红颜色的动物，因为在这个深度，所有光线都是蓝光，无法从红色动物身上反射。

鲎虫

对页右上图：这个甲壳纲端足目动物抓住了一条樽海鞘，将其身体翻转过来，掏空后推到附近，然后住在里面产卵。

管水母

对页左下图：这是水母大家族中一个很普通的群体。每个个体都擅长游动、捕食，繁殖能力很强。许多种水母都有强有力的蜇针。

深海鱿鱼

帆乌贼属一种

对页右下图：中层带中帆乌贼科的鱿鱼，通常被称为宝石鱿鱼或草莓鱿鱼。这张图显示，其腹部（底部）覆满了明显的发光器（生物发光器官），通过发光打破其外形轮廓，使捕食者从下向上看它时感到很模糊。

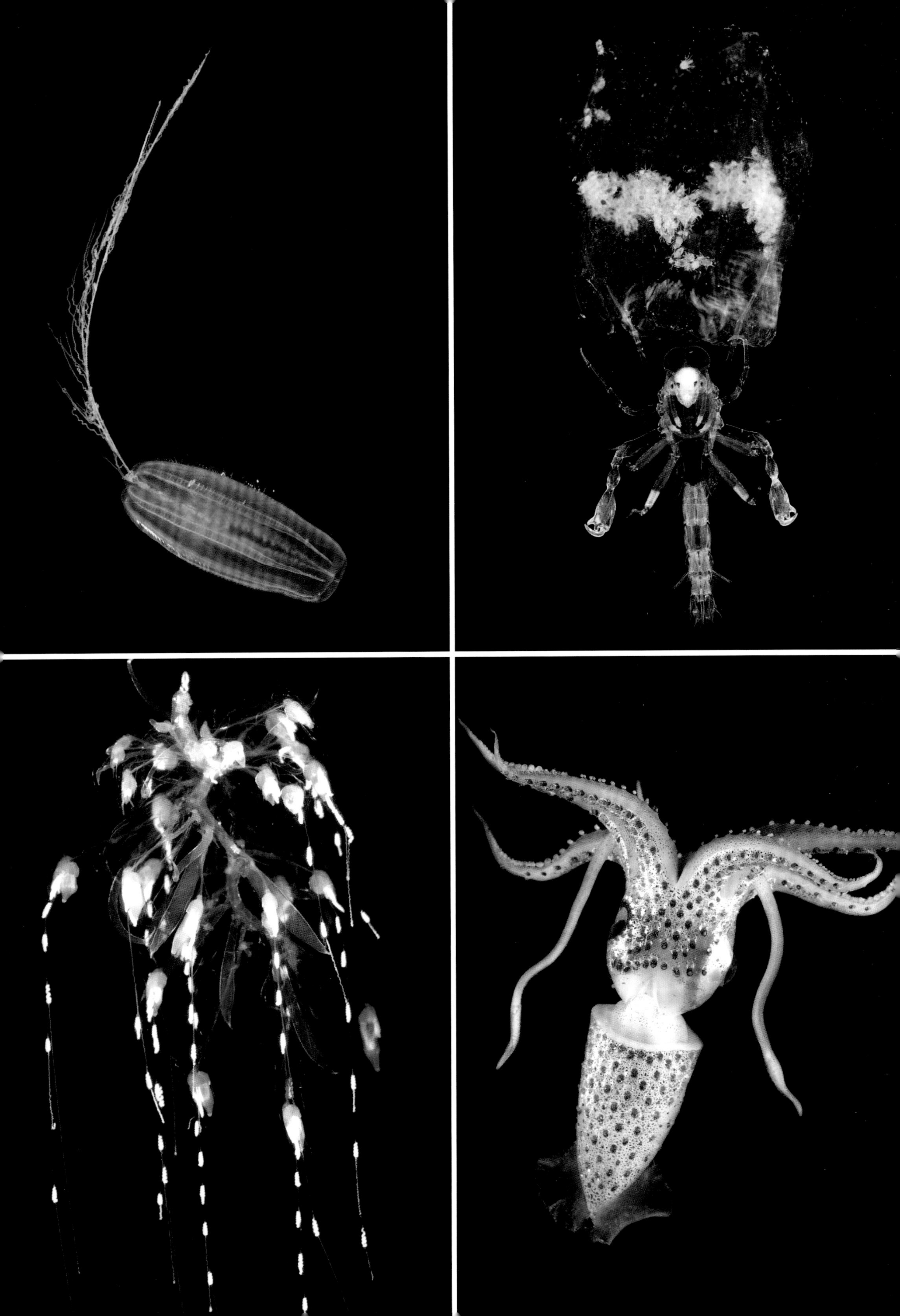

最小含氧层

海洋中的所有氧气均来自海洋表层，或产自上层带（光合作用带）的光合作用，或吸收自海洋表面的大气中。因此，深海只是一个消耗氧气的地方。在海洋的局部区域，上层带的生物十分繁盛，其中的许多生物或被动沉入，或由动物主动带入海洋中层带。生活在中层带的动物进行呼吸，以及细菌分解有机物质，都会消耗大量氧气，结果使部分区域海水严重缺氧，限制了生命生存。这种局部的最小含氧层（或称最小含氧区）数量很多，随着全球气候变化，这样的区域还会更多。

只有极少种类的动物能够在氧含量很低的水域生存。一般而言，每升海水中氧含量低于2毫升，将从生理上限制许多动物的生存。一些垂直迁移的浮游动物能够通过大幅降低新陈代谢而在最小含氧层内待上一个白天，夜间迁移到富含氧气的海洋表层后，新陈代谢水平会再次变高。低氧环境可能可以让这些特殊动物躲避绝大多数的捕食者，然而需要呼吸的深潜者如齿鲸、棱皮龟等，它们的活动可能不受海洋中层带缺氧环境的制约。

沿着大陆架边缘和大洋岛屿周围，那些最小含氧层与海底直接相接，这里的底栖生态系统会受这种低氧环境的制约。在整个东太平洋、北印度洋以及那些独立的海盆区域（如黑海），这是十分重要的现象。与浮游动物一样，只有很少的底栖动物能够在最小含氧层内生存。尽管因缺少捕食者和竞争者而使这里的生物数量偶有增多的现象，但这里的生物多样性还是很低的。在这里，厌氧菌聚集形成一个厚密的细菌层，作为食物支持那些食植动物在这种环境下生存。

海水保持所溶氧气的能力，会随温度的增加而降低。受全球气候变暖影响，这种现象与洋流及表层生产力变化等因素叠加在一起，导致最小含氧层的规模与程度在不断增大。这种增大不仅发生在地理范畴上，而且也出现在最小含氧层的层深上，其结果是富含氧气的海洋表层面积被压缩，迫使那里的海洋动物在白天要到光照条件更好的水域去生活。而最小含氧层的深度不断向下扩展，与海底相接，把那些生活在大陆架和岛屿斜坡地带的动物推到斜坡下方水域，其总体影响到底如何，目前还无法确定。

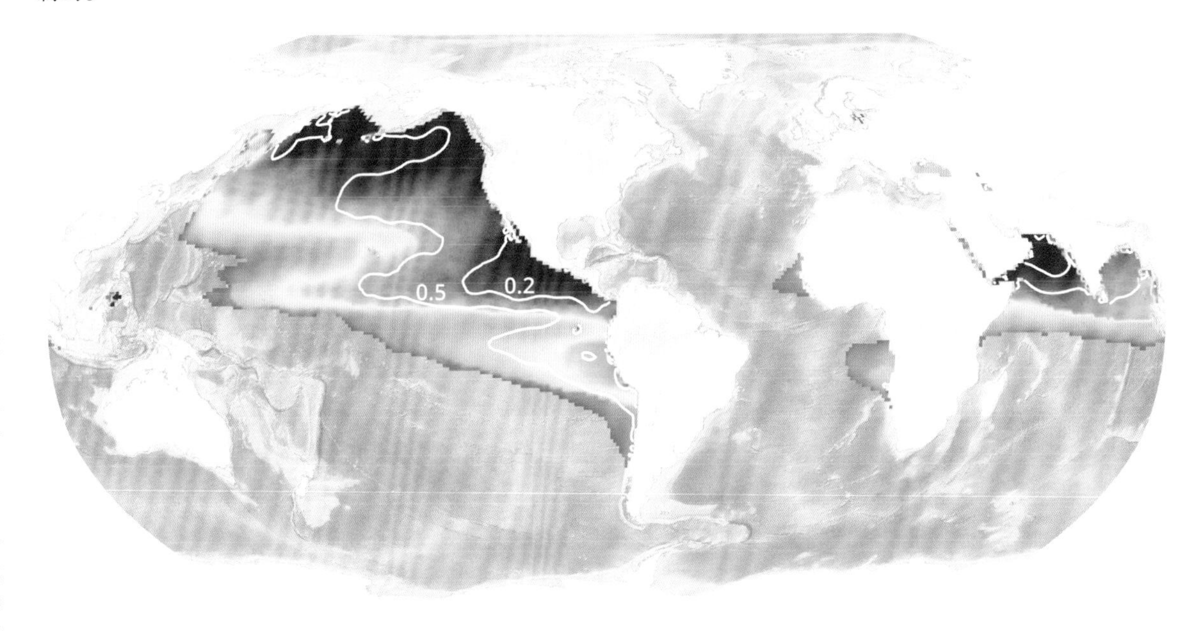

洪保德鱿鱼

对页图：它是一种贪婪的大型捕食者（软膜长度达0.9米），白天在1200米深氧含量极低的水域，夜间向上迁移到上层带，以便给身体充氧并捕食。

全球最小含氧层的分布

在全球海洋中，氧含量最低的最小含氧层，其氧含量小于或等于每升海水1.4毫升氧气。图中的颜色代表了最小含氧层的厚度，而曲线表示的是严重缺氧（每升海水含氧0.2—0.5毫升）的区域范围。

深层带和深海带

相较于中层带的“暮光区（或弱光区）”，深层带（bathypelagic layers）有时也称为“午夜区”，这里的环境条件在某种程度上更类似于极地海水环境。“午夜”意味着白天刚刚过去几个小时，1000米以下的海域永远是寒冷的，尽管有无数生物体发出的点点光亮，但这里并没有阳光。

中层带水深为200—1000米，厚度是物产丰富的上层带（0—200米）的4倍。相较而言，深层带从中层带底部一直延伸到全球海洋平均深度以下（3700米，这是包括大陆边缘海、海岭、海山和海沟在内的平均海洋深度），厚度是上层带的约13倍。通常，深层带被定义为开阔海域1000—4000米深的水域。通过对一些动物群的调查发现，在4000米深的水域，动物种群构成就会出现转换现象。由于与深海平原深度大体一致，从4000米向下直到6000米深（超深渊区上限）的水域称为“深海带”（深渊区）（abyssopelagic layers）。

中层带的一些主要特征，如穿透海水的昏暗光线，恒定温跃层等，在深层带和深海带都消失了，这里只剩一种主要结构特征，即流体静压随深度增加而持续增大（深度每增加10米，压力约增大1个大气压）。不过要记住一点，相较于更深海域，越靠近海面，压力随深度变化所带来的潜在影响就越大。例如，90—100米深（10米深度变化），大气压从10个增大到11个，压力增幅为10%；990—1000米，同样增加10米深度，大气压从100个增大到101个，压力增幅却只有1%。对于动物在垂直方向上的移动而言，这种压力增幅的变化对它们具有十分重要的影响。

长深钻光鱼

对页上图：在全球绝大部分海洋的中部水域（100—1500米），都可见到这种鱼。它可以长到25厘米长，以小鱼和甲壳类动物为食。

十足目虾

扁胸虾属一种

对页下图：这是一种在海洋中层带到处可见的捕食者，白天一般在900米深处，夜间会来到较浅的水域。

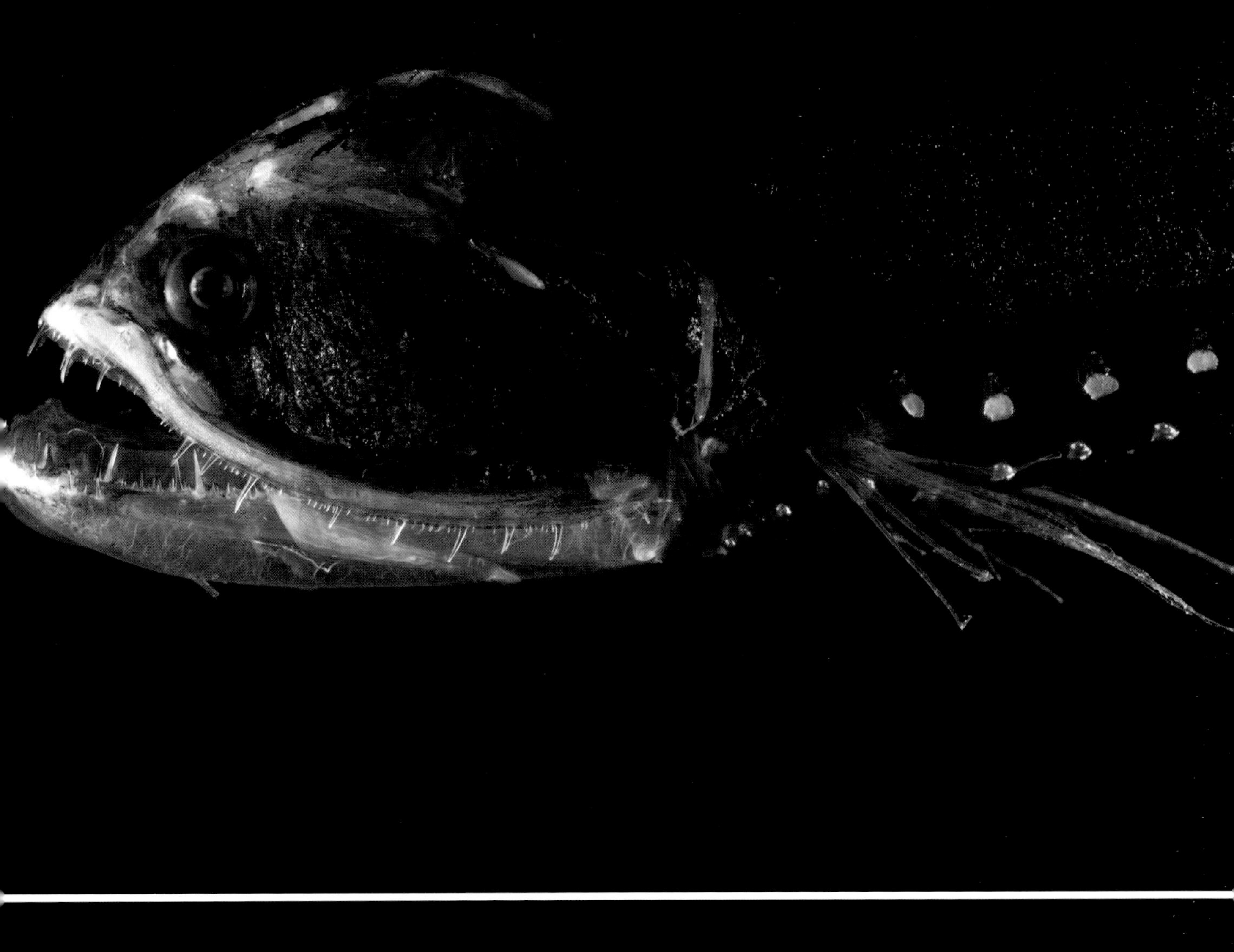

超深海带

海沟作为海床上最大的地质裂口，其中的超深海带（hadopelagic zone）的生态系统（深度大于6000米或6500米）对于人类目前能力而言，对其开展研究非常困难（参见第154—157页）。当然，这些海沟里填满了海水。如果说对海沟底部进行取样很难，那么获取海沟中的深海动物样本就更难了。正因如此，人类对超深海带的生态系统知之甚少。每条海沟的面积都很有限，全世界37条深海海沟的面积加在一起，还不到海床总面积的1%，但是其深度（6000—11,000米）及压力变化值，几乎占了全球海洋的一半。这里的压力极大，如果温度随深度变化稍有升高，就会改变深海各处的总体趋势。

海底边界层

在生物学上，两个栖息地交界处的生物更加丰富，这是一种常见现象，在深海中也可以看到。就像本书在介绍深海动物时所记述的那样，一些底栖动物会向上游入海洋中部水体中（参见第94页）。相反，中层带的动物在200—1000米深的海域进行迁移时，会被洋流裹挟到大陆坡上，在这个垂直迁移的底端，它们会遇到平时没有体验过的环境海底。这里住着许多捕食者，它们当然很欢迎这些额外的深海食物。对于那些深海动物而言，这里有时就是一个“海底死亡区”。

穿越海底的洋流在流动过程中与海底产生摩擦力，会搅动海底沉积物再次悬浮起来，这些沉积物中的绝大部分本来是从海洋中部水体中沉降下来的。

海底边界层（the benthic boundary layer）也称为“雾状层”，从海底向上可延伸数十米，具体厚度取决于洋流的速度和沉积物的构成。这里为那些靠近海底的浮游生物以及以这些浮游生物为食的底栖和深海捕食者，提供了一个食物相对丰富的环境。许多动物和生物群落经过演化，已适应了这种富含浮游生物和有机物碎屑的水层生活。

双臂栉板动物

对页上图：斯氏长须球栉水母是最近发现的栉水母门中的一个新属和新种，是根据遥控操作潜水器拍摄的影像来描述的，拍摄地点为波多黎各以北至西北部的加利福尼亚峡谷谷底附近，水深3900米。

窄桨鼬鳚

对页下图：这是目前人类所认识的该属中唯一一个活物种，其身体侧面的鳍，位置很特别。这条鳗鳊是由遥控操作潜水器在马里亚纳海沟附近的弗赖尔平顶海山拍摄到的。

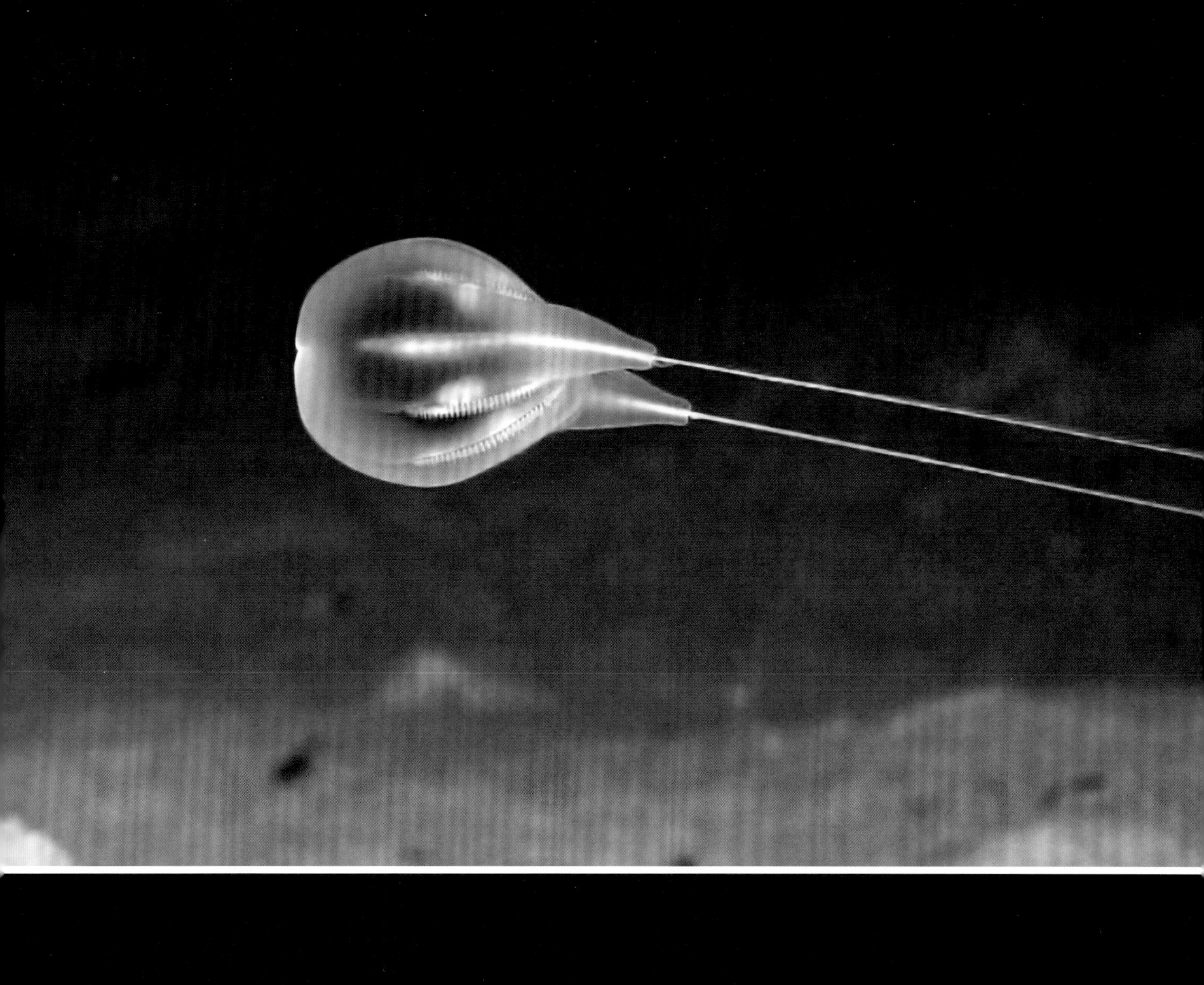

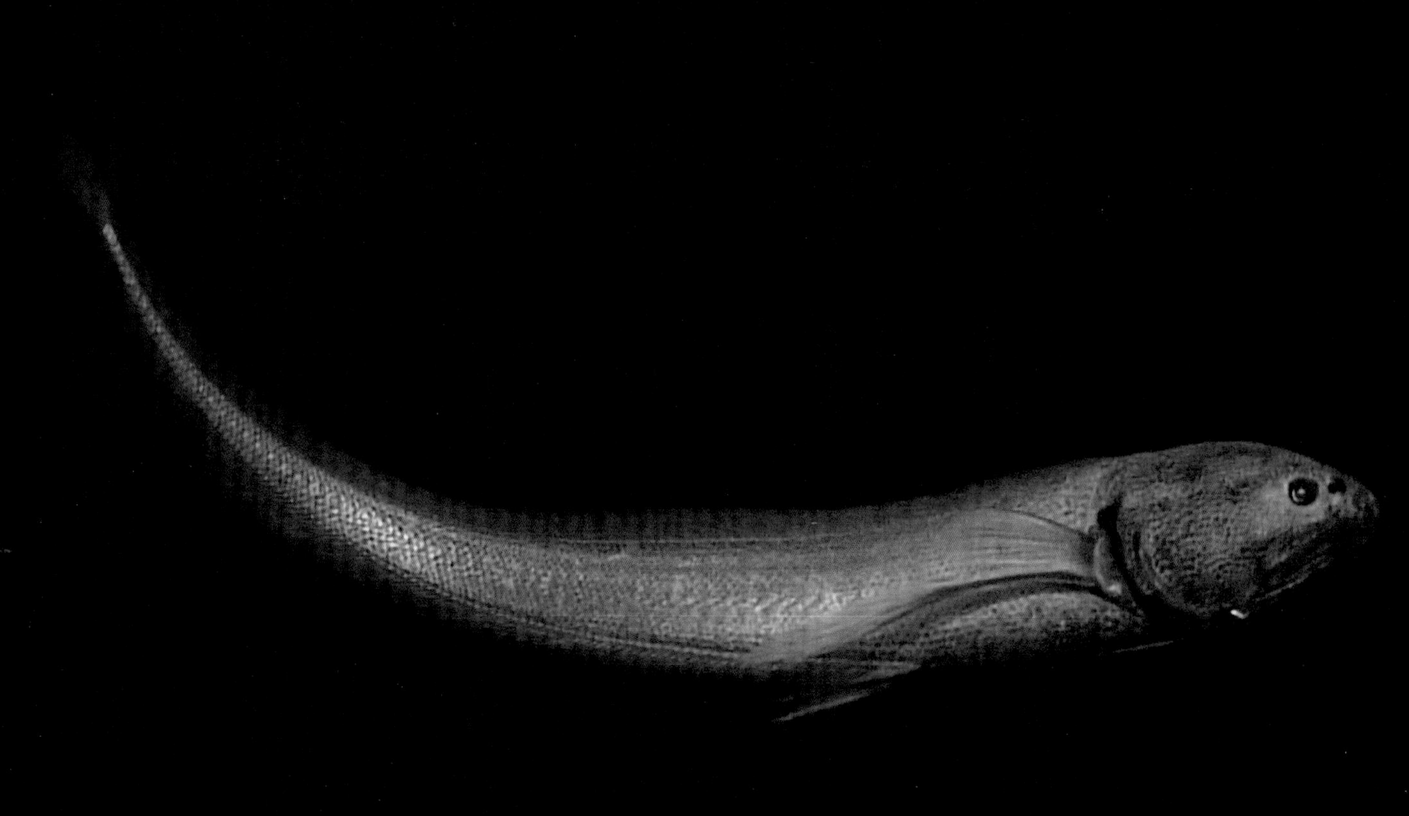

全球模式

上页：瑞氏花羽软珊瑚

互联互通的生态系统

海洋生物群落如何互动

生态系统是一个生物群落与其所在环境相互作用的地理定义区域，其范围并不是固定的。科学家所称的深海生态系统既可指深海整体，也可指作为深海生态系统一个组成部分的单个生态系统，如深海平原生态系统、海洋中层带生态系统或化能合成生态系统。在与世隔绝或界限分明的区域，生态系统的空间范围有可能被进一步压缩，仅指一个单独区域，如“好彩”（Lucky Strike）热液口生态系统。生态系统的宽泛定义也意味着，这些生态系统的分类是人为的。自然界并不存在泾渭分明的边界，无论人类如何定义生态系统，它们永远是彼此互动的。

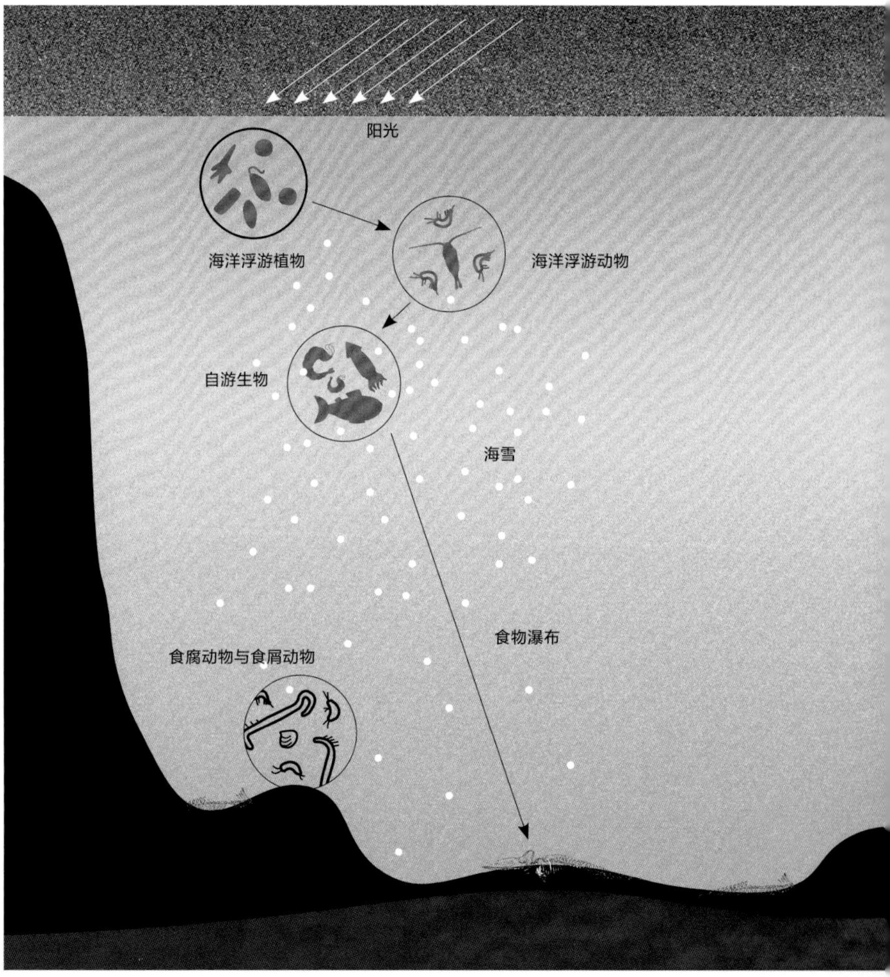

深海的食物供应

表层水域的光合作用推进了深海的食物供应。洋流和水团将生态系统联结起来，局部地形能够影响食物的获得，尤其是在海底峡谷和海山周围更是如此。

食物供应

除化能合成生态系统（参见第158—167页）外，所有深海栖息地的食物均来自海洋表层。海洋上层带（透光区）里的浮游植物通过光合作用形成的产出，构成了海洋食物链的基础。浮游植物是浮游动物的食物，而在深海散射层进行昼夜垂直迁移的动物，则将这些食物带到整个海洋中层带内（参见第106页、170—171页）。在生长过程及达到性成熟后，一些海洋生物开始向更深的栖息地迁移。有机碳来自浮游植物通过光合作用而新生成的糖分，这些物质会缓慢沉入深海。生物也会产生废物：浮游植物和浮游动物会死去，甲壳类动物和其他生物会脱去外壳或外骨骼，所有海洋生物都要排泄。这些废物在下沉过程中形成片片海雪。海雪下沉的过程非常缓慢：浮游生物在温暖水域大量繁殖后大约6周，“飘”至深海海底的海雪将达到极值。尽管这些都是生物体的废物，但海雪中含有大量的碳和氮，完全能够满足许多食腐动物和食屑动物的需要。海雪的季节性汇集意味着即使处于最深处的生态系统，也要经历季节性的变化。营养物质还能够通过大规模的食物沉降形式到达深海海底，如巨型鱼类和鲸鱼的残骸可以给海底局部区域带来一场能够延续数年（参见第166—167页）的饕餮盛宴。

海底生态系统之间的垂直联系形式多种多样。海底峡谷的营养物质来自大陆坡水域，在这里聚集的营养物质很多。在海山周围，各种海流过程将周围深海水域的大量食物聚集在这里。由于缺乏从陆地吹起并落入海洋表层的铁元素，会限制浮游植物的水华强度，进而使深海平原和海洋中部水域聚集的食物量有所减少。

源于浅水区域的营养物质也能到达化能合成生态系统，其重要性却大为降低。然而，当众多游走捕食者为充分享用“生命绿洲”而在这里大量聚集时，这些生态系统之间的横向联系或许更多。

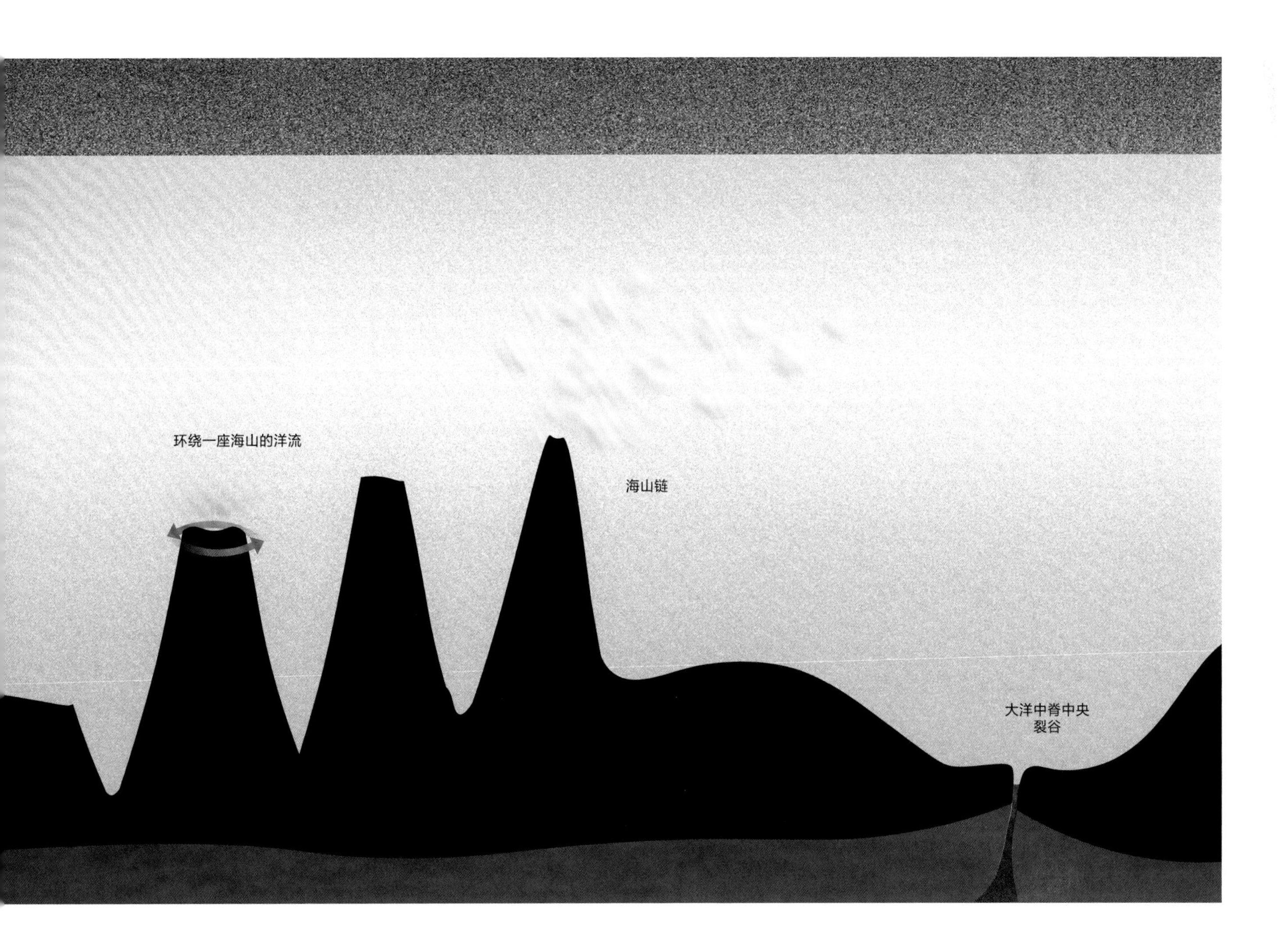

洋流与锋面

在全球各大洋中洋流的空间规模是不同的。规模最大的是热盐环流，有时也称作全球海洋传送带，由处在极地的寒冷且富氧高密度表层水的下沉作用所驱动（参见第56页）。热盐环流绕地球一整圈需要1000—2000年的时间，在此过程中形成的深海富氧水团流经深海海底，为深海栖息地带来必不可少的氧气。

洋流还可传播海洋生物的卵和幼体。许多海洋物种不止存在于一个生态系统之中，有些物种可分布在全球各大洋中。对于大型游走动物而言，成年迁移者能够确保在该物种内进行基因混合。但对小型和（或）固着动物而言，浮游幼体这样的生命初期阶段的传播，对于保持基因混合的广泛分布至关重要。

此类物种传播的远近取决于其浮游幼体的存活期。浮游生物幼体存活期差别很大，对僵尸蠕虫（参见第166—167页）而言只有短短几天，而对热液贻贝来说，可以长达一年。浮游幼体存活期取决于幼体的种类。食卵（食用卵黄）幼体没有进食器官，蜕变之前只能依靠卵黄提供的营养维持生命。这为食卵幼体的存活期设定了一个绝对时间限度。在冷水区域它们的新陈代谢速度往往十分缓慢，对营养源的消耗也很慢，因此幼体的扩散能力仍相当可观。

以浮游生物为食的幼体在海洋水柱体中觅食，这让它们能够存活很长时间，但同时也逼迫它们顺着水柱体垂直向上移动，以获取充足的食物。幼体能否随横向洋流进行移动，取决于其浮力和游泳技能。

洋流不但能联结起生态系统，还能将幼体裹入局部湍流中，通过限制连通将它们分开。例如，墨西哥湾冷泉中的管栖蠕虫幼体的扩散模型显示，这些幼体从未离开过此地。海洋锋面也可对幼体扩散产生阻碍作用。水体混合不足可阻止幼体穿越锋面，即使那些成功穿过锋面的幼体，在生理上也不足以耐受邻近水域中可能出现的不同温度、盐度和氧饱和度。

全球性物种

火鱿几乎遍及全球，除了南北两极区域，可在所有大洋看到它们的身影。

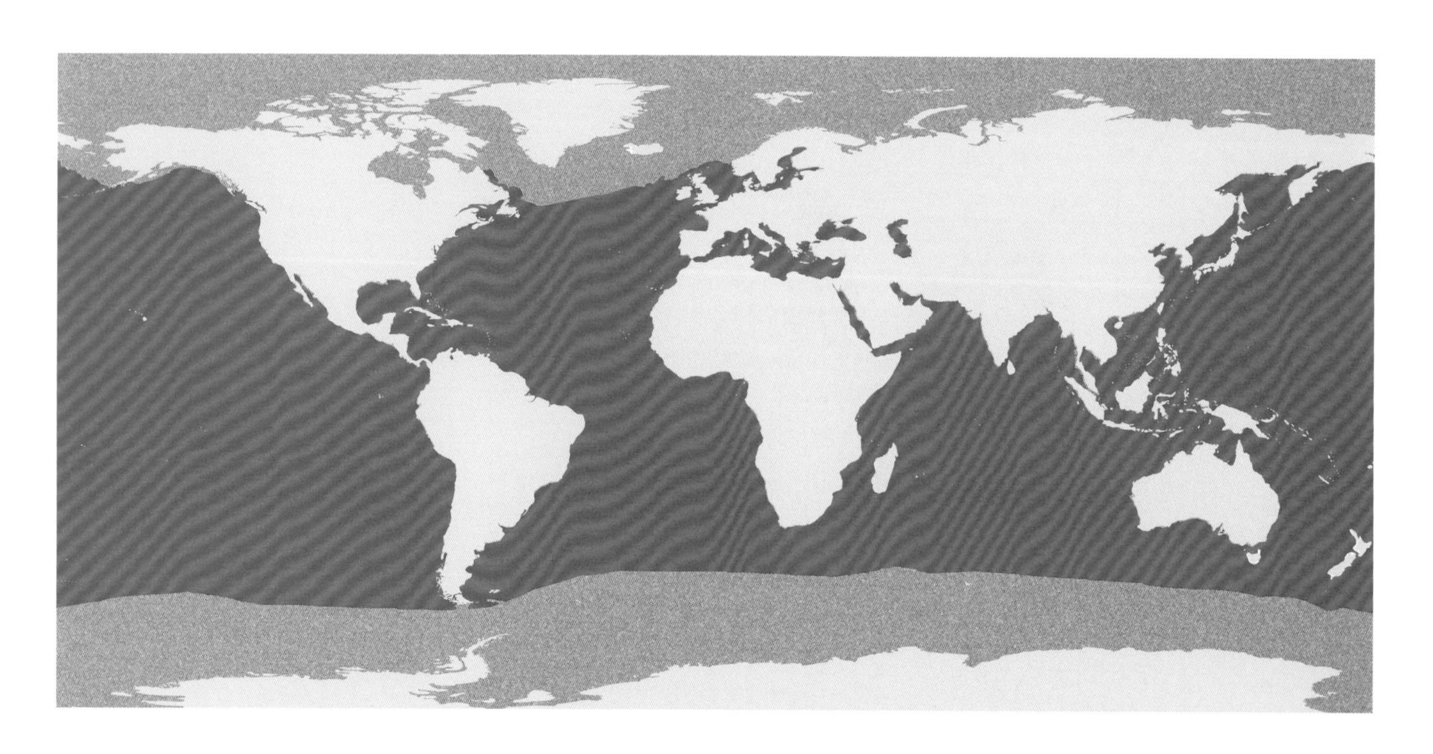

浮游生物幼体存活期

浮游生物幼体存活期长短不一。通风藤壶的幼体存活期约为95天，其幼体最初的形态是无节幼体，在经历约6个无节形态阶段后，会发育为腺状介虫属动物，之后会安顿在一处地点并长为小藤壶。深海雅氏蜘蛛螺的幼体存活期是150天，而饱和短片管虫的幼体存活期在45天左右。

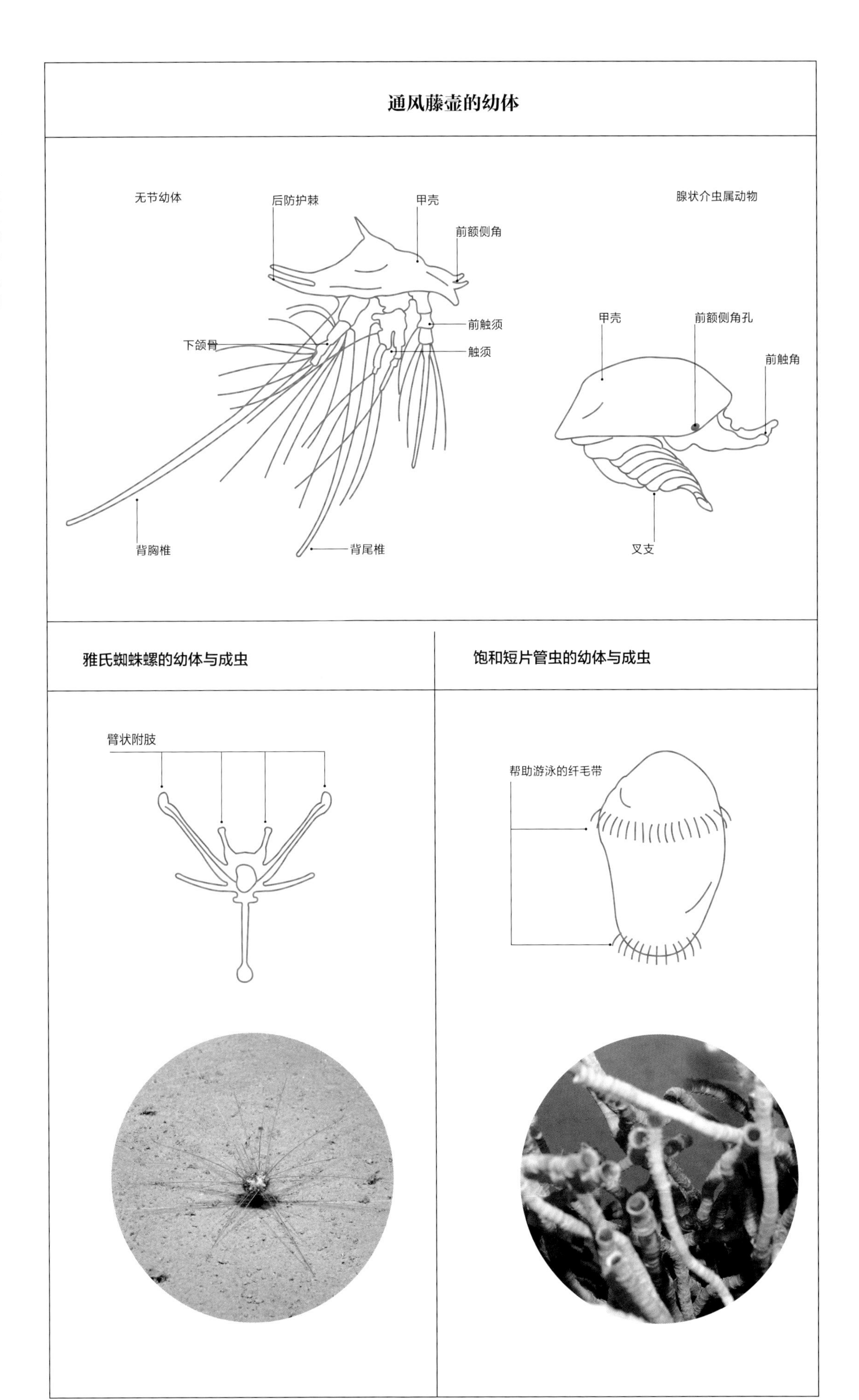

深海“垫脚石”

某些深海栖息地相隔万里，如海底峡谷和冷泉，通常只分别存在于大陆边缘，而热液口一般位于地质扩散的中心地带。洋流中海洋生物幼体的传播模型显示，生活着相同物种但相距遥远的一些区域缺乏连通性，这就导致了“垫脚石”假设的提出。

深海珊瑚（刺胞动物门）生长在海底峡谷和海山上，海山为它们提供了理想的“垫脚石”。虽然幼体个体移动的距离超不过一步，但它们从所有“垫脚石”中释放出来的净效应，却足以在整个海洋中去维系一个单一物种。基因不同的种群仍然能够在个别海山上繁衍生息，如造礁珊瑚中的多变管丁香珊瑚，为了在任何一座特定海山中保持种群数量，它似乎更加依赖通过裂殖进行无性繁殖，而不是通过有性生殖释放配子和幼体。此外，海山这样的“垫脚石”能够让基因混合种群在更广阔的区域内生存，如单体珊瑚二花莲叶珊瑚。

尽管存在不同观点，但有人认为，对于冷泉及热液口动物群而言，鲸落或许充当了垫脚石。这3种化能合成生态系统（参见第158—167页）中的动物群非常相似，但对鲸落的详尽研究少之又少，没有足够的数据用以检验“垫脚石”这个假设。还有人认为，在鲸鱼数量因人类捕杀行为而大规模减少前，鲸落很有可能起到过更重要的作用。早期鲸鱼的大量存在意味着鲸落数量也很多。

不同种群

对页左上图：波多黎各东南加勒比海约800米深处，一面垂直岩壁上的造礁珊瑚多变管丁香珊瑚。

相关种群

单体珊瑚石竹在垂直岩壁上随处可见，较大的珊瑚虫宽度通常在2.5厘米以上。图中与它共生者包括：一只外凹大锉蛤双壳软体动物、一只卤水海星、一条疣章鱿鱼属八足类动物（对页右上图），以及罕见的银莲花属米歇尔深海葵（对页下图）。

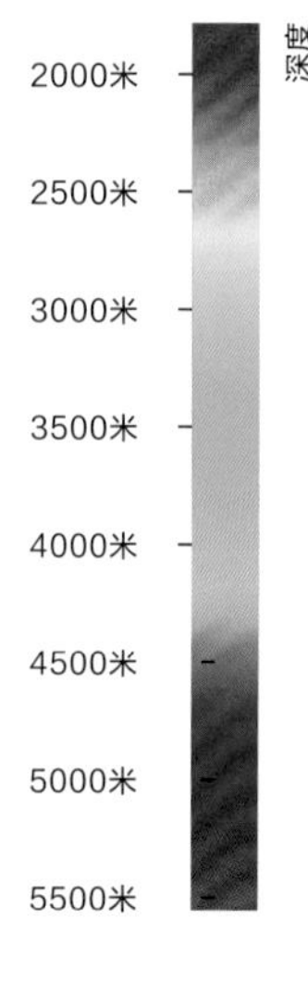

垫脚石

新英格兰海山链从美国马萨诸塞州外的大陆架边缘向东南伸展，成为绵延超过1000千米连通海洋生物栖息地的“垫脚石”。

以环境数据划分的生态区

尽管有些海洋物种几乎遍及全球，但仍有许多并非如此，因此，即使相似的生态系统在世界不同地方也大相径庭。环境条件在决定哪些物种在什么地方茁壮生长方面起着关键作用。所以，将海洋按照相似物理和化学环境分成多个单元，能够帮助人类理解海洋各部分的特殊性。科学家使用温度、盐度、氧饱和度以及营养可用度等各种参数，是因为这些参数对于判定任意特定区域中动物种类和数量都能起到一定作用。其他参数也可能有用，但这样的参数寥寥无几，因为人们对这类参数的看法还不一致。

依据环境参数为海洋中层水体（200—1000米）进行分类的尝试，往往显示出按纬度排列的水团带。当然，水柱体不是同质的，每条水团带的开始与结束的深度都不同，因所处位置不同而不同。所以，即便此类生态单元的二维图看似简单，但制作其三维图像会很复杂。

水团分离是由海洋过程造成的，这一点在“海洋学”这一章（参见第42—75页）中做了较为详细的介绍。在大西洋、太平洋和印度洋，受复杂海底地质和主要风系影响而形成的环流圈，所起的作用十分重要。再向北，相似的过程将北冰洋与大西洋、太平洋水域分隔开。

向南，副热带海洋锋和一系列与南极环极洋流相关的海洋锋（地球上最大的洋流）将不同水团区分开来。在副热带锋所在区域，温暖的副热带海水会与较凉的高密度亚南极海水相遇，因此，这里海水的含氧量和生产力都很高。在此处发现的浮游动物和小型自游动物种类（如磷虾、较小的头足类动物和鱼类，参见第98—100页），与更往南所发现的海洋动物种类有着明显的区别。

南面横亘着亚南极锋和极锋，再往南是最寒冷的极地水域。最南端海洋中层带的水团似乎并没有这个区域上层带（光合作用带）水域那么独特与隔绝。例如，在此处海洋中层带生活的多种灯笼鱼中，只有南极电灯鱼这一种集中分布在极地锋以南的水域。

CTD（传导性、温度及深度）测量仪

一个花篮状CTD测量仪正在回收中。把它顺着水柱体放入海水中并不断向下沉，对不同深度的传导性（盐度替代指标）和温度进行测量，上面的瓶子会在各种深度进行海水样本采集，以便进行详细分析。

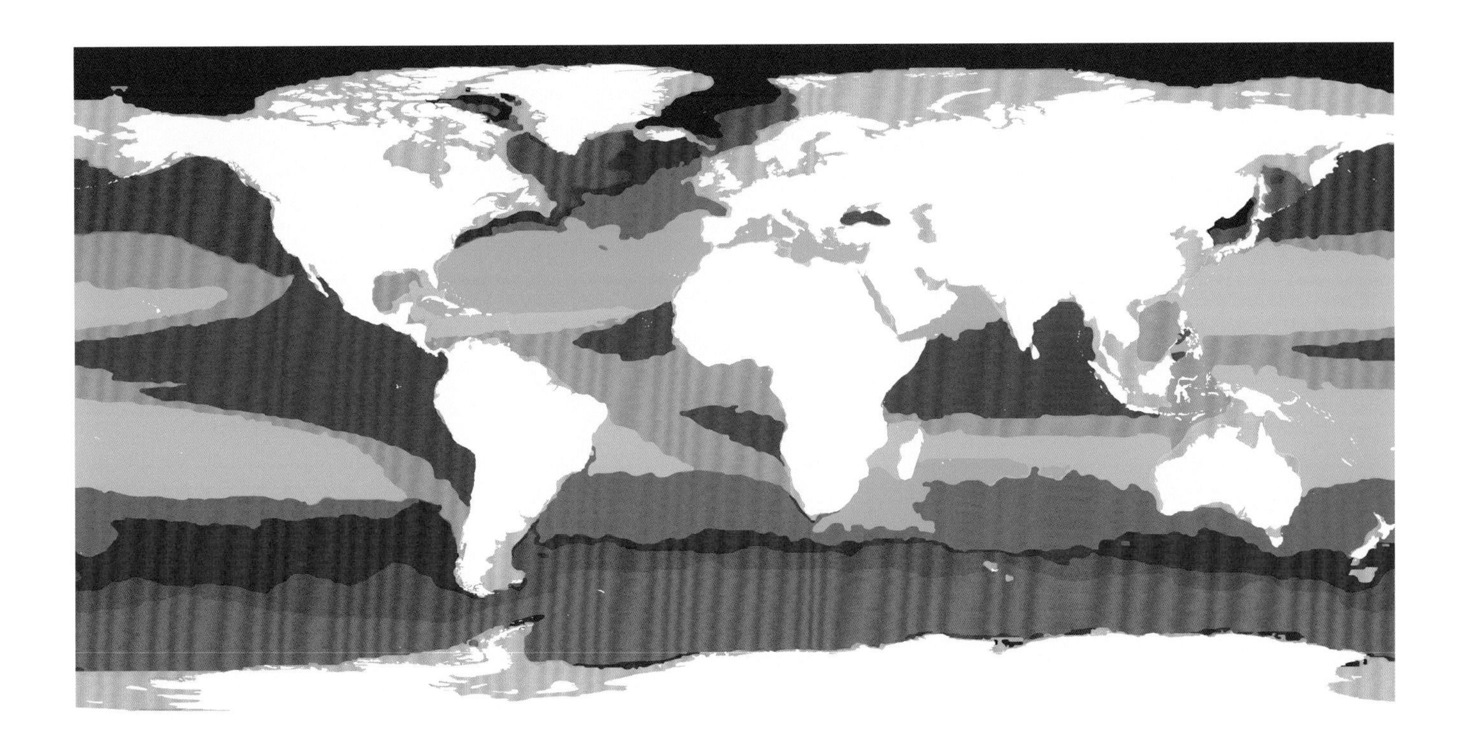

水团

依据环境参数为海洋中层带水体（200—1000米深）进行分类的尝试，往往显示出按纬度排列的水团带。（来源：Sutton et al.，2017.）

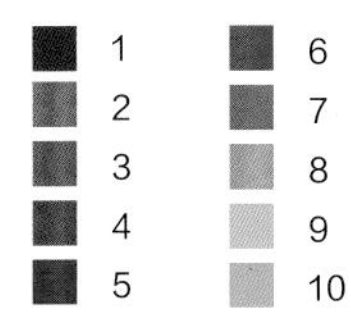

极锋

副热带锋是凉爽低盐的亚南极水域的北部边界。南极环极洋流将南大洋与大西洋、太平洋和印度洋分开，并沿亚南极锋和极锋的路径行进。

副热带锋（黄色）

亚南极锋（紫色）

极锋（红色）

以动物群数据划分生态区

海洋中层生态系统分类也考虑了动物群因素，所以往往比只依据环境数据（参见第180—181页）进行的分类有更多的分支。因此，相比仅依据物理和化学数据所做的分类，特定区域动物群的专业知识，特别是动物群分布间断方面的知识，能够为更详细的生态系统分类提供更多分支。

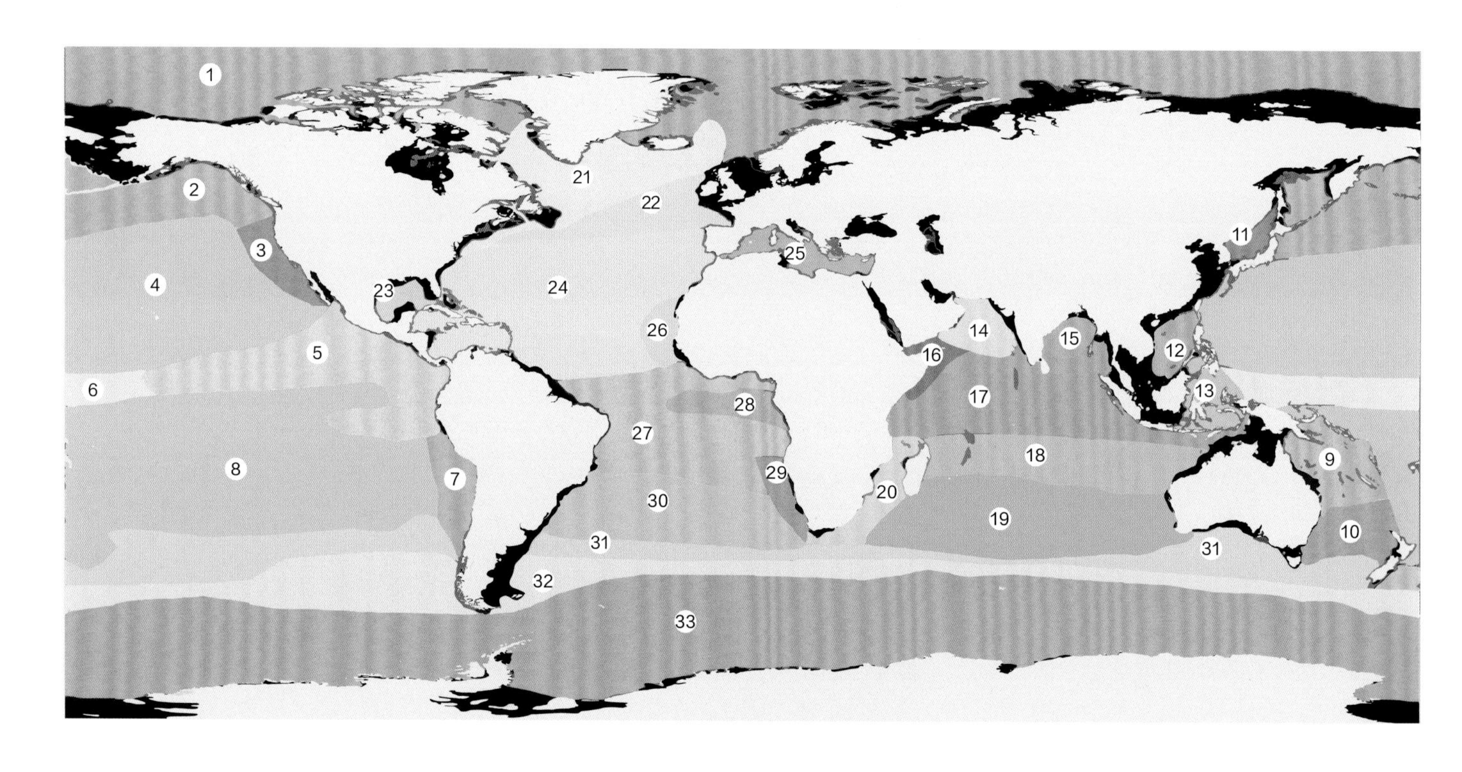

海洋生态区

一种为海洋中层不同深度进行生态区分类的方式，如果将动物群构成和水团环境特征纳入其中，能划分出33个生态区；如果仅依据水团进行分类，则只能划分出10个。

1. 北极
2. 近北极太平洋
3. 加利福尼亚洋流
4. 中北太平洋
5. 东热带太平洋
6. 赤道太平洋
7. 秘鲁上升洋流/洪堡洋流
8. 中南太平洋
9. 珊瑚海
10. 塔斯曼海
11. 日本海
12. 南海
13. 东南亚小海盆
14. 阿拉伯海
15. 孟加拉湾
16. 索马里洋流
17. 北印度洋
18. 中印度洋
19. 南印度洋
20. 厄加勒斯洋流
21. 近北极西北大西洋
22. 北大西洋漂流
23. 墨西哥湾
24. 中北大西洋
25. 地中海
26. 毛里塔尼亚/佛得角
27. 热带及西赤道大西洋
28. 几内亚海盆及东赤道大西洋
29. 本格拉上升洋流
30. 南大西洋
31. 环球副热带锋
32. 亚南极水域
33. 南极/南大洋

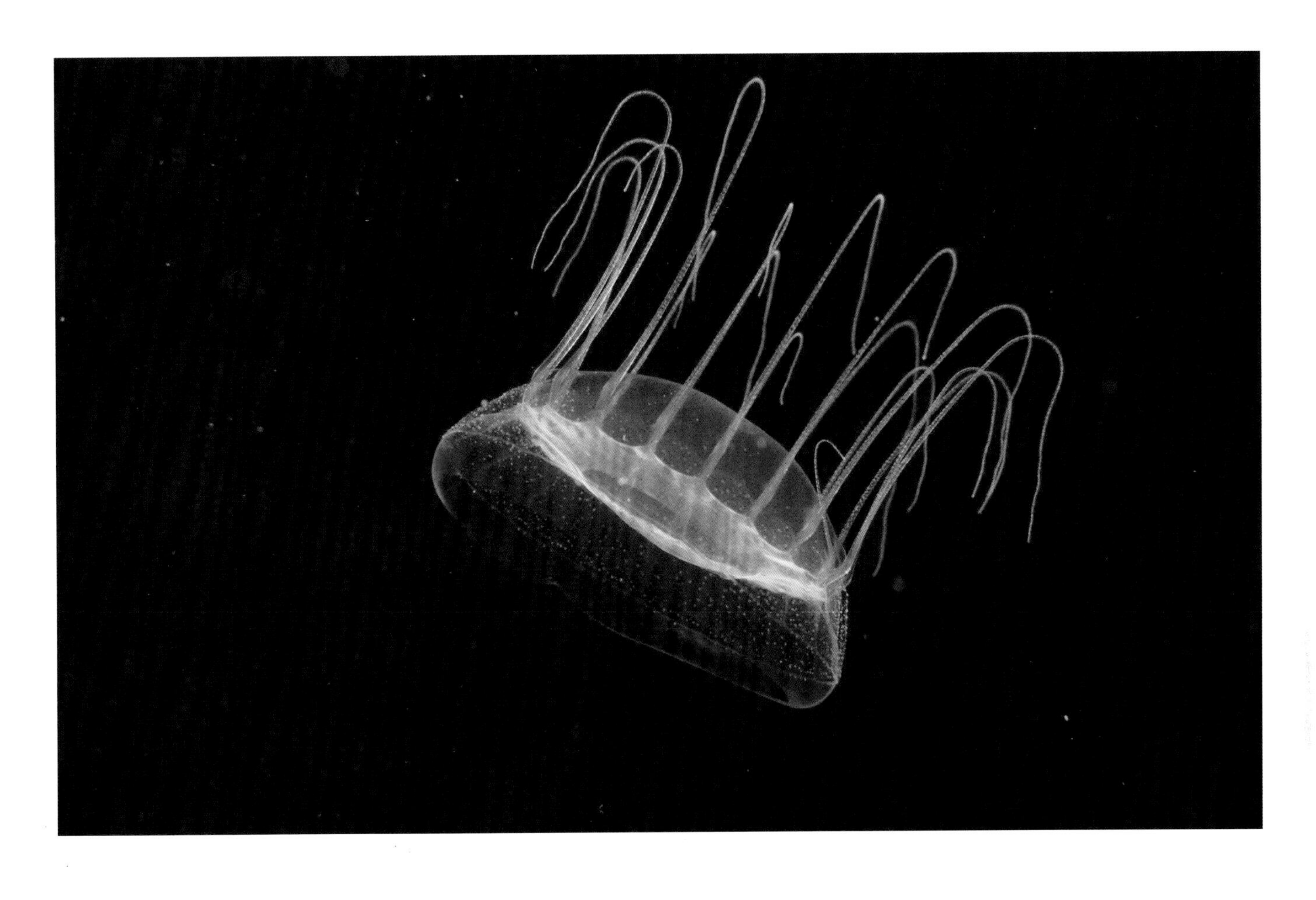

本地物种

地中海特有的白蓬嗜阳水母生活在50—1000米的深度，它在夜间进行垂直迁移，要不停地游动。据估计，其游泳的速度可达每小时50米。

通过添加动物群数据得出的一些额外分支是直观的。例如，即使热带和亚热带印度洋、大西洋和太平洋中的水团或许有某些相似特征，但仍存在阻止相同生物群落在三大洋全都生存的动物扩散屏障。在地质史上，这些大洋之间曾存在许多连接处，今天的南美洲和非洲南部附近，仍有不少为能够长距离移动并极具忍耐力的物种提供的扩散线路。但是，很多物种的分布仅限于一个大洋之中。

实际上，诸如地中海和墨西哥湾这样的封闭和半封闭海域，与毗邻水体是隔断的。地中海非常年轻，只有500多万年，经一条仅13千米宽的狭窄海峡与大西洋连接，这里的物种出奇地少，其海洋中层动物群主要是大西洋动物群的亚型，但它也有自己的本地物种，如白蓬嗜阳水母和矮圆帆鱼。相比之下，人们普遍认为墨西哥湾是最具生物多样性和物产最丰富的生态区之一。环形洋流从加勒比海流入，从佛罗里达海峡流出，在它的滋养下，墨西哥湾海洋中层的鱼类数量和种类比相邻几个海域要丰富得多。

某个特殊区域中的动物群之所以独一无二，还有其他原因。东热带太平洋海洋中层生态区是低氧区，氧含量非常低，这里生活着能够适应这种艰难环境的特殊动物群。洪堡鱿鱼是一种东热带太平洋本地的顶级捕食者，具有新陈代谢的适应性，让它能够在低氧环境中生存。有些在东热带太平洋生存的物种，也分布于整个太平洋赤道生态区。生态区并不代表整个生物群落发生变化的“硬分界线”，相反，每个物种的分布取决于其生理适应（决定该物种对各种不同条件的耐受性）和扩散能力。

海底生态区

研究海底的科学家发现，大多数深度不足800米的海底与大陆架紧密相连，但800—3500米的深层带在海洋中的分布十分有趣，这与大洋中脊和海山系统密切相关。深海带的海床（3500—6500米）占全部海洋海床面积的65%，以及海山与海岭之间海底生物栖息地的大部分，而超深海带的海床（大于6500米）只占与大陆板块边界密切相连的海床的很小一部分。通过运用对动物群边界的专业判断，再加上环境参数，科学家们已识别出14个深层带、14个深海带和10个超深海带生态区或“区域”。

用以验证这些深海生态区轮廓的数据十分有限，特别是在最深海底处的生态区数据，对这里物种的记载几乎为零。最近，科学家开始注意到，即便是最深的海底与海洋表层之间也存在联系——在超深海带的海沟中发现了椰子壳和其他陆生植物残迹。但在超深海带观测到的物种中，有许多都是新的物种。在开展生物地理学测试之前，需要等待分类学上的描述。供全球分析深海生态区的数据也十分有限，但对双壳类动物、多毛纲环节蠕虫以及甲壳类动物的多项研究表明，在一些提及过的生物地理学边界中，动物群发生了变化。

对海山附近底栖鱼类的研究，发现了一些支持前述海洋深层带状况的证据，但样本数量有限，这意味着大多数边界实际上并未接受测试。尽管如此，底栖鱼类的变化支持了北大西洋边界以及澳大利亚与新西兰之间边界的存在，科学家对这些地方做了大量研究。

深海海底动物

上图：一条在西大西洋大陆坡（深层带）上的蜥蜴鱼。

中图：一只在太平洋深海平原上的一种海参：长尾蝶参。

下图：一条在东印度洋超深海带海沟中的玉钩虫。

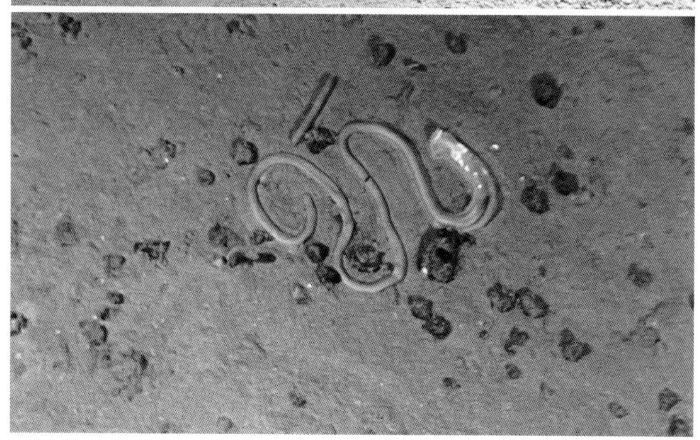

深层带中的生态区

不同区域的海洋深层带通常相距甚远，但即使物理上能相连，其中的动物群也可能因海洋环境变化而截然不同。

1. 北极
2. 北大西洋北方生物带
3. 北太平洋北方生物带
4. 北大西洋
5. 东南太平洋海岭
6. 新西兰-克马德克群岛
7. 科科斯板块
8. 纳斯卡板块
9. 南极
10. 亚南极
11. 印度洋
12. 西太平洋
13. 南大西洋
14. 北太平洋

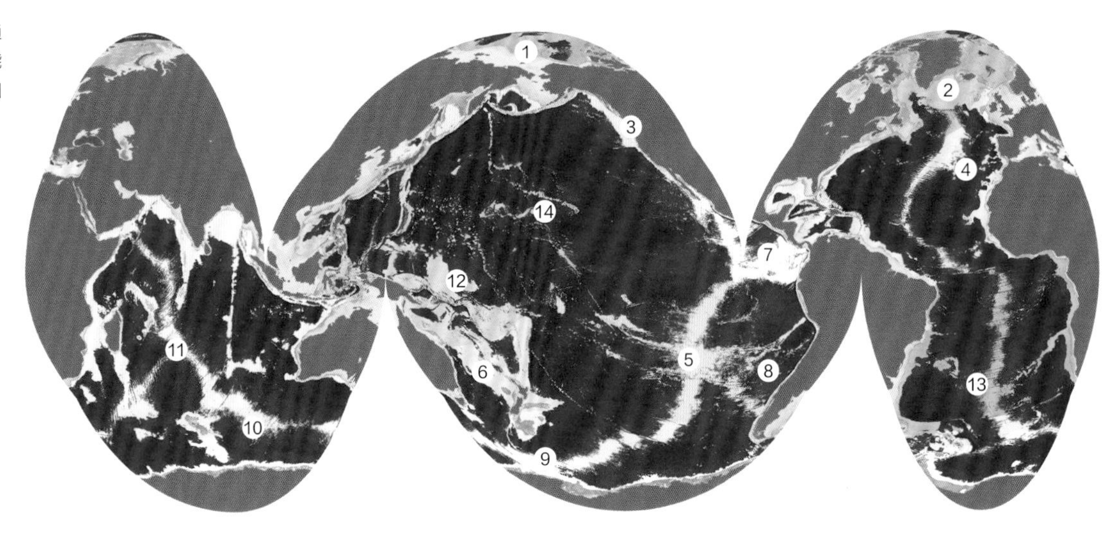

深海带中的生态区

虽然有些深海生态区被海岭分开，但还有很多并没有明显的自然边界，它们的环境状况各不相同，决定了活跃在那里的动物群。

1. 北极海盆
2. 北大西洋
3. 巴西海盆
4. 安哥拉、几内亚、塞拉利昂海盆
5. 阿根廷海盆
6. 南极洲东部
7. 南极洲西部
8. 印度洋
9. 智利、秘鲁、危地马拉海盆
10. 南太平洋
11. 赤道太平洋
12. 中北太平洋
13. 北太平洋
14. 西太平洋海盆

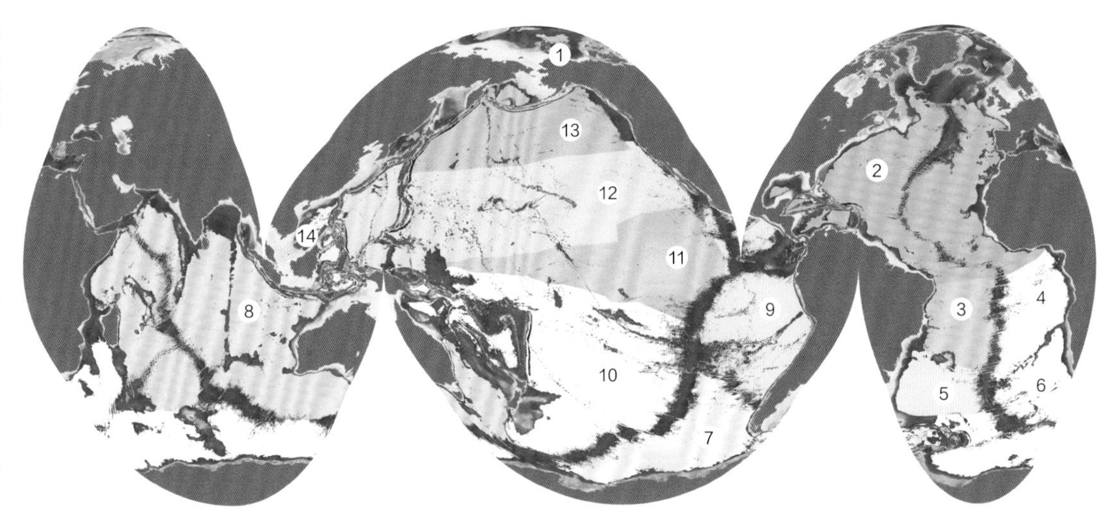

超深海带中的生态区

超深海带中的海沟是海洋中最深的部分，它们彼此相距甚远，人迹罕至。

1. 阿留申群岛-日本海沟
2. 马里亚纳海沟
3. 菲律宾海沟
4. 布干维尔岛-新赫布里底群岛海沟
5. 汤加-克马德克群岛海沟
6. 秘鲁-智利海沟
7. 爪哇海沟
8. 波多黎各海沟
9. 罗曼什海沟
10. 南桑威奇海沟

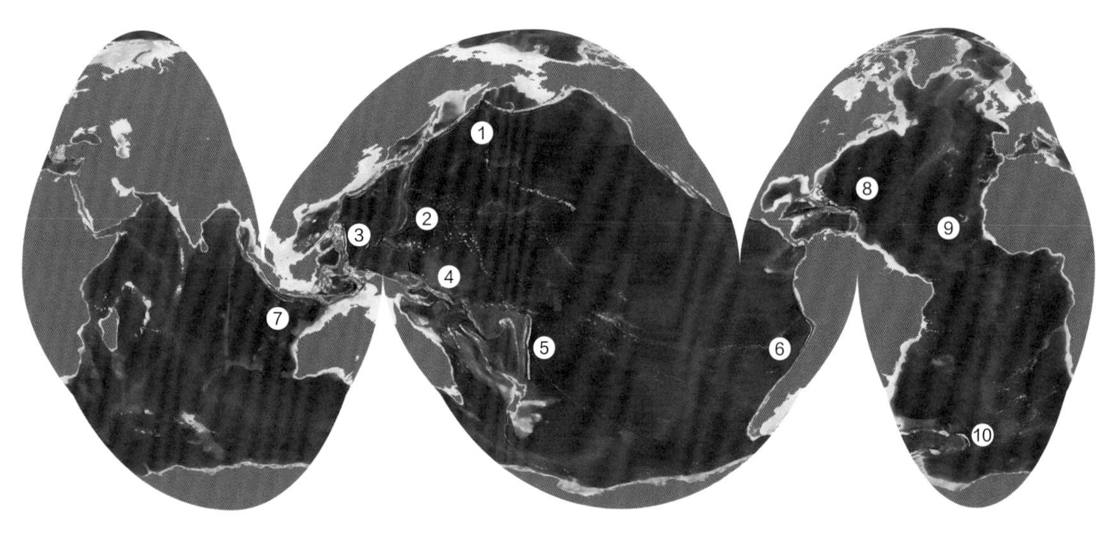

热液口生态区

科学家提出了热液口生态区概念，反映了对全球此类海洋生物群落中独具特色的动物群的一种认知。因为大多数物种不止存在于一个热液区，只有少数物种为某一特定区域的特有物种，这使得确定热液口生态区的准确数量变得复杂起来。目前科学家估计这个数量为6—11个，但不包括北极海洋中脊热液区（如洛基城堡和奥罗拉）的数据。

不同区域的生物群落在外观上有明显的不同。例如，东北太平洋中的生物群落由小型管栖蠕虫统治，而东太平洋海隆南端的生物群落则在巨型管栖蠕虫的控制之下。与之相反，西太平洋热液区中最多的动物种类是柄藤壶、笠贝和海蜗牛（腹足纲）。大西洋中的热液口动物群因所处深度不同而不同，较浅的热液口区域由热液贻贝占据，略深一些的热液口区域则是盲裂谷虾的天下。最近在亚速尔群岛以北发现的热液生态区（如莫伊提拉热液区）也有不同的生物群落，其中聚集奇异虾和笠贝最为常见。印度洋海岭上的动物群落是大西洋和西太平洋动物群的混合，有各种虾、贝类和腹足类动物。

在南大洋中，占据东斯科舍海岭热液口的是雪蟹、柄藤壶、笠贝和海蜗牛。已知其他种类的雪蟹来自冷泉，但雪蟹属分布在南方——从加拉帕戈斯裂谷向南。在北极，洛基城堡热液生态区很可能是一个独立的热液生态区，这里的动物群似乎由适应本地环境的动物构成，而这些动物源自大西洋冷泉和太平洋热液区。

特定物种基因研究表明，一些区域中还存在限制连通性的额外障碍。例如，在东太平洋海隆的北部与南部之间，庞贝虫种群以及巨型管栖蠕虫种群的基因有所不同，从而支持了这一区域存在两个相互独立的生物地理区的观点。搞清楚这些动物群的进化方式很有挑战性，但现在已不复存在的古时海洋间的通路很可能起了一定作用。巴拿马海道（大约300万年前被巴拿马地峡堵塞）曾经连通大西洋与太平洋。古地中海将大西洋与太平洋连接起来的时间要早得多（至约1亿年前）。已潜没到阿拉斯加陆地之下的库拉海岭，使东西太平洋连在一起。每个热液口在停止喷溢前都有短暂的生命周期（几十年），热液口的这种短暂性也可能在决定当下物种分布方面起到了一定作用。

热液口动物群

这些都是全球典型的热液口动物。

对页左上图：东北太平洋的管栖蠕虫（中脊管虫属）。

对页右上图：大西洋中脊彩虹热液口的一群盲裂谷虾与聚集奇异虾。

对页中图：亚速尔群岛附近大西洋中脊的贝类。

对页下图：西太平洋热液区的藤壶。

热液口生态区

基于对动物群组成的分析，科学家提出了多达11个的热液口生态区。北极地区从未被纳入这些研究，但有可能代表一个独立生态区。

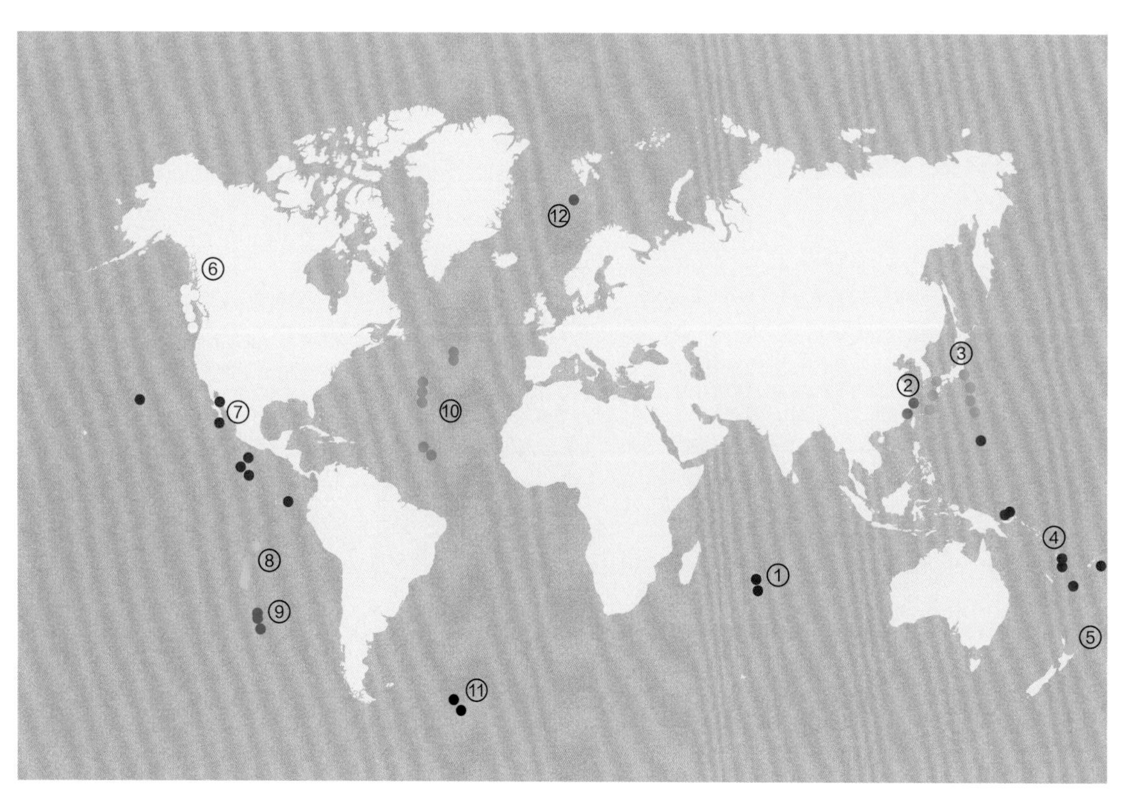

1. 印度洋
2. 西太平洋
3. 西北太平洋
4. 西南太平洋中部
5. 克马德克岛弧
6. 东北太平洋
7. 东北太平洋海隆
8. 东南太平洋海隆
9. 复活节岛微板块南部
10. 中大西洋海岭
11. 东斯科舍海岭
12. 北冰洋中脊

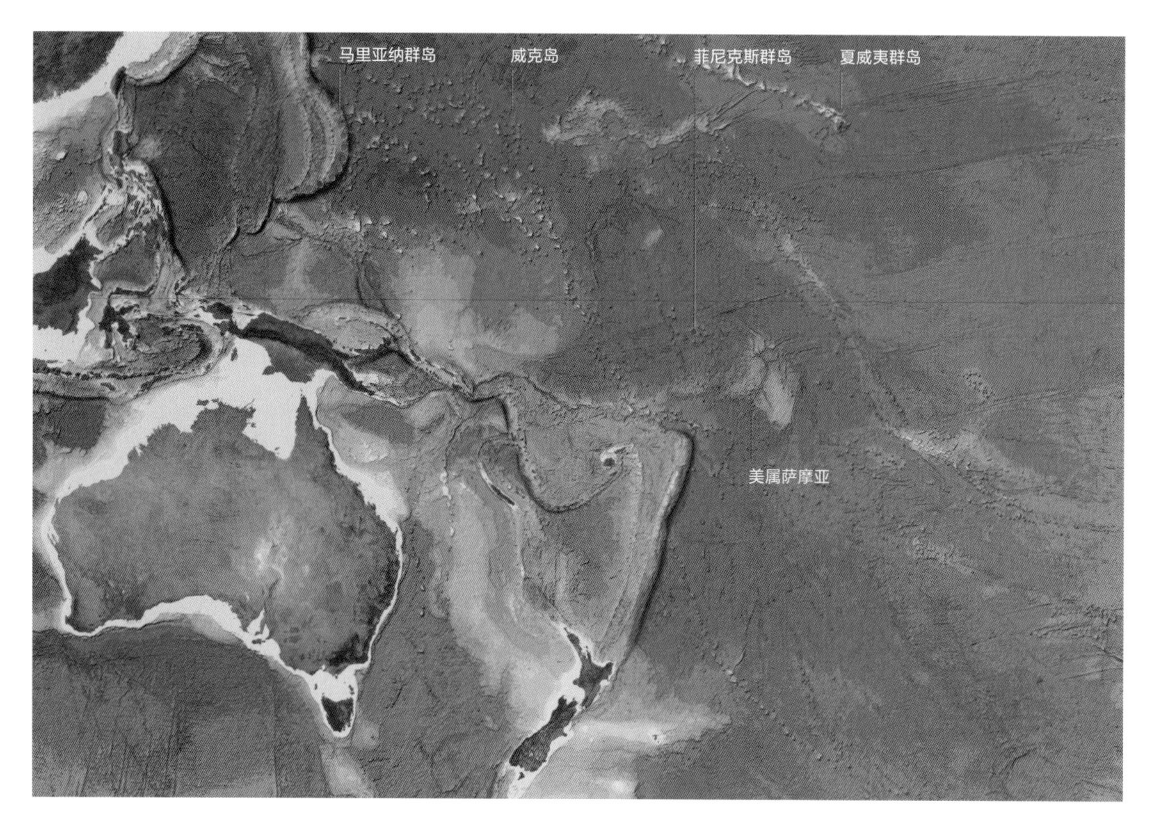

分布广泛的珊瑚属

远程遥控潜航器在西太平洋人迹罕至的地方发现的许多珊瑚属，在大西洋也有现身，尽管实际它们可能有所区别。

区别程度有多大

前面几页谈到过的生物地理学分析，不但强调了全球各大洋以及彼此之间的连接与屏障，还能帮助人们理解这些区域彼此的区别程度。某些区域，如独特的极地海域（参见第196—211页）与其他区域可能有天壤之别，而有些区域间的差别却很细微。

在许多情况下，生物地理区域中的生物群落，其物种构或即便看上去可能极其相似，但实际上会有所不同。例如，许多深水珊瑚属是全球性的，几乎分布在世界各地。一个属内的不同物种有可能各自占据彼此分离的区域，但无论身在何处，这些物种的作用是相似的。在一个超过3年以上的周期中，美国海洋及大气管理局（NOAA）在美属萨摩亚、菲尼克斯群岛、夏威夷群岛、威克岛和马里亚纳群岛周围进行了187次水下机器人下潜行动。在他们经常观测到的珊瑚属（在水下机器人视频中被捕捉1500次以上）动物中，约85%的种类也存在于大西洋中。

许多同科的鱼类遍及全球。有些科属于当地特有的，但也有些科，如灯笼鱼科则占据着海洋中层带。海山周围的底栖鱼类主要是大西洋胸棘鲷和平鲉（棘鲷科）、奥利奥（仙海鲂科）、长尾鳕（长尾鳕科）以及深海鳕科。虽然这些科在各大洋中都存在，但它们的相对分布却差别很大。大西洋胸棘鲷和奥利奥在太平洋分布更广，而长尾鳕和深海鳕科则在大西洋更多。

一项探究大西洋中海洋和深海头足类动物从北到南差异的研究发现，除两极高纬度地区外，6种相同的乌贼科在大西洋所有区域占到头足类动物的一半。鱿鱼家族中的许多物种分布很广泛，如玻璃鱿鱼科的孔雀乌贼，在大西洋中从北纬50° 左右到南纬40° 都有分布，而履乌贼则分布在大西洋、印度洋和太平洋中的类似纬度。与之相反，大枪孔雀乌贼仅存在于北极圈附近和温带北大西洋水域，而斑枪孔雀乌贼则只生活在热带和副热带大西洋之中。因此，当生物地理边界相互交叉时，物种构成在总体上会发生变化，但这种变化可能非常细微。

分布广泛

上图：大西洋胸棘鲷是一种被过度捕捞的深海长寿物种。这种鱼能活140多年，30岁才算成年，这意味着其繁殖速度很慢。捕捞这种鱼好比采矿，因为补充“库存”需要很长时间。

下图：伪版鲪鱼是奥利奥的一种，图片中的这只伪版鲪鱼是由环绕新英格兰海山链山峰的水下机器人拍摄到的，它生活在990—1200米深的海域。

极地深海：南极洲

独特的环境和非常特殊的动物区系

南极环极氧流将南大洋与各大洋隔开，之间的连通程度因海水深度（参见第187页）不同而不同。南极大陆架水域的温度要比其他大陆架水域的温度低得多，因而南大洋的中层带、深层带和深海带的水温差别不大。正因如此，南极大陆架动物区系与其他大陆架动物区系相比差别较大，而其深水动物区系的差别则较小。南极大陆架比其他大陆架要深得多，由于冰层的重量和冰川的侵蚀，它在过去3400多万年的时间里逐渐下沉，其平均深度超过450米，在冰川侵蚀出的深海海盆，深度达到了1000米。因此，在本书中我们第一次将南极大陆架水域和这里的动物区系看作深海的一部分。

南极洲

南极洲地处地球最南端，被海洋锋、洋流将其与太平洋、大西洋、印度洋隔开。这里环境独特，在这样的环境中，进化出了非常特殊的动物区系。

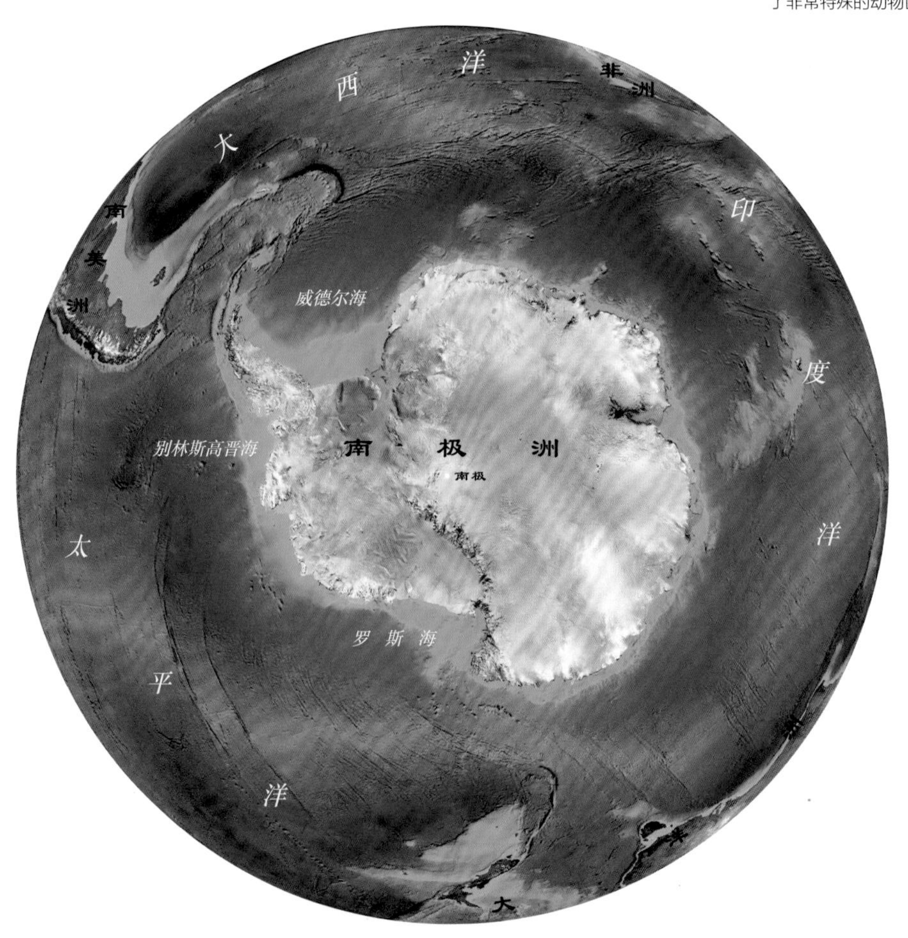

南极无脊椎动物

低温导致了南极洲形成一个很特殊的本地动物群，自从渐新世降温以来，它就在原地进化。在无脊椎动物中，南大洋中55%的海蜘蛛为本地专有，而海蜗牛和海绵的比例分别是75%和44%（关于无脊椎动物的分类，参见第79页）。高度的区域性也出现在鱿鱼和章鱼身上，有些类群在这里的种类数量要比它们在其他海洋中的多出许多，如海绵和端足目动物，而双壳类动物和等足目动物等其他类群的种类数量要少得多。某些种群，如十足目甲壳类动物，虽然化石显示它们在冰川覆盖之前的始新世曾经存在，但现已几乎完全绝迹。它们的衰落反映出对其生理不利的环境在迅猛增加。一些种群中出现了巨型性现象（参见第156页），这很可能是寒冷的南极水域氧饱和度很高导致的。

南极大陆架最深处，通常是游走的食腐动物和食屑动物的天下，其他地方的动物群主要是滤食动物和食悬浮体动物，而长生不老的海绵则形成了结构复杂的栖息地，为其他生物提供了固着基底、庇护所及养育场所。与其他海洋一样，这里与上层水域保持着紧密联系。例如，生活在上层带（透光区）的磷虾一次可产出成千上万个卵，这些卵沉入海底后，有些会在数千米的深度孵化出来，经过脱皮（期）等过程，幼体在生长发育的同时慢慢沿水柱体向上爬升。

海蜘蛛

最上图：在南极洲发现的海蜘蛛种类，占全部已知海蜘蛛种类的20%左右。

端足目动物

第二图：蜮类端足目甲壳动物是深海捕食者，用它们的大眼睛寻找猎物。

巨型发育

第三图：巨型南极等足目动物南极雕水虱长度可达7—10厘米，有时会更大。大多数等足目动物身长不到1厘米。

滤食动物

第四图：固着珊瑚和海绵（分别为食悬浮体动物和滤食动物）在南极海底形成一个密灌丛。其他食悬浮体动物，如海蛇尾和海羽星，栖息在它们的上方，利用它们处在洋流上方的位置优势来捕食。

下双页图：
南大洋端足目动物

特有的辐射使南大洋产生了大量各式各样的端足目动物物种。

南极的鱼类

南大洋拥有独特的鱼类种群。其中最著名的也许要数阔口鱼科的鳄鱼冰鱼。它们是唯一没有血红素的脊椎动物，这类鱼依赖溶解在南极洲冰冷海水中的高浓度氧气和自身较低的新陈代谢率维持生存。它们很少活动，主要靠伏击来捕获猎物。这种冰鱼属于一个大族群——诺氏鱼（诺氏鱼纲），它们是南大洋大陆架和海底斜坡海域的优势物种。几乎所有的海底生物都没有用于游泳的鱼鳔（在海洋水柱体中为它们提供浮力）。它们在南大洋的进化性扩张，得益于在进化中形成了抗寒冷的糖蛋白，使得它们在环境严苛的南极海域具有了适应性优势。

尽管诺氏鱼并不都是深海物种，其中许多种类分布在800—1000米深度。齿鱼也称为鳕鱼，其分布的水域更深，超过2000米。它们遭到了过度捕捞，经常被当作“智利海鲈”出售。

深海诺氏鱼的种类很少。特色鲜明的南极鲂数量最丰富，它们通过减重的骨架获得中性浮力，广泛分布于海洋表层到大约700米深的水域。其他科的鱼类主导着海洋中层和深海区域。

灯笼鱼（灯笼鱼科）分布很广泛，但属于南极海域本地的种类却很少。相反，鳗鲡（鳚科），在第三纪中新世从北太平洋来到南大洋，经历了新近的扩张后，数量超越了许多本地鱼类。狮子鱼类（狮子鱼科）主要属于底栖鱼类，一般可在300—2000米深的海底发现它们，但副狮子鱼属和南方副狮子鱼属的深海鱼类，可生活在5000米以下的深海。

一些在其他海域很常见的鱼类，例如长尾鳕（长尾鳕科）和深海鳕科鱼，也会出现在南极水域，但种类较少。尽管通常认为南极没有鲨鱼，但实际上，在南大洋的深水区域生活着几种灯笼鲨，在南大洋大陆坡上的水域，也发现了少数几种鳐鱼（鳐形目）。然而，化石证据显示，上至始新世，早于渐新世气候变冷之前，这里曾有过大量的鲨鱼，以及甲壳纲的十足类动物（参见第197页）。

鳄鱼冰鱼

对页左上图：这种鱼生活在南极半岛和苏格兰海附近的海底水域，成年个体主要以其他种类的小冰鱼为食。这种鱼可以长到0.3米长，雌性个体稍大。

岩鱼

对页右上图：南大洋有几种岩鱼，它们的体形大小和长度各异。它们属于底栖动物，以海洋无脊椎动物和其他鱼类为食。

狮子鱼

副狮子鱼属一种

对页下图：狮子鱼是软骨鱼，没有鱼鳞。广泛分布于包括南大洋在内的世界各大洋的深海水域，数量庞大。

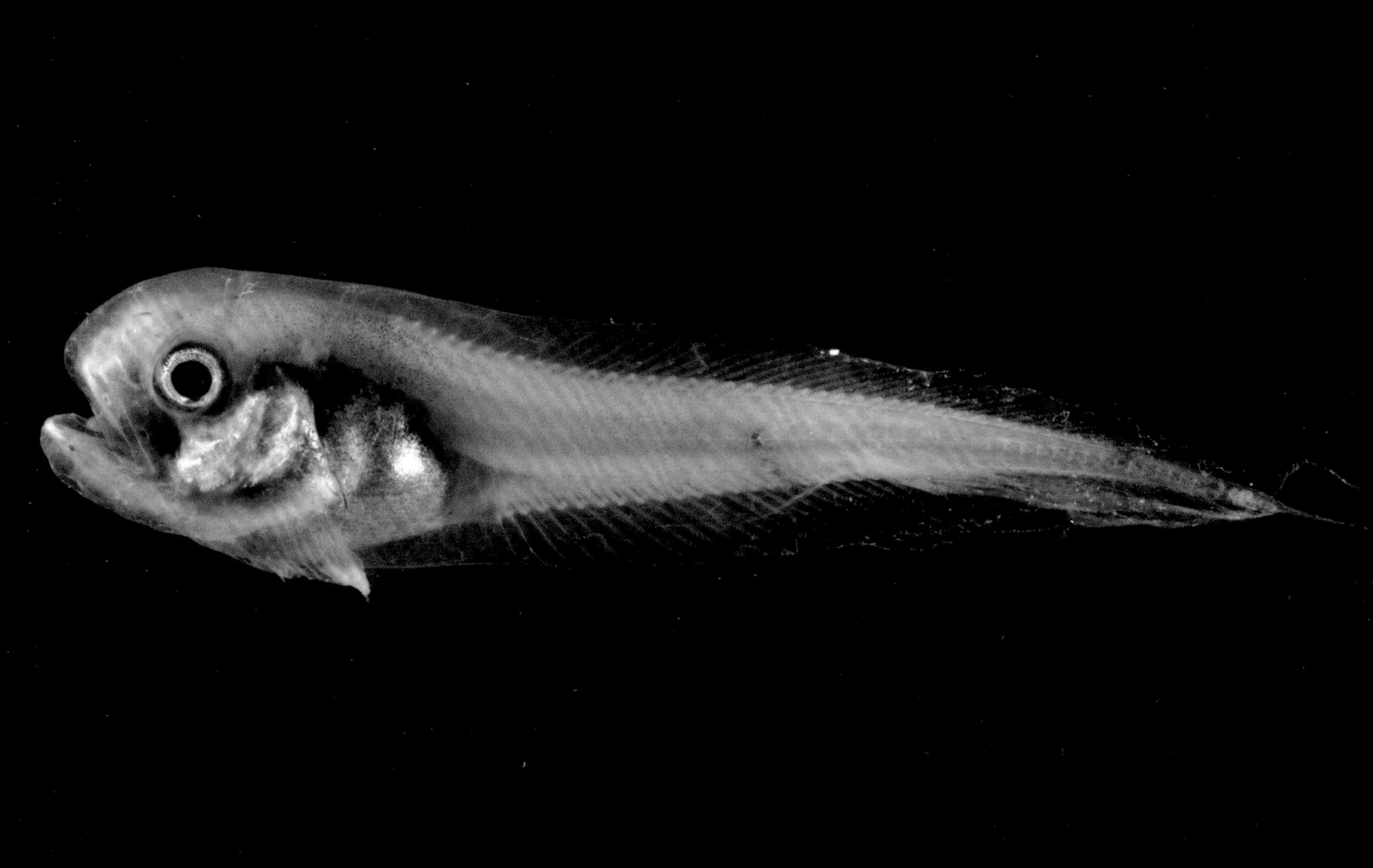

南极洲的巨型动物

正如之前强调的那样（参见第196—197页），在垂直方向上，海洋浅层与深层生态系统间存在着很强的联系。南大洋的区域性深潜动物最好地诠释了这种联系。

帝企鹅可以屏气超过30分钟，并下潜到500米深处去猎捕南极鲂、磷虾和处于中层带的鱿鱼，诸如寒海鱿和长拟桑葚乌贼。帝企鹅主要在海洋上层带（透光区）（0—200米）潜水，它们有坚实的骨骼（与大多数鸟类便于飞行的空心骨骼不同）和特殊的血红蛋白，这类身体结构和生理上的适应机制有利于它们潜入较深水域发动攻击。这些企鹅喜欢在白天深潜，依靠阳光发现猎物。南大洋的海水比其他海域都清澈：一个标准的海水透明度盘（用来测量水的透明度）可以在南极洲的威德尔海80米深处被看到；作为比较，在北海只能在5—10米深处被看到。阿德利企鹅和王企鹅也会偶尔潜到 200 米深度以下，但这只是中层带的最上部。

有几种南大洋海豹和海狮，例如食蟹齿海豹和南极财宝窄头海狮，也在中层带上部区域狩猎。更令人印象深刻的是，威德利细爪海豹潜水可超过1小时，能下潜到600米深处去捕获鱿鱼和鱼类。潜水最深的是南方象海豹，通常可潜到500米深度，最深能潜到1000米以下。

南大洋为多种鲸鱼提供了丰饶的猎场。包括已知的深潜者抹香鲸，它们可以在水下2小时到达2000米深处搜寻鱿鱼和齿鱼。从南半球温带水域到南极水域，都可见到阿诺喙鲸的身影，人们对它们了解还不多，虽然知道它们可以潜水1小时左右，但对于能潜多深尚不清楚。

齿海豹

对页上图：齿海豹是数量最多的海豹物种之一，它们主要捕食磷虾，长有特殊形状的牙齿（多尖）用以从海水中过滤磷虾。尽管它们通常在海水表层（50米）猎食，但潜水时间可以超过20分钟，最深可潜到500米以下深度。

帝企鹅

对页下图：在南极的极高维度区域，有大约25万对处于生育期的帝企鹅，它们的生活方式与海洋和冰层紧密相关，它们应对气候变化的能力很脆弱。

塞奇盘

一位研究人员将黑白部分对比鲜明的塞奇盘（海水透明度盘）放入海水中以测量光线的穿透性。

威德利海豹

有超过50万的威德利海豹栖息在南极海域和相关联的次南极岛屿上。它们可以长到大约2.75米长，寿命可达25年。

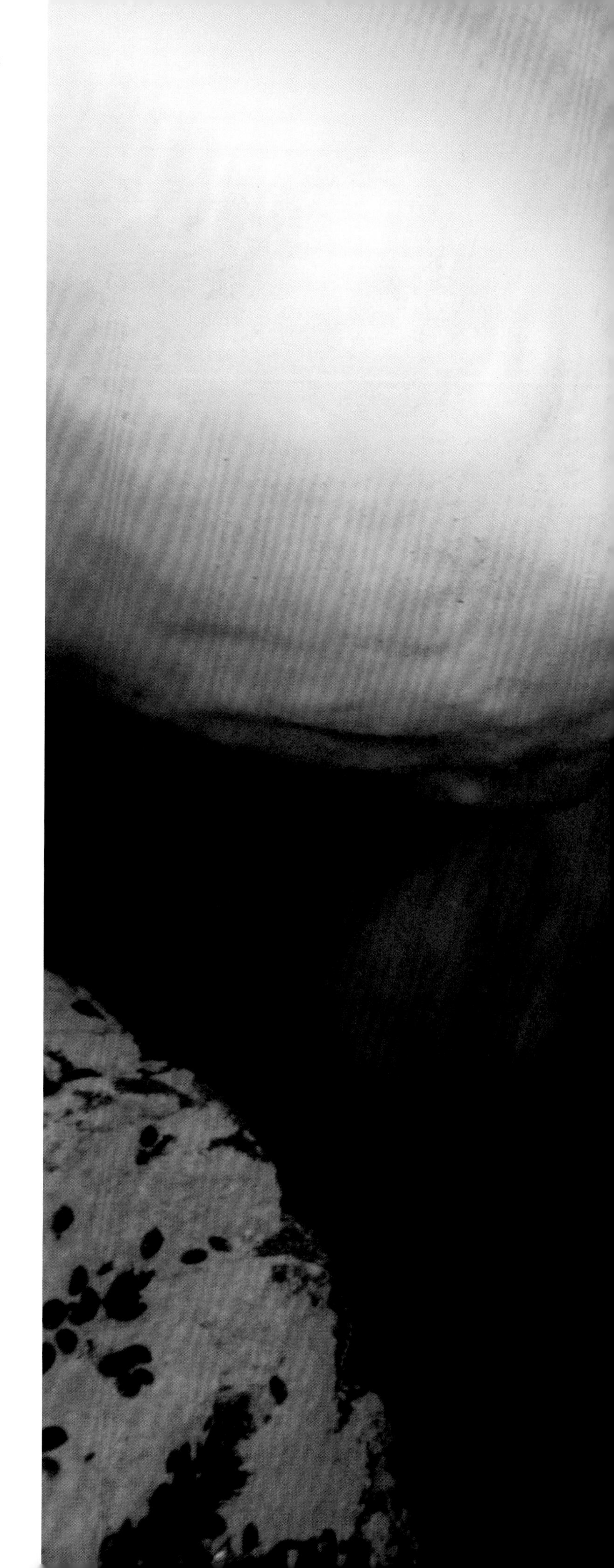

极地深海：北冰洋

隔绝的海盆、海冰和海洋哺乳动物

北冰洋的特点是中间有个深海盆，周围有许多较浅的边缘海，其中一些边缘海的区域很广阔。在北冰洋地区，浅海区与深海区有某种程度的相似性。整个北冰洋终年寒冷，几乎没有海水温度的分层，而且水下长时间处于黑暗中，这是因为北极圈北部极地冬季漫长以及海冰被大雪覆盖后遮挡了光线。这样的情况也使人联想起环绕南极洲的南大洋（参见第196—197页）。实际上，很多人认为极

北极探险

上图：一艘考察船在深夜引导着北极海冰下面的水下机器人进行操作。因为这里的夏季24小时有日照，而冬季则是24小时黑暗。日光穿透极地海水的动力学与世界上大多数海洋的情况截然不同。

北冰洋海盆

对页图：不同于南大洋（南极圈），北冰洋是被陆地包围的，与其他海洋的连接很有限。陆地的淡水会流入北冰洋。格陵兰岛有点类似微缩版的南极洲，被厚厚的冰川覆盖着，漂着许多冰山，其中的一座当年曾撞沉了泰坦尼克号邮轮。北极幽深的海盆被平行的海岭分割开来。

地区域是非常相似的，但它们之间有着很大区别：南极洲是陆地被海洋包围，而北极圈是海洋被陆地环绕。

北冰洋与其他海洋的连接区域狭窄。在北美和亚洲之间将北冰洋与太平洋连接起来的白令海峡，它又窄又浅。唯一宽阔也是主要的深水连接区域，是格陵兰岛和斯堪的纳维亚之间的水域，北冰洋通过这里与大西洋连接。南极的环极洋流将南大洋与大西洋、太平洋和印度洋分隔开，而北极没有环极洋流。表层海水可以从北极经白令海峡流向大西洋，但因为这里有海岭将北极深海区域分割为几个次海盆，因此从北极圈流向其他方向的深层海水很有限。加拿大海盆位于深海中最隔绝的区域。不同于广阔的浅水大陆架区域，由于北极圈的海盆不仅覆盖着冰层，而且幽深并与外隔绝，在这里无论是深海还是底栖的生物，其生产力和多样性通常都很低。虽然人类占据并开发北极圈仅有两个世纪，但人类在这里永久定居并捕捞海洋资源已有数千年。

冰的形成动力

北极圈的冰层主要由海冰构成，海冰由海水冻结而成（冰山由降雪等形成）。相比而言，南大洋除了海冰还有大量冰架崩解形成的冰山漂浮在海面上，它们沿南极海底缓慢滑动。而在北极，底栖动物最大的侵扰者则是海洋哺乳动物。

过去，北极地区的大多数海冰可在夏季之后留存下来，年复一年堆叠在一起。这种冰层不仅对北极熊在冰面上捕猎以及海豹在冰面上繁殖十分重要，而且对海冰生物群落——从冰藻到食草的端足目动物再到北极鳕——也同样重要。北极地区一年冰中的冰藻，是这里主要的光合初级产物。如同在其他地方所见到的动物一样，一些独特的深海动物群落，无论是浮游还是底栖的，都依赖于洋面上的这些初级产物。但是这种模式在北极正在快速改变，因为这里是全球气候变化中变暖速度最快的区域。尽管北冰洋的海面一直覆盖有冰层，但在夏末不冻水域变得更大，导致从冰藻到浮游植物等初级产物的改变，随后深海食物链以及底栖动物的食物输送也会跟着改变。

海冰形成时，是作为一种淡海水冻结而成的。因为当水分子结冰时，盐分被排析出去，这也使得尚未冻结的海水变咸了。随着这部分海水越来越咸，最终会无法冻结。这种咸海水的密度比普通海水大，密度大的咸海水向下沉，海冰则留在了上面。当海冰融化后，海面上会形成一个盐分相对较低的淡水层。

海冰这种冻结与消融的变化，正在改变着北冰洋海水盐度的分层结构，不仅影响了海水的运动，也对动植物水平和垂直移动带来了影响。受影响的动植物包括浮游植物、海冰动物以及垂直迁移的深海动物等。

海冰

在北极地区，海水冻结后形成海冰，在这个过程中盐分被排出，结果形成了淡海冰。图中前景为蓝色的区域，是在夏季阳光照射下海冰消融后所形成的众多淡水池塘。

北冰洋中的深海动物

北冰洋生物多样性调查是全球海洋生命调查工作中的一个子项目。得益于这个项目的实施，在21世纪前10年内，人类对北冰洋特别是这里深海区域生物多样性的认知，有了实质性增长。总体而言，这里的深海特别是中部水体中的生物多样性较低。已发现的底栖多细胞生物不到1000种，绝大部分属于甲壳纲、多毛纲以及线虫纲动物。在对浮游动物的一次调查中，发现的174个海洋物种中的绝大部分属于甲壳纲动物。其他一些分类群，例如胶状大型浮游生物、游泳蜗牛可能也较多。一些物种，如浮游的翼足目蜗牛海蝴蝶，曾被认为在南北两极都有分布，但是经过现代分子测序，表明两极地区的物种尽管在形态上十分相似，但实际上是有区别的。与此形成对照的是，两极地区的鱼类种群区别很大。南极的鱼类主要是特征比较鲜明的诺氏鱼纲鱼（参见第200—201页），而北极地区的鱼类则属于北大西洋种群成员，例如鳕鱼（鳕目）、狮子鱼（狮子鱼科）、鲶鱼（绵鳚科）、比目鱼（蝶形目）、杜父鱼（杜父鱼科）。少数北极本地深海物种，如冰川鳗，则属于那些分布更加广阔的分类群成员。

尽管这里的光照存在很大的季节性变化，在北冰洋及南大洋都记录到了动物的昼夜垂直迁移活动，甚至在冬季也如此。然而，进行季节性垂直迁移的物种在这里占多数。许多种类的浮游动物在整个冬季都会待在深海中，处于生命周期中称为“滞育”的冬眠阶段。在阳光季节性回归后，受本能的繁殖需求刺激，这些动物会重新恢复活力并开始上浮。

由于有着悠久的捕猎历史，在北极的动物大家庭中，无论是本地的还是来自遥远海盆的，最知名的当属那些海洋哺乳动物。真正属于北极本地的哺乳动物主要是几种海豹、海象以及寿命极长的北极露脊鲸。海象是对北极海底带来生物扰动（沉积物被动物所搅动）的主力军。独角鲸和白鲸属于北极本地最少见的海洋哺乳动物中的两个，它们在深海中以鱼类、鱿鱼和虾类为食。北极熊是北极地区顶极捕食者，它们也是一种海洋哺乳动物。尽管北极熊会游泳，但它们却在冰面上捕猎，似乎不像一个深海捕猎高手。然而，在它们的猎物清单中，除了有海豹以外，还有在深海捕食的独角鲸和白鲸。

北极的大西洋化

现在是全球气候快速变化的一个时期，在此之前，人类对北冰洋深海生物变化的研究极为匮乏，因此现在并没有和以前情况进行对比的基础资料。除了北极本地物种以外，很长时期以来，在北极海洋动物区系中就包括了一些具有很多北太平洋（白令海峡附近的浅水区域）和北大西洋（挪威海和格陵兰海附近全水深区域）物种特征的动物。人们通常认为，这些自热入侵者在极地条件下不可能繁衍下去。然而，随着全球气候变暖以及海冰形成动力的变化，北极地区的环境变得更加有利于那些来自南边的物种。特别是在与大西洋有广阔连接的海域，出现这类物种以及在此进行繁殖的证据不断增多。在这种称为“大西洋化”的过程中，随着北极本地物种的竞争对手和捕食者的进入，北极动物区系中出现了一个主要的潜在分支。作为这种现象的一个缩影，在北极地区人们不断看到逆戟鲸的身影，这种趋势对于本地的独角鲸和白鲸而言，实在是一个糟糕的坏消息。

海蝴蝶

对页左上图：海蝴蝶是一种会游泳的蜗牛，属于翼足目。这种动物是北极浮游动物的主要组成部分。

海象

对页左下图：海象曾被认为只能在浅海中活动，实际上它们已经展示出可潜入500米深水的能力。它们除了捕食双壳类和其他较大的无脊椎动物外，其捕食行为还会搅动海底环境，扰乱底栖生物群落的正常生活秩序。

弓头鲸（北极露脊鲸）

对页右上图：弓头鲸这个名字，源自它们弓形的上颌。它们曾被本地人和远洋捕鲸船捕获。有证据显示，如果不被人类所捕杀，它们可以活几百年。

白鲸

对页右下图：白鲸有时也称作“海洋金丝雀”，因为它们可以发出多种模式的声音，包括嘀嗒声、口哨声、啾啾声以及尖叫声。

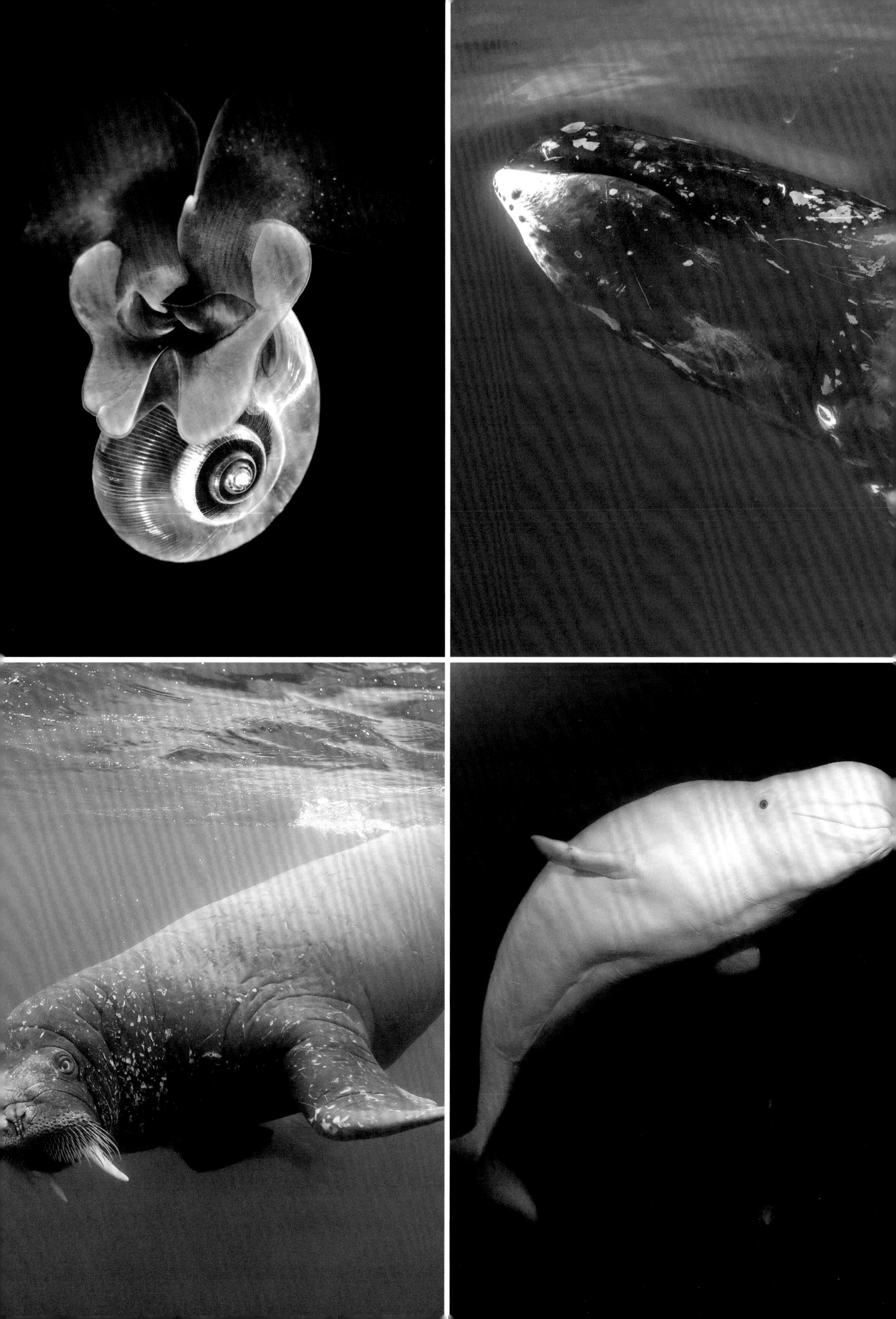

底栖动物的垂直分区

从浅海到深海的生命形态变化

人类对深海进行的最早期研究表明，海洋生命形态在垂直方向上存在着分区现象，不同深度有着不同的物种。一些陌生的动物，例如过去只在化石中见过的有柄海百合（棘皮动物门，海百合纲），不断被人们从深海中打捞上来。19世纪早期，博物学家安托万·里索（Antoine Risso）将萨伏依大公国（Duchy of Savoy）的自然资源——从萨瓦山山峰到海滨再到地中海深海水域——进行了分类。他发现，生命形态会随着海拔高度变化而变化，在山顶裸露的岩石上长有地衣，往下沿着林木线植被会不断增多，到山谷地带变为草地，而海滨的生命形态就更加丰富多彩。继续往下到了海面以下，从大陆坡深入到远离尼斯城的海洋深渊，在不同深度区域都发现有独特的物种。海平面以上依海拔、海平面以下依海水深度变化所呈现出的物种分区现象，是地球生命的基本特征之一。以海平面的基准，向上或向下的距离越大，生命的丰富性和多样性就越小，在陆地山脉的最顶端以及海洋下面的最深处，生命种类和数量变得最为稀少。在海洋中，物种分区会受一些基本因素影响，包括深度、光线、压力、温度、氧气以及食物供给等。

光线

随着深度的增加，有效的阳光会快速减少，到了200米以下的深度，光线强度已不足以支持生物进行光合作用了。因此，这个深度被定义为深海的上限深度。再往下，海藻、海草以及浮游植物就无法生存了。在热地地区的浅水珊瑚上长有共生的黄藻，这种藻类可通过光合作用为珊瑚提供所需的绝大部分食物。而这种情况在深海就不可能出现了，深海珊瑚是纯粹的食肉动物，它们通过带刺的触手捕获猎物和食物颗粒。部分光线可穿透水面到达最深约1000米深处，这些光线不足以进行光合作用，却可被深海动物敏锐的眼睛所看到。在海底生活的鱼类、头足类动物以及甲壳类动物，可以利用这些很弱的光线追捕并俘获猎物。许多海洋动物拥有生物发光能力。海鞭珊瑚（海鞭珊瑚科）和竹节珊瑚（竹节珊瑚科）等软体珊瑚以及海笔（海鳃目），在黑暗环境中通常不会发光，但被外物触碰打扰时，就会发出蓝光。目前人们尚不清楚它们为何这样做，但推测这些光线或许是扮演“窃贼警报”的作用，这样既可以迷惑捕食者，又可以吸引较大的捕食者前来攻击这些打扰自己的捕食者。再往下，超过1000米深度，光线就不大可能影响动物的分区了，因为这里可用的只有源自生物发光的光线。

有柄海百合

广布深百合属一种

上图：在佛罗里达近岸的西北大西洋1200米深处发现的一种海百合。

发光的竹节珊瑚

下图：这是一种树状枝珊瑚，发现于大陆海山和岛屿的斜坡地带。这个样本来自650米深的海域，正发出蓝光以回应外部的刺激。

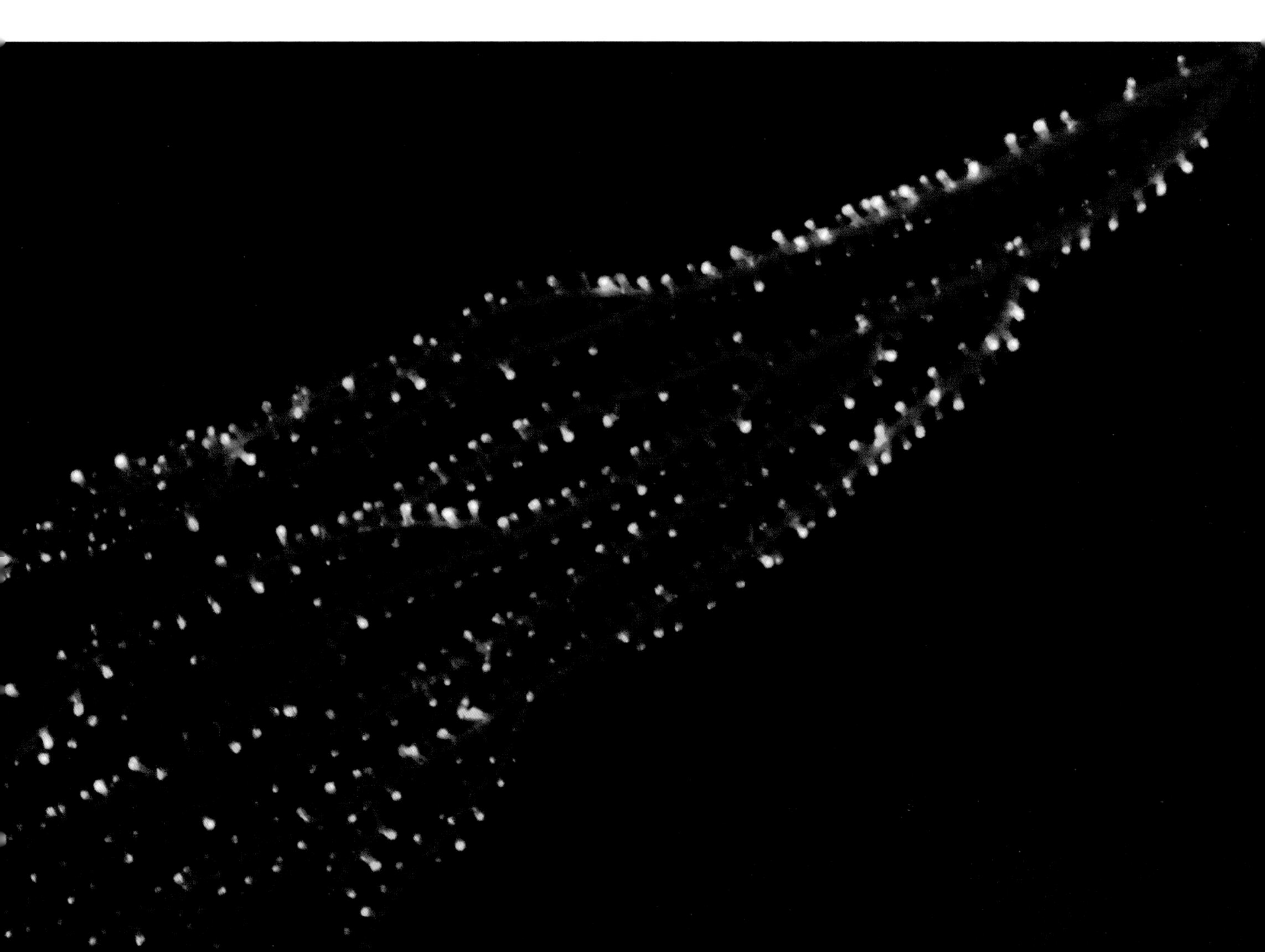

压力

深海属于高压环境，受上面海水重量的影响，深度每增加10米，压力大约会增加一个大气压。尽管压力巨大（在海洋平均深处有约400个大气压），一些深海动物之所以没有被压碎，是因为它们身体里充满了液体。不同于空气或其他气体，液体体积不会在压力下发生改变。但那些带有充气浮力器官的动物却不能抵挡这种巨大的压力。头足类软体动物鹦鹉螺有一个充满气体的坚硬外壳，在大约70个大气压下就会发生内爆，致其死亡。因此，鹦鹉螺只能在距海面不足700米的水域，主要在海洋岛屿与海山坡面地带300—350米的深度捕食。硬骨鱼类体内有鱼鳔，鱼鳔里面的气体体积可被缩小，既不会伤害身体，也不会降低浮力。然而，压力仍然能对动物功能产生无形的影响。浅海的物种如果暴露在30个大气压下，其神经功能将受到损伤，如果压力增大到100个大气压以上，或许会毙命。为了在深海生存，生物就必须要适应关键生物分子结构的改变以抵抗压力，或者在体内积累称作压电体（piezolytes）的防护性化学物质。修改生物分子涉及通过附加交叉键来强化结构的问题，所带来的副作用是降低了体内化学反应速度。由此，动物的肌肉收缩会变慢，新陈代谢速率会降低。这是一种非凡的深海环境适应能力。但如此一来，这些生物就无法与那些在较浅水域快速移动的物种进行竞争。此外，积累压电体也是有极限的，其浓度需要随深度的增加而增大，最终会达到极值，之后就不可能再进一步增加。总之，为适应深海的压力，就会限制物种对海洋深度的选择，它们只能生活在让身体机能保持最佳状态的深度。

压力产生的另一个重要作用是影响碳酸钙的溶解度。碳酸钙是动物身体硬质组织的主要成分，包括软体动物、甲壳类动物和浮游生物的外壳，以及珊瑚、海绵、棘皮动物和鱼类的骨骼。在海洋表层，碳酸钙是饱和的，因此是一种不溶的坚硬材料。但在大约3500米的深度，碳酸钙就可溶了。一旦超过了“碳酸盐补偿深度”后，压力所带来的影响就占据了上风，碳酸钙的溶解速度会超过补充速度，这样就使动

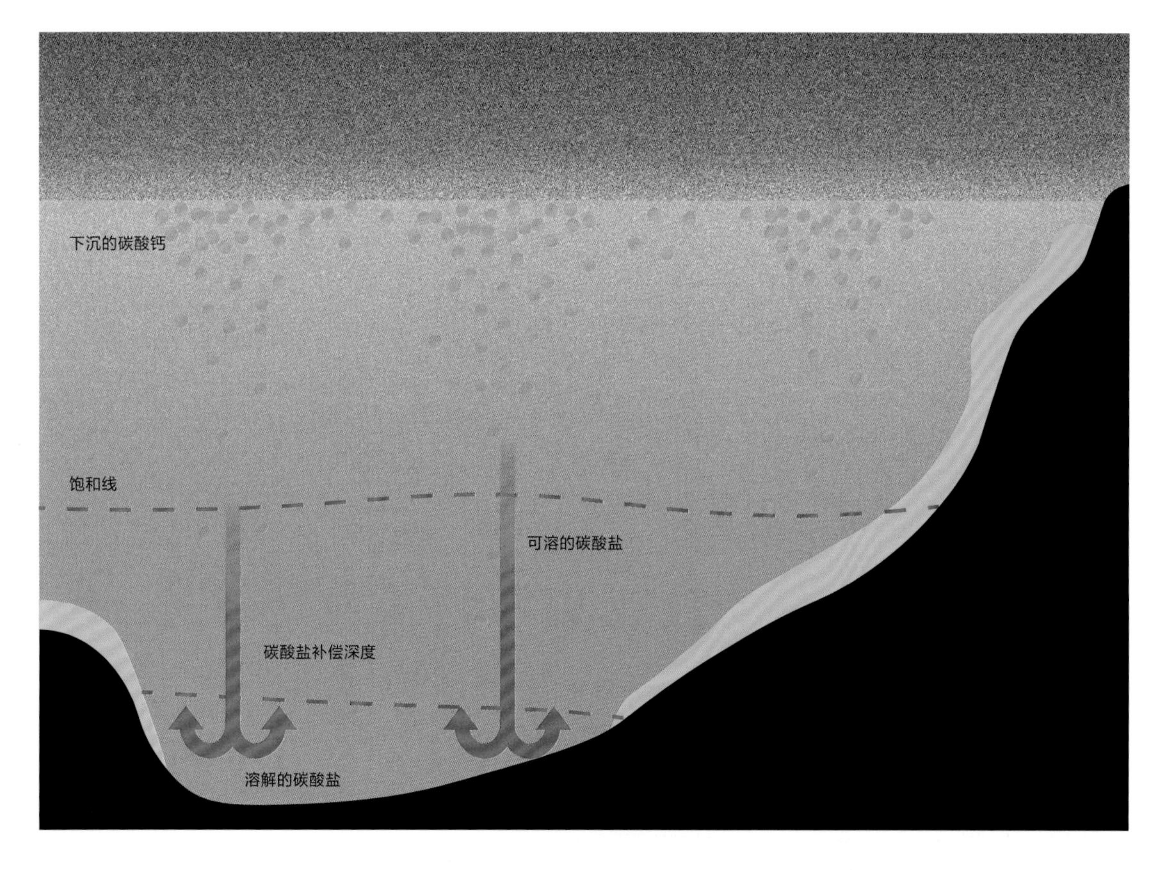

碳酸盐补偿

碳酸钙是动物维持硬质外壳的基本物质，但深度大于碳酸盐补偿深度后，碳酸钙就开始溶解。

腔肠鹦鹉螺

上图：坚硬的腔壳里充满了空气，可使这种动物向下悬浮在700米深的水域。

低氧环境

下图：最小含氧区（OMZ）在富氧的表层和富氧的深层水域之间的中间水域形成。

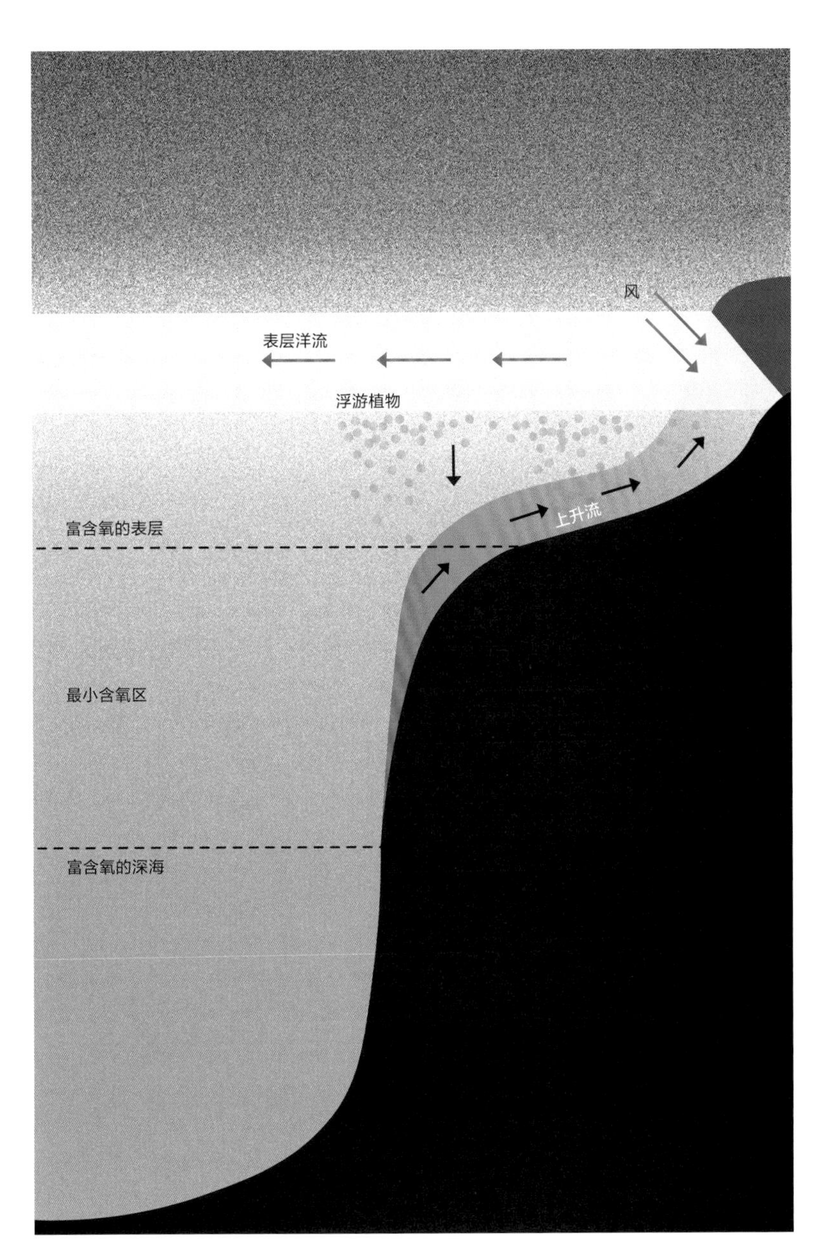

物在这个深度以下很难维持其坚硬的外壳。在超深海带（6000米以上的深度），在最深处生活的海蜗牛的外壳是软的，而造礁珊瑚在这里是无法生存的。碳酸盐补偿深度是变化的，在太平洋中约为4000米的深度，而在大西洋则为5000米。

温度与氧

在深海，温度总体上相对稳定，深度大于1500米时，温度会低于4℃。在热带地区，深海物种会避开温暖的表层水域，而在极地地区它们则会靠近海洋表面。对于深海生命而言，低温并不是这里的基本特征。纵观海洋历史，深海的温度会在温暖期（15℃）和寒冷期（2℃）之间轮转：从进化角度看，最近一个温暖期结束于7亿年前，因此绝大多数现代深海生命起源于相对温暖的海洋环境。地中海一直比较温暖，向下一直到最深处，水温仍接近14℃，这里的典型动物分区与世界主要大洋寒冷水域所看到的完全一样。

在极地地区，海洋深处富含氧气，因为密度较大的冷海水会从表层沉降下来，因此，生活在最深处的动物仍然会有充足的氧气供其呼吸。但在生产力丰富的中间水域就会出现一些问题，这里有大量沉降于表层的有机物质，导致过多微生物和动物在利用这个“富矿”时消耗大量的氧，使海水中氧的浓度不断降低，直至接近于零，结果产生了最小含氧区（参见第172—173页）。最小含氧区主要出现在东太平洋、热带东大西洋以及北印度洋季风区，深度为150—1500米。在极端情况下，也许会形成完全没有生命的死亡区。更多的情况是，最小含氧区的动物种类和数量会减少，而那些特别能适应低氧环境的生物就变成了这里的主角。

食物供给

在影响动物分区的各种因素中，食物供给逐渐减少是决定性因素。深度每下降2000米，食物供给量就会减少10倍左右。因此，在2000米的深度，食物供给量是表层的十分之一，在4000米深度则降到百分之一，到了6000米深度会降到千分之一。在6000米的深海，生命数量不会超过表层附近的千分之一，这是无法改变的事实。这与大陆坡、海岭及海山之上区域（200—1000米深度）生命丰富程度形成了巨大反差，这里或许是一个长满珊瑚与海绵的海洋花园，里面生活着多种多样的游走生物、甲壳类动物、软体动物、棘皮动物以及鱼类。动物们落脚的基质发生变化以及洋流的大小，都能对生命的丰富程度产生巨大影响。强劲的洋流可以冲走松软的沉积物，使岩石裸露出来，并带来食物颗粒，让以岩石为基底的滤食生物能够持续繁盛生长。在200—1000米水域之下，生物多样性及生物量会逐渐降低。在2500—3500米的深度，就成为深海动物区系（坡地动物区系）到深渊动物区系的转换点。

在深渊区，人们发现了两类物种：①深海物种延伸至此的，因个体数量过少，要保持种群稳定须不断从深海向下迁移；②已成功适应了食物极端匮乏环境的深渊区本地物种，其中包括海参（海参纲），它们以海床上沉积的有机物碎屑为食，并且会对突然来自表层的短时丰富食物做出快速反应。一些甲壳类动物，例如等足类动物（等足目）已非常成功地侵入了深海区域，适应了这里食物匮乏的环境，在一些区域的最深处，它们呈现出了极大的种群多样性。在从坡地向深渊转移过程中，绝大多数物种的体形变小了，体形较大的生物很稀少。因此，深渊区事实上是由小型动物统治的，包括生活在沉积物中的微小动物，它们以有机质的沉积物为食（参见第148—149页）。而那些活跃的食腐动物，主要依赖从表层沉积下来的食物，它们却出现了随深度增加而体形变大的趋势。因为体形变大后，即使因表层沉降的食物稀少而出现较长的食物匮乏期，它们也可以熬过来。长尾鳕科的榴糙属的榴糙鱼以及巨型端足目动物巨型爱丽钩虾（分别参见第86页和第156页），就是这样的例子。

随着时间的推移，物种数量变得相对较多后，也会带来对食物资源的争夺。许多深海物种，特别是较深水域的物种，其繁殖频次很低，可能一生只有一次。在这种情况下，一次生殖的大暴发，或许就让一个物种在几十年内成为局部区域的优势物种。因此，沿着深度梯度区向下分布的物种，能够随时间和地点的变化而变化。

巨型端足目动物——
巨型爱丽钩虾

对页左上图：这是已知体形最大的端足目物种，体长可达34厘米，在深渊区和超深渊海沟中是一个贪吃的食腐者。

线虫

对页左下图：典型的深海线虫，体长不足100微米，在海底沉积物中数量庞大，种类超过10,000种。

海参

对页右上图：这是一条平卧的紫色海参，在770—7250米水域都可见到，长约20厘米，身体外层透明，可显现出内脏。它们在海床上觅食，可以在不同的食物地之间游动。

底栖桡足动物

对页右下图：这个微小的甲壳类动物体长不足1毫米，生活在海底沉积物中，以细菌和其他有机物为食。

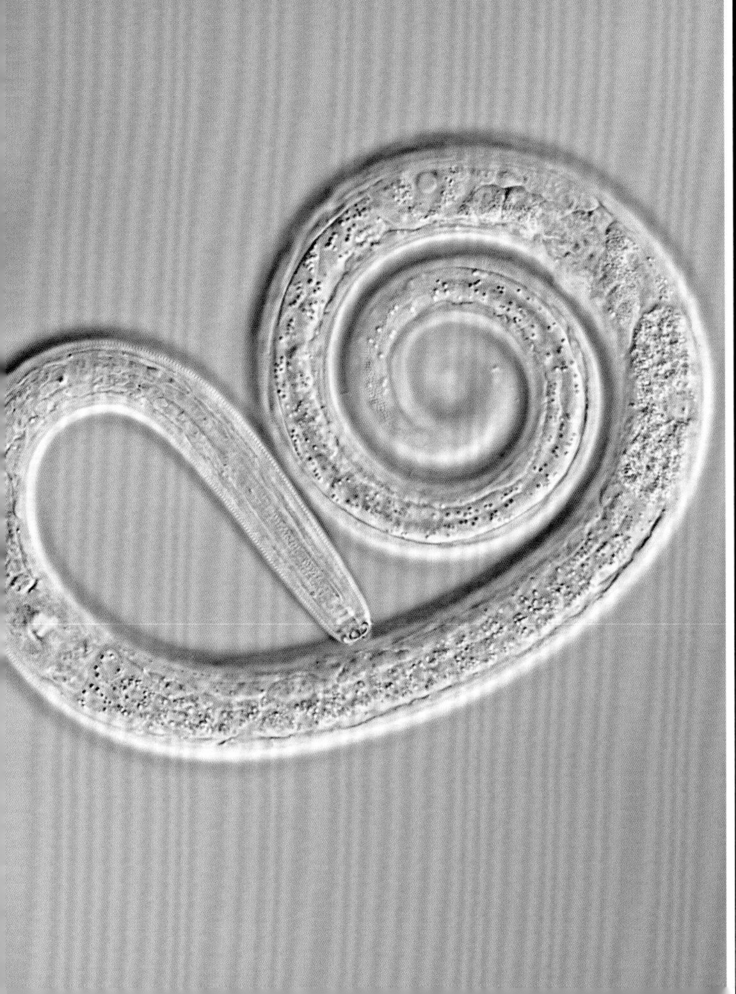

深海生物多样性

复杂的模式与进程

生物多样性是生态系统中一个基本的可变特征。生物多样性保护已经成为环境保护运动呼吁的焦点。但是，什么样的生态系统具有最好的生物多样性？回答这样一个看似简单的问题，却引起了一系列非常复杂的问题。首先，我们说的“生物多样性”究竟指什么？许多人认为它是某一地区的生物种群数量（即种群丰富）。但即使对于深海绝大部分地区绝大多数生物种群来说，回答这样一个问题也是困难的。最广为人知的动物种群是鱼类，可是它们却难以调查统计。虽然有些种群易于调查统计，但由于缺少分类学家，大部分无脊椎生物和微生物还未被人类所认知。我们一旦有了机会，有了资助去仔细研究某块深海区域，例如“深海地平线”号（Deepwater Horizon oil spill）溢油事件后的墨西哥湾，被发现的种群数量就会极大地增加，即使对鱼类和虾类这些我们认为已经很了解的种群也是一样。增加的包括新发现的种群，也包括前面已经描述过的不知道它们就存在于所研究区域里的种群。这表明，在其他缺乏仔细研究的区域，我们肯定存在知识缺口。

生物多样性的构成要素

生物多样性还包括种群目录之外的其他因素。一个样本有10种生物全部来自同一科，相比10种生物来自多个亚纲的不同目，前者更缺乏多样性（后者进化或种类更丰富）。如果一个样本有100个动物，均匀分布在10个种群中，另一个样本也有100个动物，但91个属于1个种，其他9个分属9个不同种，那么这两个样本在生物多样性上是不同的（在种群多样性的“均匀性”方面）。其他要素还包括：每个种群内的遗传多样性，从一地到另一地种群变化的丰富性与均匀性（一个地区“生态系统多样性”）。食物链内的功能和连通性也应该被考虑进来。换句话说，这是一个复杂的话题。即使在具有长期充分样本调查的陆地生态系统中，要理解生物多样性的模式与过程也是困难的。对于深海的生态系统而言，目前在生物多样性方面的研究顶多是初步的，因为海洋十分浩瀚，对其进行研究很困难，而且这一研究的历史也相对较短。

计算生物多样性

目前人类已经有了计算生物多样性的详细方法以及可进行预测的解释性模型，主要是依据较为系统的陆地和浅海生物多样性研究工作。这些方法的应用是基于一些假设，比如可直接相互比较的具有广泛覆盖面的样本（例如标准的采集工具、相似的样本规模、用相同方法分析相同的种群）。直到21世纪，对深海生物多样性的大部分研究，还未达到生物多样性对比研究的基本假设条件（例如同时兼顾丰富性与均匀性的信息理论），这在其他生态学领域是一个基本前提。这种局面使大部分深海生物多样性研究，都要依赖人们开发出不依赖上述假设条件的新方法（对这些方法的详细探讨不在本书范围内）。科学家正在努力确定深海生物多样性的模式，因为它对理解生态系统很重要。人们已经通过部分通用模型得出了一些推论，但至多算是初步的推断，因为在深海大部分区域我们还处于科学的探索与描述阶段，而不是对生态系统层面假设进行详细检验的阶段。

珊瑚群落

上图：生活在爱尔兰附近波丘派恩海湾水下750米深处的冷水珊瑚穿孔莲叶珊瑚，这里还生活着海百合和软珊瑚。

研究和采样

下图：科学家正在处理冷水珊瑚样本，它们通过德国的“歼击机”（JAGO）号深潜器，在北大西洋挪威特隆赫姆峡湾采集。为了保护深海的重要区域，我们必须了解生活在那里的各种生物以及种群保持过程。

全球一致的模式

计算深海生物多样性最标准的数据，已经从累积的多个生物种群样本中获得，这些都是在深层带和深海带松软沉积层上生活的生物（收集工具是一种中间带有盒子的海底雪橇式收集装置）。样本生物已按照通用分类学目录进行了分类，如桡足类动物、等足目甲壳类动物、多毛纲蠕虫和软体动物（无脊椎动物群，参见第78—87页）等。对这些样本进行广泛对比的结果，揭示了一种与深度相关的具有广泛一致性的生物多样性模式，即在大陆坡之上中等深度水域的生物多样性最高。这种单峰模型与用“中等扰动”假设所得出的预测是一致的。这说明生物多样性会因频繁扰动而维持在低水平上；但在扰动过少时，生物多样性也会受到种群竞争的限制，结果是在中等扰动水平下，生物多样性最高。然而，在深海生物样本中，除了几种相对普通的种群外，还常常含有许多只有1—2个标本量的其他种生物，这些种群在其他任何地方都没有见过，甚至在相邻区域的样本中也没见过。这意味着深海海底淤泥里小型动物的多样性可能极高。

确定深海生物多样性并不如此容易。在大量已知的海山中，进行过生物多样性采样调查的只有少数几个，而采样方法和被调查的动物种类却五花八门。在这些海山之间用不同方法进行生物多样性比较，就像拿苹果与橙子进行比较。如果你将不同物种作为不同海山生物多样性研究中的焦点，就更像拿苹果和甲壳虫比较，完全没有可比性。

在深海中总能观察到的另一个模式是，如果生物数量（或生物量）大，则与此关联的多样性就相对低。这就是在诸如热液口、冷泉及鲸落（参见第159—167页）等化能合成生态系统中遇到的模式。

确定大型深海多样性模式尤为困难。即使收集样本的器具是标准化的（会限制被调查采样的动物群种类），要使收集的样本达到标准量也是很难的。不过，对于与纬度和诸如温度、浮游植物生产力及海水含氧量等物理环境相关联的一些生物多样性模式，人们还是能够推断出来的。

深海成为避难所

深海也许已为某些动物提供了避难所，让它们避免了在地球历史上几次波及广泛的大型灭绝事件中消失。例如，当6600万年前的白垩纪末期恐龙灭绝时，浅海中大约90%的鲨鱼和鳐鱼种群（软骨鱼纲）灭绝了，但在深海生活的动物受到的影响很小。一些曾在白垩纪时期广泛分布于浅海中的腔棘鱼（上图），依靠将栖息地收缩到深海而存活了下来。银鲛的近亲曾在淡水和浅海中广泛分布，在2.5亿年前二叠纪末期的灭绝事件中，它们中的绝大部分都消失了，但生活在深海中的家族却幸存了下来。另一方面，当深海缺氧时，深海动物群也会遭受大灭绝事件的冲击（例如在1.82亿年前温暖的侏罗纪期间）。

坡地中间区域的生物多样性最高

右图：图中显示的是大西洋大陆坡上不同深度采集到的蜗牛种类数量。图中实线是一条带有95%灰色置信区间的非线性衰减曲线。这张图显示了在大陆坡上中等深度水域生物多样性呈现最大值的总体模式。E（S_{50}）是样本（含50个个体）中的种群预期数。它是利用称为"稀疏法"的生物多样性方法计算出来的，该方法以不断增大的样本（来自一个区域）中所积累的种群数量为基础。

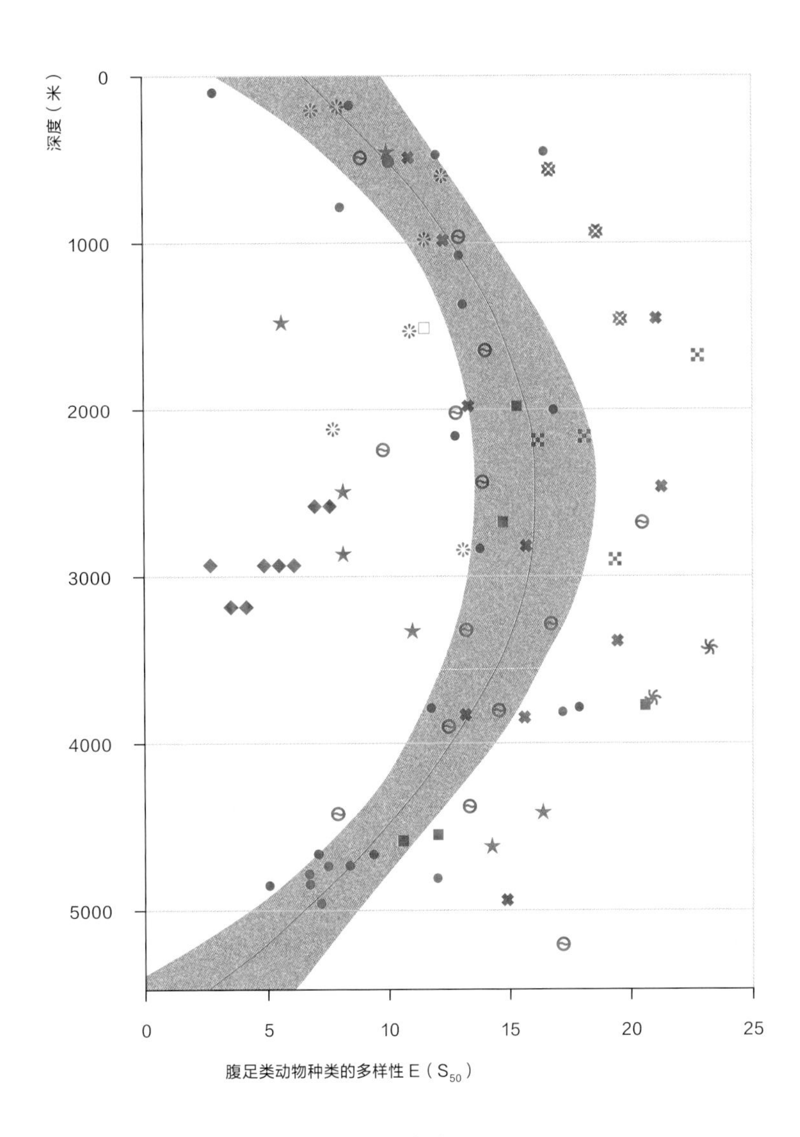

迈达斯开衩贝壳

下图：这个迈达斯开衩贝壳正在海底一处岩壁外沿下面爬行，地点位于佛罗里达群岛附近海域425米深处。

深海的物种数量

要数清深海中所有生物物种的数量是不可能的，因为大部分深海区域还没有被勘探过，还有很多新物种未发现。估计深海物种总数的一个办法是：在不断增大的样本中计算新发现物种的增量。一开始，种类数量会陡然上升，因为新物种很容易被发现；最后，发现新物种的速度开始慢下来，这样就可以用数学方法来预测物种总数可能是多少。1992年，通过对西北大西洋深海的底内动物（生活在海底沉积物中的动物）进行分析，估算出全球海洋深海中约有1000万个动物种类。后续的推断数为50万到1亿。对于鱼类的数量无疑更确定些，现有约3500种已命名的深海鱼类，预计全球有约5500种鱼类，这标志着人类已经发现了64%的深海鱼类。目前，76%的深海物种以及56%的底栖物种已经被人类所发现。

物种形成

深海物种的演化

科学家长期以来一直在争论深海动物群的起源。这并不奇怪，因为它们并不都是在同一时期或同一个地区出现的。诸如海百合这类动物的存在，表明深海具有类似在古生代浅海中可以见到的古老动物群，但DNA测序显示深海动物群中的大量动物要年轻得多。虽然动物从浅海到深海的迁移在整个地质年代可能一直在发生，但最古老的动物群中的大多数动物却因灭绝事件消失了，特别是与缺氧相关的灭绝事件，除了靠近海洋表层的地方，大洋中的氧气在灭绝事件中被彻底耗尽了（缺氧的海水含硫量也常常很高）。著名的全球缺氧灭绝事件发生在二叠纪后期，而二叠纪至三叠纪之间也发生过相关灭绝事件，在白垩纪也有很多类似的灭绝事件。并不是所有的深海动物群都被这些事件所灭绝。一些等足类动物似乎起源于二叠纪至三叠纪灭绝事件之前，却在数次灭绝事件中存活了下来。如今在深海发现的许多棘皮动物，包括各种海星（蛇尾亚纲）、海蛇尾（蛇尾纲）、海参（海参纲），都起源于中生代，这意味着它们在二叠纪至三叠纪灭绝事件后的很短时间内就占据了统治地位，并在随后的白垩纪灭绝事件中存活了下来。其他种群都相对年轻，例如深海端足目食腐动物的祖先可溯源到白垩纪至早第三纪时期，且分化的种群可溯源到始新世至渐新世的分界时期。

缺氧事件主要与全球变暖相关。相反，早第三纪时期全球变冷给动物重生创造了机会，或许成就了现代深海动物群中的大部分物种。大约在始新世向渐新世过渡时期，主要构造板块运动使南极洲从南美洲和澳大利亚分离，导致了极地洋流的出现，随后南极开始变冷。此后，南极的冰川作用驱动了热盐循环的发展（参见第182页），并在第三纪中新世中期得以进一步强化。这种洋流体系从极地海洋给世界各大洋深海水域带来了富氧冷水，似乎也为南大洋动物群占领其他深海区域提供了一条路径。现在在低纬度区域生活的深海章鱼就拥有南极“血统”，而一些海蜘蛛、腹足类和端足目动物也是如此。

动物种群一旦出现在深海，它们就会通过各种不同机制进一步分化。动物种群会被距离、陆地、洋流、海底结构等因素隔离开，每处被隔离的群体都会慢慢进化为单独的一个种。深海蹲龙虾的祖先曾广泛分布于大西洋和印度洋，而滑铠虾则是深海蹲龙虾大家族中的一个属，其进化历史向人们展现了大陆板块漂移是如何影响物种形成的（*物种形成就是生物从旧种分化为新种的过程。译者注*）。生活在大西洋的滑铠虾属的种群，就是从它们在印度洋—太平洋海域生活的姊妹群中分离出来的，在特提斯海路封闭后逐渐演化为一个新种。在历史上，特提斯海路曾连接着印度洋和现在的地中海。

幸存者

对页上图：深海中发现的许多棘皮动物是历经多次大灭绝事后幸存下来的，我们可以从古代化石中找到它们的身影。

全球性事件

对页下图：显示大灭绝事件和缺氧事件的地质年代时间轴线。

大西洋家族

左图：在墨西哥湾发现的阿氏滑铠虾。铠甲虾类在全球范围内已分化为18种。

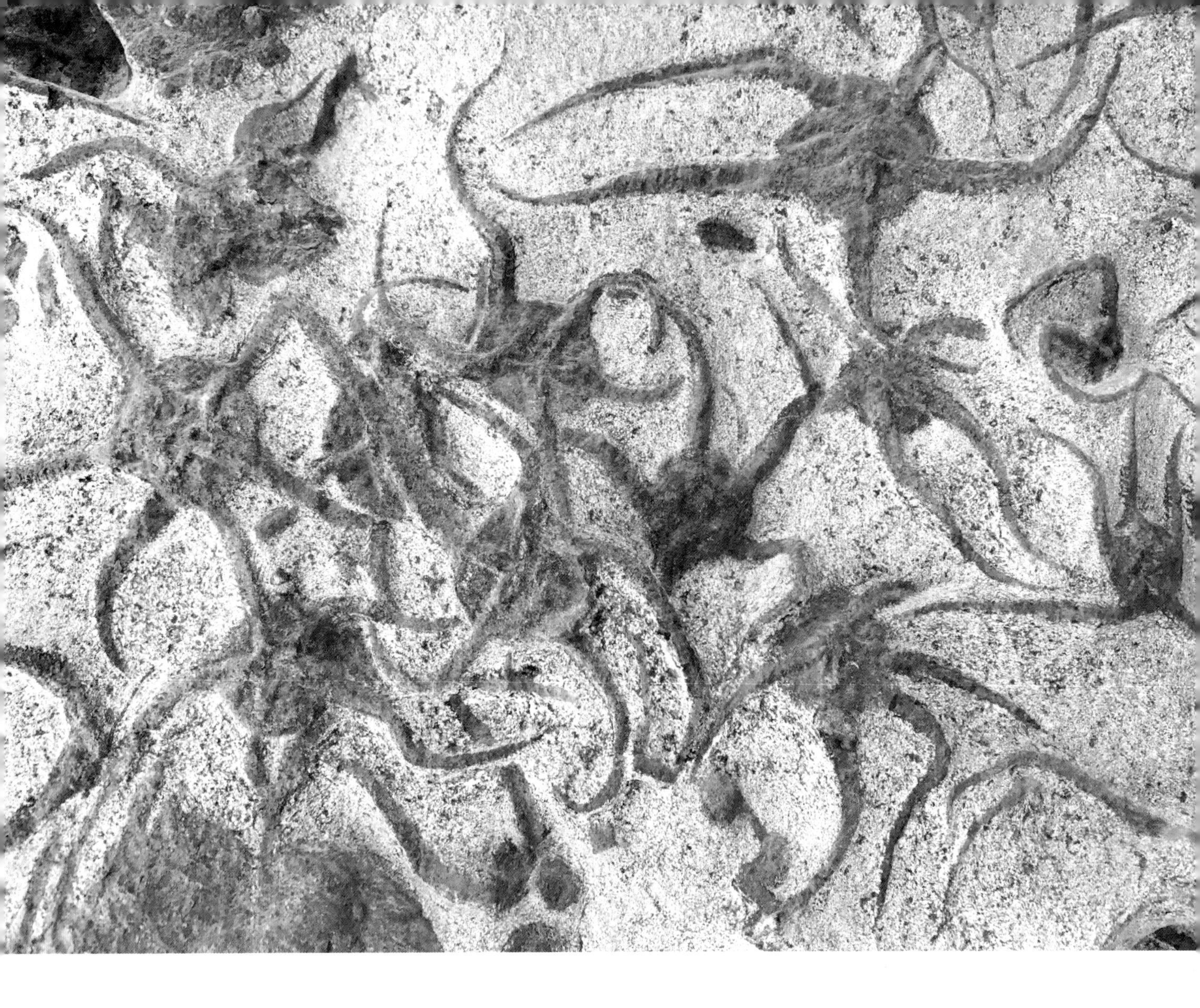

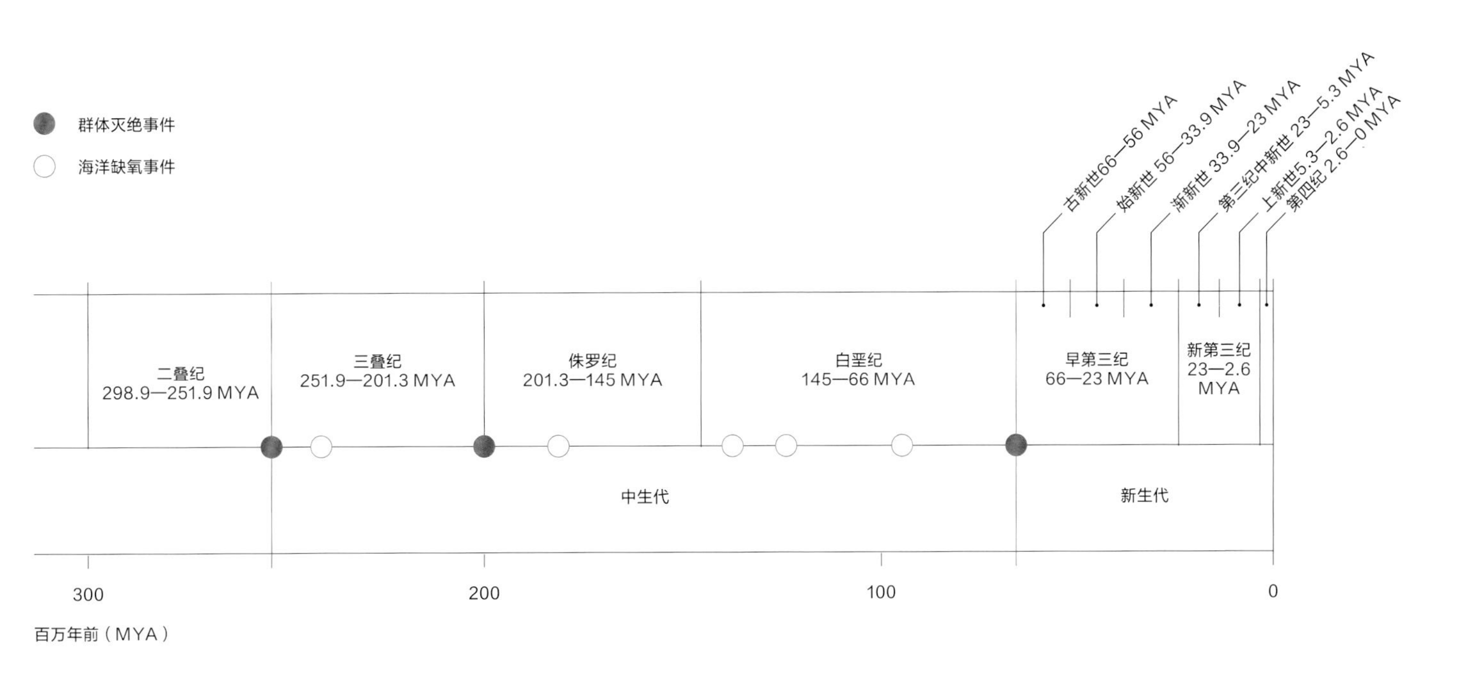

群体灭绝事件
海洋缺氧事件
古新世66—56 MYA
始新世 56—33.9 MYA
渐新世 33.9—23 MYA
第三纪中新世 23—5.3 MYA
上新世5.3—2.6 MYA
第四纪 2.6—0 MYA
二叠纪
298.9—251.9 MYA
三叠纪
251.9—201.3 MYA
侏罗纪
201.3—145 MYA
白垩纪
145—66 MYA
早第三纪
66—23 MYA
新第三纪
23—2.6
MYA
中生代
新生代
300
200
100
0
百万年前（MYA）

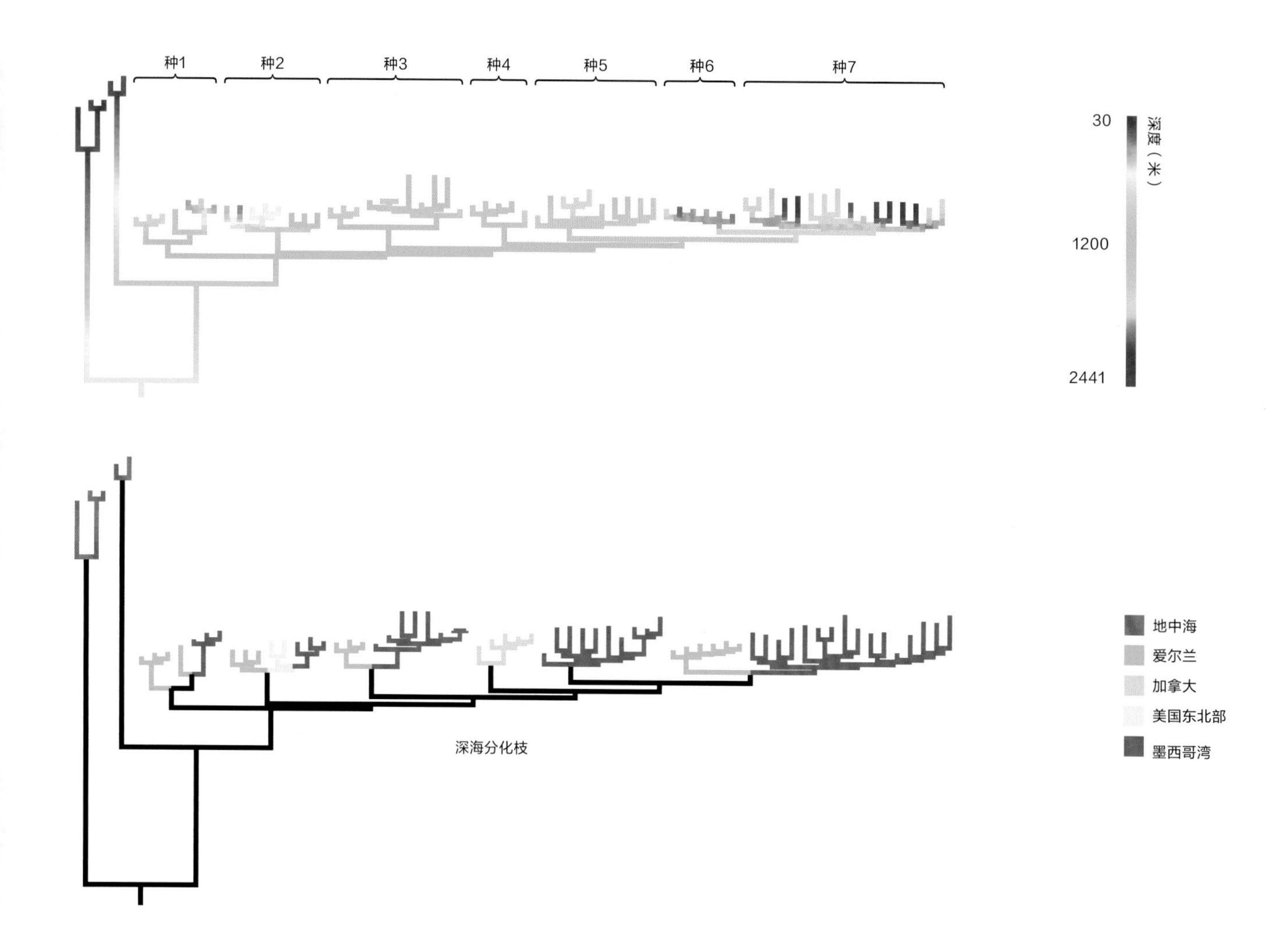

深度是物种形成的一个驱动因素

与深海物种最相关的一些研究结果常常表明，栖息在相同地理区域内的同种动物（同一属中的种）可分布在不同深度。在深海物种中，诸如桡足类（较小的甲壳类）等，一对近缘物种或许会分别栖息在海洋中层带和深层带。在底栖鱼类中，如长尾鳕，深层带的一个种可能与深海带的另一个种近缘。在深海珊瑚中，如副尖柳珊瑚属多个隐性种（除非用基因方法，否则难以区分），会出现在不连续的深度区域内。这样的物种形成究竟是由什么因素驱动的呢？

在某些情况下，驱动物种形成的可能不是深度本身，而是水团。这些水团不会与其他水团混在一起，因而会限制幼体的移动，结果每一个种都直接与一个相应水团相关联。从局部地区看，在海水高度分层的墨西哥湾，副尖柳珊瑚属多个种的形成就属于这种模式；从更大范围看，在整个北大西洋中该属的多个种也是这样形成的。与水团作用类似，洋流也可以阻止种群的混合，而且现在可能还在起着阻碍种群扩散的作用，这种作用也许一直都很强，抑或其历史发展进程略有不同。不过，今天洋流的这种潜在影响已经不显著了。

但是，在这样的物种形成过程中，自然选择也可发挥重要作用。在海洋中层带以及深度变化最陡峭的大陆坡上，环境变化很大，温度、光线、含氧量和食物资源全随深度变化而变化。一种动物所具有的能够使其在较浅或较深水域更好适应环境的一些特质，很可能成为自然选择的对象，让不同深度的物种能慢慢分化成不同种群，最终变为“姊妹”种。如果对动物特质的自然选择要依赖环境变化，那么在环境潜在变化较小的深海中，我们可以预期深海物种的种类范围会更宽。这种情形已在一些长尾鳕种群中得以了验证。

深度驱动的种群形成

上图：上图是7个副尖柳珊瑚属种群的系统分类树形图，显示了分化后不同种所在的不同深度。下图显示了今天我们能找到这些种群的地点。这证明7种副尖柳珊瑚属的形成首先因为深度，然后一些种群再出现地理性分化。结果是，墨西哥湾有5种，爱尔兰海域有4种，加拿大、美国东北部海域以及地中海各有1种。

扇形珊瑚
副尖柳珊瑚属

对页图：这是爱尔兰近海的深海珊瑚，属于伞菌 属的一种。在这两幅图片中的珊瑚上都住有海蛇尾，它们的长臂绕在珊瑚枝上。

最小含氧区是物种形成的驱动因素

最小含氧区发生在海洋生产力很高但水体循环较慢的区域，结果这个区域的氧气被耗尽却不能得到补充。在东太平洋热带生态区域和阿拉伯海（参见第172—173页）都存在最小含氧区。只有极少数的物种能够忍受低氧环境，因此最小含氧区内的物种多样性较低。这些能够忍受低氧环境的少数物种最后会占领这个区域。那么，最小含氧区是如何驱动物种形成的呢?

物种形成通常有两种机制。异域物种形成是一个物种被地理性分隔开，被分隔的种群适应所在区域的环境条件并不断分化，直至形成两个不同的种；同域物种形成与此相反，出现在没有地理分隔的区域，通常是对具有某些特质的物种进行自然选择的结果，海洋深度就是这样的例子（参见第224—225页）。最小含氧区在这两种机制中都可发挥潜在影响：在异域物种方面，最小含氧区将不能忍受低氧环境的物种进行地理分隔；在同域物种方面，选择具有忍受低氧环境特质的物种留在最小含氧区内。

此外，最小含氧区还可能通过地质年代变化发挥影响。在全球变暖时期，最小含氧区增加，强化了地理分隔和自然选择这两种机制的作用。在全球变冷时期，最小含氧区减少，让一些物种可以入侵曾经富氧的深海区域以及其他新的富氧区域。而通过自然选择机制演化的那些物种，或许会变为地区性动物群，如东太平洋热带生态区等一些著名低氧区（如）内的动物群。在这些低氧区域内，选择一些不寻常的特质（如居住结构）是很普遍的。例如，在这里发现的多毛纲环节动物通常生活在管状物中，很像它们在热液口环境中的那样，这种特别的适应机制让它们能够调控直接接触的周围环境，从而降低极端条件带来的不利影响。

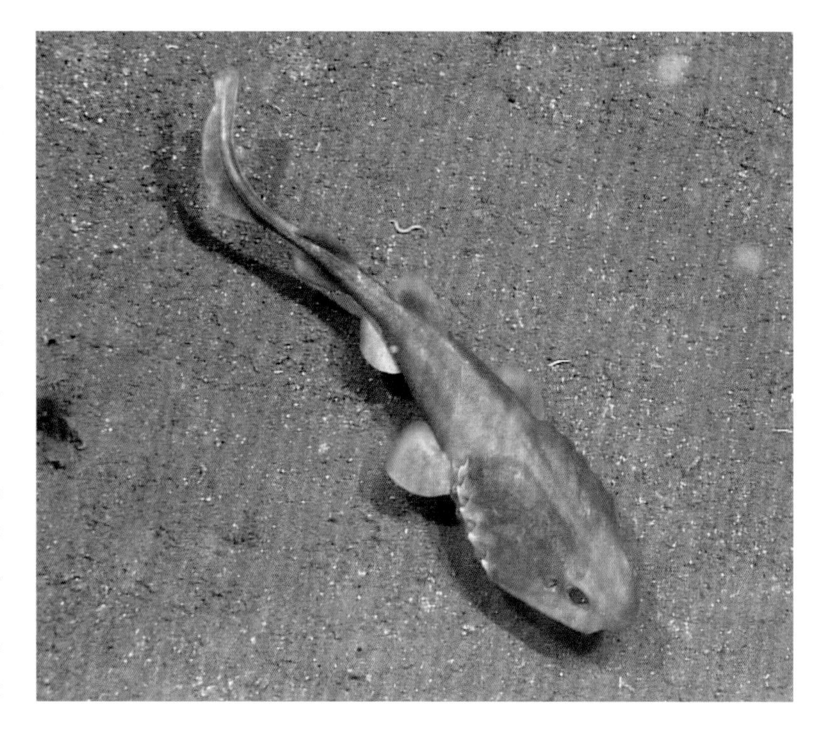

棒棒糖猫鲨
圆头鲨

上图：墨西哥和加利福尼亚附近的东太平洋中心区域是著名的最小含氧区，在这里可以见到棒棒糖猫鲨。人们认为，其头部增大就是一种适应机制，目的是容纳超大的鱼鳃。这样可在低氧环境下更好地吸收氧气。

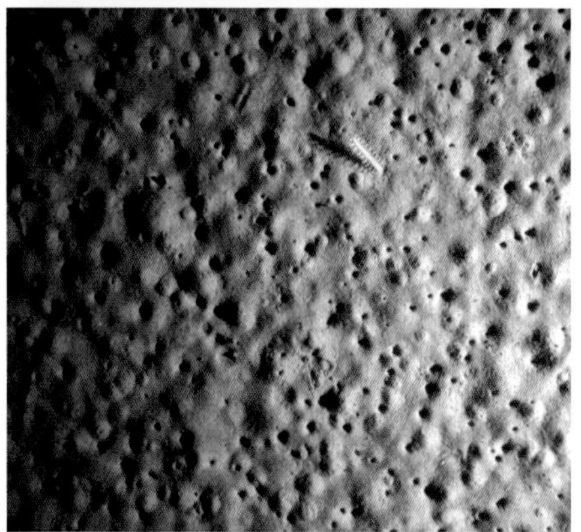

最小含氧区内的环境

中图和下图：阿拉伯海中最小含氧区海床上的居住结构。

异域物种和同域物种形成

在异域物种形成时，一个物种（左下图）被最小含氧区分隔为两个种群，最小含氧区内因氧密度太低没有种群生存。随着时间的推移，被分开的两群各自分化成不同的种，它们均不能适应低氧环境。而在同域物种形成中（右下图），某些鱼类比其他鱼类更能忍受低氧环境，对这种特质的自然选择最终使其发展成一个耐受低氧环境的新种（蓝色）。

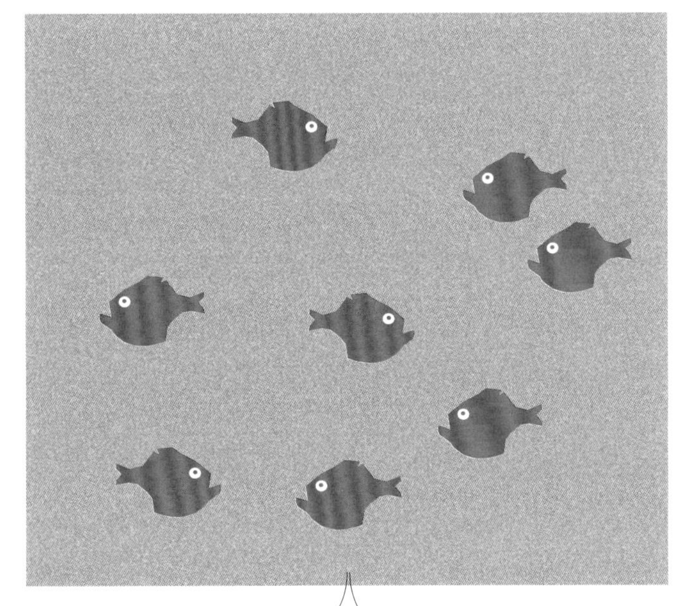

最小含氧区通过两种机制对物种形成发挥潜在影响

异域物种形成：对不能耐受低氧环境的物种，通过最小含氧区将其分隔为不同地理区域的种群。
同域物种形成：选择具有耐受低氧环境特质的种群留在最小含氧区。

生物发光是物种形成的另一个驱动因素

深海动物会使用生物发光来引诱猎物或抵抗捕食者（参见第118—119页），生物发光在种群内及种群间的通信联系上也起着重要作用。大型洪保德鱿鱼使用的是背后皮肤上的载色体发光模式。载色体是肌性色素器官，它可让头足类动物在透光的浅水区快速改变颜色。从背后发光，可让其他鱿鱼在黑暗中看到皮肤颜色的变化。研究人员认为鱿鱼利用这种方式来通报自己的移动情况，让其他鱿鱼在快速移动时能通过变向来防止碰撞。生物发光也可用来进行种群识别。海洋中部的弱泳生物，在近缘种群之间，肉眼可见的外表上的区别就是身体发光器官的发光模式不同。此外，许多鱼类和头足类动物，雄性和雌性的发光模式也是不同的，大概是为了能够在黑暗中鉴别配偶。利用生物发光给潜在配偶发信号，似乎也驱动了物种不断进化。

有几种种群数量庞大的鱼类也具有生物体发光功能。胆形目中的银斧鱼（褶胸鱼科）和圆罩鱼（鲳科），它们只有朝下的发光器官，而同一目中的巨口鱼类（巨口鱼科）除了有朝下的发光器官外，还有下巴上的触须可以发光，头上也有发光器官。通过这些发光器官可区分不同的种类。雄性巨口鱼眼后的发光器官通常会增大，这也许是通过展现身体的强壮，对雌性产生更大的吸引力。

蕈形目中的黑鲷鱼（新蛸科）有朝下的发光器官，而同目中的灯笼鱼（灯笼鱼科）除了拥有朝下的发光器官外，头上和身体侧面也有发光器官。头上和身体侧面有发光器官是一些物种的特有模式，当然，有时雄性和雌性会有所不同。例如，博林肩灯鱼在眼睛后面有一大块发光组织，雄性多刺灯笼鱼在尾巴上有一个发光器官，而这些物种的雌性没有这样的发光器官。

朝下的发光器官也可能只是用来伪装的，银斧鱼、拉长鬃口鱼和黑鲷鱼会通过这种反向发光模式来对抗捕食者（参见第118—119页）。但是，龙鱼和灯笼鱼发光器官的较大变化，可能是为了帮助它们进行种类识别与择偶。支持这种假设的一个例证是，灯笼鱼类的发光器官在位置上有性别差异，而且视网膜也有性别差异。人们推测，这种鱼类视网膜的性别差异，是为了适应检测求偶发光信号的需求。如果对特定发光器官模式的选择正在驱动物种进化与形成，那么接下来我们应该能够发现更多种类的龙鱼和灯笼鱼，因为它们使用生物发光来相互确认。事实的确如此，银斧鱼的种类接近100种，鬃口鱼不足21种，黑鲷鱼只有6种，比较起来，龙鱼和灯笼鱼分别有近300种，这说明在深海中，生物发光能够驱动物种形成。

触须龙鱼
真巨口鱼一种

对页左上图：它下巴上的触须可发光，眼后还长着一个大的发光器官，这些雄性龙鱼的发光体可能是在向潜在的配偶展现自己强壮的身体。

银斧鱼

对页右上图：针对朝上观察的捕食者，这种银斧鱼朝下的发光器官可以帮助它们隐蔽。这种发光器官可以打破海洋表层月光照射所形成的身体轮廓，但在物种形成中并未发挥作用。

灯笼鱼

对页下图：在灯笼鱼中，只有这种具有侧面发光的器官，能帮助它们确认配偶。拥有侧面发光器这种特殊模式，通过自然选择机制，能够驱动同域物种形成。

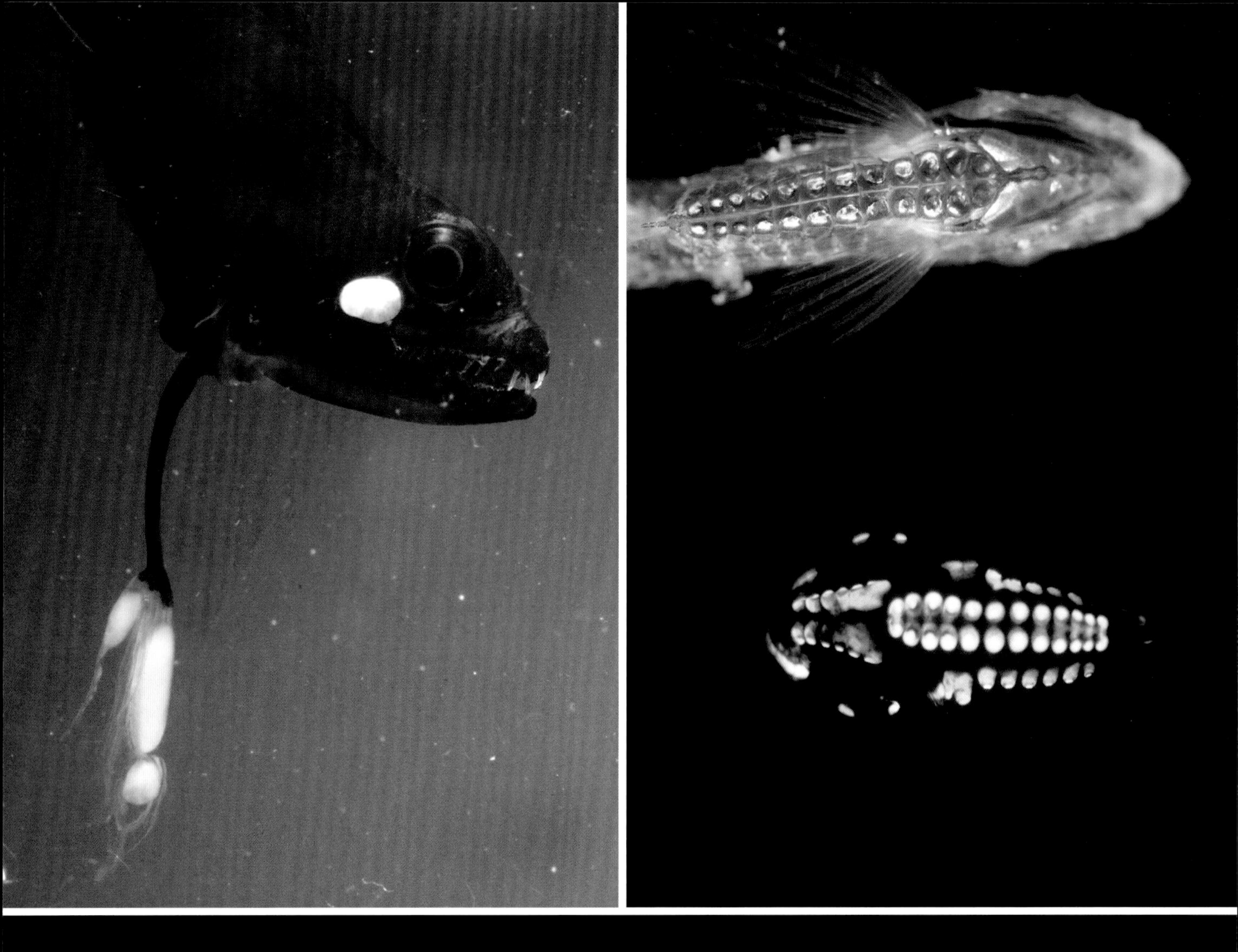

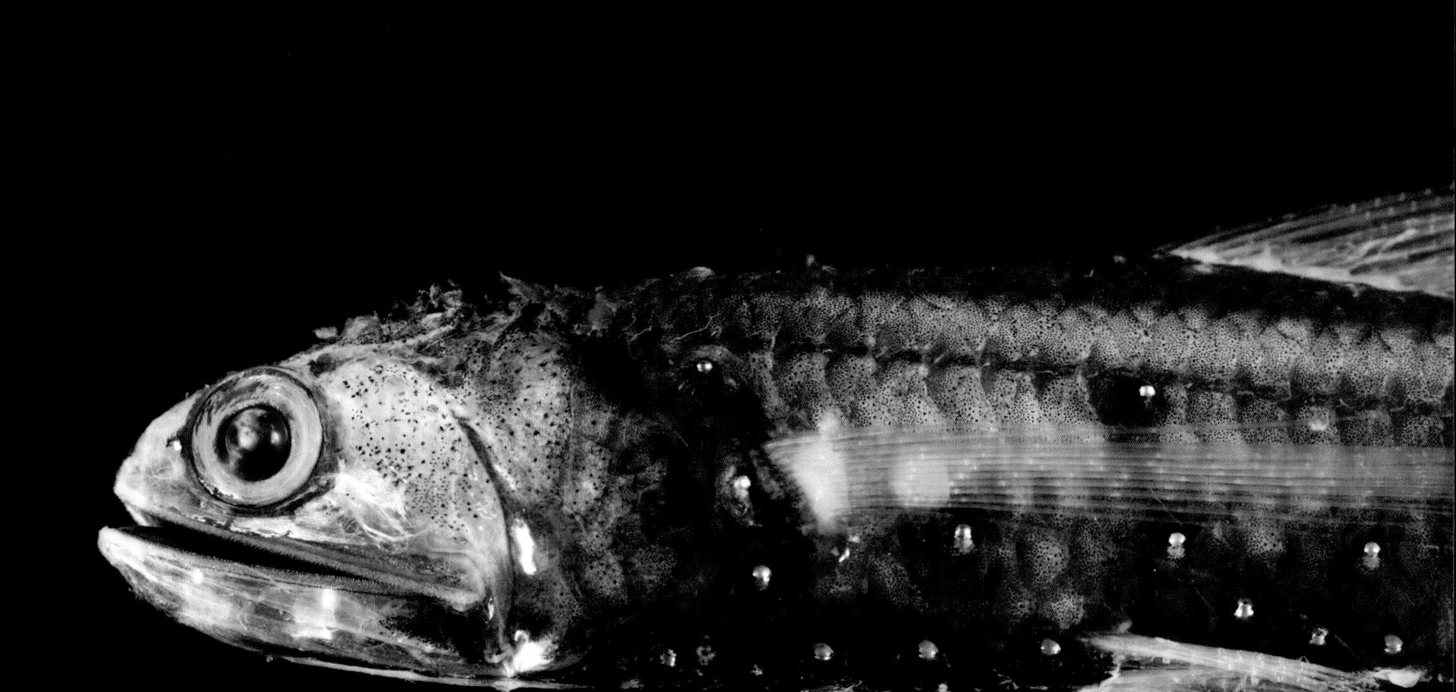

人类与深海

捕鱼业与捕鲸业

人类对深海鱼类和鲸类资源的开发利用

前双页：

北大西洋特隆赫姆海湾礁石上的深海穿孔莲叶珊瑚因海底矿藏开采而受到影响。

深海捕鱼业

海岛或海岸边的一些地方海底很陡峭，捕鱼高手从小舟上放下钓鱼线，在肉眼可见的深处捕获海里的鱼，这种活动在没有文字之前就由人们口口相传。南太平洋波利尼西亚岛上的居民很早就在使用挂有饵料的鱼钩，从200—500米的深处捕获蛇鲭，这是一种能长到3米长的大鲭鱼。在大西洋北部的亚速尔群岛和马德拉岛，人们用同样方式捕获黑带鱼，这是一种在海洋700—1300米深处生活的珍贵鱼类。格陵兰岛西部的因纽特人在隆冬季节，通过从冰上凿出的洞中放线，可以从350—700米的海湾深处捕获格陵兰大比目鱼。用这种方法偶尔还能捕到4米以上的格陵兰鲨鱼。在葡萄牙里斯本南部的塞图巴尔海岸不远处，有一个历史悠久的渔场，人们在那里可捕获550—730米深处的葡萄牙狗鲨等鲨鱼。世界各地的海洋渔业，自古以来就为沿海地区及岛屿居民提供稳定的食物来源。

第二次世界大战后的几十年中，深海捕鱼业发生了重大变化。随着动力强大的大型船只的出现，深海捕鱼已发展成为一种工业化产业，能够远离本地港口进行深海捕捞作业。在北大西洋、纽芬兰大浅滩、北太平洋等大陆架海域，深海捕鱼作业已接近饱和。苏联、日本、波兰、西班牙、韩国等国家和中国台湾地区建立的远洋船队，在世界各个海域寻找捕捞商机。新技术的出现，极大地增强了远洋船队的捕捞效率。这些新技术包括合成纤维渔网和鱼线、冷藏设施、雷达、声呐、远程无线电导航系统和台卡导航系统，以及20世纪80年代出现的全球定位系统（GPS）等。远洋船队针对深海鱼类资源的开发从20世纪60年代开始，采用的开发模式为：发现鱼类种群—组织捕捞—资源耗尽—放弃捕捞—再寻找新资源。

传统捕捞

对页图：格陵兰因纽特人在爱斯基摩小船上捕捞大比目鱼(大西洋庸鲽和太平洋庸鲽)。这种鱼生活在近海460米深处。

大型拖网捕鱼船

上图：这是一艘正在南非开普敦海域捕捞鳕鱼（南方粑鲈和无须鳕）的深海拖网捕鱼船。渔网被拖出海面时，许多海鸟尾随渔船觅食。

船舶技术

右图：一艘小型现代 拖网船驾驶室中，一般装有两副雷达、两根GPS天线、两套超高频无线电信号接收装置、一个MF（中频）收音机，还配有海事卫星电话。图中这艘拖网船上还装有起吊渔网和设备用的液压起重机。

深海鱼类资源开发

太平洋鲈鱼又称太平洋岩礁鱼或浔鳕，是人类最早在深海捕捞的鱼类种群之一，它们生活在阿拉斯加海湾和北太平洋沿岸500米深的大陆坡海域。1965年，苏联和日本对太平洋鲈鱼的捕捞量达到峰值，为48万吨；接下来，捕捞量开始下降，到1984年只有8千吨。这种鱼生长缓慢，性成熟期为10年，最长寿命80年以上，雌体繁殖时排出的是活体幼鱼。美国政府在2000年推出一项管理制度之后，阿拉斯加海湾太平洋鲈鱼的捕捞量恢复到了每年2.5万吨左右。这是一个可持续的捕捞量。

就在太平洋鲈鱼捕捞量越过其峰值之际，苏联的拖网船队于1967年在西北太平洋的皇帝海山链周围海域发现了大量聚集的细盔头鱼（维氏五棘鲷）。于是，包括日本在内的国际拖网船队每年在那里捕获的细盔头鱼达5万至20万吨。1978年，这一捕捞量下降到900吨。最后，对该鱼的商业捕捞彻底停止，但其种群数量再也没能得到恢复。

在20世纪60年代，人们在北大西洋坡地和中大西洋海岭水域发现了长尾鳕。1967年开始首次商业捕捞，在4年内捕捞量达到峰值，接着捕捞量急剧下降。1995年，该种群数量已衰竭99%，在西北大西洋海域更是严重衰竭到接近绝种。于是，对这种鱼类的商业捕捞转移至北太平洋等其他海域，2000年捕捞量达到高峰，为5万吨。2014年，由于资源枯竭，捕捞量降至不到4千吨。

为避免海上捕捞管理紊乱造成的各种问题，1977年，世界上大多数国家纷纷宣布，自己国家海岸以外200海里的区域为专属经济区。这一行动挤压了以巡游方式在深海捕鱼的拖网船队的活动空间。20世纪70年代初，苏联在新西兰周围的海底山脉和海底平原区域找到了成群的大西洋胸棘鲷。从1977年开始，在新西兰政府的管辖之下，这一区域的捕捞量逐年上升，1989年达到该海域最高捕捞量5.5万吨。几十年后，因资源衰竭，捕捞量只有最高水平的3%。澳大利亚沿海从1985年开始捕捞大西洋胸棘鲷，1990年达到峰值4万吨。世界各地的大西洋胸棘鲷资源开发都经历过这种发现、捕捞、耗尽的过程。例如在苏格兰西部沿海，大西洋胸棘鲷的捕捞始于1990年，1991年就达到3500吨的年度峰值，1995年该鱼种资源被捕捞殆尽。还有其他鱼类种群在之后遭遇同样命运：全球小鳞犬南极牙鱼的捕捞量1995年达到最高的4.4万吨，蛇鲭的捕捞量2007年达到峰值4.3万吨，帆鳍鱼2010年达到峰值13.8万吨。目前，在深海商业捕鱼排行榜中已见不到它们的踪影。

太平洋鲈鱼

对页左上图：太平洋鲈鱼在北太平洋大陆坡海域曾大量存在，但在20世纪60年代遭遇过度捕捞。这种鱼生长缓慢，可以存活100年以上。

华丽金眼鲷
红金眼鲷

对页左下图：采用延绳钓的方式在大西洋中部亚速尔群岛捕获的鲷鱼。这是一种在小船上使用的传统捕鱼方式，但现代技术使其实现了可持续管理。

大西洋胸棘鲷

对页右上图：装满了大西洋胸棘鲷的渔网正在将鱼卸在拖网船甲板上。对该鱼种的大量捕捞出现在20世纪80年代，绝大部分资源已消耗殆尽。如果不被捕捞的话，这种鱼可以存活140年以上。

小鳞犬南极牙鱼

对页右下图：这是一种在大西洋、印度洋以及西南太平洋都可发现的南大洋鱼种。根据国际条约，人们大都采用了延绳钓的方式对其进行捕捞。

深海捕鱼业现状

如今，人类捕捞的深海鱼类约为300种。随着越来越多的鱼类成为捕捞对象，世界深海鱼业捕捞总量从1960年的17万吨，上升到2005年的360万吨（历史最高）。官方公布的深海捕捞量中大约有一半是蓝牙鳕（间鳕属多种），这是一种浅层浮游海洋鱼类，大量发现于北大西洋和新西兰、阿根廷沿海的300—400米深处。人们采用大型拖网船对其进行捕捞，拖网船会在不同浮游鱼群中切换，时而捕捞鲱鱼，时而又捕捞鲭鱼。2000—2021年，蓝鳕的年捕捞量在50万吨到250万吨波动，而其他深海鱼类的捕捞量约为100万吨，大体占世界鱼类捕捞量的1%。在蓝鳕中，大约20%是在南非和智利沿海捕获的南方鳕鱼，20%是新西兰和南美沿海的南方鳕鱼，8%是格陵兰大比目鱼，6%是北太平洋和北大西洋的平鲉或红大马哈鱼。全球捕捞量的余下部分则是由海底拖网、延绳钓、套网和罗网捕获的各种杂鱼。深海虾（或明虾）也是构成底拖网捕捞业巨大价值的重要基础。深海虾类包括地中海的角须虾，北大西洋和北太平洋的北方对虾，各热带海域的尼龙虾（异腕虾属多种），以及西南印度洋的刀虾（三节拟海）。

从经济、社会、政治和食品安全等因素考量，各国政府都在对深海捕鱼进行补贴。一项研究表明，2014年世界各国对深海捕捞业补贴总额占全球海洋捕捞业总费用的60%。没有这些补贴，深海捕捞业很难盈利。事实表明，现在要降低各国政府对海洋捕捞业的补贴是很困难的。

“如今，人类捕捞的深海鱼类约为300种。在正式公布的深海捕鱼量中大约一半是蓝鳕，2000—2021年蓝鳕的年捕捞量在50万吨到250万吨波动。”

深海底拖网船

对页上图：在新西兰塔斯曼海，一张混杂着各种鱼的渔网被从1000米的深海拖上甲板。网中的鱼主要有普通莫拉鱼（当地名为 Deania calcea），以及大西洋胸棘鲷。当普通莫拉鱼被拖出海面时，它的眼睛和肚子会因压力降低而膨胀。

蓝鳕

左图：这类鱼有两种：一种是分布在北大西洋和西地中海的非洲间鳕；另一种是分布在南半球的澳洲间鳕。人们对该鱼产量时有波动的原因还不太了解，但规范的管理使这类鱼的捕捞效率维持在很高的水平。

超级拖网船

对页下图：马吉里斯号（FVMargiris）是世界第二大捕鱼船，它既是一条拖网船，又是一座加工厂，可以到世界各海域对各种鱼实施捕捞。2022年2月，这艘船有争议地（可能因为事故）将大量蓝鳕倾倒在法国附近的大西洋中。

MARGIRIS
LYRV
MARGIRIS
LYRV
KL855

两种拖网捕捞方式

一种是悬网式拖网捕捞（pelagic trawling），利用这种拖网可以将某一种类的鱼群（例如蓝鳕）一次性捕捞上来，由于渔网不触及海底，对环境没有附带伤害。另一种是底拖网捕捞，捕捞时会在深海海底形成很大的扰动。拖网部件重达数吨，包括网板、滚筒、网线和铰链等，其拖动过程中，会沿途刮擦海底，搅动海底沉积物，切断并击碎珊瑚、海绵和有茎海底生物，这样由动物群落创建的海底构造有的要几百年才能长成。在深海使用底拖网捕捞与在大陆架进行同样作业有很大不同。大陆架海域强劲的洋流会使海底沉积物有规律性地移动，在那里实施底拖网作业也许只是增加了一个小扰动。而在深海进行底拖网作业则会毁坏所经过的脆弱海洋生态系统（参见第128—133页）。在松软的沉积物上使用这种拖网捕捞，会加快沉积物的冲蚀，磨平海床轮廓，减少有机物的含量，降低底栖动物群落的生物多样性。在陆地上翻耕土壤会因自然生境遭到破坏而使环境恶化，但农民一般每年只翻耕一次土壤。而在深海，底拖网船在其喜爱的捕鱼区翻耕海底的活动几乎每天都在进行。

拖网船常将断裂的珊瑚带上海面。实际上，人们在使用铁甲渔船在皇帝海山链捕捞时期，就将一种具有特殊缠绕性能的渔网沉到1500米深处，专门捕捞各种珍贵的红珊瑚。1981年，使用这种方式捕捞的红珊瑚达300吨，为历史最高。到1990年，红珊瑚资源枯竭。底拖网捕捞同样也会捕到许多不想要的鱼种，人们会将其丢弃，但它们重回大海后很难存活。人们在东北大西洋捕捞长尾鳕和大西洋胸棘鲷的时候，导致人类从未食用的其他9种鱼类资源衰竭。由于鱼是游动的，鱼类种群衰竭造成的影响远远超出捕捞作业所在的区域。商业性深海捕鱼船最大捕鱼深度为1500米，而人们在深达3000米的地方，仍然检测到多个鱼类种群数量下降的情况。

悬网拖网船与底拖网船

悬网拖网船（上图）不触及海底，大网格渔网将鱼收拢进网袋底端；底拖网船作业时，扬起的沉积物尘埃和网板发出的响声吓得鱼群挤入拖网行进的路径上，渔网则在海底拖行而过。

拖网捕鱼造成的损失

对页图：从水下照片中可以看到，一艘从右至左行进的底拖网船的拖网引缆（lead rope）和脚缆（foot rope）。脚缆有链条加固并深入海床。

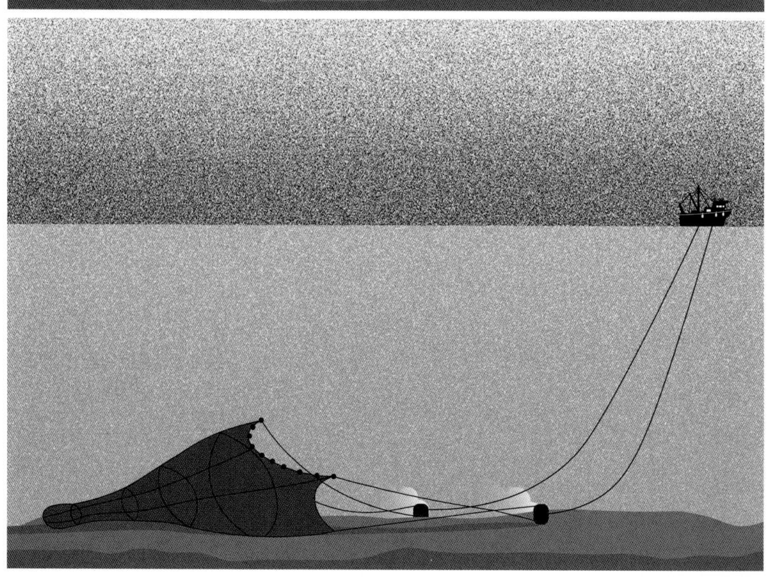

传统捕鲸业

人类在北极地区使用手掷鱼叉刺中一头北极露脊鲸。

本图是1850年富尼耶（A. M. Fournier）根据特拉维耶斯（E. Traviès）作品雕刻的。

捕鲸

虽然鲸是靠呼吸空气生存的哺乳类动物，但它对深海生物具有双重影响。首先，它是其他海洋生物的掠食者；其次，它死亡后又成为其他海洋生物丰富的食物来源。各种有齿的鲸鱼，特别是有喙鲸和抹香鲸，可以沿大陆坡、岛屿和海山潜至1000米深海并大量猎食深海鱿鱼和海洋中层的鱼类，它们在海洋食物链中扮演着顶端掠食者的角色。鲸鱼因年老、受伤或疾病在海洋中死亡后，尸体或许会漂浮在洋面上一段时间，但最终会沉入海底，形成鲸落。鲸落会形成一个小型化能生态系统，为100多种海洋生物提供栖息地，这些生物会在鲸鱼残骸上觅食或居住（参见第166—167页）。一些特别的生物，如食骨的僵尸蠕虫，如果没有鲸落就有灭绝的危险。目前，人们已发现了3000万年前的鲸落生物群落化石，它们的谱系也许更为久远。这些生物可以栖息在1.5亿年前侏罗纪和白垩纪恐龙时期的大型爬行动物鱼龙和蛇颈龙的尸骨上。

与深海捕鱼一样，人类使用传统或原始的方法捕鲸的历史也非常悠久。这些方法除了直接捕获在海滩搁浅的鲸外，还将鲸赶进海湾围捕、乘坐小船手抛鱼叉捕鲸等。早在17世纪，西班牙和法国沿海捕鲸就已发展成了一个重要产业。随后，英格兰、荷兰、西班牙、丹麦纷纷派出捕鲸探险队，前往北极近海的斯匹次卑尔根、格陵兰和戴维斯海峡捕杀北极露脊鲸。日本渔民在太平洋捕杀北太平洋露脊鲸、座头鲸、长须鲸以及灰鲸。1750年前后，美国的新英格兰成为世界捕鲸中心，那里的渔民最初专门捕杀北大西洋露脊鲸和座头鲸，随后进入远海捕杀价值更高的抹香鲸。1776年美国独立后，逐渐成为在太平洋和大西洋都举足轻重的捕鲸大国。

捕鲸业的衰落及影响

19世纪末，由于北极露脊鲸、灰鲸、北方座头鲸和太平洋露脊鲸的资源几近耗尽，捕鲸业出现衰落之势。然而，随着蒸汽机和柴油机驱动的捕鲸船的出现以及改进型鱼叉枪的使用，捕鲸业在20世纪有了很大发展。从1920年开始，出现了一种能够支持整个捕鲸船队的大型加工船，这种船可以在甲板上处理捕获的鲸鱼。依托岸上加工厂进行捕鲸的船队，其经济捕捞半径只有329千米。而拥有加工船的远洋捕鲸船队则可以远离海岸作业，到世界各大洋去捕鲸。太平洋南部、大西洋和印度洋的捕鲸作业转移到了南大洋。尽管在两次世界大战期间，各国的捕鲸活动有所收敛，但世界捕鲸量一直呈稳定增长态势。1970年，人类捕杀的鲸鱼超过了8万头，引起了各国对捕鲸业不可持续的担心。因此，从1986年开始，各国执行了一项暂停所有商业性捕鲸的禁令。这以后，部分鲸鱼的保有量有所回升，同时，小规模的土著传统捕鲸、科研捕鲸和商业捕鲸活动又得到了容许，全球每年捕鲸量维持在4千头左右。

总的说来，海洋中大型鲸鱼的数量在人类手里已经减少了66%—90%，这对在鲸落上生活的深海动物群落造成了严重影响，因为落到海底的食物量也以这个比例在减少。捕鲸活动使海洋中最大的物种及其个体数量大幅减少，而小型海洋动物的尸骨不可能成为深海生物的礁质栖息地，因为这些尸骨不会像大型鲸鱼骨头那样可以保存50多年才最终被腐蚀分化完。海洋中鲸鱼尸体越来越少，也意味鲸落之间的平均距离越来越大。对那些要经常从鲸落表面获取养分的生物而言，它们的栖息地变得更加狭小、更为短暂，也更难以生存。人们担忧，捕鲸活动可能会在不经意间使深海物种中的一部分走向灭绝境地。

随着大规模远洋捕鲸活动的减少，原来用于捕鲸的资金和一些相关设备被重新投入深海捕鱼业，导致捕鱼业的进一步扩张。结果是，人类不断挑战全球自然资源可持续利用极限的趋势还在延续。

捕捞鲸鱼

对页上图：一头蓝鲸被拖上一条通往岸上的滑道，等待加工处理（1924年）。

对页下图：在南极一艘日本现代化鲸鱼加工船上，工人们正在甲板上分割几头南方小鳁。沿海鲸鱼资源枯竭之后，20世纪30年代出现的鲸鱼加工船，使人们可以前往世界各大洋捕鲸。

保有量回升

左图：一头正在跃出水面的座头鲸。这种鲸曾被过度捕捞几近绝种，1966年全球仅存5千头。但大规模商业性捕鲸活动结束之后，该物种的全球总数已恢复到约15万头。

石油化工和采矿

在海洋中提取非生物资源

除广泛捕捞各种动物资源之外，人类还从深海中提取各种非生物资源。这中间包括从海底越来越深的地方采掘可供石化行业使用的石油、天然气，以及为满足现代技术发展需求而开采的各种海底矿藏，后者的开发活动正方兴未艾。与捕鱼业的发展类似，尽管深海开发存在各种技术难题，费用极高，但随着陆地与沿海石油和矿藏资源消耗殆尽，或者因国际冲突而变得很难开采，人们对替代资源的寻找已经延伸到了越来越深的海洋之中。不断提高的产品价格，让深海非生物资源开发在经济上具有了可行性。

地震勘探

由空气枪或爆炸产生的强大低频声波会被海底和海底岩层所反射。人们利用这一特性可以绘出能够显示潜在油气储藏点的地质图。

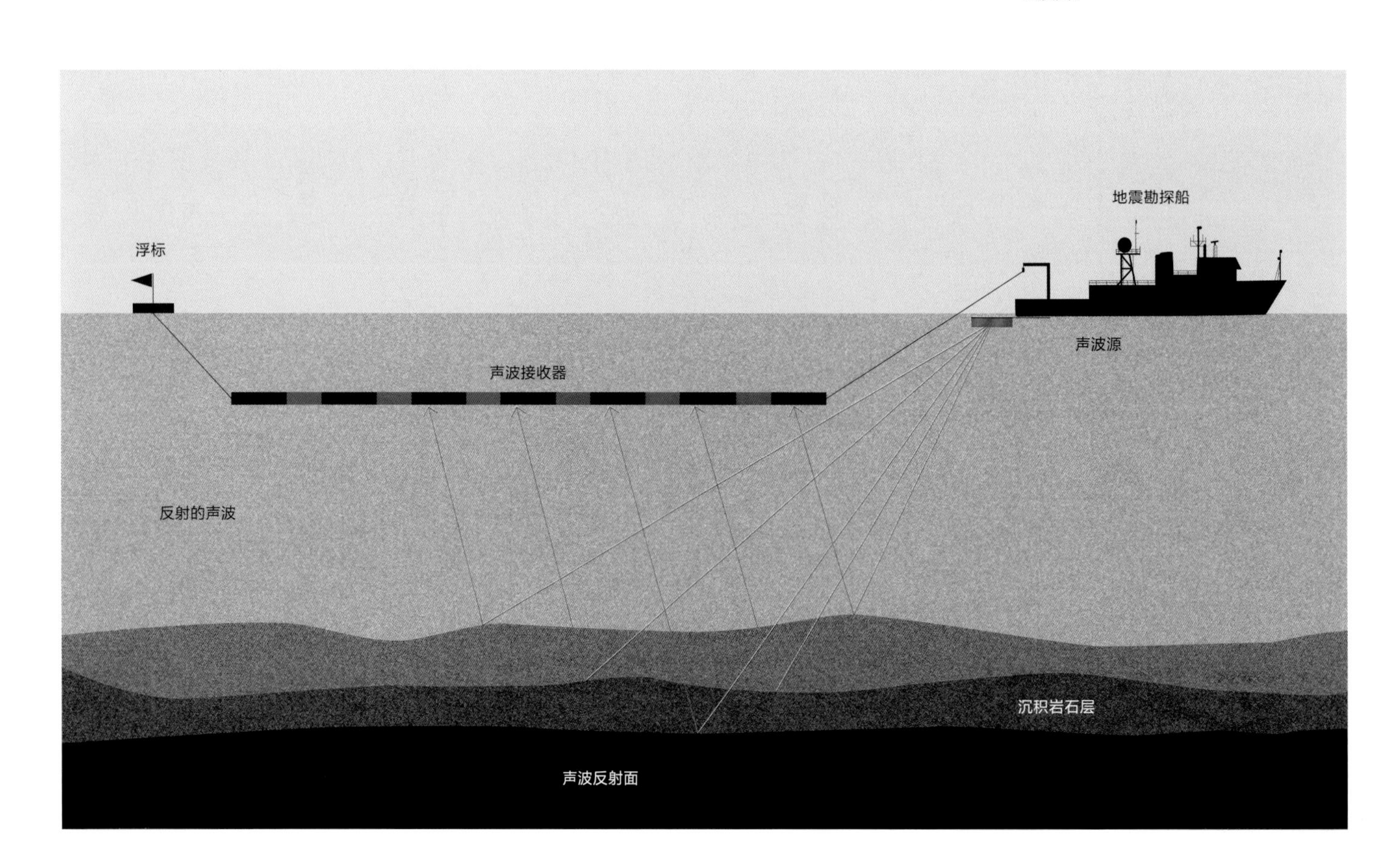

名望号（Prestige）油轮 2002年11月，有26年船龄的“名望”号油轮在伊比利亚半岛海域的风暴中断成两截。两截断船连同船上载有的6万—7万吨石油一起坠入3000米的深海。 除大量报道的对海面及沿岸的影响之外，这次灾难对深海底栖生物和水柱体也造成了严重影响。

石油与石油气

将石油从海底提取出来送往炼油厂是一个多阶段加工过程，每个阶段都有各自的问题和对环境造成损害的可能性。油气开采钻井深度现在一般可达2000米，甚至可深达3500米。深海开采阶段包括如下过程：①地质勘探；②钻探；③油气生产；④运输。

具有开采价值的油气层一般存在于海底沉积岩层以下很深的地方。绘制有开采价值的油气层地图，要使用一种能发出强大声音的声呐，用它来探测海底下面的地质结构。虽然高频声波能够提供更为详细的地质情况，但低频声波因其传播特性，使它具有更好的地层渗透性。为了绘制深海浅底地层剖面图，以往采取的是引爆炸药产生水泡的勘探方式，如今是在勘探船上拖挂电火花发生器（sparkers）、低频声波发生器（boomers）、空气枪阵列（air-gunarrays）等装置，通过电脉冲或空气压缩，产生一种强大的声音，足以从沉积岩的岩层深处反射回相关信号。声爆产生的声波是深海中最强声波之一，在几千千米之外都能检测到。与那些以往的炸药爆炸一样，声爆产生的声音会对附近海洋动物造成伤害。这种伤害有多大呢？西班牙以北石油勘探活动结束后几天内，总会在爆炸海域的洋面上发现一些漂浮的巨型鱿鱼尸体。这种巨型鱿鱼生活在600—1000米的深海，受损的一般是感受重力和加速度的器官系统，还有肌肉和其他组织。这个物种或许可以成为石油勘探声学爆炸所产生的生物性伤害的指示器。这种鱿鱼体形很大，死后难以被捕食者很快吃掉，体内组织积累的大量氨（氨的比重比海水低）会阻止其下沉，船员们很容易发现海面漂浮的鱿鱼尸体。很可能还有其他海洋生物受到类似损伤或者被杀害，但目前人们尚未找到这方面证据。

半潜式钻井平台

对页图为一座典型的半潜式深海石油钻井平台。该平台由漂浮在水上的几个巨大垂直圆柱体支撑，被若干个锚固定在一个位置上。朝它驶来的是石油公司的一艘大型后勤保障船，它能满足海上石油钻探开采的多种后勤需要。

“深海地平线”号灾难

“深海地平线”号是一座动态固定在海上的半潜式钻井平台。2010年4月，这座正在正常钻井的平台发生爆炸，造成11人死亡，并在几个月内从深约1500米的井口向外溢出数亿升的原油。这一事件让全球公众深感震惊。媒体报道了这次事故对洋面和沿岸生态造成的显见影响。溢出的油气只有少部分漂到洋面，大部分沉积在了深海海床上，对珊瑚、海绵和沉积物生物群落的生存环境造成了污染，使它们窒息而亡。然而，所有溢出的油气加上从井口注入的各种化学分散剂在海洋中流动，会在1000米深处形成一个很大的卷流，使生活在这里的海洋动物以及从此处经过的海洋动物被卷走。出现这种情况，科学家们很难弄清楚那个区域深海动物群落的受害情况，也拿不出事故发生前后的环境对比资料。事后研究充分表明，这种卷流对海洋生物，特别是微型游泳动物（弱游动物）和珊瑚群落有严重影响。浮游生物的数量衰减迅速，但恢复也很快。上图所示覆盖在深海珊瑚上的石油，就是源自“深海水平线”号灾难所造成的卷流。这次灾难除了对珊瑚等固着动物带来影响外，还会对蜒星等与珊瑚生态系统相关的其他生物造成影响。

大规模钻探

一旦有开采前景的油气层地质信息在声学剖面图上被定位，人们就会开始对有希望找到油气蕴藏的区域展开大规模钻探。浅海钻探时，钻井机是通过几个坚实的支架固定在海底的。深海钻探则不同，它要使用钻井船，也就是所谓半潜式钻井平台。钻井平台在钻探时有两种固定方式：一种是将钻井平台的多个锚深埋进海底泥层进行固定，另一种是采用动态定位系统进行固定。后者使用计算机依照全球卫星定位系统的指令，控制想要连接的位置，在多个推进器的帮助下，让钻机始终保持在钻孔上方。在连续钻探时，要向钻孔内注入大量由黏土、水、油、各种化学添加剂（其中一些有毒）混合而成的钻井泥浆，以润滑钻头和钻孔设备。清理用过的泥浆和从钻孔溢出的沉积物、岩石等，不仅会污染海洋水柱体，还会覆盖在海床上。

一旦钻探发现了石油，钻井平台就转为采油生产模式。浅海钻井平台通常有输油管道与岸上相连，而离岸较远的深海采油生产平台则与一个储存设施相连接，该设施可以将油转送到油轮上运走。石油可以储存在钻井平台上，也可以用输油管道将几个采油生产平台连在一起，再与岸上的储油库相连。这些设施中的任何一个都可能发生石油溢出事件。这些海上平台除了有化学污染外，它们每天24小时的噪声和照明，也可能对在附近水平方向洄游的海洋动物造成影响。

石油被转送至油轮后，还会遇到海洋运输问题。“名望”号油轮失事，证明油轮运输也可能对深海造成严重影响。2002年11月，这艘断成两截的油轮沉没在西班牙西北的加利西亚浅滩（Galicia Bank）边缘的海域。两截船体分别沉入3565米和3830米的深海。尽管各方努力抢救，但该船在这次事故中溢出并流入大海的原油仍超过7千万升。

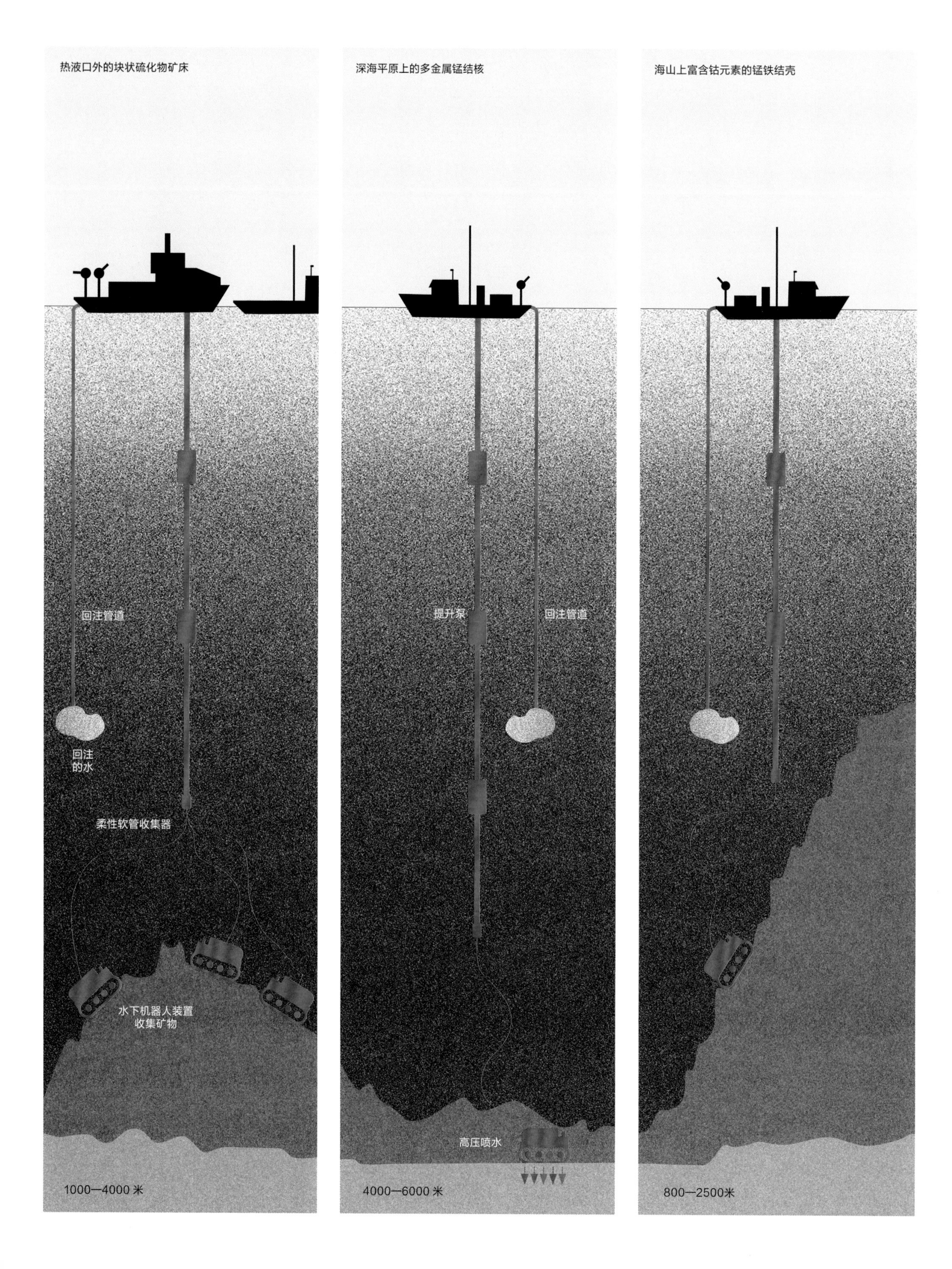
热液口外的块状硫化物矿床
回注管道
回注
的水
柔性软管收集器
水下机器人装置
收集矿物
1000—4000 米
深海平原上的多金属锰结核
提升泵
回注管道
高压喷水
4000—6000 米
海山上富含钴元素的锰铁结壳
800—2500米

矿藏开采

过去几十年间，人类对开采海底珍稀矿物的兴趣有了很大提升。但人类在深海的这种扩张行为存在多方面的争议。人类开采海底矿物主要是满足替代能源（风电和光伏太阳能发电）技术设备生产以及计算机控制设备生产对矿物材料不断增长的需求。人类确定的深海开矿的地质目标有3个：①热液口出口处多金属硫化物的沉积物；②部分深海平原上的多金属锰铁结核；③主要蕴藏于海山上的富钴锰铁结壳。深海矿藏开采引发的争议针对的主要是其开采方法，因为所有开采上述3种矿物的方法都具有破坏性。有限的实验性开采已在进行，大规模商业性开采活动可能很快就会展开。值得注意的是，那些结核和结壳的形成需要相当长的时间，因此我们不要认为它们可以再生。

锰结核

锰结核外形和大小都与土豆相似，它是由接近海底的含有矿物质的海水以多个同心层方式逐渐沉降形成的。虽然锰结核含有镍、铜和一些稀有金属（钇、钼、碲、铌、锆），但主要成分是锰铁氧化物。沉降是环绕某种核开始的，这个核可以是鲨鱼牙齿、贝壳残片或鱿鱼的口器。锰结核在深海平原某些地方的沉积物表面缓慢形成，这些地方海洋沉积物的堆积速度低于锰结核长大的速度。在这样的海底，一处锰结核覆盖层差不多会延伸数百千米甚至数千千米。在锰结核覆盖区域内生活的海洋动物群是混杂型的，包括利用锰结核作为硬质基底的动物，以及以锰结核之间的沉积物为软质基底的动物。因此，锰结核覆盖区的生物多样性可能很高。

采用水压采掘法从海里提取锰结核的具体做法是：使用高压喷水方式搅动海底，然后将形成的含有锰结核、海洋沉积物、夹带各种有机体的泥浆，通过一条长长的管道（上升管道）吸走，运往在几千米高洋面上的采掘船。从泥浆中分离出锰结核之后，剩下的泥浆要排放入海中。如果将泥浆排放在海面上，泥浆在下沉和散布过程中会产生卷流，将影响这个区域的海洋水柱体。另一种方式是将剩下的泥浆通过管道输送到接近海底的地方再排放出去，排放泥浆时也会形成一个靠近海底沉积物的卷流，下沉时会覆盖海底。换言之，开采锰结核要将整个海底表层移走，废弃泥浆的排放不仅会影响水柱体，也必然将海洋底栖生物覆盖在里面，此外还可能覆盖一些尚未被开采所扰动的区域。人们在东南太平洋进行过一次上述操作的模拟试验，随后进行了几十年的监测。结果表明，在被采掘活动扰动过的区域，几乎没有底栖生物群落得到恢复的迹象。

矿藏开采

对页图：在不同海底环境下使用机器人装置开采矿藏，要使用不同的方案，然后将开采的矿藏用管道输送到洋面的采矿船上进行加工，再将剩下不需要的矿渣送回海中。矿渣的扩散、下沉及其影响，取决于该物质的性质和排放方式，特别是排放的深度。

锰结核

右图：一颗来自太平洋5000米深处的多金属锰结核。

左图：一只身上背着上花海葵属生物的螃蟹（拟寄居蟹属一种），正爬过一片密布着大量锰铁结核的海床，十分壮观。这里位于北大西洋的戈斯诺（Gosnold）海山。

锰铁结壳

照片显示的是太平洋中部一处富钴锰铁结壳，因形成年代较远和矿藏较厚，它具有多瘤状外貌特征。图中的蘑菇珊瑚，表示该锰铁结壳上生活着需要有硬质基底的海底生物群落。

锰铁结壳与块状硫化物

之所以将这两种矿物一起介绍，是因为虽然两者的沉积方式和地理分布不同，但它们的开采方式十分相似。锰铁结壳形成于海山岩石之上，其形成过程类似于锰结核通过沉降形成的方式。锰铁结壳的构成与锰结核相似（富钴锰铁结壳含有镍、铂和其他稀有金属），是在火山喷发所留下的海山玄武岩上形成的一层外壳，要把它们变成便于管道吸走的细小碎块并不容易。而块状硫化物是热液口区域的一种沉积物。富含多种矿物的热液自海床喷出后与冷海水相混合，在冷却过程中热液中所含的矿物成分析出，从而在热液口出口处沉积下来，形成块状的硫化物。沉积物中除了硫化物以外，还含有铜、锌、金、银等多种金属元素。热液口和冷泉口区域是两种生态系统，对于生活在这里的动物，我们已在本书其他地方进行过讨论（参见第138—145页、158—165页）。

开采时，锰铁结壳与块状硫化物必须先经过研磨，变成细小碎块才能被吸入上升管道送上开采船。这种研磨工作是由一种能在海底行走的大型海底车完成的，该设备通过远程遥控来操作，车的前端配有一个带齿的滚鼓。无论是海山表层的还是热液口出口处表层的岩石，都会被这种装置磨碎。磨碎后的碎块连同上面的生物（或其尸体），会被吸进上升管道输送到船上。在船上，需要的矿石被选走，剩下的尾渣会被分离出来扔掉。与开采锰结核一样，那些不要的矿渣可能被直接抛弃在海面上（这种方式最为便利），也可能通过回排管道将其送至接近海底的地方排放入海。后一种方式所抛弃的废物覆盖范围会小一些，对海洋环境的破坏也小一些。

天然气水合物

之所以要在这里讨论天然气水合物，是因为它们可能成为未来深海开采的潜在目标。众所周知，北极和各大陆架海域的天然气水合物蕴藏量很高。水合物可以分解出甲烷，而甲烷是一种大量使用的化石燃料。然而，化石能源的燃烧会加剧全球气候变暖。因为会增加温室气体排放，所以环保主义者坚决反对开发甲烷水合物。人们至今尚未找到对易挥发的水合物进行安全提取的方法，所以，它们不可能像上面提到的那些矿物质那样，很快得到开发。

司法与规章管理

因为矿藏地质形成的历史原因，目前的海洋石油开采几乎都在沿岸国家的专属经济区内进行。联合国海洋法公约将专属经济区的划定由原来的离岸200海里（370千米）扩大到“以大陆架为基础的区域”（即延伸至大陆隆与深海平原相交的区域）。之所以这样规定，是因为沿海国家都在进行深海绘制工作，要求得到尽可能大的版图面积开发海底矿藏（特别是石油）。

与此相反，大多数热液出口、海山和几乎全部锰结核矿场都在超出国家管辖范围以外的地方。联合国海洋法公约将这些地方置于联合国海底管理局（ISA）的管辖范围。凡签署和批准认可联合国海洋法公约的国家都必须服从这一规定。联合国海底管理局有权对这些区域的矿藏资源勘查和开采活动进行分配和批准认可，有权出于环境保护和资源保护的目的，建立保护区。我们希望在保护区内严禁矿藏资源的开采，使之成为已出租开矿区域生态意义上的典范。

深海采矿

下图是巴布亚新几内亚沿海一座正在安装的大型深海自动采掘机，用于开采海底铜、金等矿藏。图中的装配工人为我们了解机器的大小提供了一个视觉参照。

深海的放射性污染

人类核能活动对海洋及海洋研究的影响

放射性核素是拥有一个不稳定原子核的原子（或分子）。这些原子核通过各种类型的放射性衰变释放出多余的能量。我们所处环境中的放射性核素（又称放射性同位素）是由地壳中的矿物质、宇宙射线击中大气中的原子以及人类活动产生的。其中，人为产生放射性核素的因素包括：沿海核电厂的核泄漏、放射性坠尘、核废水、核爆试验（影响最大的是大气层核爆炸）、核动力舰船与核反应堆在海中沉没，以及人类蓄意在海中处理核废料等。由于放射性核素的衰变期很长，各种人为产生的放射性核素可能对生态系统造成多方面的严重影响，其中包括对活体生物的伤害。在海底掩埋核废料（在一些方面与深海采矿情况相反），对缓慢生长的深海物种及其栖息地会带来直接影响。因为在海底进行挖掘会中止海底沉积物的形成过程。由于深海的海流缓慢，且整个海洋中的扰动事件也是偶尔发生的，所以，放射性核素的长期影响目前还不清楚。放射性核素在很长时间（1000年以上）之后会有哪些侵蚀作用，目前也无深入的研究。

利用放射性核素追踪大洋环流

人为因素产生的放射性核素会给深海及之上的海域造成污染，但人们也可将它们转用于科学研究。由于靠观测手段研究深海及近洋面环流模式很困难，使用偶尔泄漏的放射性同位素则有助于解决这一难题。例如，20世纪70年代，英国核燃料再处理工厂（位于谢菲尔德）和法国核燃料再处理工厂（位于诺曼底英吉利海峡海岸边的拉·海牙），都泄漏过放射性同位素物质，特别是铯-137和钚-239。科学家通过追踪这些同位素分布情况，确定了北海表层环流模式。该洋流先环绕英国向南流，然后沿着英国东海岸，经过欧洲大陆向北流入挪威海。北太平洋洋面从西至东的洋流也是通过这样的方式揭示出来的，是通过对2011年日本福岛核电站事故泄漏的放射性同位素进行追踪检测而确定的。那次事故在短时间内泄漏了大量的铯-137和铯-134，人们在北美西海岸都追踪到了这些同位素。这次海洋学抽样检测得出的追踪结果，与以往通过观察和模型计算对北太平洋表层环流进行研究的结果高度契合。

正如人们所预料的那样，相比规模较小的洋流，对规模较大的深海盆地洋流的确认和量化要困难得多，开展这样的工作往往需要准备多年。人们在研究巴西海盆和邻近的中大西洋海岭之上的海底地形时，通过释放六氟化硫作为示踪剂所进行的实验就属于这种情况。实验中，人们通过科研船上的拖曳设备在海中释放这种无毒气体，实验结果解释并确认了一个概念：相对于海盆内部以及地形相对平缓的海底，在海洋斜坡地带所形成的湍流混合会更大。

1986年苏联切尔诺贝利核电站爆炸事故沉淀在空气中的放射性物质，被人们专门用来对黑海中的深海湍流情况进行研究。人们从放射性同位素排放云中，再次利用铯来建立黑海海面以下100米深处充氧与缺氧海水之间的湍流混合模型。

核燃料再处理工厂

上图为法国拉·海牙核燃料再处理工厂的工人正在建设一条厂外废料排放管道。下图为英国谢菲尔德核废料再处理工厂的鸟瞰图。

20世纪70年代，这两家工厂都曾出现过向大海意外泄漏放射性物质的事故。虽然那些放射性物质会损害环境，但也为科学家追踪洋流循环模式提供了便利。

利用放射性碳测定年代

人们通过测定放射性碳（碳-14），确定了全球深海海水的年代。虽然放射性碳一般能在大气中自然形成，但从20世纪50年代开始的原子弹试验，使大气中放射性碳的含量大增。多数大气层原子弹爆炸试验是在1958—1963年进行的，这段时间不仅试验次数最多，大气层中产生的放射性碳也最多。从一些海洋过程的时间尺度看，这6年时间显然是很短暂的，比如海盆的变迁一般至少持续上千年。放射性碳可以测定历史时间的这个特性，再结合放射性碳含量及放射性碳会融入海洋碳循环这个事实，使得核爆产生的放射性碳在追踪多种海洋过程中，成为一个很有价值的测量指标。这些海洋过程包括：海洋生物活动、空气与海洋气体交换、温跃层内的空气流通、海盆内的洋流、海洋的上升流等。利用放射性碳还可以帮助人们确定深海大鲨鱼和珊瑚骨骼的年龄。以前，大规模深海洋流模式是通过深海各处的盐分、温度、氧含量等测量数据建立的，现在则可以通过测定自然形成的放射性碳含量来确定。测定不同海域海水的相对年龄，是用放射性碳测定深海洋流的一个最新成果。通过这样的测定，人们发现大西洋深海的海水总体上比其他大洋盆地深海的海水更新，或者说更年轻。

核爆炸试验

对页上图：1946年在密克罗尼西亚的比基尼环礁进行了一项核武器试验。试验产生的放射性碳被海洋研究者用于对洋流模式的跟踪研究。

福岛

对页下图：2011年，日本福岛核电站事故泄漏的放射性同位素，帮助了海洋学家追踪北太平洋的海面洋流。

放射性同位素研究

科学家将海水取样袋吊上甲板。袋里的海水将被用于放射性同位素分析。

人类在深海的足迹

深海的废弃物处理和噪声污染

长久以来，人们一直将海洋视为处置各种废弃物既省钱又方便的地方。一百多年前，人们就将蒸汽轮船烧过的煤渣从船舷边抛入大海。至今人们还可以在深海平原、大陆坡、海沟底部找到这种“熔渣”，还可找到碎陶器和人们从船上扔弃的其他废物。人们曾以为海洋收纳人类废弃物的能力是无限的。这些被抛弃的废弃物中，有些是航海过程中形成的，属于偶发性的，要将它们存储起来，携带回家，再仔细处理既费钱又费力，因此直接抛入大海最便利；还有些废弃物则属于人们专门带到海上抛弃的。

眼不见为净

“深海垃圾场106”是世界上最大的淤泥垃圾场，它离纽约从前的安布罗斯灯塔有106海里，其名字就源自这个距离。该垃圾场位于大陆架边缘以东仅几千米的地方。1961—1992年，人们将垃圾倒在垃圾场所在的洋面，经海水渗滤后留在了2500米深的海底。垃圾中有各种酸性物质、非特定化学物、军用垃圾和超过3000万吨来自纽约-新泽西都市区的下水道污泥。

1946年，人们首次在加利福尼亚外海处理放射性废料，而全球95%的放射性废料则倾倒在了北冰洋和东北大西洋海域。在北冰洋，尽管一些垃圾场的深度达到300米，但多数垃圾场处在浅水域。在东北大西洋海域，海洋垃圾场的深度为1500—5000米。从1994年开始，向海洋倾倒放射性废料的行为被禁止，但核电厂向大海排泄核废料的事件仍时有发生。例如，日本就从2023年起向大海排放福岛第一核电厂处理后的含氚的核废水。

波多黎各海底垃圾场是世界最大的化学废料垃圾场之一。该垃圾场位于波多黎各以北的波多黎各海沟上面，深度为6000—8000米。1973—1981年，有大约250万吨医疗垃圾被倾倒在那里。目前尚不清楚这些倾倒的医疗垃圾会造成什么危害。实验室研究显示，倾倒的废料对许多海洋生物是有毒的，但这些生物的最终反应如何，还要看废料被稀释的情况。当然，人们之所以将化学废料在海上处置是认为这些废料在海洋中会被基本稀释完毕。虽然大规模化学物质的海上处置活动已不再进行，但现在人们仍在担忧其他广泛使用的药物，如兽用抗生素、人用生育控制激素和抗抑郁剂等，会通过污水管道和江河系统进入海洋。虽然这些化学药物在大海中大多会被稀释完，但人们担心那些不易分解的有机污染物质（不会破碎的污染物）最终会像重金属那样留在深海。

第二次世界大战结束之后，人们将大量武器弹药等军用垃圾倒进大海，其中有些是倒在浅海垃圾场中。这些倾倒在浅海垃圾场的武器弹药，对渔民和沿海居民可能造成严重危害。大约有超过100万吨的军用废料被倾倒在博福特海堤垃圾场，该垃圾场位于北爱尔兰与苏格兰之间的海域，在垃圾场约300米的最深处还有一艘沉没的潜艇。近年来，人们就在附近海滨发现过从垃圾场冲刷上来的军用废料。有些海洋军用垃圾中还有化学武器废料，其中许多并没有确切的原始记录。

上述海洋倾倒废弃物事件大多发生在过去。尽管彻底清除它们几乎不可能，但人类至少已经通过国家立法或国际条约等途径，禁止了这种最恶劣行为的再次发生。以下章节介绍的是人类正在探索的海洋废料处置方式。

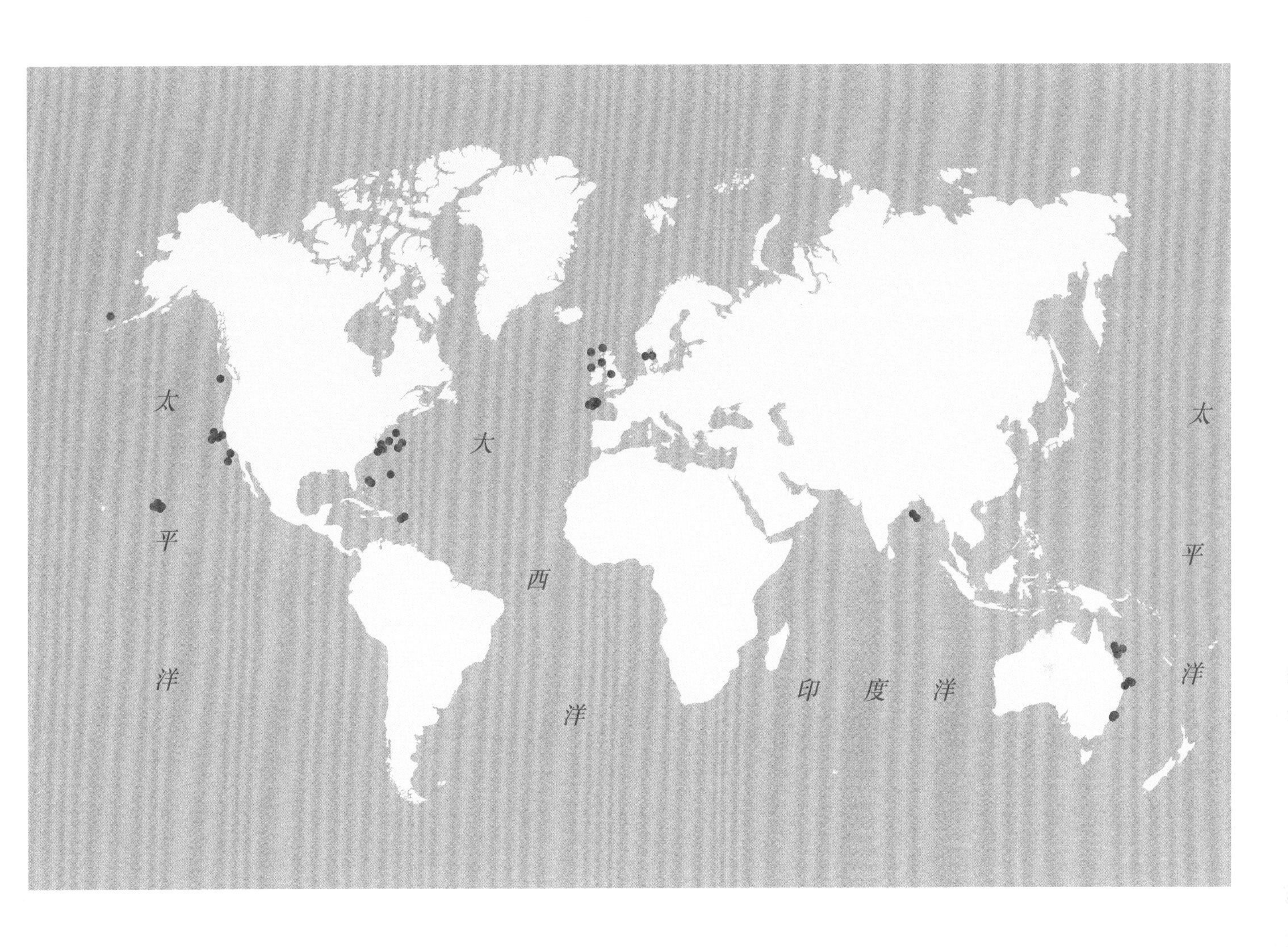

海洋倾倒场

上图：世界各大洋中深水化学武器倾倒场的地理位置（资料来源：詹姆斯·马丁中心《关于防止核武器扩散的研究》，2017年）。

深海垃圾场

下图，从左到右：

用于倾倒第二次世界大战化学武器废料的博福特堤防垃圾场。

用于倾倒下水道淤泥和其他废料的深海垃圾场106。

用于倾倒医疗废料的波多黎各海底垃圾场。

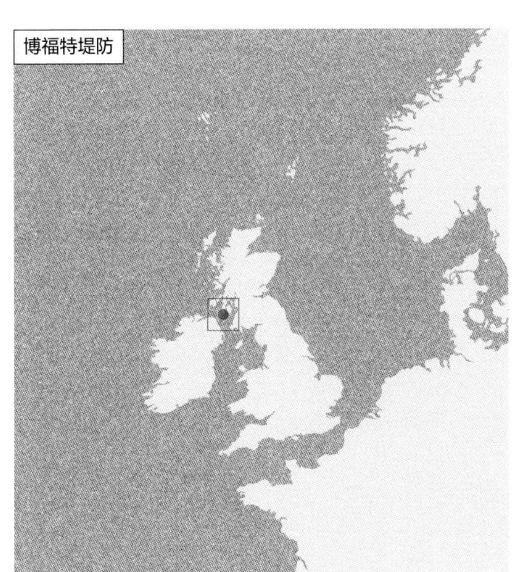

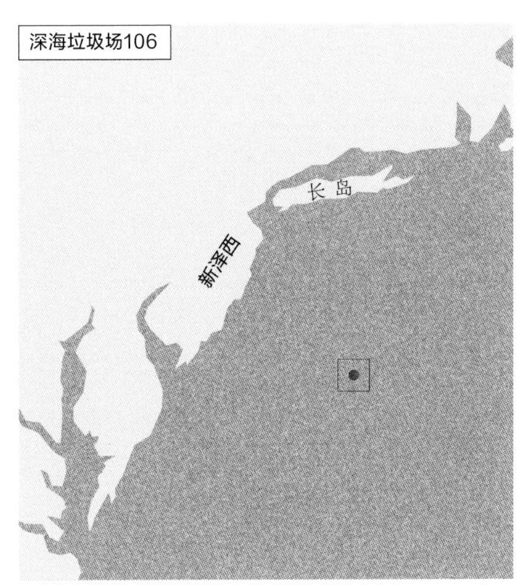

尾矿处理

随着对电池和电子设备及更多技术部件需求的增加，人类社会对金属的需求也在上升。而采矿是一个具有污染性和破坏性的过程，在冶炼金属时会产生大量的废物。金属存在于称为矿石的岩石之中。这些金属在矿石中的含量往往很低，典型的铜矿石中铜的含量低于1%，而典型的金矿石中金的含量低于0.1%。尾矿是开采过程中产生的废物。尾矿中的悬浮物含有很细的岩石粉末，会被镉、铅和水银之类的重金属污染，在加工过程中还被用于其中的化学品污染，如氰化钠。通常，处理尾矿的办法是将其泵入位于地面的尾矿池中，并用尾矿坝将尾矿与水分离，然后使其沉降。

偶尔，尾矿堤坝会出现大范围垮塌，会造成人身伤害、村庄淹没以及重大环境污染等灾难。2015年，靠近马里亚纳群岛的一座巴西铁矿石尾矿堤坝垮塌，4000万吨尾矿矿渣遍地扩散，导致受灾地区的渔民全部丧生。这些细小沉淀物还能阻塞鱼鳃并覆盖其敏感的表皮，这种情形或许比矿渣中的化学物质所造成的危害更严重。在大西洋沿岸下游超过650千米的水域，都发生过尾矿沉积物造成的灾难。尾矿堤坝本身就具有不安全因素，加之气候变化或地震之类的活动更会引发形势恶化，因此在有些国家，作为替代方案，一些采矿业主便选择直接将矿渣倾倒在海洋中。许多这样的排放口位置不深，对环境构成了潜在危害。所以，一些运营商更喜欢通过深海来处理尾矿。在超过100米的深处倾倒泥浆，通常选在陡坡边缘处，在那里流出的尾矿渣可形成一个浑浊的水体并加速向下流动，快速到达深水区。要满足这些物理条件，海底峡谷通常被认为是最合适的位置，例如，一家镍矿厂就把尾矿倒入了巴布亚新几内亚巴萨穆克峡谷的顶部，一座开采铜和金的矿山将尾矿倒入了印度尼西亚的仙奴奴峡谷。引发人们关注的是，在海底峡谷存在着易受伤害的海洋生态系统，那里有丰富的珊瑚和海绵生物群（参见第128—133页），它们需要依赖脆弱且容易被阻塞的器官来进食。在巴萨穆克峡谷，拉穆冶炼厂附近已经发现了冷泉（参见第164—165页），在初次排放之后不久，人们便把环境因此受到的影响记录在案。

目前，虽然只有极少数国家采用深海尾矿处理办法，但未来它却可能进入更多国家的考虑范围，尤其当他们需要提升金属产量以支持芯片、动力电池等产品增长需求时。而且，这些国家大多由火山自然形成的小岛所组成，靠近海岸线的地带有陡坡存在，在地理上具备这样处理的条件。

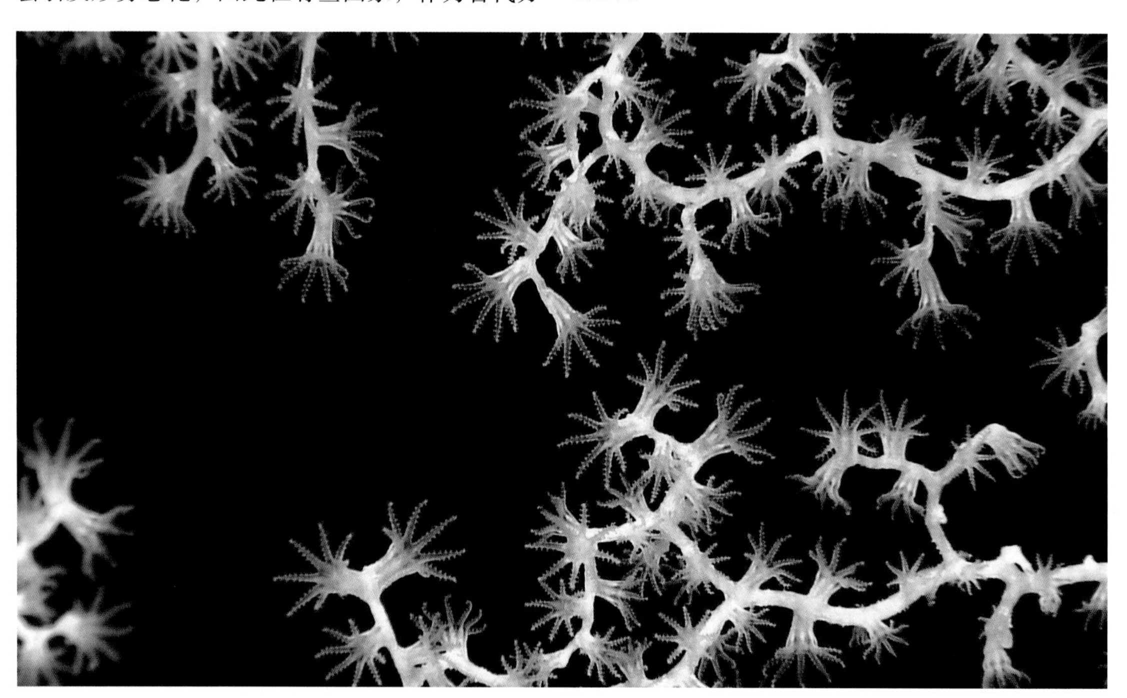

脆弱的生态系统

左图：源自深海尾矿渣的细碎颗粒沉降物，能够盖住深海巨珊瑚这类食悬浮物动物的触手，这些触手是它们用于捕食的敏感器官，盖住后会导致珊瑚死亡。

尾矿堤坝的垮塌

对页下图：随着巴西布鲁马蒂诺陆基尾矿堤坝的垮塌，四处流淌的褐色的泥浆对周边环境造成破坏。

深海尾矿处理

设计的尾矿排放管道，可使矿渣像水流一样顺着管道的末端流入较深的水域。

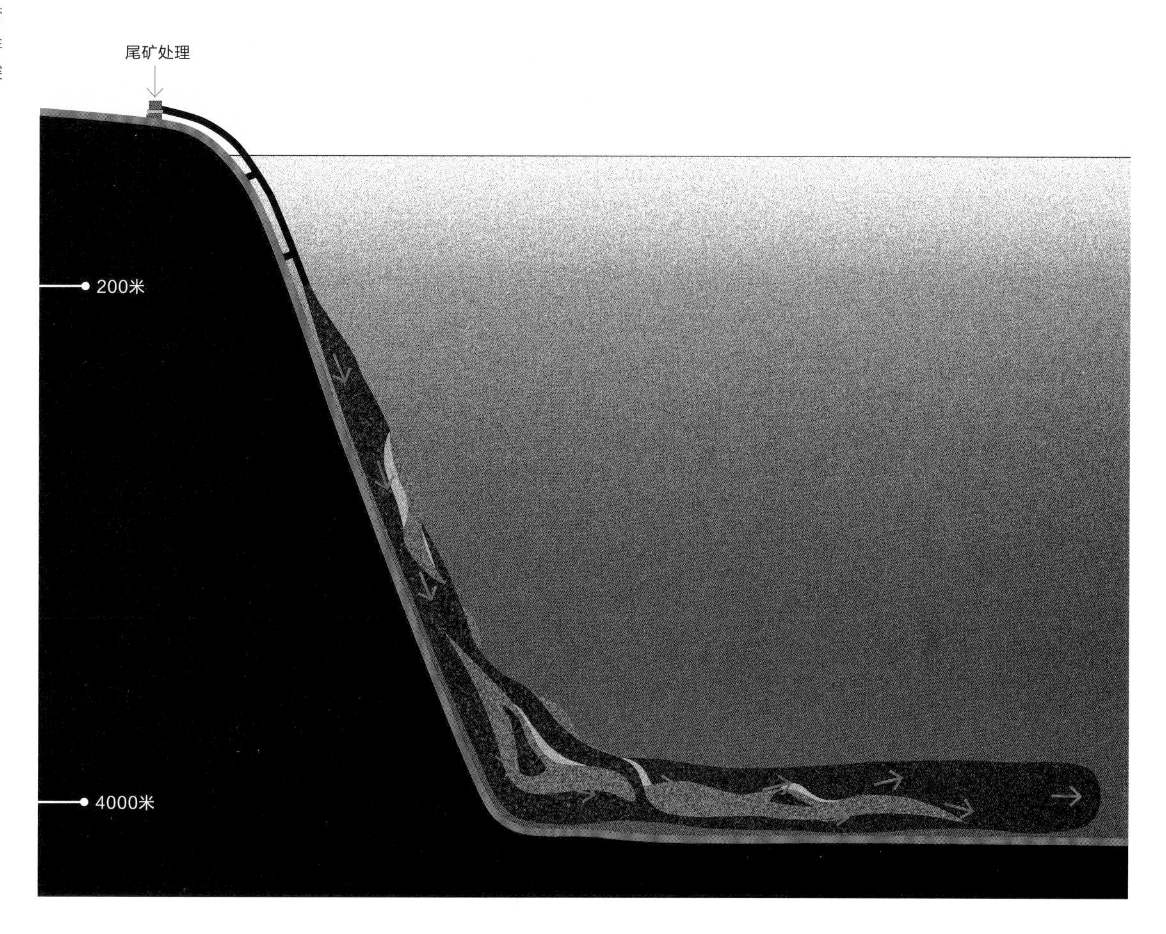

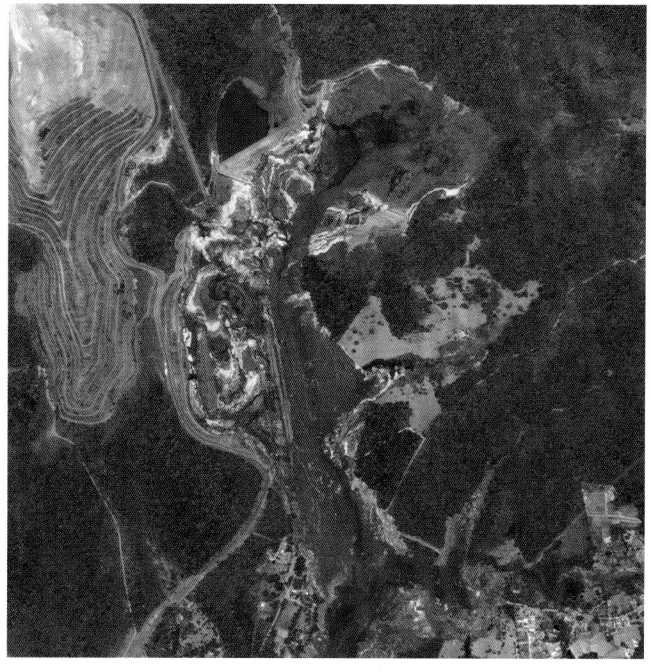

海洋垃圾

海洋垃圾包括塑料、金属和玻璃制品等。估算海洋垃圾数量的方法虽然不同，但人们认为目前每年进入海洋的垃圾超过600万吨。其中有些是有意倾倒的（既有合法操作也有非法行为），有些则是意外落入海洋的（如钓鱼装置，船载集装箱）。曾经有一个装了近3万件塑料沐浴玩具（鸭子、河狸、海龟和青蛙）的船载集装箱掉进了北太平洋，在此后的15年里，这些塑料玩具在全球海洋中不断被发现，而且至少有一件到达了位于东北大西洋的苏格兰，这些塑料垃圾在海洋中漂来荡去，存留时间的持久性令人瞠目咋舌。浴盆玩具是能够漂浮的，然而不是所有坠入海洋的物品都能漂浮。在海洋垃圾中，大约有80%来自陆地，大多数经由河流入海，包括从地面垃圾场大量（偶然）进入河流的陆地垃圾。其中大量的是废弃塑料制品，每年约为200万吨。进入海洋的垃圾或许有些能够漂浮于海上，据说确有300万吨塑料废弃物在北太平洋海面上随波逐流，不过，绝大部分垃圾的最终归宿是沉入深深的海床。

人们一直在进行各种努力要把这些废弃物从海洋中移除，但收效甚微。如果将努力的方向集中在通过立法遏制向海洋倾倒垃圾的行为或许效果更好，比如通过立法减少塑料产品生产和使用，禁设露天垃圾场，停止往海洋倾倒垃圾等。

2022年3月，联合国环境署（UNEA）开始启动谈判以形成一项全球性协议来终止塑料污染。全球每年约有2.25亿吨塑料制品面世，对于许多沿海区域而言，清除这些垃圾的成本是巨大的。比如，从阿尔达布拉岛（Aldabra）清除塑料垃圾，清除25吨需要花费22.5万美元。该岛是一个位于印度洋的环状珊瑚岛，也是世界遗产保护地。据估计，目前岛上还有500吨垃圾遗存。岛上大量的废弃物是被遗弃的垂钓设备，此外还有近2吨被抛弃的塑料拖鞋。因此，对于这些地方的政府而言，没有经济上的激励，很难去开展清理工作。

科学家们在研究欧洲各海域中的海洋垃圾时发现，大陆坡、海底峡谷、海山以及大洋中脊一带，其垃圾量要远多于大陆架上的。他们还发现了这些区域之间存在不少差异。海底峡谷中主要是塑料垃圾，这说明峡谷中积累了来自陆地上的垃圾；海山上的垃圾主要是遗失或丢弃的垂钓设备，说明这些富饶的栖息地面临的垂钓压力极高。

塑料废弃物在海洋最深处也随处可见。在太平洋和印度洋6000米以下的深度，塑料垃圾占到这里所有垃圾的50%以上。其中。碎片垃圾几乎都是一次性塑料制品。如果政府实施阻止制造和销售一次性塑料制品的政策，或能保护我们的深海环境，并让栖息于此的动物们避开这些塑料废弃物。目前已知最深处（10,898米）的垃圾是在马里亚纳海沟发现的一个塑料袋。它大概得永远待在那儿了。

垃圾成分

出现在深海栖息地的垃圾是水面之上人类活动的一种反映。在深海峡谷中发现的垃圾种类大部分是塑料废弃物，而在海山和洋中脊遗失或丢弃的垂钓（捕鱼）设备占比更大。大部分垃圾渣块散布在大陆坡上，在深海盆底中，也可见到老式蒸汽船烧煤后丢弃的煤渣。

深海中的塑料

深海中的塑料垃圾日益增多，被海葵（上图）和海胆（下图）这样的动物当作了栖身之所。

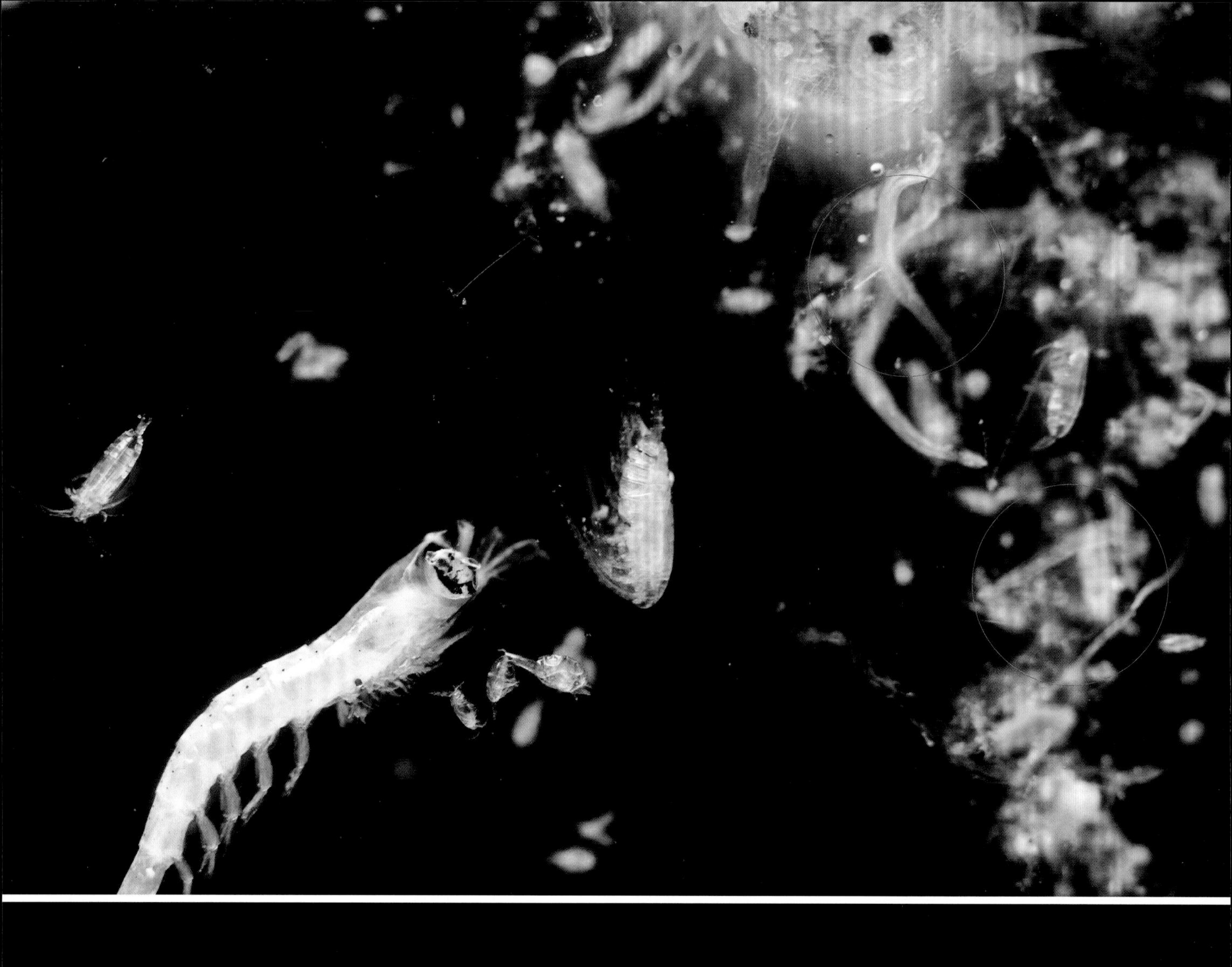

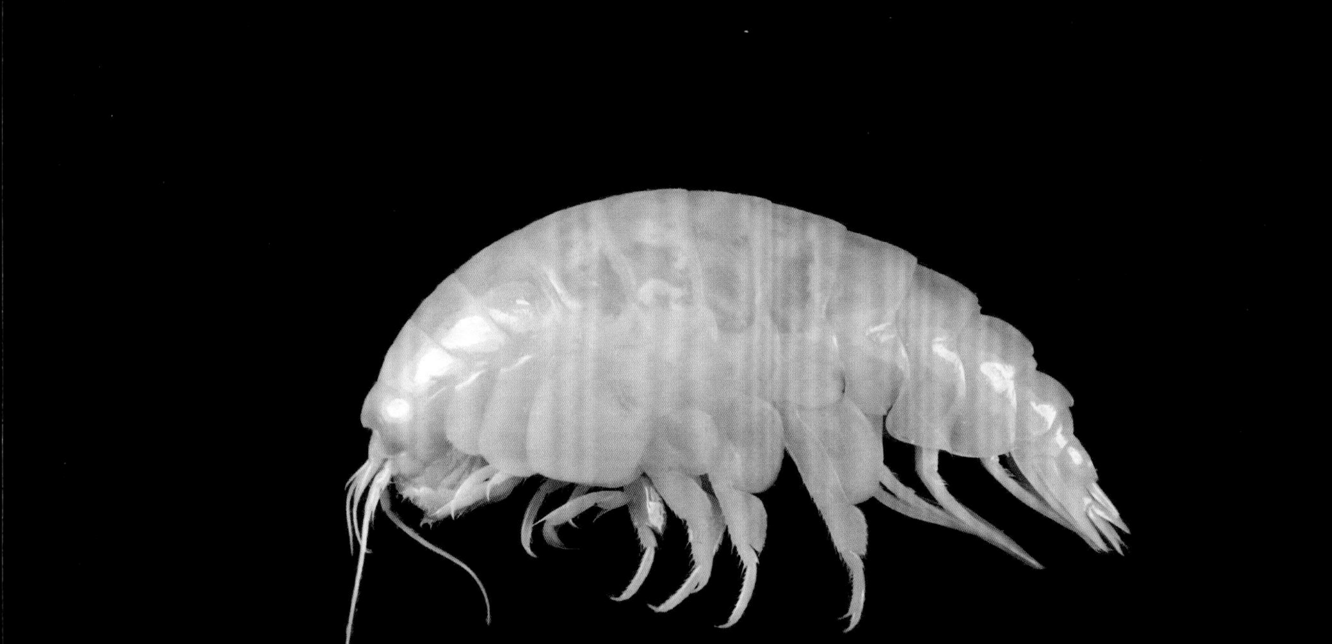

塑料微粒

顾名思义，塑料微粒是非常小的塑料物质，大小从1微米到1毫米不等。塑料类型各异、种类繁多，如聚氯乙烯、聚丙烯，它们的化学成分决定了其潜在毒性大小。

塑料微粒可能是原生的，也可能是次生的。原生塑料微粒是经人工制造而成的微小物质，例如洗面奶和牙膏中的塑料微粒。次生塑料微粒则由塑料废弃物降解而成的。海洋中所有塑料垃圾都会缓慢降解成微粒。而陆地上的塑料微粒可随风而动，辗转飘扬至100千米开外，这样它们便可由陆地进入海洋，就像它们从河流进入海洋一样。源自汽车轮胎的微渣和源自人造布料的纤维，在洗车时会被冲进水流中。深海被看作是塑料微粒的沉降区。如同悬浮的沉降物和海雪，最终会落入海底。尽管对深海塑料微粒的研究刚起步，但遍布于全球深海中的沉降物中，塑料微粒占比已经达到了很高程度。

在太平洋最深处的海沟中，生活在此地的端足目动物体内已经发现塑料微粒的存在，这个区域深度达7000—10,890米。塑料微粒还会被深海中的珊瑚所吞食，很可能是珊瑚无法辨别塑料微粒与食物颗粒的区别，于是它们只得承受两种直接的后果：①咽下的塑料微粒没有任何营养价值；②它们得耗费自己的能量收纳这些东西。实验结果表明，当暴露于塑料微粒之中时，深海造礁珊瑚吃下的食物变少，生长速度变慢，骨骼中的碳酸钙也在减少。人们还有一种担忧，塑料微粒表层可以吸附重金属、化学物质和细菌，这些东西对吸入塑料微粒的生物而言会造成进一步伤害。目前，深海珊瑚已经承受着多重压力（例如温度升高、海水酸化），而这一额外的负担恐怕将进一步削弱它们在气候变化中所具有的适应能力。

塑料微粒污染

对页上图：在这件来自南大西洋的浮游生物样本上，塑料微粒随处可见。这些塑料微粒最终极的归宿极可能是沉入深海海底沉积物中。

深海端足目动物

塑料真律钩虾

对页下图：这种来自马里亚纳海沟的深海端足目物种，因在其肠内发现了塑料，故得此名。

降解后形成的塑料微粒

右图：据估计，来自大西洋和印度洋的塑料微粒，作为沉降物在深海中比在水面的要多1万倍。这是塑料废弃物降解后的结果，其中的一些属于本地降解产物，但大部分是从海洋水柱体沉入海底的。

海洋噪声

海洋中的人为噪声问题正在引起人们的忧虑，这些噪声并不局限于浅水区域或沿岸地区。鲸类是凭借声音来寻找猎物和进行交流的，人类活动产生的噪声会干扰它们的这类行为。极端的噪声还会产生压力波，进而损害它们的体内器官。在地震后的监测中，人们发现内脏受损和耳骨粉碎的巨型鱿鱼——大王乌贼——精疲力竭地躺在西班牙北部的海滩上（参见第245页）。在北大西洋，对10多年地震监测数据的分析和鲸类搁浅记录表明，长鳍领航鲸搁浅的情形在近海地震监测中呈增长趋势。同样，通过对声学数据和美军环太平洋马里亚纳群岛实战演习的分析，发现导致居维叶喙鲸搁浅的首要原因是反潜作战中使用的中频声呐。它们是潜水最深的鲸类，下潜深度可达3000米。

地震引发的噪声能够传到海床上，因此可以到达大洋最深的地方，而其他人为噪声也可以到达这里。2015年，科学家将水听器阵列放进挑战者号深潜器中，该深潜器潜入马里亚纳海沟的一个区域（海面以下10,000米），前后历时24天。这期间，他们听到的声音包括：须鲸和齿鲸发出的自然声响、海面上的风浪声、台风经过的声音，以及来自地震的声音。尽管听水器、空气枪（来自地震勘探）和声呐的深度很大，他们还是听见了船只螺旋桨转动的声音。如果在挑战者号深潜器上都能听到这些声音，那么它们在整个大洋都可能通行无阻。

科学家们日益呼唤保留“静海”作为海洋保护区的一种形式。这样的保护才能从根本上保护那些依赖声音的物种。

地震造成的损害

搁浅于挪威海滩的大王乌贼。并非所有鱿鱼搁浅都与地震噪声相关，但越来越多的证据显示，地震噪声导致海洋物种搁浅的概率成倍增长。

居维叶喙鲸

上图：因军用声呐的使用而成群搁浅的喙鲸，经常会出现严重表皮组织损伤。这极有可能是由于其表皮过快应对声波压力时产生的气泡导致的——这与潜水员所患的减压病是同一个原理。

地震监测

下图：不断有证据显示，近海的地震活动会导致某些动物搁浅。

全球气候变化和海水酸化

燃烧化石燃料的影响

人类活动正在使地球变暖，这一点已十分清楚。变暖的区域也包括海洋（见IPCC 2021年报告）。这个结果便是人所共知的全球气候变化，原因就在于化石燃料的使用。化石燃料的燃烧导致二氧化碳在大气层中不断增加。由于大气层与海洋之间经过表层交换而连在一起，也会让更多的二氧化碳溶解在海洋之中。在表层附近，海洋的平均pH值（酸性度）现在已经达到8.1左右。pH值大于7则表明处于碱性（低酸）状态。如果海洋持续吸收更多的二氧化碳，则其pH值会降低，海水酸性增加。在最近15年里下降了0.5%左右。实际上，即使所有的二氧化碳都溶解于海洋中，海水也不会“变酸”（pH值低于7），但酸性不断增加的变化趋势将对海洋生命产生影响。

在二氧化碳溶解于海水时，pH值的下降使碳酸盐离子与氢离子相结合，会让海洋生物体无法足额获取所需的碳酸盐离子。珊瑚、牡蛎、贻贝以及其他许多生物需要通过碳酸盐离子与钙离子结合生成它们的外壳和骨骼。因此，海水酸化会造成海洋生物的外壳与骨骼软化问题。自然状态下，二氧化碳存在于空气中，植物生长需要它，动物在呼吸时则会排出它。然而，由于人类燃烧化石能源，今天大气中的二氧化碳总量比过去1500万年内的任何时期都要多。大气层中绝大部分的二氧化碳就是这样聚集起来的。由于二氧化碳可以吸收太阳热量，就像在地球周围形成一张毯子将地球包裹起来，使地球温度不断升高。可是，约有30%的二氧化碳会溶于海水中，但它们不会保持游离的二氧化碳分子状态。一系列的化学变化分解了二氧化碳分子，并将它们与其他物质重新组合，从而对pH值产生影响。

从工业革命以来一直到现在，海洋表层pH值从8.2降到了8.1。如果我们以眼下的速度持续增加二氧化碳的排放，则海洋表层pH值有望在21世纪末再下降0.3—0.4个单位。0.1个单位的pH值看似不大，但其计量方式却是对数形式的，就像测量地震的里氏震级一样。受自然进程的影响，人们发现对海洋表层7.8或7.7的pH预期值，已经在深海达到了。溶于海洋表层的二氧化碳与那些死去生物的肌体组织，一起沉入海洋深处并在那里累积，因此海水酸化自然会从深处向上发展。

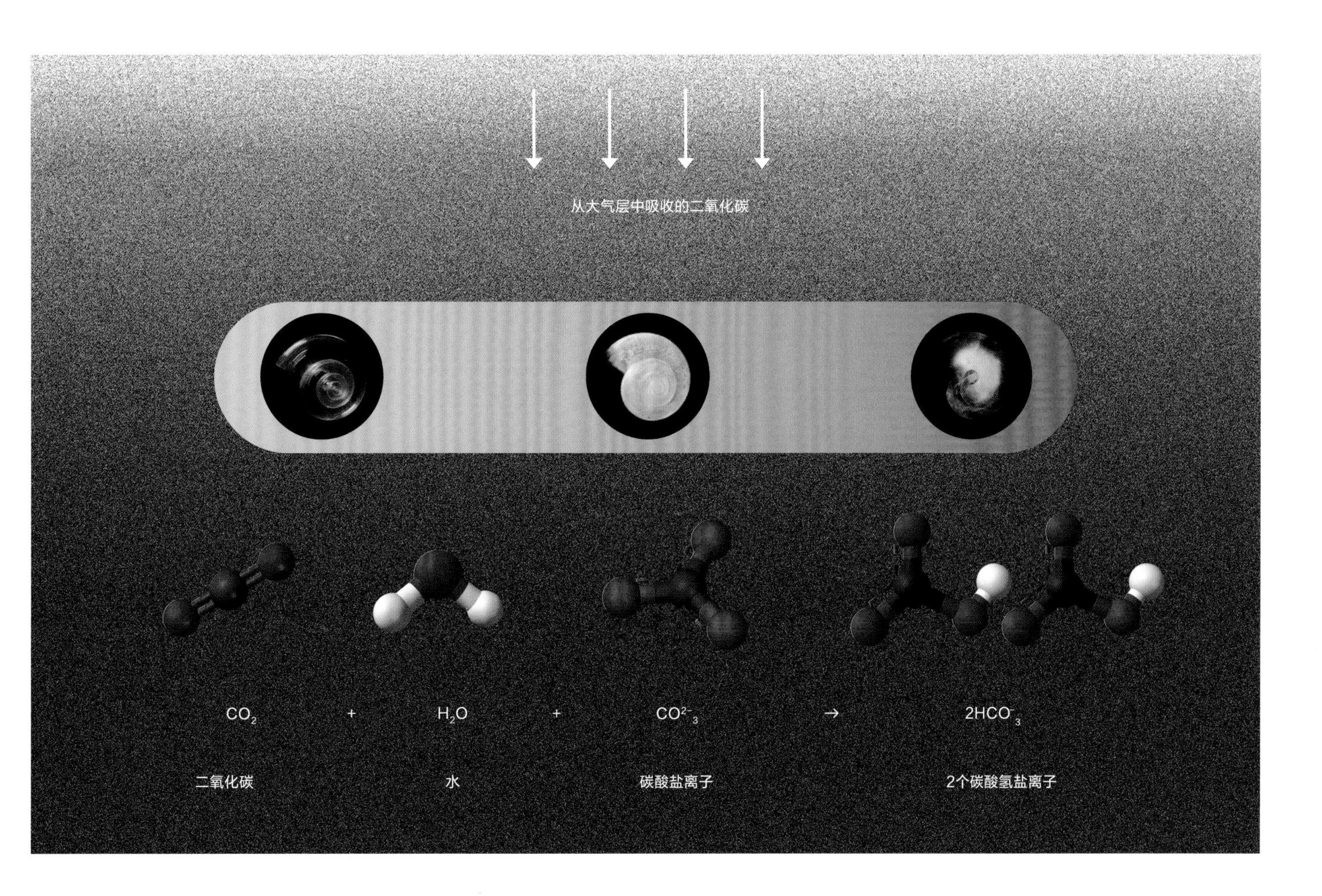

海洋酸化的后果

上图：海洋酸化潜在影响概略图。海水摄取过多的二氧化碳，与生物外壳生成所需的碳酸盐离子减少是有关联的。

海洋表层pH值

下图：自1850年以来，由于人类活动的影响，海水酸性变得越来越高（pH值越来越低）。这种状态仍在持续，其影响波及众多海洋物种。

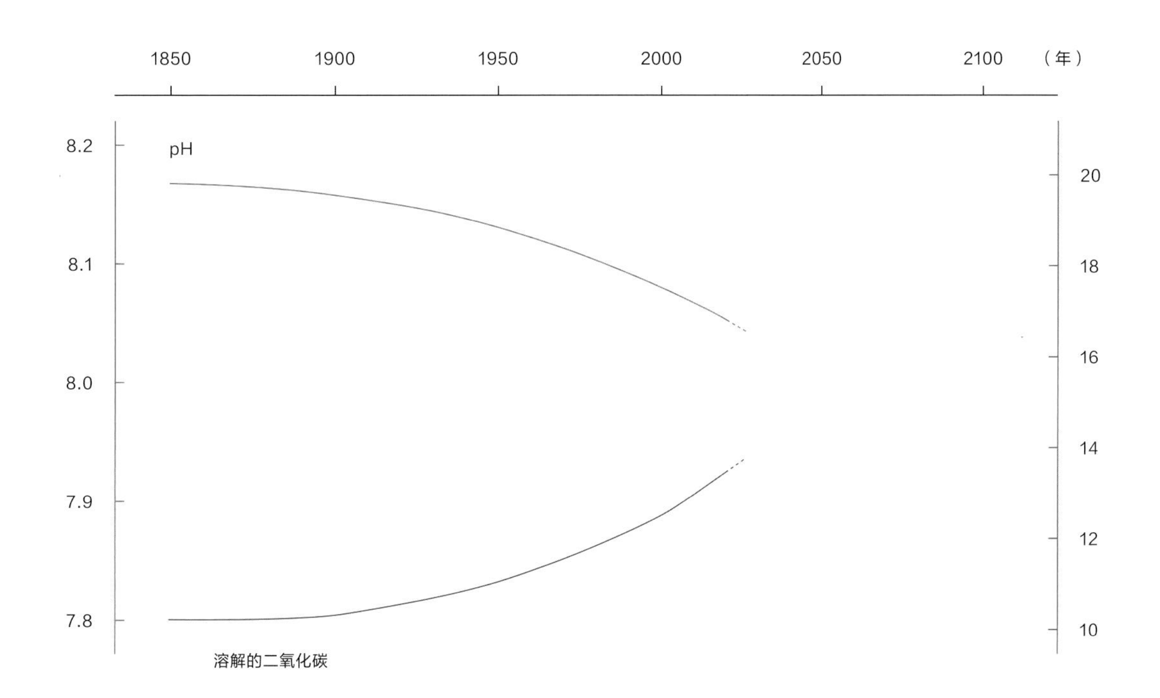

酸化的后果

不考虑自然进程的影响，人为造成的海洋酸化在深海出现的进程会比海洋表层缓慢，尽管如此，从生态学角度看，其影响也是严重的，因为这里的生物区系更为敏感。深海生物生活在寒冷而黑暗的环境中，营养物质供给量较低，这必然降低捕食者和猎物之间平衡关系的稳固性。这些生物体通常生长缓慢，相比于温暖的表层水域中那些可比类群，深海生物的新陈代谢速率更低。在动物中，缓慢的新陈代谢通常与空气交换（氧气传输与二氧化碳排放）及酶功能衰减相适应，包括那些与酸基（pH）作用相关的功能。假定过去深海环境的长期稳定，已经使这里的物种因丢失较多的耐受基因型（基因类型）而降低了耐受极端环境的能力，那么，它们适应未来海洋酸化的潜能肯定也会下降。

从栖息于热液口和冷泉环境中的生物（参见第158—167页）身上，人们可以推断出未来深海酸化的某些类似结果，那些区域的pH值虽非始终却也经常处于较低水平。在热液口和冷泉区域，很难见到棘皮动物（如海参、海星和海胆之类的动物，参见第84—85页）和其他需要碳酸钙生成外壳或骨骼的生物类群。这是对周围环境pH值较低或存在其他不利环境因素的一个推测结果，或将对某些动物群的分布带来限制。不利环境因素包括有毒金属，如镉、银等含量过高。尽管二氧化碳水平较高，但热液口和冷泉区域的其他一些生物类群却能繁盛生长，在某些情况下还可利用这里能量富集的有利条件来维持不同寻常的高增长率。一些动物在热液口和冷泉环境下提升生存概率的适应能力，很可能是经过长期进化获得的。更多典型的深海动物是否有能力适应未来由酸化引起的深海化学变化，目前还不得而知。

溶解外壳

对页图：在一项实验室试验中，人们模拟了未来2100年的海洋化学环境，在这样的海水中，翼足目动物的外壳经过45天就溶解了。

健康受损的海蝴蝶

右图：一只病态的海蝴蝶向我们显示了海洋酸化的后果——其上部皮肤上的白线、暗斑、磨损等，都是外壳发生溶解的后果。

酸化对深水珊瑚的影响

在实验室条件下，海洋生物学研究结果已表明，当周边环境pH值分别降低0.15和0.3个单位时，冷水穿孔莲叶珊瑚的钙化率会分别降低30%和56%。尽管如此，该物种的钙化并没有完全中止。无论如何，由于迄今这方面的研究太少，还需要开展更多的科学研究工作。从浅水珊瑚所显示的情形看，遗传变异是理解深海珊瑚酸化后果的一个重要因素。

相较世界其他大洋，北大西洋拥有的保持自然平衡或物质反馈机制，有助于它在过去时间里减缓深海酸化进程。这里海水很深、密度很大，这种结构导致酸化程度较低的表层海水会沉入深海，并与酸化程度较大的深海海水相混合。这种过程使大西洋深层海域的酸化程度远远低于北太平洋。在相近深度上，北太平洋表层和深层海水的pH值都小于大西洋。对于有壳类水生动物，特别是深海冷水硬珊瑚等钙质深海生物而言，酸化程度较低的北大西洋似乎是一个避风港。然而，由于酸化海水对这些生物的外壳和骨骼具有潜在的腐蚀性，因此，当北大西洋深海水域越过某个临界深度时，海水酸性也可能变得过高而使得这些生物无法生存。虽然如此，人们仍然在深达2000米的地方发现了冷水硬珊瑚，这个深度比pH值最低的海洋区域还低很多。两相对照，在太平洋，同样的珊瑚还在为生活在500米深处而努力奋斗。

酸化影响还混杂着其他类型的人为灾害。迄今为止，人类最初对深海冷水珊瑚造成的影响，源于在深水区开展的拖网作业。拖网渔船拖着渔网扫过海床，不仅搅动了海床上的沉积物，也折断和毁坏了一些深海冷水珊瑚。另一种危害较大的人类行为就是深海延绳钓。油气勘探也给深海冷水珊瑚带来灾难。2015年开始的一项研究发现，在墨西哥湾密西西比峡谷中，受到损害的珊瑚数量，在深水地平线号漏油之前为4%—9%，之后则增加到了38%—50%。

深海冷水珊瑚生长缓慢，其恢复比在浅水所需时间更长，因为浅水中的营养物质更为丰富。据估计，深海冷水珊瑚的寿命跨度为几十年（至少）到几百年，一些种类至少可活1000年以上。生长速度缓慢、恢复时间漫长的珊瑚群，面临着被人类活动持续伤害的巨大风险。

深水珊瑚
穿孔莲叶珊瑚

深海珊瑚生态系统正受到气候变化的威胁。

上图：健康的南加利福尼海峡群岛国家海洋自然保护区中的穿孔莲叶珊瑚。

对页图：喙藻散布在穿孔莲叶珊瑚中，地点：墨西哥湾。

深海垂钓对已经受到影响的精美珊瑚礁而言，可谓雪上加霜。

对深海的直接影响

人类对能量的高度需求是造成气候变化的主要因素，对深海造成的各种直接影响中也包括潮汐能的减少。在有些人看来，潮汐能作为化石燃料的潜在替代物是未来的重要资源。尽管潮汐能相对而言很有限（据估计，可替代现今人类能源消费需求量的比例不足1%），但大部分的潮汐能开发如水下涡轮机的使用，都会对深海生物造成强烈影响。潮汐运动减少意味着湍流能量的降低，因为绝大部分深海湍流是通过阻断内波而形成的（参见第60—65页）。潮汐能的开发将导致湍流混合以及海洋纵向密度层之间水体交换的减少，由此会降低海水对营养物质和悬浮物的输送能力。湍流混合的减少也将降低从海洋表层向深海进行热量输送的能力。这样一来，海洋潮汐的开发或将最终毁坏深海水层结构，将深海变成寒冷且毫无生机的一潭死水。

海底沉船残骸与其他沉没物

正遭受破坏的海洋生态系统

“威望”号油轮（Tanker Prestige）的沉没已在“石化产品和矿物开采”部分讨论过（参见第245和第247页），这是一个人类商业活动对深海造成普遍影响的突出案例。由于船舶失踪，要想确定每年在深海（或者在公海水域，即一国管辖权以外的海域）沉船的平均数比较困难，主要原因是没有记录与海盗及其他活动使统计很困难。据估计，平均每年沉船数量为10—100起。当然这个数字不包括战争时期被他国击沉的船只数量。两次世界大战期间，大量船舶沉入深海，由于小规模海上冲突不断出现，沉船事件络绎不绝。

一项公开的评估表明，假设每年只有10%的船舶因事故或天气原因在公海失事后沉入深海，就相当于每年大约有18艘大型船舶沉没并对深海产生影响。然而，关于这些灾难我们为什么没有听到更多的消息呢？其实，这些沉船中，有许多与注册国并无真正关联（相应的安全要求也不严格），实际操作的船员大多来自发展中国家，其海上活动也常常没有雷达监控。另外，在这些事故性沉船中，有些是在海上被认为毁坏后沉没的或是在军事演练中被丢弃的，这类船舶与那些事故性沉船不同，在沉入大海前船上的燃料和润滑剂或许已经被清理掉了。

遇难船舶与生态系统

不管我们是否听说过，实际上，当一艘沉没的船舶落入海底时，无论是短期或长期，都会对那个区域的生态系统产生多方面的影响。沉船上的大量物品会将这个区域的生态系统撕裂并毁坏。深海海底上绝大部分是沉积物，而遇难船只的残骸使这里突然增加了一处硬质基底，会被一群完全不同的生物体所占据，不同动物群还可能使这里的食物链出现转换。

为了防止船舶被腐蚀，人们会用特殊油漆对它加以处理，同样，船底也会涂上有毒的防腐漆。当油漆从船骸上逐层脱落以及所有金属逐渐被腐蚀后，就会改变所在区域海水和沉积物的化学性质。以往这些木质船骸是或曾经是食木双壳类动物和相关动物群的原始栖息地，而钢铁船壳会变成一个“锈蚀体”，在微生物的作用下会出现晃动，最终向侧面倾倒。泰坦尼克号船骸最终被腐蚀为一个“锈蚀体”就是一起著名案例。除了船体材料（如钢铁、木材与合成材料等）外，每一艘现代船舶都装载有大量燃料、润滑油、绝缘体（PCBs）和船员补给等。少数失事的核动力船舶（主要是潜艇）被丢弃后沉入大海。这些船骸或将包含具有放射性的动力装置、核燃料以及其他具有放射性的材料。

“泰坦尼克”号残骸

在北大西洋深海中这类稀少的“硬质基底”，被海绵、珊瑚、海羽星等深海生物所利用。在细菌作用下，铁被从船体中分离出来，成了褐色的锈蚀物。

第二次世界大战期间的轰炸机

上图：除了遇难船只外，飞机也会在海上坠毁并沉入深海。图中的这架第二次世界大战期间的B-29超级空中堡垒轰炸机正底朝天躺在替尼安岛（Tinian Island，北马里亚纳群岛的一部分）附近海床之上，一台远程操作机器人正在对其进行观测。

武器运输

中图：一门大炮躺在一堆人造器物上面，这些器物散落在墨西哥湾深处一艘19世纪早期的木壳帆船残骸中。

船载集装箱

下图：在现代运输中，船载集装箱被广泛使用。即使运输这些集装箱的船只安然无恙，也会有许多集装箱沉没于海洋中，里面装满了各种各样的物品。这个7年前沉没于海底的船载集装箱，已经成为深海各种动物的家园。

沉没的货物

货轮装载的东西包罗万象，包括所有常用原材料以及大量其他物品。一项估计指出，全球贸易中90%的物品转运是由船舶完成的。可运货物多种多样，这与它们对当地生态系统的潜在影响成正比。大量货物被塞进船载集装箱（参见下文），大件小件、流体固体都有。通常情况下，船舶会将大量货物固定后再进行转运。如果固定的方式没有因船舶沉没而被直接损坏，由于腐蚀过程缓慢，多年以后或许还可以将它们打开，让其中的货物得以重见天日。当体积很大的有机物质，如造纸用的木浆，被封闭在一个灌满海水的货柜中时，它也许就会处于缺氧状态，并形成一个在功能上与鲸落类似的局部环境。据观察，这样的货物会被一些化能合成生物所占领，与那些在冷泉处发现的生物群落，或者在鲸落上的那些化能合成生物群落类似（参见第166—167页）。

有些军舰是运货的，但另外一些则是战斗舰，这些军舰沉没时，上面装载的军火，无论是核武器、常规武器或是生化武器，都会一股脑儿地沉入海底。如果这些武器是火箭（现在这种武器十分普通），那么每枚火箭都装载着有毒燃料以及可爆炸的弹头部，这还不包括燃料、润滑油和其他有害物质。

船载集装箱

如今那些种类繁多、体积巨大的货物，都使用集装箱来运输。这些用钢铁做成的标准箱柜会堆积在船舱内和甲板上，并进行安全固定。然而，人们对用以确保其安全的保障系统并非始终都有把握。通常情况下，因恶劣天气，每1000个船载集装箱中，总有百来个落入海洋中。这些掉进海里的集装箱或许可以漂浮一阵子（这又对过往船只构成威胁），但最终会沉于海底。虽然这些集装箱无法借助燃料和其他动力行进，但在功能上它们都相当于一艘残损的货船。你家里、办公室或车库中的许多物品，或许都是通过集装箱运来的。而类似的物品或许正在海底那些已被腐蚀的集装箱中。

深海中堆积的其他沉没物

虽然深海中的人造堆积物大多与船舶运行相关，但跨海飞行的航空器偶尔也会坠毁在广阔的海洋中。空难虽不如船舶失事那么常见，但却有可能更引起公众的注意。就像船舶一样，飞机沉入深海时，除了涂装了油漆的铝制主体框架外，还有燃料、电子设备、纤维制品、装满行李的皮箱和货物等。

有一首老歌唱道："有多少颗勇敢的心长眠在大海深处"，当你脑子里浮现这句歌词时，或许并不会感到愉快。然而，糟糕的事情还不止于此，沉船与坠机还会导致人体在深海的堆积。这种情形在海战中更是常事。对于在深海中搜寻食物的食腐动物来说，人类尸体与任何其他中等规模的沉降食物没有什么区别，都是它们觊觎和利用的对象。这些人类躯体或将成为深海食物网的一个组成部分，并最终融入深海的全球性碳循环中。

深海物种的分类

本书的生物分类遵循世界海洋物种名录（www.marinespecies.org）。书中涉及的生物名称也尽可能与该网站登记的名称保持一致，但目前许多深海生物尚未有通用名称。在整本书中，我们遵循惯例在英文中简化了生物的家族名称，将“-idae”中的“ae”省略，如将Histioteuthidae称为“histioteuthids”，Moridae称为“morids”等。

原文	译文	原文	译文
KINGDOM CHROMISTA	白藻界		
Phylum Foraminifera	有孔虫门	foraminifera or “forams”	有孔虫类
· · · · · Superfamily Xenophyophoroidea	总科异生目	xenophyophores	异生目
KINGDOM ANIMALIA	动物界		
Phylum Porifera	海绵动物门	sponges	海绵皂
· Class Demospongiae	寻常海绵纲	demosponges	寻常海绵
· · Family Cladorhizidae	枝繁骨海绵科	carnivorous sponges	食肉海绵
· Class Hexactinellida	六放海绵纲	glass sponges or hexactinellid sponges	玻璃海绵或六放海绵
Phylum Cnidaria	腔肠动物门		
· Class Hydrozoa	水螅纲	hydrozoans (includes jellyfishes and polyps)	水螅虫（包括水母和水螅虫）
· · Order Siphonophorae	管水母目	siphonophores (colonial jellies)	管水母
· · · · Suborder Physonectae	管水母亚目	physonect siphonophores	气囊管水母
· Class Cubozoa	方水母纲	box jellies	箱型水母
· Class Scyphozoa	钵水母纲	true jellyfishes	真水母
· Class Anthozoa	珊瑚纲		
· · Subclass Ceriantharia	管海葵亚纲	tube anemones	管栖海葵
· · Subclass Hexacorallia	六放珊瑚亚纲	six-arm corals	六臂珊瑚
· · · Order Actinaria	肉珊瑚目	true anemones	纯种海葵
· · · Order Zoantharia	六放珊瑚目	zoantharians	六放珊瑚
· · · Order Scleractinia	骨葵目	stony corals	石质珊瑚
· · · Order Antipatharia	角珊瑚目	black corals	黑珊瑚
· · Subclass Octocorallia	八放珊瑚亚纲	octocorals (eight-arm corals)	八放珊瑚
· · · Order Alcyonacea	海鸡冠目		
· · · · Suborder Alcyoniina	软珊瑚亚目	soft corals	软珊瑚
· · · · · · · Family Alcyoniidae	软珊瑚科	includes mushroom corals	包括蘑菇珊瑚
· · · · · Family Nephtheidae	棘软珊瑚科	includes cauliflower corals	包括菜花珊瑚
· · · · Suborder Calcaxonia	石珊瑚亚目		
· · · · · Family Keratoisididae	等角软珊瑚科	bamboo corals	竹节珊瑚
· · · · Suborder Holaxonia	全轴亚目		
· · · · · Family Gorgoniidae	鞭珊瑚科	whip corals	鞭珊瑚
· · · Order Pennatulacea	海鳃目	sea pens	海笔
Phylum Ctenophora	栉水母门		
Phylum Chaetognatha	毛颌动物门	ctenophores or comb jellies	栉水母
Phylum Annelida	环节动物门	arrow worms	箭虫
· Class Polychaeta	多毛纲	polychaetes or bristle worms	多毛纲或刚毛蠕虫
· · Subclass Errantia	漫游生物亚纲	mobile bristle worms	移动刚毛蠕虫
· · · Order Phyllodocida	叶须虫目	phyllodocids	叶须虫
· · · · Family Aphroditidae	鳞沙蚕科	aphroditid worms, includes sea mice	海鼠科多毛虫
· · · · Family Nereididae	沙蚕科	nereid worms or ragworms	沙蚕蠕虫或鬃毛蠕虫
· · Subclass Sedentaria	亚纲隐居目	sessile bristle worms	固着刚毛蠕虫
· · · Order Sabellida	缨鳃虫目	includes tube worms	包括管栖蠕虫

续表

原文	译文	原文	译文
· · · · Family Siboglinidae	斯博高缨鳃虫科	highly specialized family of tube worms found at cold seeps and hydrothermal vents (includes species of Riftia)	在冷泉和热液口发现的非常特别的管栖蠕虫科（包括巨型管栖蠕虫）
· · · Order Terebellida	涡虫目	includes tube worms	包括管栖蠕虫
· · Subclass Echiura	勺形虫亚纲	spoon worms	勺形虫
· Class Sipuncula	星虫纲	peanut worms	花生蠕虫
Phylum Mollusca	软体动物门		
· Class Gastropoda	腹足纲	gastropods or sea snails (includes limpets and shell-less snails)	腹足类或海蜗牛（包括帽贝和无壳蛇）
· · · Order Pteropoda	翼族目	shelled and naked pteropods (includes sea butterflies and sea angels)	有壳或无壳翼足目软体动物（包括海蝴蝶、海蝴蝶和扁鲨）
· · · Order Nudibranchia	裸鳃目	naked-gill snails (a group of shell-less snails)	裸鳃蜗牛（无壳蜗牛）
· · · Order Littorinimorpha	滨螺目		
· · · · · Superfamily Pterotracheoidea	翼管总科	sea elephants or heteropods	海象或异足类
· Class Bivalvia	双壳纲	bivalves (includes clams, mussels, oysters, and relatives)	双壳类（包括蛤蚌、贻贝、牡蛎及其亲缘关系）
· Class Cephalopoda	头足纲	cephalopods (includes octopods, squids, bobtails, Spirula, and relatives)	头足类动物（包括八腕目、柔鱼类、短尾类、旋壳乌贼，及其亲缘动物）
· · · Order Oegopsida	开眼目	oceanic squids	远洋鱿鱼
· · · · · · Family Chiroteuthidae	手乌贼科	chiroteuthid squids	手乌贼科乌贼
· · · · · · Family Histioteuthidae	帆乌贼科	histioteuthid squids (jewel squids)	帆乌贼科乌贼（宝石乌贼）
· · · · · · Family Mastigoteuthidae	鞭乌贼科	mastigoteuthid squids (filamentous squids)	鞭乌贼科乌贼（丝状乌贼）
· · · · · · Family Ommastrephidae	瘤蚜科	ommastrephid squids (flying squids,includes shortfin squids)	瘤蚜乌贼（包括飞行乌贼、短鳍乌贼）
· · · Order Sepiolida	耳乌贼目	bobtails	短尾动物
· · · Order Octopoda	八腕目	eight-arm cephalopods	八臂头足类
· · · · Suborder Cirrata	有须亚目	cirrate, finned, or dumbo octopods	有鳍章鱼
· · · · Suborder Incirrata	无须亚目	finless (incirrate) octopods	无鳍章鱼
Phylum Arthropoda	节肢动物门		
Subphylum Crustacea	甲壳亚门		
· Class Copepoda	桡足纲		
· · · Order Harpacticoida	猛水蚤目	harpacticoid copepods	底栖桡足动物
· Class Malacostraca	软甲纲		
· · · Order Decapoda	十足目	shrimps, crabs, and lobsters	虾、蟹和龙虾
· · · · · · Family Sergestidae	樱虾科	sergestid shrimps	樱虾
· · · · · · Family Galatheidae	龙虾科	squat lobsters	蹲龙虾
· · · Order Euphausiacea	磷虾目		
· · · · · · Family Euphausiidae	磷虾科	shrimp-like krill	似虾的磷虾
· · · Order Amphipoda	端足目	amphipods (scuds or sideswimmers)	端足目动物（疾行或擦边游）
· · · Order Cumacea	涟虫目	hooded shrimps	铠甲虾类
· · · Order Isopoda	等足目	isopods (pillbugs)	等足目动物（团子虫）
· · · · · · Family Munnopsidae	拟穆长足水虱科	long-legged isopods	长腿等足类
· · · Order Lophogastrida	疣背糠虾目	lophogastrids	疣背糠虾
· · · Order Mysida	糠虾目	opossum shrimps	负鼠虾
· · · Order Tanaidacea	异足目	tanaids	异足类动物
· Class Thecostraca	甲壳纲		

续表

原文	译文	原文	译文
· · · Order Balanomorpha	藤壶目	acorn barnacles	藤壶
· · · Order Scalpellomorpha	铠茗荷目	stalked barnacles	柄藤壶
· Class Ostracoda	介形纲	seed shrimps or ostracods	介形亚纲动物
Subphylum Chelicerata	螯肢亚门	sea spiders	海蜘蛛
· Class Pycnogonida	海蜘蛛纲		
Phylum Tardigrada	缓步门	water bears or tardigrades	水熊或缓步类动物
Phylum Echinodermata	棘皮动物门		
· Class Holothuroidea	海参纲	sea cucumbers	海参
· Class Asteroidea	海星纲	sea stars	海星
· · · Order Brisingida	线海星目	brisingids	线海星
· · · · · · Family Brisingidae	线海星科		
· · · · · · Family Freyellidae	长腕海星科		
· Class Ophiuroidea	蛇尾纲		
· Class Crinoidea	海百合纲	brittle stars	海蛇尾
· Class Echinoidea	海胆纲	feather stars and sea lilies	海百合和毛头星
· · · Order Spatangoidea	猬团海胆目	sea urchins	海胆
· · · Order Echinothurioida	柔海胆目	heart urchins	心形海胆
· · · · · · Family Echinothuriidae	柔海胆科	echinothuriids	柔海胆
Phylum Hemichordata	半索动物门		
· Class Enteropneusta	肠鳃纲	acorn worms	玉钩虫
Phylum Chordata	夹索动物门		
Subphylum Vertebrata	脊椎动物亚门		
· Infraphylum Agnatha	无颌动物下门	jawless fishes	无颌鱼
· · · · · Class Myxini	蕈形纲		
· · · · · · · · · Order Myxiniformes	蕈形目		
· · · · · · · · · · · Family Myxinidae	蕈形科	hagfishes	盲鳗
· Infraphylum Gnathostomata	有颌下门		
· · Parvphylum Chondrichthyes	软骨鱼小门		
· · · · · Class Elasmobranchii	纲板鳃亚纲	cartilaginous fishes	软骨鱼
· · · · · · · Infraclass Selachii	鲨次目次纲		
· · · · · · · · Superorder Galeomorphi	鲛形总目		
· · · · · · · · · Order Carcharhiniformes	白眼鲨目	includes catsharks	包括猫鲨
· · · · · · · · Superorder Squalomorphi	鲨形总目		
· · · · · · · · · Order Hexanchiformes	多鳃鲨目	cow sharks, six-gilled sharks, frilled sharks	灰六鳃鲨、六鳃鲨、皱鳃鲨
· · · · · · · · · Order Squaliformes	角鲨目	true sharks	纯种鲨鱼
· · · · · · · · · · · Family Dalatiidae	铠鲨科	kitefin sharks	帆鳍鲨
· · · · · · · · · · · Family Etmopteridae	灯笼鲨科	lantern sharks	灯笼鲨
· · · · · · · · · · · Family Somniosidae	锥虫科	sleeper sharks	睡鲨
· · · · · · · Infraclass Batoidea	新鳐目次纲		
· · · · · · · · · Order Rajiformes	鳐形目	deep-sea rays and skates	深海鳐鱼
· · · · · Class Holocephali	全头亚纲		
· · · · · · · · · Order Chimaeriformes	银鲛目	chimaeras (also known as rabbitfishes or ghost sharks)	银鲛（也称纺锤蛇鲭或鬼鲨）
· · · · · · · · · · · Family Chimaeridae	银鲛科	short-nosed chimaeras	短鼻银鲛
· · Parvphylum Osteichthyes	硬骨鱼小门	bony fishes	硬骨鱼
· · · Gigaclass Actinopterygii	辐鳍鱼巨纲	ray-finned fishes	鳍刺鱼
· · · · · · · · · Order Cetomimiformes	拟鲸目	whalefishes	拟鲸鱼
· · · · · · Subclass Teleostei	真骨鱼次亚纲		
· · · · · · · · · Order Alepocephaliformes	滑头鱼目	slickheads or smoothheads	平头鱼
· · · · · · · · · · · Family Alepocephalidae	滑头鱼科		
· · · · · · · · · Order Argentiniformes	银鳕目		
· · · · · · · · · · · Family Bathylagidae	甲藻科	deep-sea smelts	胡瓜鱼
· · · · · · · · · · · Family Opisthoproctidae	阿片虫科	barreleyes and spookfishes	幽灵鱼
· · · · · · · · · Order Aulopiformes	喇叭珊瑚目		
· · · · · · · · · · · Family Ipnopidae	肺鱼科	deep-sea tripod fishes	深海三足鱼

续表

原文	译文	原文	译文
· · · · · · · · · · · · Family Bathysauridae	睡蜥科	deep-sea lizardfishes	深海狗母鱼
· · · · · · · · · · · · Family Evermannellidae	齿口鱼科	sabertooth fishes	剑齿鱼
· · · · · · · · · · · · Family Giganturidae	蜥鱼科	telescopefishes	望远镜鱼
· · · · · · · · · · · · Family Scopelarchidae	蛙科	pearleyes	珠目鱼
· · · · · · · · · · Order Gadiformes	鳕形目	cods	鳕鱼
· · · · · · · · · · · · Family Gadidae	鳕科	North Atlantic codlings	北大西洋鳕鱼
· · · · · · · · · · · · Family Macrouridae	长尾鳕科	grenadiers, rattails, and whiptails	梭鱼、长尾鳕和鞭尾鱼
· · · · · · · · · · · · Family Moridae	海鳚科	morid cods or morids	海鳚
· · · · · · · · · · Order Lophiiformes	鮟鱇目		
· · · · · · · · · · · · Family Ceratiidae	发光鱼科	anglerfishes	鮟鱇鱼
· · · · · · · · · · Order Myctophiformes	角鲨目		
· · · · · · · · · · · · Family Myctophidae	角鲨科	lanternfishes	灯笼鱼
· · · · · · · · · · · · Family Neoscopelidae	灯笼鱼科	blackchins	黑鲷鱼
· · · · · · · · · · Order Notacanthiformes	棘背鱼目	halosaurs and spiny eels	海蜥鱼和刺鳗
· · · · · · · · · · Order Ophidiiformes	蚜形目		
· · · · · · · · · · · · Family Aphyonidae	胶鼬鳚科	blind cusk eels	盲鳗鲡
· · · · · · · · · · · · Family Ophidiidae	蛇鳗科	cusk eels	鳗鲡
· · · · · · · · · · Order Perciformes	鲈形目		
· · · · · · · · · · · · Family Cottidae	杜父鱼科	sculpins	杜父鱼
· · · · · · · · · · · · Family Liparidae	狮子鱼科	snailfishes	狮子鱼
· · · · · · · · · · · · Family Sebastidae	平鲉科	rockfishes	岩鱼
· · · · · · · · · · · · Family Zoarcidae	鳚科	eelpouts	鳗形鱼
· · · · · · · · · · · Suborder Notothenioidei	槽背鱼亚目	notothenioids	槽背鱼
· · · · · · · · · · · · Family Channichthyidae	鳢科	Antarctic icefishes	南极银鱼
· · · · · · · · · · Order Pleuronectiformes	鲽鱼目	flatfishes	比目鱼
· · · · · · · · · · Order Stomiiformes	匙形目		
· · · · · · · · · · · · Family Gonostomatidae	性腺造口科	bristlemouths	鬃口鱼（圆罩鱼）
· · · · · · · · · · · · Family Phosichthyidae	磷虾科	lightfishes	
· · · · · · · · · · · · Family Sternoptychidae	鲷科	hatchetfishes	银斧鱼
· · · · · · · · · · · · Family Stomiidae	虹科	dragonfishes	龙鱼
· · · · · · · · · · Order Trachichthyiformes	锥虫目		
· · · · · · · · · · · · Family Trachichthyidae	锥虫科	roughies and redfishes	大西洋胸棘鲷和平鲉
· · · · · · · · · · Order Zeiformes	海鲂目	oreos	仙海鲂
· · · · · · · · · · · · Family Oreosomatidae	仙海鲂科	true eels	纯种鳗鱼
· · · · · · · · Superorder Elopomorpha	真鳗形总目	conger eels	康吉鳗
· · · · · · · · · · Order Anguilliformes	鳗鲡目	snipe eels	线口鳗
· · · · · · · · · · · · Family Congridae	鳗鲡科	sawtooth eels	锯齿鳗
· · · · · · · · · · · · Family Nemichthyidae	线口鳗科	cutthroat eels	杀手鳗
· · · · · · · · · · · · Family Serrivomeridae	锯齿鳗科		
· · · · · · · · · · · · Family Synaphobranchidae	合鳗科	gulpers	囊咽鱼
· · · · · · · · · · Order Saccopharyngiformes	囊喉鱼目	gulpers	囊咽鱼
· · · · · · · · · · · · Family Eurypharyngidae	扁尾鱼科		
· · · · · · · · · · · · Family Saccopharyngidae	宽咽鱼科		
· · · · Megaclass Tetrapoda	四足纲		
· · · · · Class Mammalia	哺乳纲		
· · · · · · · · · · Infraorder Cetacea	鲸次目		
· · · · · · · · · · · Superfamily Mysticeti	须鲸总科	baleen whales	须鲸
· · · · · · · · · · · Superfamily Odontoceti	齿鲸总科	toothed whales	齿鲸
· · · · · · · · · · · · Family Ziphiidae	喙鲸科	beaked whales	剑吻鲸
· · · · · Class Reptilia	爬行纲		
· · · · · · · · · · Order Testudines	龟目	turtles	海龟
Subphylum Tunicata	被囊亚门	tunicates or sea squirts	被囊动物或海鞘
· · · · · Class Appendicularia	尾海鞘纲	larvaceans	尾海鞘纲被囊动物
· · · · · Class Ascidiacea	海鞘纲	tunicates and sea squirts	被囊动物或海鞘
· · · · · Class Thaliacea	海樽纲	salps, dololids, and pyrosomes	樽海鞘、多洛鞭虫和火体虫

术语表

深渊/深海(abyss/abyssal)
超出大陆坡的海底，深度为3000—6000米。

远洋深海(abyssopelagic)
处于深海深度的水域。

端足目动物(amphipod)
一侧扁平弯曲的甲壳纲动物目（如沙蚤）。

缺氧(anoxic)
缺少氧气。

触须(barbel)
鱼类嘴部的肉质附器，具有传递感觉或吸引异性的功能。

半深海的/深层的(bathyal)
斜坡深度为200—3000米的海底。

海洋深度测量法（bathymetry）
测绘海底深度。

深海区（bathypelagic）
海水深度超过1000米的水域，没有阳光。

海底边界层（benthic boundary layer）
紧靠海底的海水层

底栖生物（benthos）
生活在海底的生物体统称。

生物发光（bioluminescence）
生物体发出的光。

生物区系/生物群（biota）
所有生物体的统称，包括微生物、植物和动物。

双壳类软体动物（bivalve）
软体动物，例如蚌类，通过一个蝶铰将两个贝壳连在一起。

盒式取样器（box corer）
能精确并直接提取海底原状沉积物的装备。

碳酸钙（calcium carbonate）
$CaCO_3$，贝壳和许多海洋生物骨骼的主要成分。

碳酸盐结合（carbonate binding）
在海水中，碳酸盐和钙结合形成类似珊瑚和软体动物坚硬的碳酸钙骨架的过程。

头足纲（cephalopod）
软体类动物门，包括鱿鱼、章鱼、乌贼和鹦鹉螺。

化能合成（chemosynthesis）
将无机化合物转化为有机物质的过程，例如糖和氨基酸之间的转化，其过程中消耗化学能。

色素细胞（chromatophore）
某些动物皮肤中的有色细胞，该细胞能够使该动物的皮肤外表图案不断变化。

冷泉（cold seep）
从海底排放低温的天然气、石油或者硫化氢。

大陆漂移（continental drift）
大陆在地质时期的移动。

大陆架（continental shelf）
环绕大陆且深度小于200米的海床。

大陆坡（continental slope）
在大陆架和深海之间陡峭的大陆边缘。

桡足亚纲动物（copepod）
甲壳纲浮游生物亚纲，长度通常为1—2毫米。

科里奥利效应（Coriolis effect）
由地球自转引起的北半球洋流和风向向右偏转，而南半球向左。

反向照明作用（counter-illumination）
利用身体的底部发光来进行水下伪装。

隐蔽（cryptic）
隐藏或难以区分。

十足类动物（decapod）
带有甲壳的甲壳类动物目，例如蟹、龙虾或虾。

深海散射层(DSL)
通过音声探测器探测到的，位于某一深度海洋中层的动物聚集区。

底栖（demersal）
生活在靠近海底的动物。

密度分层/密度层构(density stratification)
根据密度划分的水层。

食屑动物(deposit feeder)
以海底碎屑颗粒为食的动物。

昼夜节律(diel)
以24小时为周期的日夜变化。

背侧(dorsal)
生物的上侧。

棘皮动物(echinoderm)
动物门，包括海星、海胆、海参和毛头星。

涡流(eddy)
旋转的水体。

上层带/光合作用带（epipelagic）
开阔海域水深200米以上的部分。

外骨骼（exoskeleton）
甲壳纲动物外部相互连接的骨骼。

滤食（filter feed）
用一种筛或梳类器官从水中提取细微食物颗粒的方式。

有孔虫目（Foraminifera）
拥有坚硬贝壳或甲壳的单细胞变形虫门。

腹足类动物（gastropod）
有单一大足的软体动物，例如蜗牛、蛞蝓。

平顶海山（guyot）
海面以下顶部平整的海山。

环形洋流（gyre）
大范围的循环海流系统，例如北太平洋环流。

超深海带/超深渊区（hadal zone）
海沟中深度超过6000米的地带。

超深渊水域（hadopelagic）
超深渊区深度的水柱体。

热点火山作用（hot-spot volcanism）
从地幔炽热部分涌出的岩浆形成的火山。

载人潜水器(human-occupied vehicle，HOV)
有人搭乘并操作的深海潜航器。

碳氢化合物（hydrocarbon）
由碳和氢合成的化合物（例如天然气、石油）。

热液口（hydrothermal vent）
海底富含矿物质的热泉。

含氧量低/氧气不足（hypoxic/hypoxia）
氧含量低，氧饱和度低于30%，大多数动物无法生存。

火成岩（igneous rock）
由熔融物质冷却凝固后形成的岩石。

等足目动物（isopod）
具有扁平（宽度大于厚度）分节躯体的甲壳纲类动物目。

惯性（inertial）
以恒定速度和方向运动的一种趋势，但由于地球自转而易产生科里奥利效应，运动方向可能会发生偏转。

等密度线（isopycnals）
连接海水相同密度点的轮廓线。

动能（kinetic energy）
物体运动形成的能量，与物体质量与速度的平方的乘积成正比。

层流（laminar flow）
流层间没有混合的平稳液体流。

地幔热柱（mantle plume）
由于对流而导致地壳下方的炙热熔浆上升，在地表形成火山的地区。

海雪(marine snow)
源自表层水域的流层间没有混合的平稳液体流。

大型动物(megafauna)
长度大于2.5厘米的各种海底动物。

小型动物(meiofauna)
长度小于1毫米，生活在海底沉积物里的各种动物。

海洋中层(Mesopelagic)
开阔海域200—1000米深的水域，这里为暮光区，阳光不足以让生物进行光合作用。

中等规模涡流（mesoscale eddy）
直径约为100千米的旋转水团。

微生物（microbe）
微小的生物体，包括病毒、古生菌、细菌和原生动物。

弱泳生物（micronekton）
游动活跃，体形大小为2—10厘米的浮游生物。

自游生物（nekton）
大型、强壮且足以在水流中自主移动的深海生物。

海洋学（oceanographic）
与海洋相关的研究。

最小含氧区（层）(oxygen-minimum zone，OMZ)
氧浓度低的海洋深度范围。

远洋（pelagic）
离海岸和海底较远的开阔海域水柱体环境。

酸碱度（pH）
酸碱度用数字0—14表示。低于7表示酸性，海洋酸碱度为8.1，稍偏碱性。

发光器官（photophore）
生物用来发光的器官。

感光器（photoreceptor）
探测光的细胞（例如在视网膜内）。

浮游植物（phytoplankton）
利用光合作用产生能量的浮游生物。

浮游生物（plankton）
主要为随洋流漂移的较小生物。

板块构造学（plate tectonics）
关于地壳由坚硬板块构成，并在地质时代板块相互间做相对运动的理论。

多毛纲环节动物（polychaete）
有分节结构的海洋刚毛蠕虫，长着成对的刚毛肢体。

珊瑚虫（polyp）
依附在珊瑚群落或海葵（刺胞动物门）上的珊瑚个体。

初级产品（primary production）
通过光合作用或化能合成所产生的新的有机物。

翼足目软体动物（pteropod）
海栖腹足纲软体动物目，指海螺和海蛞蝓等。通常可通过翼状足部结构对它们进行识别。

放射性碳（radiocarbon）
碳的放射性同位素（^{14}C），可用于探测生物遗骸的年代。

放射性核素(radionuclide)
自然存在或由核爆、核反应堆产生的不稳定的放射性同位素。

遥控操作潜水器(remotely operated vehicle，ROV)
深海无人水下工具，俗称水下机器人。

共振（resonance）
在特定规模的海盆中某一特定频率上对某一海浪的强化

取样装备（sampling gear）
所有采集水、生物群、沉积物、微粒和岩石样品的装置。

海山（seamount）
在海面以下的山。

地震勘探/噪音（seismic survey/noise）
利用水下震动声波来绘制海底岩层示意图。

固着（sessile）
附着的，固定的。

剪切力（shear stress or force）
流体层之间做相对运动时所产生的力（例如风吹过海面）。

声呐（sonar）
利用声波进行水底探测和定位的装置。

骨针（spicule）
构成海绵及其他动物骨骼的微小针状结构。

潜没/潜没区（subduct/subduction zone）
地壳构造板块之间发生碰撞，一个板块下沉到另一个板块下方。

潜水器（submersible）
用于深海水下作业的交通工具。

基底（substrate）
动物生存所依赖的表面。

悬浮物摄取者（suspension feeder/ing）
以水体中微小颗粒为食的生物。

共生者（symbiont）
共生关系中较小的个体。

共生/共生现象（symbiotic/sis）
两个或更多的生物生活在一起的关系。

分类群（taxon/taxa）
科学合理且被认可的生物群体分类，主要包括：物种、属、科等。Taxon的复数形式为taxa。

构造板块（tectonic plate）
构成地球坚硬表面的15—20个巨大岩石板块之一，如非洲板块、太平洋板块等。

温跃层（thermocline）
温暖的表层和寒冷的深水之间的过渡层，能够全年或季节性地保持不变。

热盐环流（thermohaline circulation）
因不同盐度和温度所引起的海水流动。

硫化细菌（thiotrophic/sulfur-eating microbes）
通过氧化硫进行为生的微生物（例如生活在热液口的细菌）。

地形（topography）
海底的形状和特征。

信风（trade wind）
在热带地区，固定地从东吹向赤道附近的气流。

海沟（trench）
地壳构造板块边缘发生潜没运动时所形成的海底深沟。

湍流（turbulence）
在流体混合时形成的紊流，与层流流动相对。

腹侧（ventral）
生物身体下部或下侧部位。

火山弧（volcanic arc）
潜没板块边缘上呈弧形的火山链。

西风带（westerlies）
在中纬度（30°—60°范围）区域从西向东的强风带。

浮游动物（zooplankton）
在水中浮游的动物。

供读者参考的信息

延伸阅读建议

Baker, M., Ramirez-Llodra, E., and Tyler, P. *Natural Capital and Exploitation of the Deep Ocean*. Oxford University Press, 2020.

Boyle, P. *Life in the Mid Atlantic*. Bergen Museum Press, 2009.

Clarke, M.R., Consalvey, M., and Rowden A. A. *Biological Sampling in the Deep Sea*. Wiley-Blackwell, 2016.

Copley, J. *Ask an Ocean Explorer*. Hodder & Stoughton, 2019.

Gage, J.D. and Tyler, P. *Deep-Sea Biology: A Natural History of Organisms at the Deep-Sea Floor*. Cambridge University Press, 1991.

Herring, P. *The Biology of the Deep Ocean*. Oxford University Press, 2002.

Jamieson, A.J. *The Hadal Zone: Life in the Deepest Oceans*. Cambridge University Press, 2015.

Koslow J.A. *The Silent Deep: The discovery, ecology, and conservation of the deep sea*. University of Chicago Press, 2007.

Marshall, N.B. *Developments in Deep-Sea Biology*. Blandford Press, 1979.

McIntyre, A. *Life in the World's Oceans*. Wiley-Blackwell, 2010.

Murray, J. and Hjort, J. *The Depths of the Ocean*. Macmillan, 1912.

National Research Council. *Ocean Acidification: A National Strategy to Meet the Challenges of a Changing Ocean*. The National Academies Press, 2010.

Priede, I.G. *Deep-Sea Fishes*. Cambridge University Press, 2017.

Pinet, P.R. *Invitation to Oceanography*, 8th edn. Jones & Bartlett Learning, 2019.

Roberts, J.M., Wheeler, A., Freiwald, A., et al. *Cold-Water Corals: The Biology and Geology of Deep-Sea Coral Habitats*. Cambridge University Press, 2009.

Scales, H. *The Brilliant Abyss*. Atlantic Monthly Press, 2021.

Thomson, C. Wyville and Murray J. (eds). *Report on the scientific results of the voyage of H.M.S. Challenger during the years 1873—76 under the command of Captain George S. Nares R.N., F.R.S and the late Captain Frank Tourle Thomson, R.N. 32.* volumes plus narratives and summaries, 1880—1891. Available online:https://www.biodiversitylibrary.org/bibliography/6513
https://doi.org/10.5962/bhl.title.6513

Thorpe, S.A. *The Turbulent Ocean*. Cambridge University Press, 2005.

Tyler, P.A. (ed) *Ecosystems of the Deep Oceans*, Volume 28. Elsevier Science, 2003.

Widder, E. *Below the Edge of Darkness*. Penguin Random House, 2021.

Wunsch, C. *Modern Observational Physical Oceanography: Understanding the Global Ocean*. Princeton University Press, 2015.

特别建议参考的文章

Ingels, J., Clarke, M.R., Vecchione M., et al. "Open Ocean Deep Sea." Chapter 36F in: Inniss, L. and A. Simcock (joint coordinators). *First Global Integrated Marine Assessment, World Ocean Assessment I*. New York: United Nations (2016): p.37.

Ramirez-Llodra, E., Brandt, A., Danovaro R., et al. "*Deep, diverse and definitely different: unique attributes of the world's largest ecosystem*." Biogeosciences 7 (2010): 2851-99.

建议访问的网站

Deep Sea Biology Society
http://dsbsoc.org/

Deep Sea Conservation Coalition
https://www.savethehighseas.org/deep-sea-fishing/

The Deep Sea-Smithsonian Ocean
https://ocean.si.edu/ecosystems/deep-sea/deep-sea

FishBase-A global information system on fishes
https://fishbase.net.br/home.htm

Monterey Bay Aquarium Research Institute (MBARI)
https://www.mbari.org/

National Oceanic and Atmospheric Administration (NOAA)
https://www.noaa.gov/

World Register of Marine Species (WoRMs)
https://www.marinespecies.org/

作者简介

迈克尔·韦基奥内（Michael Vecchione）16岁时曾在一艘三桅纵帆船上当船舱服务生。获得生物学学士学位后，有过几年军旅生活。自1979年获博士学位以来一直从事头足类动物和深海生物的研究。作为美国国家海洋和大气管理局（National Oceanic and Atmospheric Administration，NOAA）的员工，同时还担任美国国家自然历史博物馆（US National Museum of Natural History）头足类动物馆馆长以及桑特海洋馆（Sant Ocean Hall）馆长。他任美国国家海洋和大气管理局实验室主任长达18年，并长期教授深海生物学，此外还参加过80多次海洋探险活动并多次任首席科学家。

汉斯·范·哈伦（Hans van Haren）是荷兰皇家海洋研究所（the Royal Netherlands Institute for Sea Research）泰克塞尔（Texel）分部的资深海洋物理学家。他的主要研究领域是潮汐运动、内波和海洋中的湍流交换，通过使用特制仪器进行现场观测。通过参加多项国际跨学科研究项目，他将海洋物理环境学的研究成果应用到海洋营养物和悬浮物再分配的研究领域中。

伊曼茨·普莱德［Imants（Monty）Priede］是苏格兰阿伯丁大学（University of Aberdeen）动物学名誉教授，其深海研究始于20世纪70年代在英国皇家“挑战者”号科考船上对深海延绳钓法和拖网捕鱼的研究，之后多次参加并领导对太平洋、大西洋、地中海和中大西洋海岭的科学考察。作为苏格兰阿伯丁海洋实验室的创建者，他带领该室率先致力于能够对深海全水域进行观测的自动着陆器的研究和运用。长期担任《深海研究系列一》（*Deep-Sea Research Part 1*）杂志主编，并曾获不列颠群岛水产学会（Fisheries Society）颁发的“比维顿奖章”（Beverton Medal）。

路易斯·阿尔科克（Louise Allcock）是爱尔兰戈尔韦大学（Galway University）动物学教授，主要讲授动物学和海洋科学。其学术研究从对南大洋章鱼的研究逐渐拓展到全球深海领域。她曾利用远程操作潜水器对北冰洋进行探测，作为首席科学家领导过多次海洋科考活动，并乘潜水器对印度洋深海进行过考察。此外，她还专注于生物分子分类学研究，即利用DNA测序技术界定物种及其进化过程，并发表了100多篇相关论文。她积极致力于海洋保护，全力投入由爱尔兰政府、欧盟和国际自然保护联盟（the International Union for Conservation of Nature，IUCN）共同提出并推动的多项自然环境保护倡议。

致 谢

承蒙下列人士和机构的许可，我们在本书中复制和使用了一些受版权保护的材料和图片。作为出版方，我们对此表示诚挚谢意，同时还希望强调两点：在相关材料和图片的复制和使用过程中，我们采取了一切可能的方式与版权所有方取得联系并征得使用授权；如果本书在使用中不慎出现任何错误或遗漏，我们诚恳地表示歉意，如果相关人士能提出相应的更正意见，我们将不胜感激并在本书再版时采纳并修订。

56: Adapted from Fig 3 in Marshall, J. and F. Schott. "Open-ocean convection: Observations, theory, and models." *Rev. Geophys.* 37(1) (1999), 1–64, doi:10.1029/98RG02739.
68: Adapted with permission from Katherine Hutchinson.
73: Adapted from GRID-Arendal (http://www.grida.no/resources/5885) based on Zavaterelli and Mellor (1995).
81CR: Figure 2 from Dohrmann, M., Kelley, C., Kelly, M. et al. "An integrative systematic framework helps to reconstruct skeletal evolution of glass sponges (Porifera, Hexactinellida)." *Front Zool* 14, 18 (2017). https://doi.org/10.1186/s12983-017-0191-3
133TR: Fig 10 in Long, Stephen & Sparrow-Scinocca, Bridget & Blicher, Martin & Arboe, Nanette & Fuhrmann, Mona & Kemp, Kirsty & Nygaard, Rasmus & Zinglersen, Karl & Yesson, Chris. (2020). "Identification of a Soft Coral Garden Candidate Vulnerable Marine Ecosystem (VME) Using Video Imagery, Davis Strait, West Greenland." *Frontiers in Marine Science*. 7. 10.3389/fmars.2020.00460.
148T: Wiklund, Durden, Drennan, and McQuaid from Fig 3 (E) in Bribiesca-Contreras G., Dahlgren T.G., Amon D.J., Cairns S., Drennan R., Durden J.M., Eléaume M.P., Hosie A.M., Kremenetskaia A., McQuaid K., O'Hara T.D., Rabone M, Simon-Lledó E., Smith C.R., Watling L., Wiklund H., Glover A.G. "Benthic megafauna of the western Clarion-Clipperton Zone, Pacific Ocean." *ZooKeys* 1113: 1–110. (2022), https://doi.org/10.3897/zookeys.1113.82172
149 (all images): plates 1–4 in Bianca Lintner, Michael Lintner, Patrick Bukenberger, Ursula Witte, Petra Heinz. "Living benthic foraminiferal assemblages of a transect in the Rockall Trough (NE Atlantic)." *Deep Sea Research Part I: Oceanographic Research Papers*, Volume 171, 2021, 103509, ISSN 0967-0637, https://doi.org/10.1016/j.dsr.2021.103509.
173: Adapted from Figure 2 in Moffitt S.E., Moffitt R.A., Sauthoff W., Davis C.V., Hewett K., Hill T.M. "Paleoceanographic Insights on Recent Oxygen Minimum Zone Expansion: Lessons for Modern Oceanography." *PLoS ONE* 10(1): e0115246 (2015), https://doi.org/10.1371/journal.pone.0115246
187T & 188: Adapted from Fig. 1 & Fig 4. in Tracey T. Sutton, Malcolm R. Clark, Daniel C. Dunn, Patrick N. Halpin, Alex D. Rogers, John Guinotte, Steven J. Bograd, Martin V. Angel, Jose Angel A. Perez, Karen Wishner, Richard L. Haedrich, Dhugal J. Lindsay, Jeffrey C. Drazen, Alexander Vereshchaka, Uwe Piatkowski, Telmo Morato, Katarzyna Błachowiak-Samołyk, Bruce H. Robison, Kristina M. Gjerde, Annelies Pierrot-Bults, Patricio Bernal, Gabriel Reygondeau, Mikko Heino. "A global biogeographic classification of the mesopelagic zone," *Deep Sea Research Part I: Oceanographic Research Papers*, Volume 126, 2017, Pages 85–102, ISSN 0967-0637, https://doi.org/10.1016/j.dsr.2017.05.006.
206: Jakobsson, M., Mayer, L.A., Bringensparr, C., Castro, C.F., Mohammad, R., Johnson, P., Ketter, T., Accettella, D., Amblas, D., An, L., Arndt, J.E., Canals, M., Casamor, J.L., Chauché, N., Coakley, B., Danielson, S., Demarte, M., Dickson, M.-L., Dorschel, B., Dowdeswell, J.A., Dreutter, S., Fremand, A.C., Gallant, D., Hall, J.K., Hehemann, L., Hodnesdal, H., Hong, J., Ivaldi, R., Kane, E., Klaucke, I., Krawczyk, D.W., Kristoffersen, Y., Kuipers, B.R., Millan, R., Masetti, G., Morlighem, M., Noormets, R., Prescott, M.M., Rebesco, M., Rignot, E., Semiletov, I., Tate, A.J., Travaglini, P., Velicogna, I., Weatherall, P., Weinrebe, W., Willis, J.K., Wood, M., Zarayskaya, Y., Zhang, T., Zimmermann, M., Zinglersen, K.B., 2020. The International Bathymetric Chart of the Arctic Ocean Version 4.0. Scientific Data 7, 176. Doi: 10.1038/s41597-020-0520-9.
221T: Adapted from M. A. Rex, R. J. Etter and C. T. Stuart. "Large scale patterns of species diversity in the deep sea benthos." *Marine Biodiversity Patterns and Processes,* R.F.G. Ormond, J.D. Gage and M.V. Angel (eds), pp94–121, Cambridge University Press (1997).
222: Fig 21 in Rodríguez-Flores, Paula C., Macpherson, Enrique and Machordom, Annie. "Revision of the squat lobsters of the genus *Leiogalathea* Baba, 1969 (Crustacea, Decapoda, Munidopsidae) with the description of 15 new species." pp. 201–256 in *Zootaxa* 4560 (2) 2019, on page 251, DOI: 10.11646/zootaxa.4560.2.1, http://zenodo.org/record/2627514
224: Phylogenetic trees adapted from Figs 2 and 4: Quattrini, A. M., Herrera, S., Adams, J. M., Grinyo, J., and McFadden, C. S. "Phylogeography of Paramuricea: The Role of Depth and Water Mass in the Evolution and Distribution of Deep-Sea Corals." *7th International Symposium on Deep-Sea Corals* (2022, April), Frontiers Media SA.
260: Adapted from Fig 7 in Pham C.K., Ramirez-Llodra E., Alt C.H.S., Amaro T., Bergmann M., Canals M., et al. "Marine Litter Distribution and Density in European Seas, from the Shelves to Deep Basins." *PLoS ONE* 9(4): e95839 (2014), https://doi.org/10.1371/journal.pone.0095839
AFMA: 235TR.
Alamy Stock Photo: /Sipa US 32T; /Chronicle 36; /Sueddeutsche Zeitung Photo 39; /GRANGER – Historical Picture Archive 41; / LWM/NASA/LANDSAT 42–43; EyeEm 51BL; /ASP GeoImaging/ NASA 69T; /World History Archive 76–77; /Nature Picture Library 96TR, 122–123; 201TL, 265B; /Doug Perrine 101B; /David Fleetham 104T, 215T; /Kelvin Aitken /VWPics 105T; /Andrey Nekrasov 125TR, 211BR; /BIOSPHOTO 137CL; /Science History Images 160–161, 193TL; /Mark Conlin 178–179; /Minden Pictures 197T; /Stocktrek Images, Inc. 197TC; /robertharding 211TR; /Solvin Zankl 230–231; /First Collection 232; /Jeff Rotman 235BL; /Alastair J King 235BR; /Diarmuid 237T; /SOTK2011 243T; /REUTERS 245, 251, 259L; /A.P.S. (UK) 253B; /Morgan Trimble 262T.
Louise Allcock: 132T; 191 shapefiles courtesy of Les Watling (research originally published in: Les Watling, John Guinotte, Malcolm R. Clark, Craig R. Smith, "A proposed biogeography of the deep ocean floor." *Progress in Oceanography*, Volume 111, 2013, Pages 91112, ISSN 0079-6611, https://doi.org/10.1016/j.pocean.2012.11.003); 225T; 225B.
Ardea: /Pat Morris 183BR.
Australian Antarctic Division: /© Martin Riddle 197B.
Australian Museum: Michael J. Miller of the University of Tokyo 104B.
British Antarctic Survey expeditions to the Southern Oceans (collated by Dr Huw Griffiths): 198–199.
BluePlanetArchive: /Michael Aw 9; /Steven Kovacs 92–93, 282; / Jeff Milisen 105B; /Solvin Zankl 119TR; /Espen Rekdal 119B; / Doug Allan 204–205; /Franco Banfi 211BL.
CSIRO: /CC BY 3.0 141B, 143B.
Danté Fenolio: 13, 25B, 107T.
GEBCO: 75 (all images), 133BL, 133BR, 142, 194 reproduced from the GEBCO world map 2014, www.gebco.net.
Getty Images: /Enrique Aguirre Aves 202T; /Danita Delimont 235TL; /Danial_Abdullah 246; /Alain Nogues/Sygma/Sygma 253T; /DigitalGlobe 255B; /DigitalGlobe /ScapeWare3d 259R.
Hans van Haren: 60B; 62 (data from: van Haren, H., W.-C. Chi, C.-F. Yang, Y.J. Yang, S. "Deep sea floor observations of typhoon driven enhanced ocean turbulence." *Progr. Oceanogr.,* Jan 2020. 184, 102315, 12 pp); 63R (data from van Haren, H., and L. Gostiaux. "Energy release through internal wave breaking." *Oceanography* 25(2):124–131, 2012, http://dx.doi.org/10.5670/oceanog.2012.47. 64 (data from van Haren, H., G. Duineveld, H. de Stigter. "Prefrontal bore mixing." *Geophys. Res. Lett*., 44, 9408–9415, 2017, doi:10.1002/2017GL074384; 65 Adapted from Fig 3 in van Haren, H. "Challenger Deep internal wave turbulence events." *Deep Sea Research Part I: Oceanographic Research Papers*, Volume 165, 2020, 103400, ISSN 0967-0637, https://doi.org/10.1016/j.dsr.2020.103400.
Ifremer: /(2005) Rimicaris exoculata shrimp / CC BY 4.0 163BL; /(2005) Crevettes rencontrées sur le site hydrothermal Rainbow. https://image.ifremer.fr/data/00569/68076/ CC BY 4.0 193TR.
Image Quest Marine: /© Justin Marshall 17; /Kelvin Aitken / V&W 89CR; /©Peter Herring 107BL, 112, 229TR (lower); /© Peter Batson 163TL; /© Kåre Telnes 236.
Alan Jamieson: 20B, 139B, 147BL, 151Tl, 151TR, 153, 156T, 157T, 157B, 190B, 217TL.
David Liittschwager: 268.
Marine Diversity Hub: /Schmidt Ocean Institute / CC BY 3.0 28T.
Marine Institute: INFOMAR is the Department of Environment, Climate and Communications (DECC) funded national seabed mapping programme, jointly managed and delivered by Geological Survey Ireland and Marine Institute (www.infomar.ie): 60T, 132B, 134–135.
MARUM – Center for Marine Environmental Sciences, University of Bremen: 193C, 219T.
MBARI: /© 2012 MBARI 25TR; /Image courtesy of Kelly Benoit-Bird 30; /© 2004 MBARI 38B; /© 2012 MBARI 81CL; /© 2006 MBARI/NOAA 81BL; /© 2014 MBARI 85BR; /© 2018 MBARI 89B; /© 2019 MBARI 97; /© 2018 MBARI 98; /© 2021 MBARI 115TL; /© 2017 MBARI 115TR; /George Matsumoto © 1989 MBARI 119TL; /© 2017 MBARI 147TR; /© 2007 MBARI 148B; /© 2015 MBARI 152R; / © 2015 MBARI 163TR; /© 2015 MBARI 168T; /© 2017 MBARI 168B; /© 2015 MBARI 226T; © 2011 NOAA/MBARI 274B.
T. Menut/Biotope: 189.
NASA: /Timothy Marvel 31; /NASA Earth Observatory 69B.
National Institute of Water and Atmospheric Research Ltd (NIWA), New Zealand: 136, 195T.
National Oceanography Centre, UK: 226C, 226B.
Natural History Museum of Los Angeles: © Leslie Harris 87BR.
Nature in Stock: /Norbert Wu / Minden Pictures 108T, 137TL, 202B, 239; /John Holmes / FLPA 233T; /Paul Ensor / Hedgehog House / Minden Pictures 243B.
Nature Picture Library: /David Shale 2, 25TL, 83L, 91, 95, 96TL, 107BR, 111, 115BL, 115BR, 116T; 120, 121, 141T,171TL, 171BL, 171BR, 175T, 175B, 229TR (upper), 276–277; /Solvin Zankl 38T, 171TR; /Doug Perrine 96BL; /Magnus Lundgren 116B; /Sue Daly 129B; /Wild Wonders of Europe / Lundgren 145TR; /Todd Pusser 145BR; /Franco Banfi 172; /Doug Allan 197BC; /Jordi Chias 201TR; /Solvin Zankl / GEOMAR 219B.
NOAA Office of Ocean Exploration and Research: 14T; 81TR; 213T; 213B; 274C; /Discovering the Deep: Exploring Remote Pacific MPAs 6; 108B, 138; /Mountains in the Deep: Exploring the Central Pacific Basin 14B, 83CR, 90C; /2019 Southeastern U.S. Deep-sea Exploration 20T, 22T, 85CR, 89TR; /Edith Widder, Ph.D. 32B; / Image courtesy of Leah Sloan, UAF, The Hidden Ocean 2016 – Chukchi Borderlands/NOAA 33; /2017 American Samoa 58T, 83BR; / Expedition to the Deep Slope 2007, NOAA-OE 58B; /NOAA Okeanos Explorer Program, Gulf of Mexico 2014 Expedition 59T, 83TR, 270; / Image courtesy of Craig Smith and Diva Amon, ABYSSLINE Project 59B; /NESDIS 67; /NASA 71B; / NOAA Okeanos Explorer Program, Océano Profundo 2015: Exploring Puerto Rico's Seamounts, Trenches, and Troughs 74, 79BR, 113, 177T, 217TR; /North Atlantic Stepping Stones Expedition 2021 78; /Deep-Sea Symphony: Exploring the Musicians Seamounts 79TL, 139T, 141C; /NOAA Bioluminescence and Vision on the Deep Seafloor 2015 79C; /2015 Hohonu Moana: 79TR, 85CL, 100T, 139TC; /NOAA Okeanos Explorer Program, 2013 Northeast U.S. Canyons Expedition: 79BL, 130T; /Windows to the Deep 2019 79BC, 133TL, 190T; /Exploring Deep-sea Habitats off Puerto Rico and the U.S. Virgin Islands 81TL, 103T, 185TL; / NOAA OOER, Gulf of Mexico 2018 81BR, 261T; /2016 Deepwater Exploration of the Marianas /Leg 3 85T, 90T, 177B, 274T /Christopher Kelley 250; /NOAA Okeanos Explorer Program, INDEX-SATAL 2010 85BL, 89CL, 193B; /NOAA Ocean Exploration, 2021 North Atlantic Stepping Stones: New England and Corner Rise Seamounts 87TR, 184, 195B, 249L; /Image courtesy of Fisheries and Oceans Canada 87BL; /Gulf of Mexico 2017 90B; /NMFS/PIFSC 102; /Deep Connections 2019 125B, 130B; /2013 ROV Shakedown and Field Trials in the U.S. Atlantic Canyons 127; /Brooke et al. 2005, NOAA-OER Florida Deep Corals 129TL; /DEEP SEARCH 2018 – BOEM, USGS, NOAA 129TR; /Monterey Bay Aquarium Research Institute 131; /Deepwater Canyons 2013 – Pathways to the Abyss, NOAA-OER/BOEM/USGS 139BC, 185B; /NOAA Northwestern Hawaiian Islands Expedition 2003 143T; /NOAA Okeanos Explorer Program, Gulf Of Mexico 2012 Expedition 147TL, 165TL, 165B; /Exploring Atlantic Canyons and Seamounts 2014 151B; /Pacific Ring of Fire 2004 Expedition. Dr. Bob Embley, NOAA PMEL, Chief Scientist 159B; /OET/NOAA 166T; /NOAA-OER/BOEM/USGS 185TR; / Officers and Crew of NOAA Ship PISCES; Collection of Commander Jeremy Adams, NOAA Corps 186; /Deep CCZ expedition 190C; / Caitlin Bailey, GFOE, The Hidden Ocean 2016 Chukchi Borderlands 207; NOAA/Caitlin Bailey, GFOE, The Hidden Ocean 2016: Chukchi Borderlands/CC BY-SA 2.0 208; /Brooke et al, NOAA-OE, HBOI 221B; /Dr. Mridula Srinivasan, NOAA/NMFS/OST/AMD / CC BY 2.0 242; /Lophelia II 2010, NOAA OER and BOEMRE 247; /Family of Vice Admiral H. Arnold Karo, C&GS 254; /NOAA Okeanos Explorer Program, Mid-Cayman Rise Expedition 2011 258; NOAA Okeanos Explorer Program: Our Deepwater Backyard 261B; /NOAA Ocean Acidification Program 269; /NOAA / Marine Applied Research and Exploration (MARE) 271.
Nova Southeastern University: T.M.Frank, Nova Southeastern University/Global Explorer 183BL.
Monty Priede: 125CR.
Rachel Przeslawski: images collected by ROV SuBastien of the Schmidt Ocean Institute 86.
David Sandwell: 22B, 45B, 63L, 66.
Science Photo Library: /Marek Mis 28B, 51TR; /US Navy 40T, 40B; /Dennis Kunkel Microscopy 51TL; /Matt Mazloff 55; /Danté Fenolio 100B, 229TL; /Martin Jakobsson 187B, 196; /British Antarctic Survey 201B; /Gerd Guenther 217BL; /M.I. Walker 217BR; /Solvin Zankl / Nature Picture Library 229B; /Mick Harper 233B; /NOAA 273.
Alexander Semenov: 96BR, 211TL.
Shutterstock: /katatonia82 19; /Juan Gracia 49B; /Sushko Valerii 101T; /Harry Collins Photography 137TR; /Guido Montaldo 137CR; /Ian Duffield 145TL; /Ivan Hoermann 203; /AlessandroZocc 220; / Erika Kirkpatrick 223T; /V.Gordeev 249R; /FLPA 264.
Craig Smith and Mike Degruy: 89TL.
Kate Thomas: /National Science Foundation 145BL.
Wellcome Collection: Engraving by A. M. Fournier after E. Traviès 240–241
Dr. Johann Weston at Newcastle University, UK: 156B.
Edith Widder, ORCA: 109.
Wikimedia Commons: /Alexandpilat / CC BY 4.0 10–11; /Luke Thompson from Chisholm Lab and Nikki Watson from Whitehead, MIT 51BR; /NASA Earth Observatory 72; /Jay Nadeau, Chris Lindensmith, Jody W. Deming, Vicente I. Fernandez, and Roman Stocker. Image courtesy of David Liittschwager CC BY-SA 4.0 99; /Uwe Kils, CC BY-SA 3.0 100C; /Bernard Dupont from France, CC BY-SA 2.0 103B; /Espen Rekdal / Espen Rekdal Photography artsdatabanken.no/Pages/F21060, CC BY 4.0 125TL, 125CL; / Cephas, CC BY-SA 4.0 137B; /Philweb, CC BY-SA 3.0 147BR; / NOAA 159T; /Chong Chen, CC BY-SA 3.0 163C; /Magali Zbinden / University of Greifswald (CC BY 4.0) 163BR; /Charles Fisher / CC BY 2.5 165TR; /National Marine Sanctuaries, CC BY 2.0 166B; /Alf van Beem 237B; /By United States Department of Defense (either the U.S. Army or the U.S. Navy) – Library of Congress, Public Domain 255T; /WESTON, J.N.J. et al. 2020. New species of Eurythenes from hadal depths of the Mariana Trench, Pacific Ocean (Crustacea_Amphipoda). *Zootaxa* 4851(1)_151–162., CC BY 4.0 262B; /Silver Leapers, CC BY 2.0 265T.
Helena Wiklund: 87TL.